DEUTSCHE STURMGEWEHRE

1914–1945

Peter Senich

Motor
buch
Verlag

Einbandgestaltung: Sven Rauert

Die englischsprachige Originalausgabe erschien 1982 unter dem Titel THE GERMAN SNIPER 1914-1945 bei Paladin Press, P.O. Box 1307, Boulder/Colorado 80306, USA.

Bildnachweis: Archiv Autor
sowie Australian War Memorial (12), BATF Collection (20), Black (3), Bundesarchiv (11), Brooks (1), Byrne (2), Conway (10), Cornell (20), Heinmuller (1), Hogg (2), Imperial War Museum (3), Jensen (3), Johnston (2), Musgrave & Nelson (8), Newland- Nusbaum (8), Owen (15), Queen Elizabeth II Army Memorial Museum (9), Ramos (25), Rewers (3), Royal Ordnance (13), RSAF Pattern Room Collection (15), Seibold (1), Stevens (1), Stoehr (5), Stonley (6), Swearengen (2), Thomas (31), U.S.-Army (24), Vollmer (3), Waffenmuseum Oberndorf (2), Walter (1), Wehrgeschichtliches Museum Rastatt (8), West Point Museum (16), Windisch (7), Wood in (9). Weitere Quellen wollten ungenannt bleiben.

Die amerikanische Originalausgabe erschien 1987 unter dem Titel »The German Assault Rifle: 1935-1945« bei Paladin Press, einer Abteilung von Paladin Enterprises, Inc., P.O.Box 1307 Boulder, Colorado 80306, USA

Die Übertragung ins Deutsche besorgten Reiner Herrmann und Mike Murfin.
Deutsche Bearbeitung: Reiner Herrmann

ISBN 978-3-613-04603-0

1. Auflage 2023

Sie finden uns im Internet unter www.motorbuch-verlag.de

Reproduktionen: Gold Rose Publishing Ltd., 70188 Stuttgart
Druck und Bindung: Conzella, 85609 Aschheim-Dornach
Printed in Germany

Inhaltsverzeichnis

Vorwort

von Peter R. Senich

Die Geschichte der deutschen Schußwaffen während der 30er und 40er Jahre bietet genügend Stoff für eine faszinierende Studie. Sie veranschaulicht deutlich, wie die eingesetzten Waffen und Taktiken von Anfang an das Auf und Ab der Politik und des Krieges widerspiegelten.

Damals holte man sich auch in Deutschland, auf der Suche nach neuen, effizienten Waffenentwicklungen, Impulse bei »ausgeliehenen Ideen und Entwürfen«, beschritt allerdings auch gänzlich neue Wege, wie beispielsweise mit der Gründung der Waffenforschungsanstalt bei Mauser, die sich schon bald zur »Ideenschmiede« entwickeln sollte. Erstmals in der Waffengeschichte wurde nicht mehr auf den reinen Einfallsreichtum einzelner Erfinder vertraut, sondern Wissenschaftler mit der Lösung waffentechnischer Probleme betraut. Der Grundlagenforschung wurde eine wesentliche Bedeutung zugemessen und damit die Basis für bahnbrechende Entwicklungen gelegt. Diesen Umständen dürfte es wohl zu verdanken sein, daß eine einzigartige Symbiose von Wissenschaft und waffen- bzw. konstruktionstechnischem Potential zur Entwicklung eines militärischen Geräts führte, wie es in der ganzen Welt bisher noch nicht bekannt war.

So sollten die deutschen Waffenkonstrukteure schließlich auch eine Reihe von wirklich einmaligen Handfeuerwaffen entwickeln, die ihrer Zeit weit voraus waren und deren Zuverlässigkeit im Einsatz lediglich von der Einfachheit ihrer Herstellung übertroffen wurde.

Eine neue Generation reiner Gebrauchswaffen wurde entwickelt, deren äußeres Erscheinungsbild hinter den Anforderungen an Leistung und Massenfertigung zurücktreten mußte. Der deutsche Maschinenkarabiner und die damit verbundene Kurzpatrone beispielsweise, sollten das Zeitalter des Sturmgewehrs einläuten.

Die Idee, einen Einzelsoldaten mit einer leichten, vollautomatischen Allzweckwaffe auszustatten, stellte letztendlich ein derart innovatives Konzept dar, daß dieses nach dem 2. Weltkrieg universell übernommen wurde.

Eine solche Waffe sollte für eine Patrone eingerichtet sein, die in ihrer Leistung bis auf die Mindestanforderungen reduziert war, um auf normale Entfernungen einen Feind außer Gefecht setzen zu können. Dieses Thema ist für alle an Handfeuerwaffen Interessierten von erheblicher Bedeutung. Obwohl einiges an Informationen über weniger bekannte Modelle veröffentlicht wurde, sind die meisten Waffen dieser Kategorie in der Fachliteratur nur spärlich behandelt worden. Die Entwicklungsgeschichte dieser einzigartigen Waffenkonstruktionen wurde bisher leider nie zufriedenstellend in einem Buch zusammengefaßt.

Mit dieser Veröffentlichung können nun ernsthaft Interessierte erstmalig die chronologische Entwicklung einer erstaunlichen Vielfalt an Kurzpatronenwaffen nachvollziehen, die vom deutschen Militär im 2. Weltkrieg eingesetzt wurden.

Dieser Band bietet außerdem einen Einblick in die Entwicklungsumstände und den Einsatz des Maschinenkarabiners, der Maschinenpistole und des Sturmgewehrs in den Jahren 1935-1945.

Nach der Kapitulation der Wehrmacht 1945 und dem darauffolgenden Chaos sind wertvolle Aufzeichnungen und Schriftstücke entweder zerstört oder verstreut worden. Eine gewissenhafte Aufarbeitung dieses faszinierenden Aspekts der deutschen Militärgeschichte bedurfte somit einer ausführlichen und sorgfältigen Nachforschung.

Leider hat der Mangel an Originaldokumenten auch einige der Fehlannahmen verursacht, die sich über die Jahre hinweg verbreitet und gehalten haben. Aus diesem Grund wurde für dieses Buch nur Material verwendet, bei dem die Herkunft nachweisbar ist, was allerdings zur Folge hat, daß einige Abschnitte manchen Lesern unvollständig erscheinen können. Das Gesamtthema allerdings konnte nichts desto trotz vollständig behandelt werden, wenn auch zu manchen Punkten nicht die gewünschte Informationstiefe erreicht werden konnte.

Das vorliegende Werk ist also eine Essenz aus noch erhaltenen Originaldokumenten und Waffen. Es wurden ausschließlich deutsche und alliierte Originalunterlagen, zeitgenössische Berichte, Briefe, Mikrofilme, nachrichtendienstliche Quellen, eigene Untersuchungsergebnisse, sowie Aussagen von Fachleuten, die in direkter Verbindung zum damaligen deutschen Rüstungsapparat standen, verwendet.

Anmerkungen zur deutschen Übersetzung

Bei der Übertragung dieses Buches in die deutsche Sprache und der Überarbeitung des Inhalts für die vorliegende Ausgabe stand der Bearbeiter vor dem Problem, das Gesamtwerk des Autors nicht zu verfälschen, aber dennoch den Inhalt in angemessenem Rahmen an den heutigen Wissensstand anzupassen. Auch wenn die Satzstellung zwangsläufig von der Originalausgabe abweicht, wurde doch streng darauf geachtet, daß die vom Autor gemachte Aussage nicht in ihrem Sinn verfälscht wird. Wenn allerdings fachliche Fehlinterpretationen, unvollständige oder gar offensichtlich falsche Informationen vorlagen, wurde versucht, die neuen Erkenntnisse in angemessenem Rahmen in die deutsche Ausgabe einzuarbeiten, um das Qualitätsniveau der Motorbuch Verlag-Produkte zu gewährleisten. Aus diesen Gründen weichen die Kapitel 15 und 16 erheblich vom englischsprachigen Original ab.

Für seine fachliche Beratung danke ich Herrn Peter Dannecker, der u.a. dafür sorgte, daß die Fachterminologie im Bereich der spanlosen Blechbearbeitung ausnahmsweise auch einmal in einem Waffenbuch richtig verwendet wurde. Da das Prägen (= Umformen durch teilweise Veränderung der Werkstoffdicke) auch weiterhin der Münzherstellung vorbehalten bleiben soll, wurde in dem vorliegenden Werk bewußt darauf verzichtet, die in den meisten Büchern als Blechprägetechnik bezeichnete spanlose Umformung (z.B. Biegen, Rollen, Formstanzen, Ziehen u.s.w) ebenfalls falsch zu bezeichnen, nur weil es sich in der Umgangssprache so eingebürgert hat. Der Begriff des »Blechprägens« zieht sich durch die Waffenliteratur wie ein roter Faden und selbst auf Konstruktionszeichnungen der Firma Mauser findet sich dieser Begriff wieder, obwohl sogar die zuständige Abteilung 7 offiziell für die »spanlose Formung« zuständig war.

Im »DUBBEL«, einem Taschenbuch für den Maschinenbau finden wir unter dem Oberbegriff »Prägen« folgende Ausführungen: *Prägen kann Voll- oder Massivprägen sein, wobei der Werkstoff zum Fließen gebracht wird (Pressen im Gesenk, auch als Nacharbeiten vorgepreßter Teile); oder Hohlprägen von Teilen aus Blech (Platten), wobei jeder Erhebung eine Vertiefung an der gegenüberliegenden Stelle entspricht; Glattprägen (Prägepolieren) ist Glätten vorbearbeiteter Flächen unter starkem Druck mit polierten Werkzeugen. Prägbar sind alle Werkstoffe, die kalt genügend große bildsame Formbarkeit besitzen. Gefüge wird verfeinert; Härte gesteigert. Die erreichbare Genauigkeit beim Maßprägen ist sehr hoch – bis ±0,01 mm.*

Der Versuch im vorliegenden Buch eine treffendere Bezeichnung zu wählen, erfolgt nicht in der Absicht »schulmeisternd den Zeigefinger zu erheben«, sondern den betreffenden Arbeitsvorgang, nämlich das Hohlprägen (Tiefen mit einem starren, beweglichen Stempel in ein Gegenwerkzeug hinein), deutlicher und unmißverständlicher zu beschreiben.

Weiter danke ich Herrn Heinrich, Frau Rosmini und Herrn Oster von der Wehrtechnischen Studiensammlung in Koblenz und Herrn Thomas Sturm, die mir die Möglichkeit gaben die Stücke über die im vorliegenden Buch geschrieben wurde auch in Natura zu untersuchen, so daß ich nicht »als Blinder über die Farbe« schreiben mußte. Auch Herr Walter Schmid verdient meinen Dank für die wertvollen Informationen zum Mauser Gerät 06H.

Mein ganz besonderer Dank gebührt meiner Frau, die mit unendlicher Geduld dafür sorgte, daß die deutsche Ausgabe nicht mit Anglozismen überladen ist und auch von einem Nichtfachmann gelesen und verstanden werden kann.

Reiner Herrmann

Deutsche Herstellercodes

Diese Liste ist belegt durch die ursprüngliche »Liste der Fertigungskennzeichen für Waffen, Munition und Zubehör«. Es handelt sich hierbei um eine amtliche Ausgabe des Oberkommandos des Heereszeugamts (Berlin, 1944), welche die deutschen Herstellercodes, die auf Waffen und Ausrüstungsteilen verwendet wurden, auflistet:

ac – Carl Walther, Waffenfabrik Zella Mehlis (Thüringen)
an – Beuttenmüller & Cie., C., GmbH Metallwarenfabrik Bretten/Baden
ao – Kopp, Heinrich, Inh. Theodor Simoneit, Sonnenberg/Thüringen
ar – Mauser Werke A.-G., Werk Borsigwalde, Berlin-Borsigwalde, Eichborndamm
av – VDM-Halbzeugwerke GmbH. Zweigniederlassung Werdohl i/W
afv – Schiffer, Hugo, Lüdenscheid
and – Magdeburger Pumpenfabrik, Otterburg & Co., Magdeburg 8, Stolzestr. 2-5
agr – Lux, R.u.O. Metallwaren- und Maschinenfabrik A.-G., Marienthal-Bad Liebenstein/Thüringen
avk – Ruhrstahl A.-G., Presswerk Brackwede, Brackwede b. Bielefeld
awn – Vollmer-Werke, Maschinenfabrik, Biberach/Riß
awt – Württembergische Metallwarenfabrik A.-G., Geislingen-Steige
ayf – Erma, B. Geipel GmbH. Waffenfabrik, Erfurt, Zietenstr. 54
be – Berndorfer Metallwarenfabrik Arthur Krupp A.-G., Berndorf/Niederdonau
bn – Allgemeine Electricitätsges., Werk Annaberg, Annaberg im Erzgebirge
beb – Otto Graf, Heeresausrüstungen und Sattlerwarenfabrik, Leipzig, N22, Planitzstr. 19
bed – Gustloff-Werke, Werk Weimar
bmv – Rheinmetall-Borsig A.-G., Werk Sömmerda
bnz – Steyr-Daimler-Puch A.-G., Werk Steyr
bpp – Progresswerk Oberkirch A.-G., Stadelhofen
bpr – Grossfuss, Johannes, Metall- u. Lackierwarenfabrik, Dobeln i. Sa.
bte – Frank'sche Eisenwerke A.G., Adolfshütte, Niederscheld/Dillkreis
buh – Röchling'sche Eisen- u. Stahlwerke GmbH., Abteilung Stabfedernfabrik Wetzlar, Wetzlar/Lahn
byf – Mauserwerk A.-G., Oberndorf a.N.
bys – Ruhrstahl A.-G., Annener Gußstahlwerk, Witten-Annen
ce – Sauer & Sohn J.P., Gewehrfabrik, Suhl
cdo – Bergmann & Co. Theodor, K.-G., Waffen- und Munitionsfabrik, Werk Bernau, Berlin W62, Kleiststr. 21
cdp – Bergmann & Co. Theodor, K.-G., Waffen- und Munitionsfabrik, Werk Bernau, Berlin W62, Kleiststr. 21
chd – Deutsche Industrie Werk A.-G., Berlin-Spandau, Freiheit 4-7
chn – Reinhold, Gebr., Maschinenfabrik und Eisengießerei, Gera
cic – Herder, Richard, Abr., Stahlwaren und Werkzeugfabrik, Gesenkschmiede, Solingen, Rathausstr. 20/22
emr – Hawig, Hauswirtschafts-Maschinen-Gesellschaft m.b.H., Berlin NW 87, Alt-Moabit 73
cnx – Appel, Gustav, Maschinenfabrik, Berlin-Spandau, Päwesiner Weg 19
cof – Eickhorn, Carl, Waffenfabrik, Solingen
cos – Merz-Werke, Gebr. Merz, Frankfurt a.M.-R.
esm – Knorr-Bremse A.-G., Berlin-Lichtenberg, Berlin 0112, Neue Bahnhofstr. 9-17
cww – Carl Weiss, Lederwarenfabrik, Braunschweig
exm – Genschow & Co., Gustav, A.-G., Berlin SO 36, Bouchéstr. 12
ext – Waasia-Ofenwerk Recke & Co., Haynau/Schlesien
cyq – Spreewerk GmbH.Metallwarenfabrik, – Berlin-Spandau, Freiheit 4-7
d Brehmer, Gebr., Maschinenfabrik, Leipzig-Plag-

witz, Leipzig W 31, Karl Heinestr. 107-111
dfb – Gustloff-Werke, Waffenwerk Suhl, Suhl/Sa.
duv – Berlin-Lübecker Maschinenfabriken, Bernhard Berghaus, Werk Lübeck, Lübeck, Helmstr. 29-35
dwc – Boehme & Co., Dr.-Ing., Werksleitung Lüdenscheid, Werk Minden/Westf.
eeu – Lieferungsgemeinschaft Westthüringen., Werkzeug- u. Metallwarenfabriken eGmbH., Schmalkalden
euh – Meinel-Scholer, C.u.W., Metallwarenfabrik, Klingenthal/Sa.
fxo – Haenel, C. G., Waffen- u. Fahrrad-Fabrik, Suhl
fzs – Heinrich Krieghoff Waffenfabrik, Suhl
g – Phonicia-Werke A.-G., Elsterwerda/Sa.
gal – Wagner & Co., GmbH., Mühlhausen in Thüringen, Werk Beyrode
gaq – Otto Stephan, Leder- u. Lederwarenfabrik, Mühlhausen in Thüringen
gbm – Vereinigte Isolatorenwerke A.-G., (Viacowerke), Berlin-Pankow, Wollankstr. 32-33
gcy – Dietrich, L.O., Vesta-Nähmaschinenwerke, Altenburg/Thüringen
gmo – Rahm & Kampmann, Lederwarenfabriken, Werk Kaiserslautern
gqm – Loch & Hartenberger, Metallwarenfabrik, Idar-Oberstein
hsz – Germania-Werke, Werkzeug- u. Maschinenfabrik, Berlin-Reinickendorf-Ost, Raschdorff- Str. 97
jvd – Erste nordböhmische Metallwarenfabrik, Adolf Rössler, Niedereinsiedel (Sudetenland)
kur – Steyr-Daimler-Puch A.-G., Werk Graz, Fuhrhofsgasse 44
Ixr – Dianawerk Mayer & Grammelspacher, Rastatt/- Baden
m – Limbacher Maschinenfabrik, Bach und Winter, Limbach/Sa.,
M – *nicht bestätigt* (eventuell Limbacher Maschinenfabrik, Bach und Winter, Limbach/Sa.)
myx – Rheinmetall-Borsig A.-G., Werk Sömmerda/ Thüringen
ojx – Deutsche Kunstlederwerke, Wolfgang G.m.b.H., Wolfgang bei Hanau
oxm – Bedel & Cie., St. Etienne (Loire)
p – Ruhrstahl Akt.-Ges., Presswerk Brackwede, Brackwede
qnw – *unbekannt*
qlt – *unbekannt*
qlv – *unbekannt*
qlw – *unbekannt*
qlx – *unbekannt*
qve – Berlin-Lübecker Maschinenfabriken, Bernhard Berghause, Werk Lübeck, Lübeck, Helmstr. 29-35
r – Westf. Anhaitische Sprengstoff A.-G., Werk Reinsdorf, *nur zur Kennzeichnung von Sprengkapselhülsen*
sup – *unbekannt*
svw – Mauserwerk A.-G., Oberndorf a.N.
swj – *unbekannt*
swp – Waffenwerke Brünn A.-G., Werk Brünn (Brno)
tbv – *unbekannt*

Obwohl im Konzept wirksam, konnte die nicht ganz durchgängige Anwendung der Herstellungscodes und Waffenamts-Abnahmestempel nie völlig geklärt werden. Statt ihrer zugewiesenen Herstellercodes wurden von deutschen Firmen, aus bisher ungeklärten Gründen, eine erstaunliche Anzahl kommerzieller Markenzeichen, Logos und Firmensymbole verwendet. Die hier aufgeführten Codezeichen stammen alle von den besprochenen Waffen bzw. verwendeten Zubehörteilen, erheben allerdings keinerlei Anspruch auf Vollständigkeit.

Es verdient auch besondere Beachtung, daß die für die Kurzpatronen eingerichteten Waffen sich wegen ihrer besonderen Montagetechnik nur beschränkt zerlegen und sich darum bestimmte Baugruppen leider nur bedingt untersuchen lassen.

I
Das Sturmgewehr – die Anfänge

Als die deutsche Wiederbewaffnung Anfang der 30er Jahre begann, interessierten sich gewisse Kreise innerhalb des militärischen Apparats für die Einführung einer relativ kräftigen Patrone für mittlere Entfernungen und einer entsprechenden Waffe für den Infanterieeinsatz. Obwohl die deutsche Standardpatrone bis dahin fast 30 Jahre in Gebrauch war, hatte die Forschung während des 1. Weltkriegs ergeben, daß die vorhandene »Patrone 7,9 mm S« (Spitzgeschoßpatrone) für typische Gefechtssituationen nicht optimal geeignet war.

Die meisten Infanteriegefechte fanden bei Entfernungen unter 400 Metern statt. Dabei konnte die große Reichweite der Standardpatrone und des Dienstgewehrs natürlich nie richtig ausgenutzt werden. Die geforderte Entwicklungsrichtung forderte daher den Entwurf einer leistungsreduzierten Patrone, die für kürzere Kampfentfernungen geeignet war, aber gewisse Parameter bei der Größe, Reichweite und den Herstellungsmethoden nicht überschreiten sollte. Zusätzlich ist eine Patrone mit einem kleineren Geschoß, einer kürzeren Hülse und einer reduzierten Pulverladung billiger in der Herstellung und benötigt weniger Rohmaterialien, behält dabei aber ihre optimale Gefechtsleistung.

Obwohl diverse Versuchspatronen für mittlere Reichweiten in den späten 20er und frühen 30er Jahren entworfen und erprobt wurden, lag der Ursprung eines Großteils dieser Arbeit außerhalb des deutschen Rüstungsapparats und wurde ohne offizielle Billigung durchgeführt.

Außer einer besonderen »Patrone mit reduzierter Länge«, 8 x 42,5, die zusammen mit einem Selbstladegewehr (System Heinemann, Karl Heinemann, Ingenieur bei Rheinmetall) entwickelt wurde, benötigte man annehmbare Patronen für mittlere Reichweiten, die die deutschen Streitkräfte unter Adolf Hitlers »neuer Ordnung« verwenden konnten. Die bemerkenswertesten Versuche in dieser Richtung können den kommerziellen Waffen- und Munitionsherstellern Gustav Genschow, Durlach (Geco), und der Rheinisch-Westfälischen Sprengstoff AG, Nürnberg (RWS), zugeschrieben werden.

Beide Firmen begannen – unabhängig voneinander – die Entwicklung einer kurzen Gewehrpatrone mit hoher Leistung. Es war jedoch RWS, die die erste bekannte Variante, eine 8 x 46 Versuchspatrone, 1934 entwickelte.

Den Umfang des staatlichen Einflusses zu diesem Zeitpunkt abzuschätzen ist schwierig. Berichten zufolge haben aber entweder RWS oder Geco amtliche Forschung- und Entwicklungsaufträge vom Heereswaffenamt, WaPrüfl (Abteilung Ballistik und Munition), zwecks Weiterführung der Entwicklungsarbeiten an einer Patrone dieses Typs, erhalten. Aus diesen Entwürfen ging die 1935 entwickelte Patrone 7,75 x 40 *(7,75 x 39,5 mm. – Anmerkung des Übersetzers)* als wohl vielversprechendster Geco-Entwurf hervor. Die ersten fertigen Patronen lagen im Mai 1935 vor.

Die Erprobung der M35-Patrone erfolgte in einem speziell dafür von Heinrich Vollmer entwickelten Maschinenkarabiner. Die Waffe wurde von Vollmer als Auftragsarbeit innerhalb von vier Monaten für die Firma Genschow entwickelt und konnte bereits im Juni 1935 in den Versuch gehen. Vollmers Prototyp mit der Bezeichnung M35 war ein Gasdrucklader mit Drehverschluß. Am 22. Juni 1935 konnte

Entwicklung der deutschen Kurzpatrone für Sturmgewehre 8 mm (7,9). Von links nach rechts (Hülsenlängen):
46 mm, Hülsenbodenstempelung »N 8x46« (RWS). Großer Hülsenkörper und Auszieherrille (Durchmesser des Patronenbodens 12,15 mm).
46 mm, ohne Markierung. Diese Patrone, sowie die nachfolgende, hat den üblichen Patronenbodendurchmesser der 8 mm (7,9 x 57 mm). Mauserpatrone von 11,9 mm.
40 mm, Hülsenbodenstempelung »Geco«. Die Patrone des Vollmer-Selbstladekarabiners M35 7,75 mm. (7,75 mm bezieht sich auf den Laufdurchmesser).
35.5 mm, ohne Stempelung.
33.5 mm, ohne Stempelung.

Der Vollmer M35 (A35II) »Selbstladekarabiner«, der ab 1935 für die 7,75 x 40 Geco-Patrone für mittlere Reichweiten entwickelt wurde.

die Waffe in Biberach zum ersten Mal mit 120 Schuß geschossen werden. Am 16. 12. 1935 begann die Erprobung in Kummersdorf. Einziger Schwachpunkt war, laut Heereswaffenamt (WaA), die zu hohe Feuergeschwindigkeit, die auf 350 Schuß/min reduziert werden sollte. Gemäß den Forderungen entstanden zwei weitere Versuchswaffen – das M35 II und das M35 III. Die Entwicklungsarbeiten wurden bis 1939 fortgesetzt. Am 22. August 1939 teilte das Heeres-

Die DWM-Patrone 7mm kurz (7 x 39) wurde Mitte der 30er Jahre für die deutsche Luftwaffe entwickelt. Ursprünglich zum Einsatz in Flugzeugen bestimmt, wurde die DWM-Patrone 7 mm auch versuchsweise in Maschinenkarabinern erprobt. Die nicht abgefeuerten Patronenhülsen sind aus Messing, die abgefeuerte Hülse ist aus Stahl. Die linke Patrone besitzt keine Markierungen, die anderen beiden tragen jedoch die gleiche Hülsenbodenstempelung: »DWM K 581«.

waffenamt Genschow mit, daß sowohl die Patrone als auch die Vollmer-Waffe vom Heer endgültig abgelehnt seien. Von gleicher Bedeutung ist die einzigartige »Kurzpatrone« 7 x 39 (DWM 581), die angeblich von den DWM (Deutsche Waffen- und Munitionsfabriken) Mitte der 30er Jahre für die Luftwaffe entwickelt wurde. In den Aufzeichnungen, von DWM als »Bergmannpatrone« aufgeführt, stellte man die Munition mit kurzer Hülse vermutlich zur Erprobung in Flugzeugen mit einem bisher unbekannten Bergmann-Maschinengewehr her. Obwohl ursprünglich für den Einsatz in Flugzeugen konzipiert, wurde die 7 mm Kurzpatrone versuchsweise in einem Maschinenkarabiner-Prototyp der Firma Walther verwendet und zu Erprobungszwecken in den Jahren 1937 und 1938 dem Heereswaffenamt vorgelegt. Zusätzlich wurde die gleiche 7 mm DWM-Patrone 1943 von der Firma Mauser mit ihrem Maschinenkarabiner »Gerät 06H« erprobt.

Obwohl sich die Versuchspatronenentwürfe in den halbamtlichen Militärerprobungen der späten 30er Jahre als zufriedenstellend erwiesen, lehnte das Heer weiterhin jeden Versuch ab, eine Patrone für mittlere Entfernungen für den Dienstgebrauch einzuführen. Sogar jede Erwähnung und jeder Hinweis auf eine Patrone mit reduzierter Leistung oder Größe rief eine negative Einstellung bei vielen der einflußreichen, höheren deutschen Stabsoffiziere hervor. Sie waren davon überzeugt, daß Gewehr- und Maschinengewehrfeuer

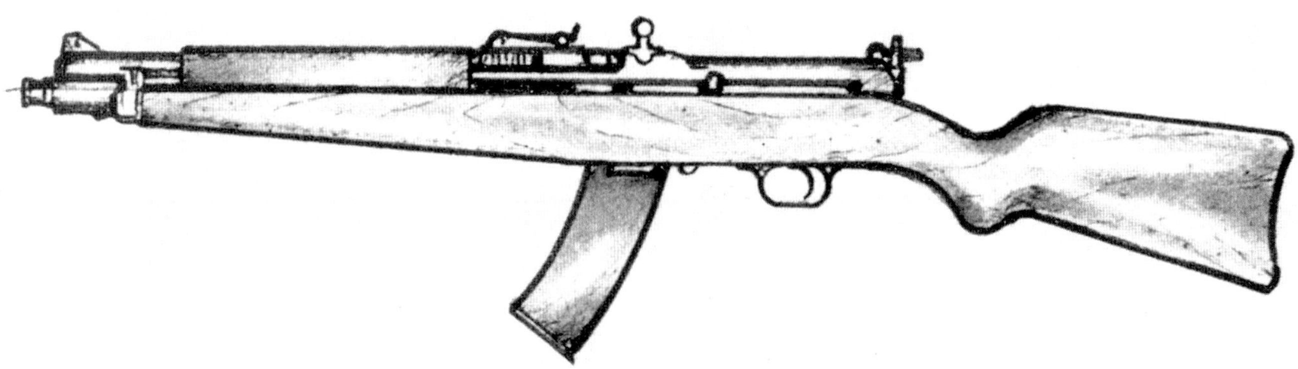

Diese frühe Ausführung eines »Maschinenkarabiners« wurde 1937 von Walther entworfen. Das zu Versuchszwecken verwendete Kurzgewehr verschoß die Patrone 7 mm/ kurz von DWM.

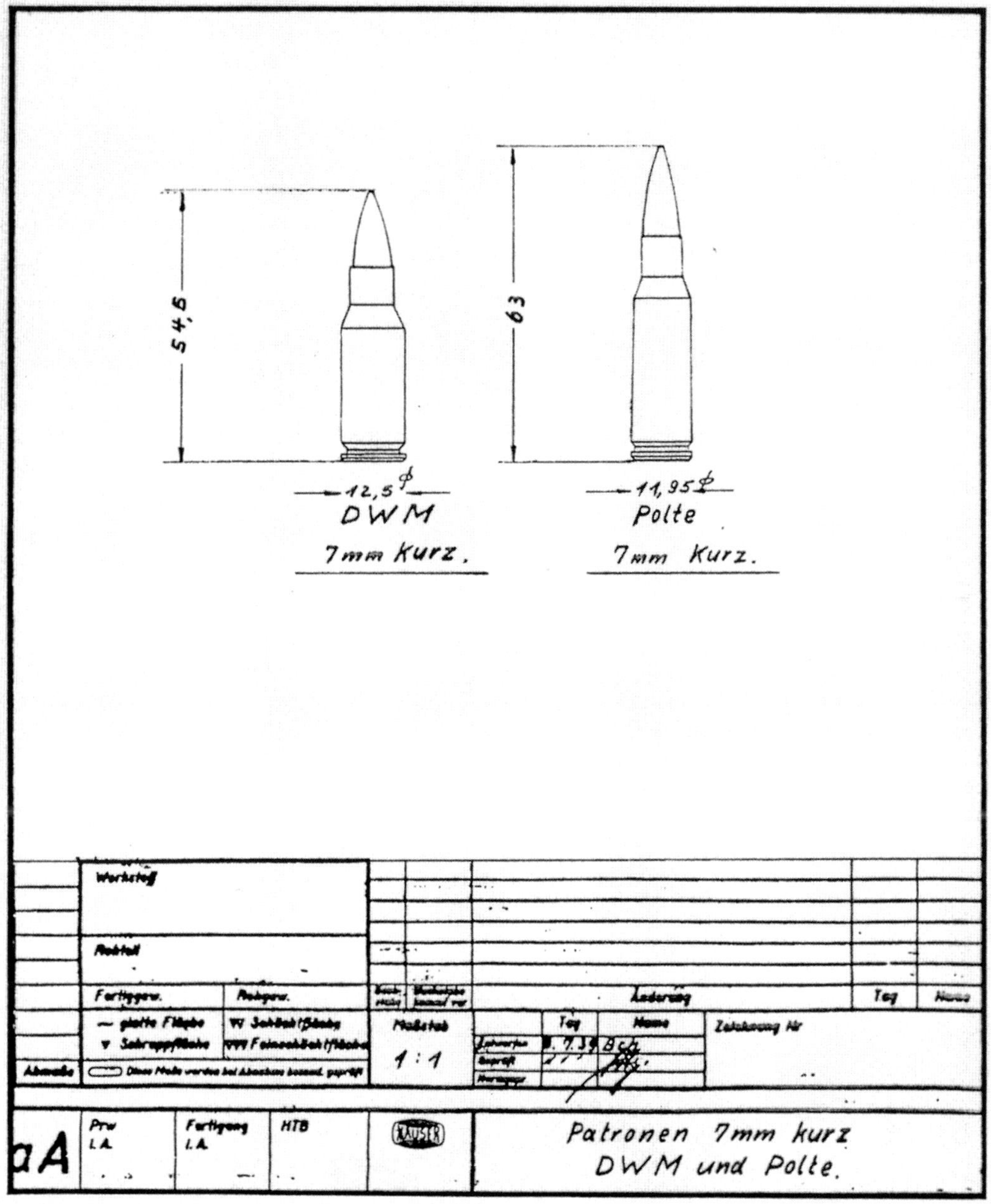

Eine Vorkriegzeichnung von Mauser. Sie zeigt eine der 7 mm Kurzpatronen DWM 7 x 39 (Hülsenlänge 39,1 mm) und eine Polte 7 x 45 Patrone (Hülsenlänge 45 mm).

auf große Reichweiten weiterhin ein beherrschender Faktor in einem künftigen Krieg sein würden.
Zwischen 1934 und 1940 gab es eine Vielfalt an Versuchspatronen für mittlere Reichweiten. Abgesehen von Versuchsschußapparaten und entsprechend eingerichteten Repetiergewehren waren, soweit bekannt ist, die Versuchs-

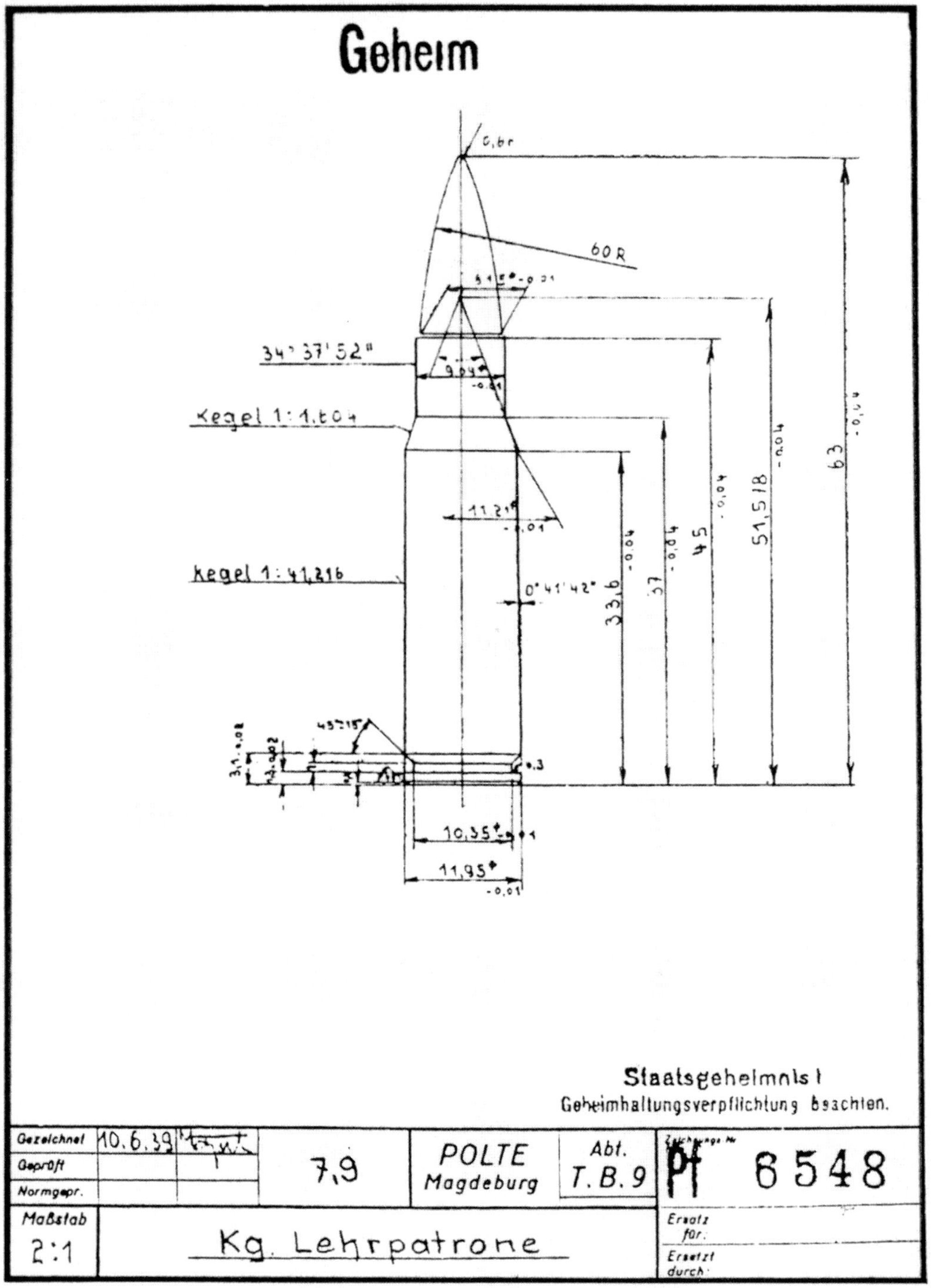

Polte-Fabrikzeichnung einer Versuchspatrone 8 x 45 für mittlere Reichweiten (Hülsenlänge 45 mm) aus dem Jahr 1939.

Vergleich zwischen einer typischen deutschen Militärpatrone »7,9 mm s.S. Patrone« (7,9 x 57 mm) für große Entfernungen, wie sie vor dem Krieg für Gewehre und Maschinengewehre üblich war, und einer »Pistolen Patrone 43 m.E.« (7,9 x 33 mm) Kurzpatrone für mittlere Entfernungen, die für die MKb, MP und StG-Waffenreihen gedacht war.

Ein Exemplar der Polte-Versuchskurzpatrone (links). 7,9 x 30 mm (1940) ist vermutlich der unmittelbare Vorgänger der Kurzpatrone (Hülsenbodenstempelung »P 7,9 1 40«).
Rechts: Ein frühes Exemplar der normalen Kurzpatrone 7,9 x 33 mm (1941) mit Stahlhülse (Hülsenbodenstempelung »aux 7,9 2 41«).

reihen der Firmen Vollmer und Walther scheinbar die einzigen Waffensysteme für Kurzpatronen, die in diesem Zeitraum vom Heereswaffenamt erprobt wurden.

Der Fortschritt des gesamten Programms wurde also von Anfang an durch ungenaue Anforderungen, amtliche Gleichgültigkeit und mangelnde konkrete Anweisungen ernsthaft behindert. 1938 erhoben sich heftige Stimmen als das Heereswaffenamt, trotz der offensichtlich fehlenden Billigung des Generalstabs, die Initiative ergriff und einen amtlichen Auftrag an die Patronenfabrik Polte in Magdeburg erteilte. Der ausdrückliche Auftrag lautete, eine annehmbare Patrone für mittlere Reichweiten zu entwickeln. Obwohl Polte, den Berichten nach, Versuchspatronen nach den gleichen Richtlinien wie RWS, Geco und DWM entwickelt

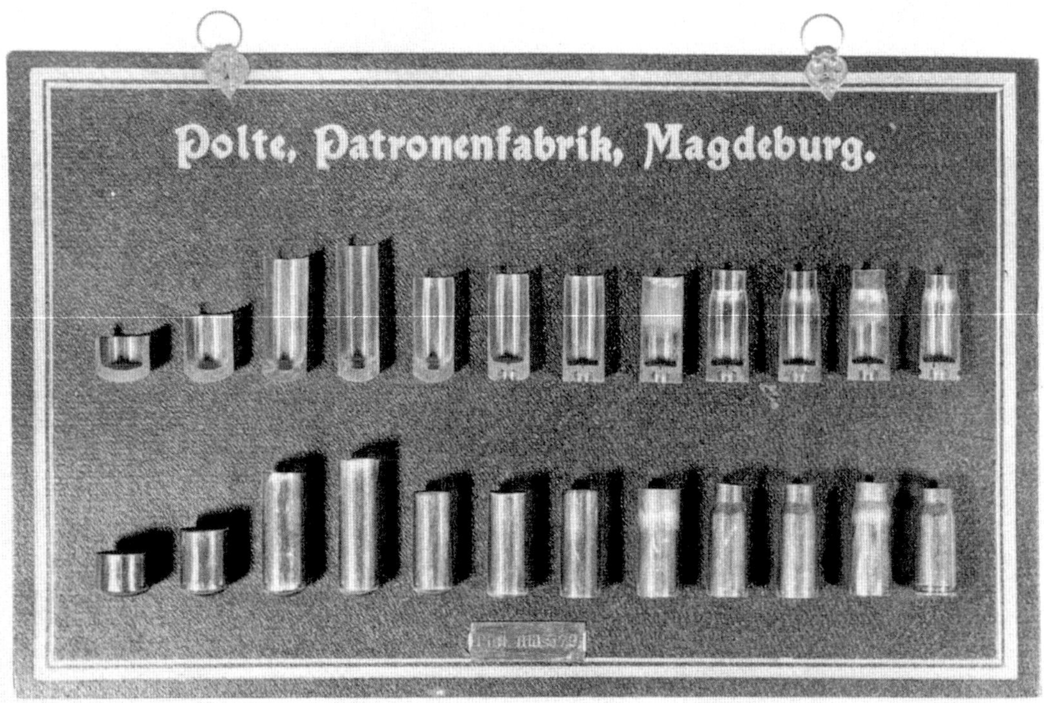

Eine der bekannten und hoch geschätzten »Polte-Tafeln«, die nach dem Krieg in der Patronenfabrik Polte (Magdeburg) »sichergestellt« wurden. Eine Reihe von Schautafeln zeigt Exemplare von Standard- und Versuchsmunitionstypen, in diesem Fall eine der Polte-Versuchskurzpatronen (Messinghülse, 30 mm Hülsenlänge).

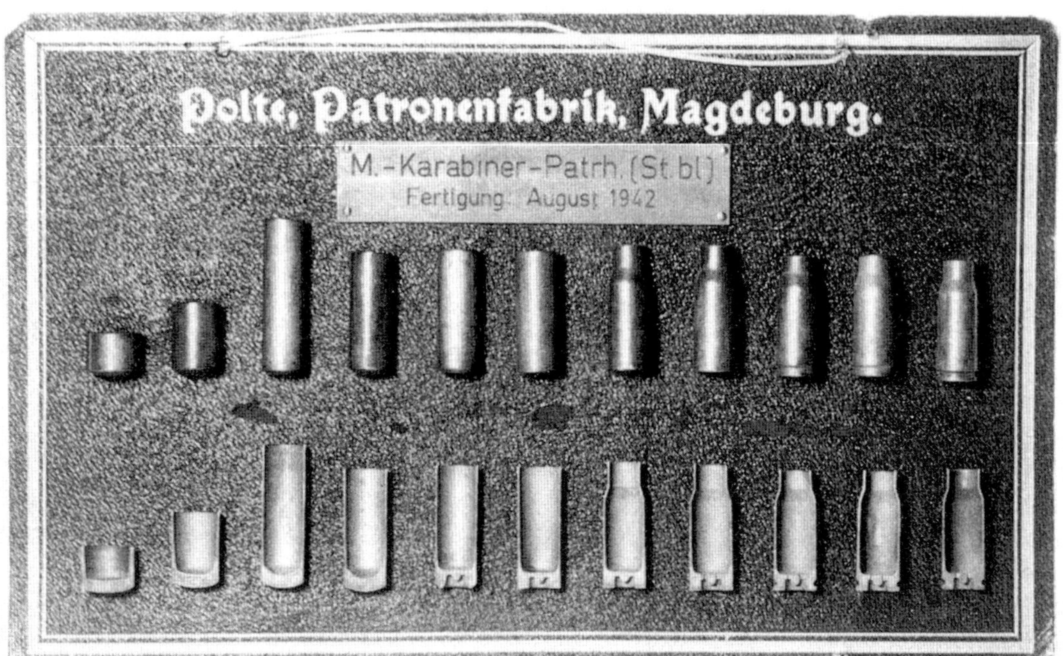

Eine weitere Polte-Patronentafel. Sie zeigt die verschiedenen Entwicklungsstadien (Hülsenstadien 7,9 x 33) der Standard-Kurzpatronenhülse (Stahlhülse, 33 mm Länge).

Der Haenel MK42, ein Maschinenkarabinerprototyp für die Kurzpatrone und eine der ursprünglichen Erprobungswaffen. Der frühe MKb wurde als »Maschinenkarabiner 42« bezeichnet.

Frühes Fertigungsexemplar des Haenel-Maschinenkarabiners, der aus der MK42-Prototypenreihe entwickelt wurde. Dieses in sehr kleiner Auflage hergestellte Modell trug die Bezeichnung MKb42(H).

hatte, scheint sich die Hauptforschungsrichtung von Polte zu diesem Zeitpunkt auf noch kürzere Patronen mit leichteren Geschossen konzentriert zu haben (30 bis 35 mm Hülsenlänge, 100 bis 130 Grains Geschoßgewicht).

Zwischenzeitlich hatten jedoch praktische Überlegungen einen Entwurf gefordert, der mit nur minimaler Entwicklungsarbeit schnell in die Produktion umgesetzt werden konnte. Ob diese Richtung aus Eigeninitiative oder nach Anweisungen des Heereswaffenamts von Polte eingeschlagen wurde, bleibt unbestätigt. Nichtsdestotrotz hatte die Firma Polte einen neuen Weg eingeschlagen. Anstatt eine völlig neue Patrone zu entwickeln fällte sie die Entscheidung, viele Eigenschaften der vorhandenen 7,92 x 57 mm Militärpatrone beizubehalten. Diese Patrone (7,9 mm sS, schweres Spitzgeschoß) für große Reichweiten wurde 1930 als Standarddienstpatrone für Gewehre und Maschinenge-

Die früheste bekannte Abbildung eines Walther-Maschinenkarabiners. Amtliches Bild des Heereswaffenamts (November 1942) des Walther MKb42(W)-Prototyps.

wehre eingeführt. Sie war Nachfolger der im 1. Weltkrieg verwendeten Patrone 7,9 mm S oder »S«-Munition und ordonnanzmäßig eingeführt.

Obwohl die Ergebnisse der Polte-Versuche dieses Zeitraums nicht vollständig vorliegen, lieferten die ersten Entwürfe der »Kurzpatrone« allem Anschein nach zufriedenstellende Resultate. 1940 war daraus ein annehmbarer Entwurf geworden. Als die neue Patrone 1941 endgültig übernommen wurde, war sie, trotz der erheblich geringeren Länge und des Gewichts, mit der Standardpatrone eng verwandt und teilte mit dieser einige Abmessungen und Leistungsmerkmale. Die neue Patrone erhielt die Bezeichnung »7,9 Infanterie-Kurzpatrone«. So stand die Polte-Kurzpatrone 7,92 x 33 mm mit nur geringfügigen Änderungen zur Serienfertigung bereit. 1938 hatte sich nun das Heereswaffenamt, neben der festen Verpflichtung mit der Fa. Polte, der Auswahl einer geeigneten Mehrzweck-Infanteriewaffe gewidmet. Daher vergab die WaPrüf2 (Handfeuerwaffenforschung und Entwicklung, eine Abteilung des Heereswaffenamtes) einen entsprechenden Auftrag an die C.G. Haenel Waffen- und Fahrradfabrik in Suhl, mit dem Hinweis auf die grundlegenden Entwurfsanforderungen des Heeres. Der Auftrag vom 18. Mai 1938 bezog sich auf die Entwicklung einer Handfeuerwaffe, die für den Gebrauch einer Patrone für mittlere Reichweiten eingerichtet war.

Zu dieser Zeit arbeitete Hugo Schmeisser als Direktor der Forschungs- und Entwicklungsabteilung bei Haenel. Er gilt als der anerkannte Vorreiter in der Forschung auf dem Gebiet der leichten automatischen Waffen. Obwohl es bisher keine ausdrückliche Erklärung für die Wahl der Fa. Haenel für dieses Projekt gibt, dürfte wohl Schmeissers Anwesenheit ein ausschlaggebender Faktor für diese Wahl gewesen sein.

Anstelle die grundlegenden Forderungen nach voll- und halbautomatischer Feuerkraft sowie einer ausreichenden Schußleistung bis 800 Meter zu berücksichtigen, gab man der neuen Waffe die Bezeichnung Maschinenkarabiner (MKb), um das grundlegende Konzept dieser Waffe von der Idee der Maschinenpistole abzugrenzen. Diese Bezeichnung eignete sich nach damaliger Ansicht am besten dazu, das neue Waffensystem für Kurzpatronen zu charakterisieren. Die Bezeichnung Maschinenkarabiner stellte sowohl einen technischen, als auch taktischen Unterschied dar. In der ursprünglichen Planung war vorgesehen, daß die neue Waffe als Ersatz für das Standardrepetiergewehr, die Maschinenpistole sowie unter Umständen auch für das leichte Maschinengewehr dienen sollte. Um dieser Anforderung gerecht zu werden, forderten die ursprünglichen Entwurfsvorgaben eine leichte Handfeuerwaffe mit Umschaltung zwischen Einzel- und Dauerfeuer. Sie sollte mit einfachen Blechverformungs- und bearbeitungsmaschinen herzustellen sein, ohne einen höheren Kompliziertheitsgrad zu beanspruchen, als für die herkömmliche Gewehr- und Maschinenpistolenproduktion gebräuchlich war. Obwohl einige Entwurfskriterien scheinbar von früheren Entwicklungsprojekten des Heereswaffenamts übernommen wurden, erweiterte man die allgemeinen Anforderungen an das neue Waffensystem um folgende Spezifikationen:

1. Zuverlässigkeit bei extremer Kälte sowie unter Wüstenbedingungen
2. Angemessener Schutz gegen Staub und Schmutz
3. Einfacher Mechanismus
4. Kein höheres Gewicht als beim Standardinfanteriegewehr
5. Geringere Gesamtlänge als beim Standardinfanteriegewehr
6. Flugbahn des Geschosses vergleichbar mit dem des Standardgewehrs bis ca. 600 m
7. Gezieltes halbautomatisches Einzelfeuer bis 400 m
8. Wirksames Dauerfeuer in kurzen Feuerstößen bis 400 m
9. Mittlere Dauerfeuerkadenz (350-450 Schuß/Minute)
10. Kontrolliertes Dauerfeuer
11. Montagevorrichtung für Gewehrgranaten-Schießbecher

Bis 1940 gelang es der Haenel-Schmeisser Entwicklungsgruppe, eine Waffe mit Gaskolbenmechanismus und starr verriegeltem Verschluß für die Polte-Kurzpatrone zu entwickeln. Da nun die Grundwaffe geschaffen war, mußte man sich jetzt dem Problem der Einhaltung des aktuellen »Blech-Hohlprägekonzepts« bei der Handfeuerwaffenherstellung widmen. Dies wurde allerdings durch die Tatsache erschwert, daß das Haenel-Unternehmen bisher kaum praktische Erfahrung mit der Herstellung von Waffen in spanlosen Blechformverfahren besaß. Die sehr erfolgreichen 9 mm Maschinenpistolen MP38 wurden zwar von Hugo Schmeisser bei Haenel entworfen, hergestellt allerdings von ERMA (B. Geipel Waffenfabrik, Erfurt). Die Waffe war also nie im eigenen Werk produziert worden, obwohl Haenel bereits ein Verfahren entwickelt hatte, eine Waffe mit vereinfachten Mitteln durch spanlose Blechbearbeitung herzustellen.

Unter diesen Umständen wurden die Merz-Werke in Frankfurt, ein etabliertes Industrieunternehmen mit einiger Erfahrung in der Blechbearbeitung, offiziell damit beauftragt, verschiedene Komponenten des Haenel-Entwurfs im Hinblick auf die Anpassung an die Erfordernisse der Massenfertigung zu überarbeiten. Die Firma Merz stellte verschiedene Büro- und Geschäftsmaschinen her und galt im Bereich der Blechverformung als kompetent, hatte aber bisher überhaupt keine Erfahrung in der Waffenfertigung gesammelt. Da ihre Ingenieure nun in ihrer Eigenschaft als Blechbearbeitungsexperten an die Herstellungsanforderungen herangingen und für die Haenel-Gruppe lediglich optimale Leistungen zählten, soll die Beziehung zwischen den beiden Firmen zeitweise sehr gespannt gewesen sein. Doch trotz einiger anfänglicher Schwierigkeiten, erschienen die ersten Prototypen des Haenel MKb gegen Ende 1941.

Es war leider unmöglich, die technischen Details der ursprünglichen Prototypwaffen zu ermitteln. Nur eine begrenzte Anzahl wurde mit kurzlebigen Werkzeugen bzw. kurzfristigen Werkzeugeinstellungen und speziellen Blechbearbeitungstechniken hergestellt.

Aus den stetigen Bemühungen des Heereswaffenamtes heraus, den Prototyp eines Waffensystems zu entwickeln, der den Erfordernissen für eine Massenproduktion entsprechen würde, scheint es, daß in den ersten Monaten des Jahres 1942 die frühen Haenel-Waffen von der WaPrüf2 einer ausgedehnten informellen Vorprüfung unterzogen wurden. Obwohl Haenel bis 1941 scheinbar als einziger Waffenfabrikant mit der Entwicklung eines für die Kurzpatrone eingerichteten Maschinenkarabiners offiziell beauftragt war, hatte die Firma Carl Walther in Zella-Mehlis bereits im Frühjahr 1940 vom Maschinenkarabinerprogramm erfahren und die Entwicklung eines Waffensystems eingeleitet, das den existierenden Vorgaben des Heereswaffenamts entsprechen sollte. Obwohl die Entwicklung also scheinbar ohne amtlichen Auftrag begonnen wurde, reichte Walther später einen

Prototyp aus der eigenen Entwicklung ein und erhielt sogar die Erlaubnis, als direkter Konkurrent zu Haenel, die Entwicklung fortzusetzen. Die WaPrüf2 erteilte im Januar 1941 Walther einen amtlichen Entwicklungsauftrag.
Der Walther MKb, ein Gasdrucklader mit Drehverschluß, soll aus dem Entwurf eines Selbstladegewehrs entwickelt worden sein, welches, zusammen mit seinen frühen Varianten von Walther, für die Standardpatrone 7,92 x 57 mm entwickelt worden war.
Obwohl beide Waffensysteme unabhängig voneinander entwickelt worden waren, fällt die starke Ähnlichkeit zwischen den 1942 vorliegenden Maschinenkarabinern von Haenel und Walther auf. Abgesehen von den allgemeinen Vorgaben des Heereswaffenamts, bezogen sich, soweit bekannt, die einzigen spezifischen Einschränkungen der frühen Maschinenkarabinerentwicklung auf die verwendete Patrone und die Fertigungsmethoden. Aus bisher noch nicht geklärten Gründen funktionierten die MKb Haenel und Walther im Prinzip auf die gleiche Art, sahen ähnlich aus und besaßen ebenfalls vergleichbare Gewichte und Abmessungen.

II
Der Maschinenkarabiner MK42

Bei den in diesem Kapitel beschriebenen Waffen handelt es sich um Modelle, die von C. G. Haenel unter Berücksichtigung der Forderungen des deutschen Militärs entwickelt wurden. Sie waren ein Teil des ursprünglich von Schmeisser entworfenen Kurzpatronen-Prototypenprogrammes, welches zur Prüfung und Erprobung 1942 hergestellt wurde.
Haenel erhielt im Frühjahr 1938 einen Produktionsauftrag für das neue Waffensystem, mit Richtlinien, die in den späten 30er Jahren erstellt worden waren. Eine Klausel des Vertrages besagte so zum Beispiel, daß 50 Prototypen zur Erprobung bis Juli 1942 zur Verfügung gestellt werden sollten, tatsächlich hergestellt wurden aber angeblich die Teile für 100 Waffen. Von dieser Gesamtmenge sollen jedoch lediglich 35 Exemplare zu feldmäßigen Erprobungen ausgegeben worden sein. Leider hat der Verfasser keinen Hinweis darüber, inwieweit die ursprünglichen Testwaffen den beiden hier beschriebenen bekannten Exemplaren (Haenel-Prototypwaffen mit den Seriennummern 030 und 042) im Aufbau bzw. den technischen Details glichen.
Gemäß der Waffenamtsvorgabe wurde versucht, zum Großteil spanlose Herstellungsverfahren zu wählen und dabei soviel Blechumform- und Formteile einzusetzen wie nur möglich. Dabei fräste, goß oder schmiedete man viele der kleineren Teile.
Schmeisser hatte sich dafür entschieden, verschiedene Bauteile aus den Maschinenpistolen MP38 und MP40 in der

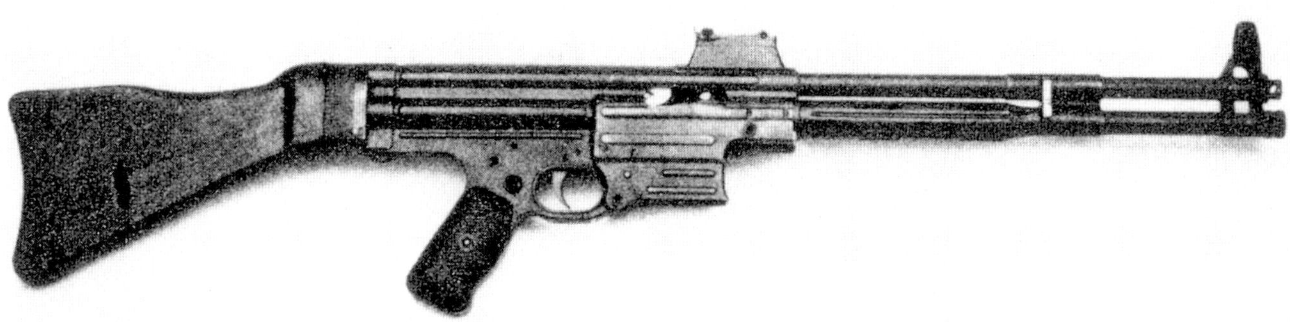

Haenel-Schmeisser Prototypmaschinenkarabiner MK42 für Kurzpatrone (7,9 x 33 mm), Seriennummer 030, 1942 zu Erprobungszwecken hergestellt.

Nahaufnahme des frühen Haenel-Maschinenkarabiners MK42 mit der Seriennummer 030 und dem Warenzeichen der Merz-Werke. Die Einkerbungen und der große Stift dienten zur Positionierung und Verriegelung des Verschlusses innerhalb des Blechgehäuses.

Die Bezeichnung »MK42(HS)«, eine Abkürzung für »Maschinenkarabiner 42 (Haenel-Schmeisser)«, ist auf dem Oberteil des Verschlußgehäuses vor dem Schaft eingestempelt.

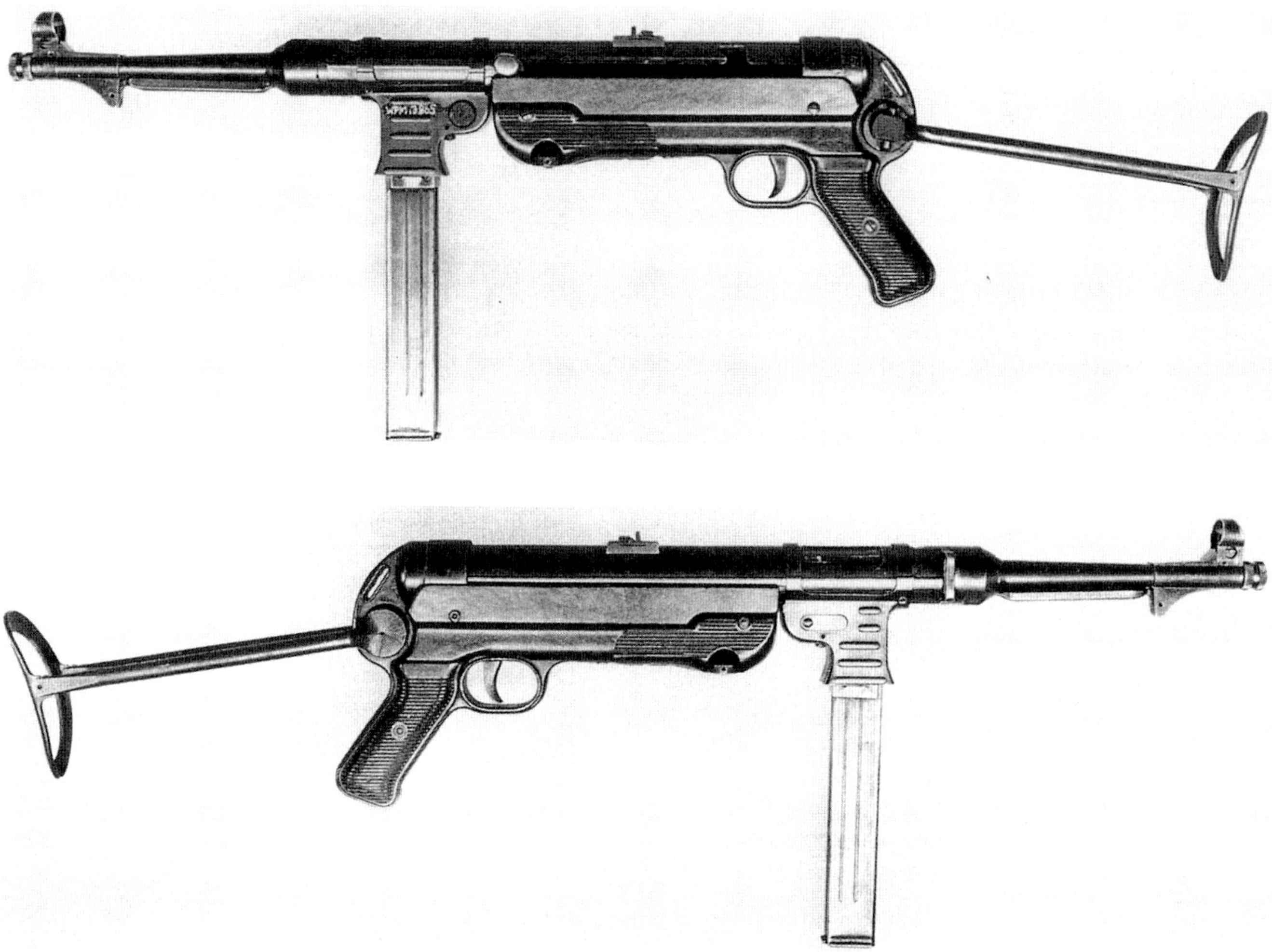

Die Waffe, die angeblich den Entwurf des ursprünglichen Haenel-Kurzpatronenwaffensystems beeinflußt haben soll: Die 9-mm-Maschinenpistole MP40 ist ein Teil der von Hugo Schmeisser im Suhler C.G. Haenel-Werk entwickelten Waffenreihe MP38/40. Die höchst erfolgreiche MP 40 wurde während des 2. Weltkrieges in großen Stückzahlen für die Wehrmacht hergestellt.

Versuchsreihe zu verwenden. Dabei stellte sich jedoch heraus, daß einige dieser Konstruktionselemente für die Massenfertigung ungeeignet waren. Sie wurden dann nachträglich abgeändert. Darum unterschied sich die Haenel-Prototypreihe, trotz äußeren Ähnlichkeiten, von dem für die Massenfertigung abgeänderten Produktionsmodell MKb42(H). Die genaue Anzahl der zur Erprobung fertiggestellten Prototypen konnte vom Verfasser noch nicht festgestellt werden.

In der Regel wurden die Bestandteile der deutschen Waffen mit der Waffennummer oder einem Teil von ihr gekennzeichnet. Die Teile in den Waffen mit den Nummern 030 und 042 sind jedoch nicht nummerngleich, was darauf schließen läßt, daß die Waffenteile anfänglich ohne Rücksicht auf Numerierung zusammengesetzt wurden oder während der nachfolgenden Erprobungen eventuell ausgetauscht wurden *(Anmerkung des Übersetzers: Die Einzelteile der von der Infanterieschule in Döberitz erprobten Maschi-*

Haenel-Schmeisser Prototypmaschinenkarabiner MK42 Seriennummer 042. Trotz des ähnlichen Aussehens unterscheiden sich die Nummer 030 und 042 durch die Schaftgestaltung, den Blech-Handschutz und die Schließfederbaugruppe.

Der MK42 Nr. 042 von der anderen Seite.

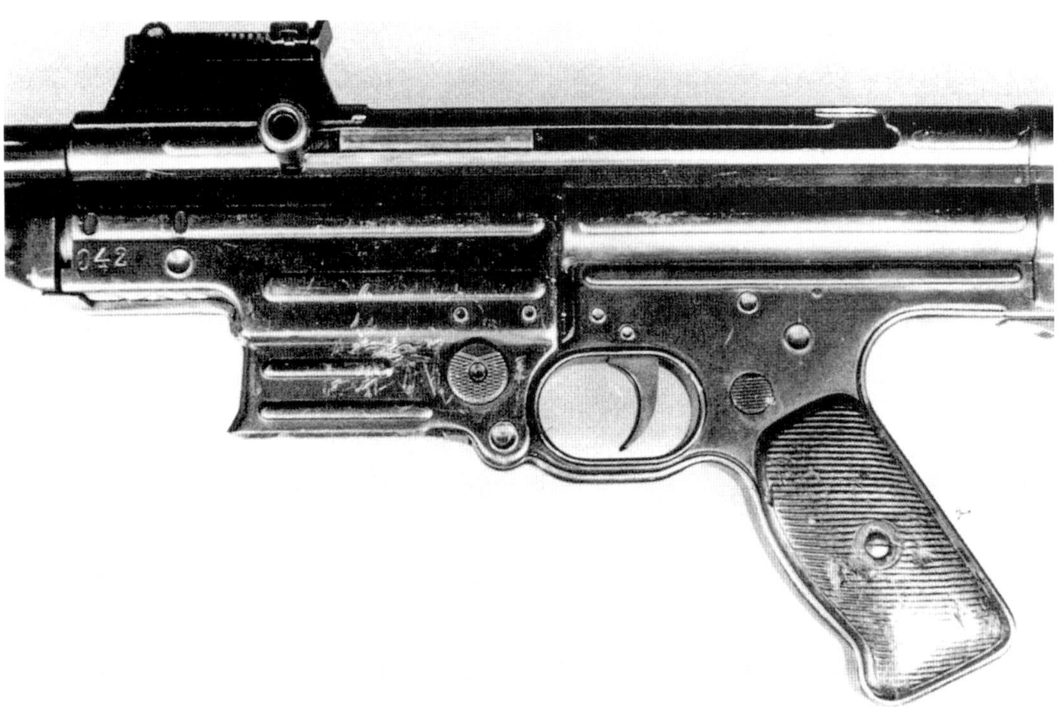

Haenel MK42 Prototypwaffe Nr. 042, Detailansicht von links. Gemäß den Anforderungen des Heereswaffenamts wurden, wo immer möglich, Blechpräge- und Formteile verwendet. Die aus schwerem Blech hergestellte Rahmenbaugruppe diente als Gehäuse für Verschluß, Schlagbolzen und Magazin. Die eingeprägten Rippen dienten zur Versteifung der Blechteile.

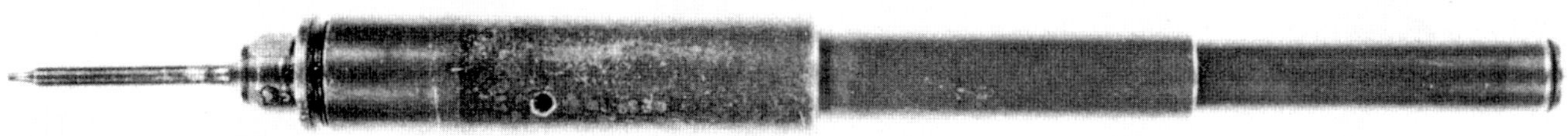

Die teleskopartige Schließfederbaugruppe der Maschinenpistolen der MP38-Baureihe. Ohne Schlagbolzen, das schmale Ende mit dem Verschlußstück des MK42 abschließend und um 180 Grad gedreht, würde die Einheit ähnlich aussehen, wie die bei der Prototypwaffe Nr. 042 verwendeten Baugruppe.

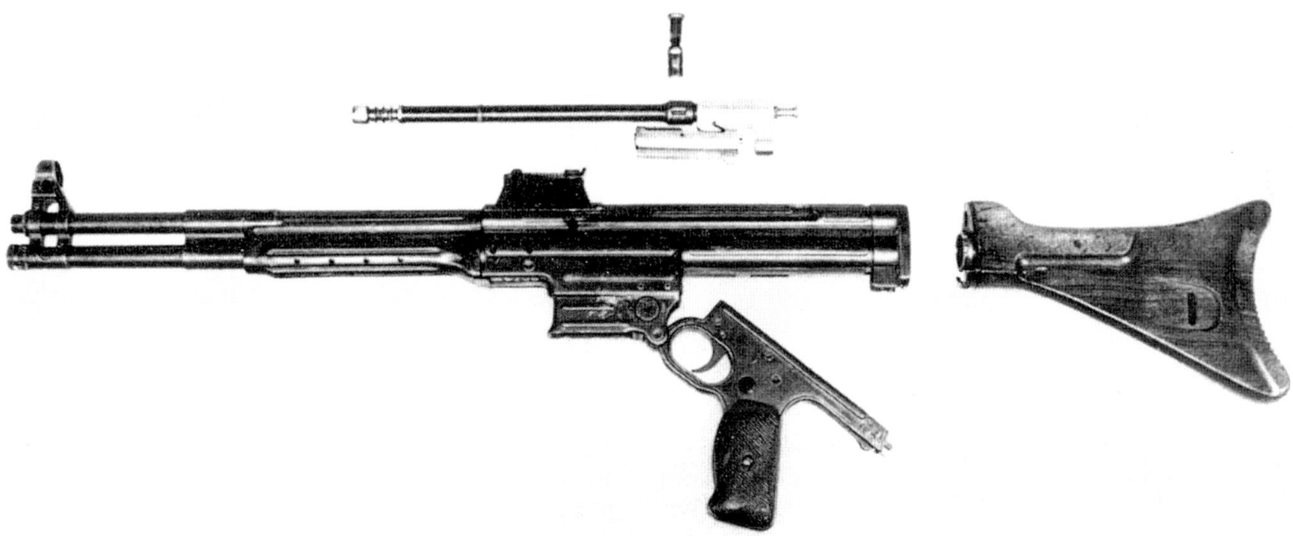

Maschinenkarabiner 42 (MK42), feldmäßig zerlegt. Die Schaftbaugruppe wurde abgenommen und die Abzugsbaugruppe abgeklappt. Die Schloßführung mit Gaskolbenstange, Kolben, Schloß und Spannhebel liegt oberhalb der Waffe. Die nicht abgebildete Schließfeder ist in einem dreiteiligen Teleskopgehäuse untergebracht, das jenem der Maschinenpistole MP38 ähnelt.

nenkarabiner MKb 42(H) waren nach zeitgenössischen Berichten nicht austauschbar.)
Ein relativ unkompliziertes Gasdrucksystem betätigt den zuschießenden Verschluß. Die frühen Prototypen haben eine Kippverriegelung des Verschlusses (die Verlängerung des Gaskolbens hebt und senkt das Verschlußstück in eine verriegelte Stellung), kombinierte Gas- und Betätigungskolbenbaugruppe in einem Gaszylinder über dem Lauf, umschaltbare Feuerkadenz, Spannhebelsicherung und ein abnehmbares Stangenmagazin. Als Bestandteil der ursprünglichen Waffenamtsvorgaben befindet sich der Spannhebel links, »damit der Schütze die Waffe mit der linken

Für die neuen bei Haenel entwickelten Waffen wurden das Magazingehäuse, die Magazinverriegelung und die Magazine von den Schmeisser-Maschinenpistolen übernommen und an den neuen Entwurf angepaßt. Ursprünglich mit flachem Rücken ohne Führungsrille entworfen, unterscheiden sich die Magazine der MK42-Prototypreihe von den späteren Fertigungsreihen und sind daher nicht austauschbar. Hier die Ansicht des MK42-Magazingehäuses von unten, ohne Magazinführung.

Haenel MK42-Prototypwaffe Nr. 042, Detailansicht von rechts. Die kombinierte Abzugsbaugruppe mit Griffstück ist durch ein Scharnier mit der Unterseite des Gehäuses, direkt hinter dem Magazinschacht, verbunden und wird hinten durch einen kleinen Verriegelungshebel arretiert.

Hand nachladen kann, ohne diese aus dem Anschlag zu nehmen«, während das Magazin zum Aufsetzen der Waffe im liegenden Anschlag dienen sollte.

Zusammen mit dem von der MP38-Waffenserie übernommenen Magazingehäuse und der Magazinarretierung, bei Haenel für die neuen Waffen entworfen, sind die ursprünglichen 30-Schuß-Blechmagazine Aptierungen der früheren Modelle, die mit den von Schmeisser entworfenen Maschinenpistolen verwendet wurden.

Die für die MK42 Prototypserie bestimmten Magazine unterscheiden sich von dem späteren Produktionsmodell und lassen sich nicht mit diesen austauschen.

Trotz ähnlichen Aussehens und ähnlicher Funktion unterscheiden sich die Waffen Nummer 030 und Nummer 042 in der Gestaltung des Kolbens, des Blechhandschutzes und besonders der Schließfeder. Anders als bei der Nummer 042, die eine ziemlich komplizierte Schließfedergruppe besitzt, ähnlich der MP38-Bauart im dreiteiligen Teleskop-Blechrohrgehäuse, ist die Schließfedergruppe der Nr. 030 viel unkomplizierter in Funktion und Aussehen, wobei ein einfacher Metallbolzen die Feder mit dem hinteren Ende des Gaskolbens verbindet. In nahezu identischer Art wie bei den späteren Fertigungsmodellen von Haenel, dient eine einfache runde Bohrung im Schaft der Nummer 030 zur Aufnahme der Schließfeder.

Die Verschluß- und Gaskolbenbaugruppen des Prototyps sind im wesentlichen mit denen der späteren Waffen der MP43-Reihe funktions- und formgleich, unterscheiden sich allerdings in dem durch Federdruck zurückbewegten Schlagbolzen und einer Verlängerung bzw. einem Schlagstück am Gaskolben, das die Funktion des Hahns übernimmt. Von der Haenel-Gruppe entworfen und hergestellt, besteht die primäre Abzugsbaugruppe aus einem Abzugsstollen mit Stopkante, Abzug, Abzugsstange, Umschalthebel und Unterbrecher für halbautomatisches Feuer.

In einem durch Scharnier mit der Unterseite des Gehäuses verbundenen Blechgehäuse untergebracht, bildet diese eigenständige Baugruppe zugleich den Abzugbügel und Pistolengriff. Ein Feuerwahlhebel zum »Durchdrücken« selektiert Einzel- und Dauerfeuer. Bei nach links durchgedrücktem Hebel erscheint der Buchstabe »D« für Dauerfeuer. Nach rechts gedrückt erscheint der Buchstabe »E« für Einzelfeuer.

Zwar liegen keine offiziellen Zahlen vor, doch wird bei der Haenel-Waffe eine Kadenz von ca. 480 bis 600 Schuß pro Minute angenommen.

Das von der MP 38 und 40 übernommene und angepaßte Sicherungssystem besteht aus einem L-förmigen Ausschnitt im Spannhebelschlitz im hinteren Gehäusebereich in Verbindung mit einer dem Spannhebel angepassten Aussparung. Es ermöglicht, den Verschluß in der vorderen Stellung zu verriegeln oder ihn in der hinteren Position gesichert zu halten.

Der für die neuentwickelte Kurzpatrone 7,9 mm eingerichtete Lauf mißt ca. 38,1 cm bei einer Gesamtlänge von ca. 92 cm. Die mit einem ca. 12,7mm langen Außengewinde versehene Mündung ist mit einer entsprechenden Schutzmutter der gleichen Art wie bei den Maschinenpistolen MP38 und 40 versehen. Obwohl das Mündungsgewinde auf die Verwendung eines Schießbechers für Gewehrgranaten oder eines Platzpatronengeräts hinweist, gibt es keine Informationen darüber, daß die Verwendung solcher Zusatzgeräte zu diesem Zeitpunkt des Entwurfes vorgesehen war.

Wenn man von einer Montagevorrichtung für einen Granatschießbecher ausgeht, deutet die Gestaltung der Mündung darauf hin, daß, außer bei der Erprobung eines abweichenden Entwurfs, das Gewinde nicht lang genug war, um den aufschraubbaren Schießbecher MKb42 in seiner endgültig angenommenen Form zu befestigen. Zwar ist es reine Spekulation, doch deutet die Gestaltung der Mündung, die mit den Maschinepistolen MP3 8/40 nahezu identisch ist, daraufhin, daß eine Kurzpatronenversion des Platzpatronengeräts MP zu irgendeinem frühen Zeitpunkt der Maschinenkarabinerentwicklung in Erwägung gezogen wurde. Es handelt sich dabei um ein Gerät, daß den Laufdurchmesser verengt, um beim Verschießen von Platzpatronen den Druck im Lauf so weit erhöht, daß der Repetiervorgang problemlos ausgeführt wird.

Das zum Einsatz mit den MP38-Baureihen vorgesehene Platzpatronengerät MP wird von der Mündung her in den Lauf eingeschoben und durch eine Befestigungsmutter auf dem Mündungsgewinde verriegelt. Obwohl Patronen zum Abfeuern von Gewehrgranaten aus dem MKb aus dem Jahr 1942 erhalten geblieben sind, sind interessanterweise keine Platzpatronen für den MKb aus dem gleichen Zeitraum bekannt.

Zwar unterscheidet sich die Schaftform der Waffe Nr. 042 von der eher konventionell erscheinenden Ausführung der

Detailaufnahme der Mündung des Maschinenkarabinerprototyps MK42. Die Kornmontage, ein gefräster Block, diente zugleich als Halterung für den Gaszylinder und den Lauf. Das 12,7 mm lange Mündungsgewinde wurde durch eine Mutter geschützt.

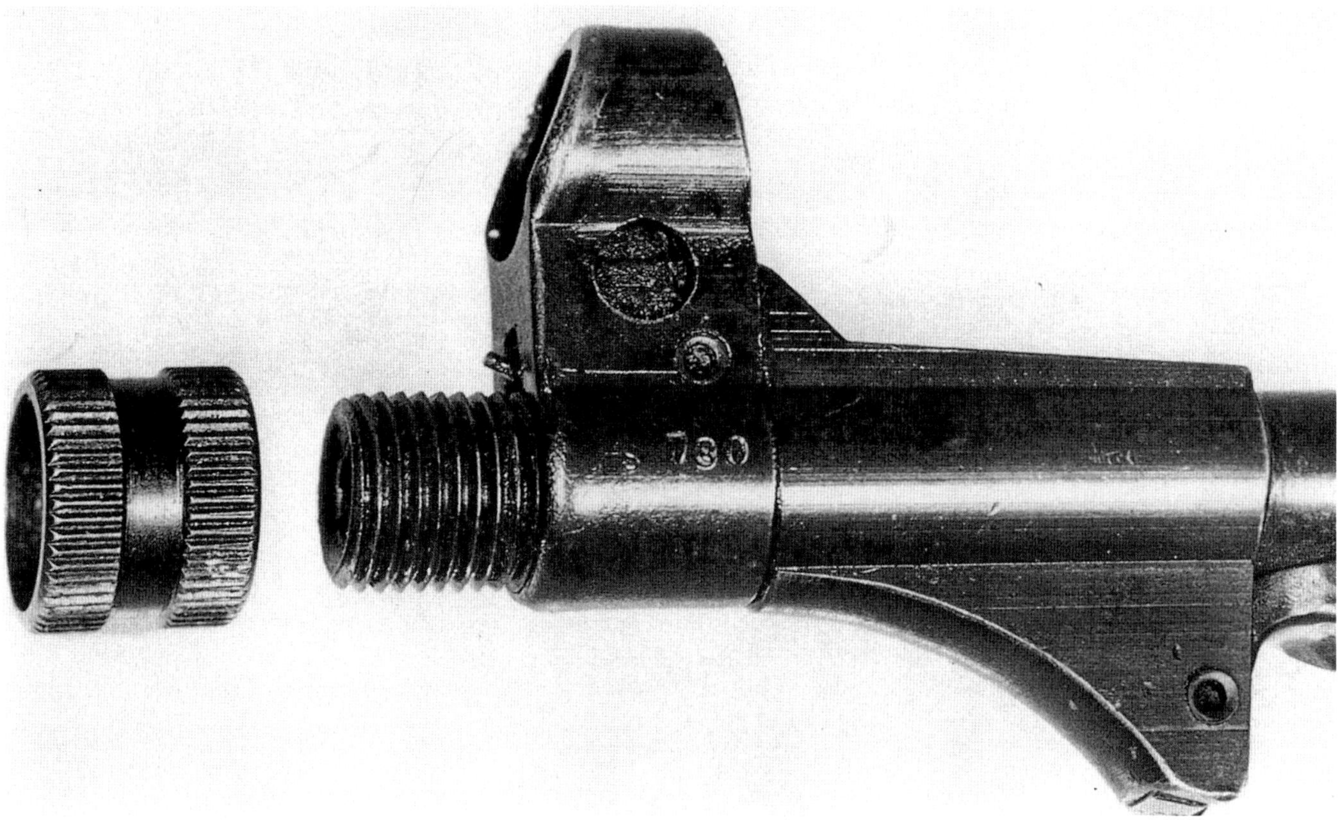

Der Mündungsbereich einer 9-mm-Maschinenpistole MP40 dient gut zum Vergleich. Die Mündungsmerkmale der von Schmeisser entwickelten Maschinenpistolen MP38/40 sind fast identisch mit jenen der Maschinenkarabiner MK42.

Waffe Nr. 030, doch ist die Art der Befestigung des Schafts am Gehäuse bei beiden Waffen identisch. Um die Baugruppe zu entfernen, wird ein kleiner Verriegelungshebel betätigt, der Kolben um ca. 45° nach links gedreht und vom Gehäuse abgezogen. Obwohl schon unkompliziert, wurde die Schaftmontage abgeändert und für die Serienfertigung weiter vereinfacht. Die aus hochwertigem Nußbaumholz gefertigten Kolben der Prototypen besaßen weder Abschlußkappen, Verstärkungen noch Staufächer.

Ein formgestanztes Blechstück dient bei den Nummern 042 und 030 als Handschutz und als Schutz vor der übermäßigen Hitzeentwicklung. Der an der Waffe Nummer 042 verwendete Handschutz ist aus U-förmig geformtem Federblech ausgebildet, entspricht der typischen späteren Produktion, schnappt in der für ihn bestimmten Position ein und wird lediglich durch seine Federspannung festgehalten. Der Handschutz von Nr. 030 ist röhrenförmig, umschließt den Lauf komplett und läßt sich nur sehr kompliziert ein- bzw. ausbauen. Als offensichtlich konstruktives Zugeständnis war der U-förmige Handschutz wesentlich unkomplizierter herzustellen und zu montieren. Wenn man jedoch von der großen Anzahl der Sturmgewehre ausgeht, die den Krieg ohne diesen Handschutz überlebt haben, war die Spannung des aus Federblech hergestellten Handschutzes der Aufgabe nicht in allen Fällen gewachsen.

Trotz vieler gemeinschaftlicher Merkmale, unterscheiden

Die Stempelung »MK42(HS)« der Waffe Nr. 042. Neben den Nummern 030 und 042 hat mindestens eine weitere Waffe der ursprünglichen Haenel-Prototypreihe den Krieg überlebt.

sich die Modelle Haenel MK42 und MKb42(H) in einer Anzahl interner sowie externer Komponenten. Anders als beim Serienmodell ist die Kornbaugruppe gefräst und nicht gegossen. Die Kimme besitzt eine Einteilung von 50 bis 800 m, ist größer und hat einen etwas höheren Sockel als beim MKb42(H). Ab 100 m läßt sich das Visier in 100-Meter-Schritten verstellen.

Die Abdeckung des Patronenauswurffensters war kein Bestandteil des ursprünglichen Entwurfs und es gab auch keine Vorrichtung zum Aufpflanzen eines Bajonetts.

Obwohl ähnlich, unterschieden sich die Abzugsbaugruppen in ihrem Aufbau. Das Verschlußgehäuse des Prototyps war stabiler ausgelegt als das der Waffen aus der Serienfertigung. Die Kurzpatronenwaffen wurden offensichtlich brüniert, wobei Teile vor der Endbearbeitung entweder sandgestrahlt oder mit einer milden Säure geätzt wurden, um eine nichtreflektierende matte Oberfläche zu erzielen. Als Folge einer Warmbehandlung waren einige Teile, wie zum Beispiel der Verschluß und der Gaskolben, nicht brüniert sondern stattdessen hochglanzpoliert.

Beide Waffen sind mit Seriennummern gestempelt und im wesentlichen in gleicher Art und Weise markiert. Die Bezeichnung »MK42(HS)«, eine Abkürzung für »Maschinenkarabiner 42 (Haenel-Schmeisser)«, ist auf dem Verschlußgehäuse direkt vor der Kolbenbaugruppe eingestempelt. Ein kleines Logo der Blechprägefirma Merz-Werke, das auf Waffe Nr. 030 erscheint, fehlt jedoch bei Waffe Nr. 042.

Es ist ein außerordentlicher Glücksfall, daß diese unersetzlichen Waffen trotz der historischen Umstände überlebt haben.

III
Haenel Maschinenkarabiner 42(H)

Obwohl den Vorstellungen des Heereswaffenamts nicht ganz entsprochen wurde, hatte das Kurzpatronensystem ausreichendes Potential bewiesen, eine Massenfertigung zu rechtfertigen. Nach der stillschweigenden Billigung und aufgrund der auf dem Heeresversuchsgelände bei Kummersdorf abgehaltenen Erprobungen, wurden Pläne entworfen, um den neuen Waffentyp in einer modifizierten Form in die Produktion zu geben. Die Massenfertigung der Entwürfe, die auf empfohlenen Veränderungen an den Prototypwaffen basierten, sollte bereits während der Fortsetzung der Entwicklungsarbeiten beginnen. Bis zur Mitte des Sommers 1942 waren die technischen Zeichnungen für das neue Waffensystem den Berichten nach fast fertig, während die zur Massenfertigung benötigten Werkzeuge, Stanzen und Montagevorrichtungen sich noch in verschiedenen Stadien der Vorbereitung befanden.

Während die Pläne bereits in Arbeit waren, scheint das Heereswaffenamt einen zusätzlichen Anforderungskatalog für die Maschinenkarabiner verabschiedet zu haben. Neben der Aufnahme einer Aufpflanzvorrichtung für das Bajonett S84/98 sollte der MKb ein Mündungsgewinde mit großem Durchmesser und grober Steigung zur Aufnahme eines standardisierten, aufschraubbaren MKb42-Granatschießbechers erhalten.

In einer verbesserten Form wurde das 30schüssige Haenel-Stangenmagazin ebenfalls übernommen und erhielt eine MKb-Bezeichnung, während die Kurzpatrone die Bezeichnung »Maschinenkarabinerpatrone S« erhielt.

In der Modifikation zur Massenfertigung erhielt der Haenel-Entwurf die Bezeichnung »Maschinenkarabiner 42(H)« oder MKb42(H), wobei der Zusatz »H« zur besseren Modell Unterscheidung hinzugefügt wurde. Allen Berichten nach war bei Haenel bereits im November 1942 der Fertigungsbeginn vorgesehen. Die vollen Liefererwartungen von 10.000 Waffen pro Monat sollten bis März 1943 erreicht werden.

Obwohl Einzelheiten der frühen Maschinenkarabinerfertigung und -Verteilung unklar geblieben sind, ist bekannt, daß Fertigungsprobleme eine Auslieferung von nennenswerten Stückzahlen des Haenel MKb42(H) bis nach Januar 1943 verzögerten.

Trotz der Tatsache, daß Ende 1942 bereits ein erheblich verbesserter Haenel-Entwurf mit »geschlossenem« – also aufschießendem – Verschluß schon fast die Einführungsreife erreicht hatte, wurden wegen der bestehenden Verpflichtungen die Kurzpatronenwaffen in den ersten Monaten des Jahres 1943, wenn auch nur als Zwischenlösung, in den Felddienstvorschriften und Materiallisten aufgenommen.

Die Leistung der Maschinenkarabiner wurde nach frühen Felderprobungsberichten unter wechselnden Einsatzbedingungen mit folgendem allgemeinen Ergebnis getestet: »Auf der Basis der einfachen Handhabung, einfachen Konstruktion und des Einzelgewichts sind die Waffen besonders geeignet für Späh- und Stoßtruppunternehmen, sowie für den Angriff.«

Obwohl sie anfänglich als potentielles Problem bei der ersten Feldeinführung angesehen wurde, war, was die Kurzpatrone angeht, die folgende Reaktion charakteristisch für die durchschnittlichen Fronttruppen: »Solange ein genügender Vorrat vorhanden ist, sind die Truppen unbesorgt.

Trotz der wohlwollenden Aufnahme haben zwei Merkmale des neuen Waffensystems die Hauptkritik auf sich gezogen.

Das Standard-Seitengewehr S84/98 der deutschen Streitkräfte mit Scheide, wie es ursprünglich zum Einsatz mit den Haenel- und Walther-Maschinenkarabinern vogesehen war.

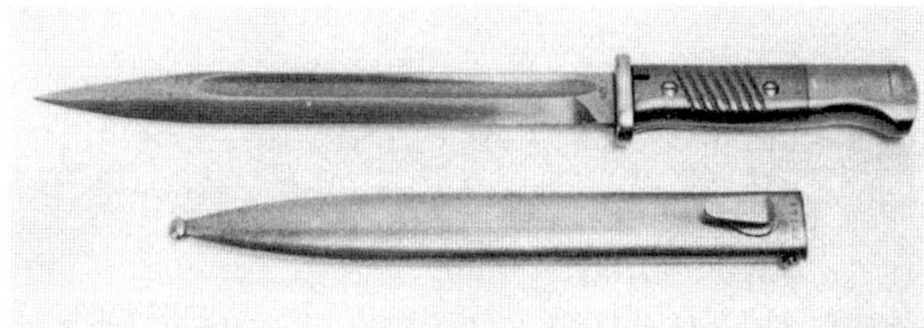

Eine typische Waffe aus der Haenel-Produktion aus dem Jahre 1943 ist dieser MKb42(H). Er ist mit einer Bajonetthalterung ausgestattet. Die meisten MKb42(H) besitzen diese Bajonettschiene.

Damals wurde wie folgt berichtet: »Basierend auf Informationen der Truppe muß wegen der ungewöhnlichen Visiereinrichtung eine viel höhere Stellung eingenommen werden als sie beim Schießen mit dem Gewehr notwendig ist... Das Mündungsfeuer ist beim nächtlichen Schießen grell und wird als zu stark angesehen.«

Zu diesen Beschwerden ist anzumerken, daß die darauffolgende Entwicklung Experimente mit anderen Visiereinrichtungen sowie Mündungsfeuerdämpfern einschloß. Abgesehen von vereinzelten Versuchen wurden beide Änderungen jedoch niemals eingeführt.

Was die Maschinenkarabiner betrifft, deuten die vorhandenen Beweise darauf hin, daß das MKb42-System als Vorläufer der zukünftigen, verbesserten Maschinenpistolenserie (MP43) dienen sollte. Gegenstand von Spekulationen ist, daß die Firma Haenel neben dem MKB 42(H)-Produktionsentwurf in den letzten Monaten des Jahres 1942 noch an einer weiteren Waffe für die Kurzpatrone arbeitete. Es wird angenommen, daß die »Billigung«, die der Haenel-Entwurf Ende 1942 erhalten hat, tatsächlich die Annahme durch das Heeres- waffenamt des zuvor erwähnten Haenel-Prototypentwurfs beinhaltete. Es handelte sich um eine Waffe mit geschlossenem Verschluß, die in der Tat die Entwicklungsbasis für die MP43 bildete und nicht die Produktionsausführung des MKb42(H), wie in verschiedenen zeitgenössischen Quellen berichtet wurde.

Basierend auf dem Prototypwaffensystem entstand unter Berücksichtigung der Änderungsvorschläge diese Waffe. Der Haenel-Maschinenkarabiner (MKb42(H))für die 7,9 mm Kurzpatrone wurde in begrenzter Stückzahl gefertigt.

Ab Februar 1943 wurde die Bezeichnung »Maschinenpistole 43« (MP43) offiziell auf den neuen Haenel-Entwurf übertragen, während Pläne ausgearbeitet wurden, eine Produktionsverlagerung von der MKb42-Serie zugunsten der verbesserten Haenel-Ausführung vorzunehmen. Eine Umstellung der Produktion sollte im darauffolgenden Sommer vorgenommen werden.
Interessant ist die Tatsache, daß Bedienungsanleitungen für die Haenel- sowie die Walther-MKb42-Modelle im Februar 1942 ausgegeben wurden. Es ist ebenfalls interessant, daß die MKb-Bezeichnungen für das Magazin, die Patrone und die Zubehörteile gänzlich fallengelassen und durch solche für die MP43 ersetzt wurden. Obwohl die ursprünglichen Prognosen des Heereswaffenamtes den MKb42(W) in der Produktionsplanung eingeschlossen hatten, ist es weiterhin unklar, in welchem Ausmaß sich Walther nach dem Dezember 1942 daran beteiligt hat. Abgesehen von begrenzten Felderprobungen, bei denen bestimmte Merkmale des MKb42(W) gutgeheißen wurden, war das Heereswaffenamt von Anfang an vom »Drehriegelverschluß«-Entwurf der Firma Walther wenig begeistert. Obwohl bisher unbestätigt, wird angenommen, daß die Firma Walther sich von dem Kurzpatronenwaffenprojekt zurückgezogen hat, nachdem sich das Heereswaffenamt gegen Ende 1942 offen zum verbesserten Haenel-Entwurf bekannte.
Auf jeden Fall hat sich die Firma Walther sowohl an der Entwicklung als auch an der Fertigung verschiedener Handfeuerwaffen und deren Bestandteile für die deutsche Wehrmacht aktiv beteiligt. Unter Berücksichtigung der Gesamtumstände ist es jedoch kaum zu verstehen, daß angeblich »Tausende« von Walther-MKb in den ersten Monaten des Jahres 1943 hergestellt worden sein sollen.
Trotz der Verbesserungen an dem ursprünglichen Prototypentwurf des Häenel-MKb-Systems, wurden bei den Waffen aus der begrenzten Haenel-Fertigung weiterhin verschiedene Charakteristika der MP38/40 Maschinenpistolenreihe beibehalten. Neben der Berücksichtigung des Anforderungskataloges, der u.a. eine Bajonetthalterung und ein verlängertes Mündungsgewinde verlangte, wurde eine Vorrichtung zum pyramidenförmigen Zusammenstellen der Waf-

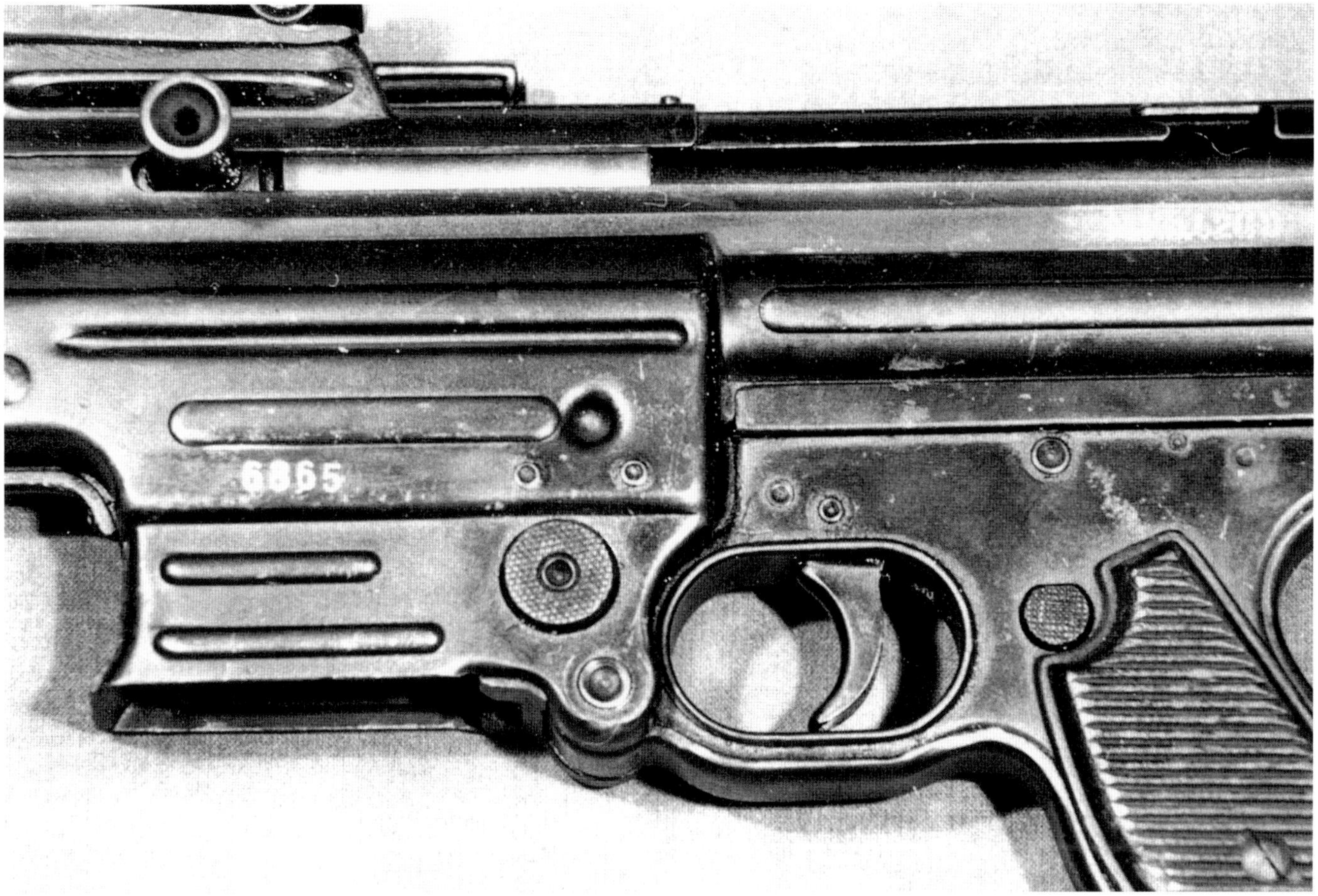

Die Nahaufnahme eines Serien-Haenel-MKbs zeigt deutlich die Seriennummer (6865) auf dem Magazinschacht und die Modellbezeichnung MKb42(H) unter der Sicherungsaussparung im Spannhebelschlitz. Der Zusatz (H) sollte die eindeutige Identifikation des Modells ermöglichen. Der große Knopf der Magazinverriegelung und der Feuerwahldruckknopf sind gut sichtbar.

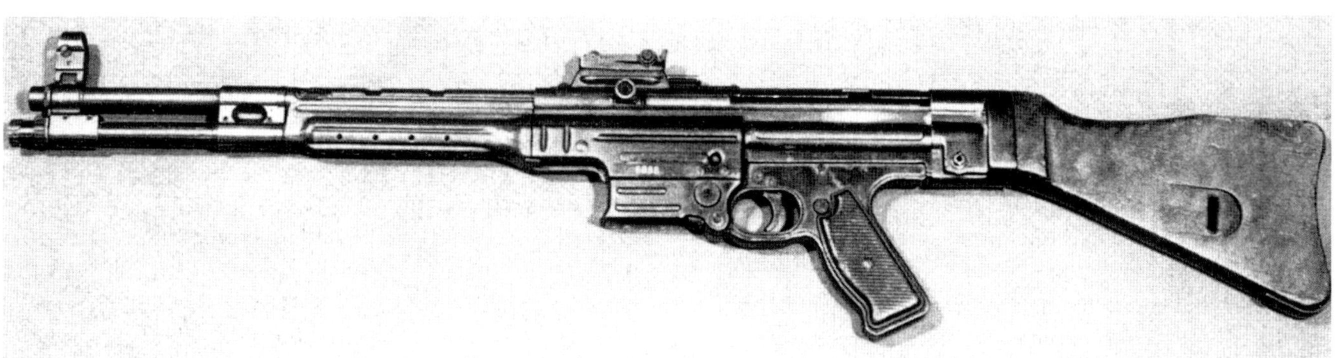

Eine weitere Ansicht des Haenel MKb 42 Nr. 6865, ohne Magazin. Diese Waffe aus der Mitte der Fertigungsreihe besitzt keine Aufpflanzvorrichtung für ein Bajonett.

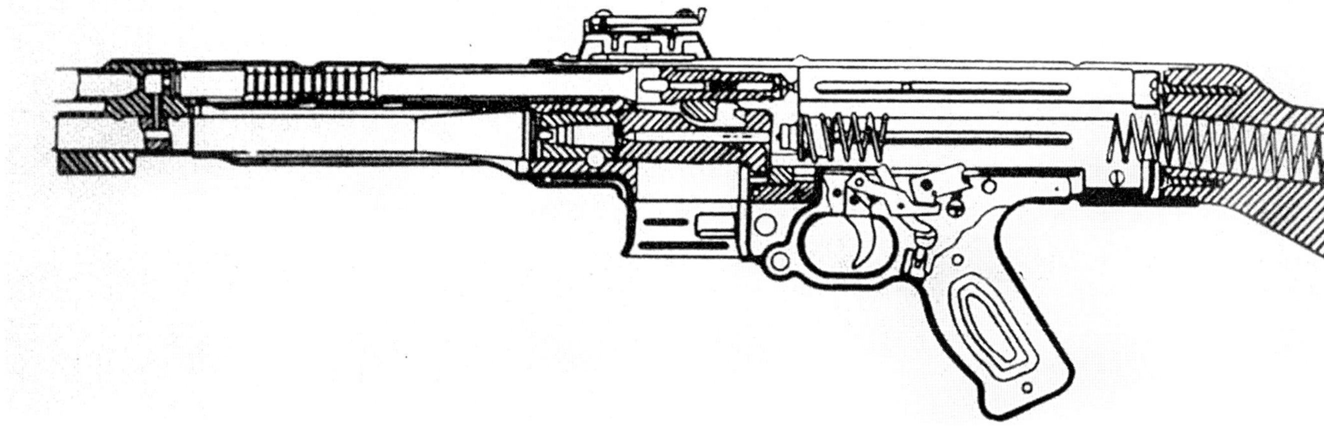

Schnittzeichnung des Haenel MKb42(H)

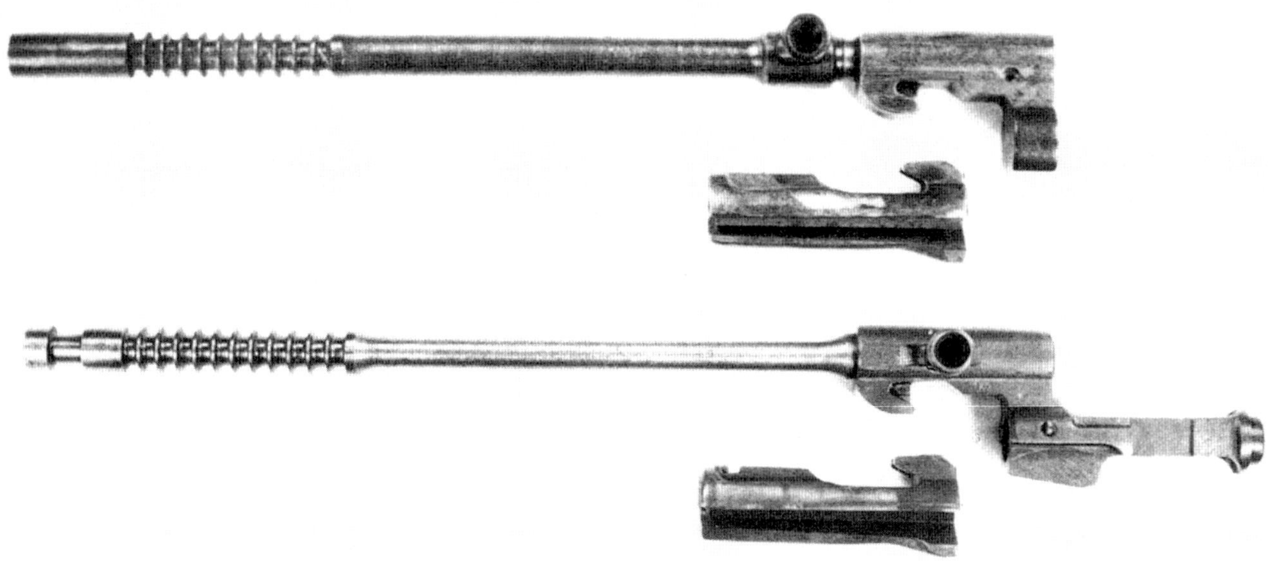

Ein direkter Vergleich zwischen den Gaskolben- und Verschlußschlittenbaugruppen des Haenel MKb42(H). Das »aufschießende« System (oben) und die Weiterentwicklung für das »zuschießende« System der MP43-Serie (unten).

fen direkt in den Kornsockel integriert und eine federgelagerte Abdeckklappe für das Hülsenauswurffenster hinzugefügt. Dies ist eine einfache, jedoch wirksame Maßnahme, das Eindringen von Schmutz und Fremdkörpern durch die große Öffnung ins Gehäuse zu verhindern. Wenn der Verschluß mit dem Spannhebel nach hinten gezogen wird, entriegelt diese federgelagerte Klappe durch die Verschlußbewegung und springt gefechtsbereit auf. Im Unterschied zu den vom Heereswaffenamt klar vorgegebenen Anforderungen ist über die Verwendung von Zielfernrohren am MKb relativ wenig bekannt. Obwohl die Verwendung von Zielfernrohren weder in den Überlegungen noch in den

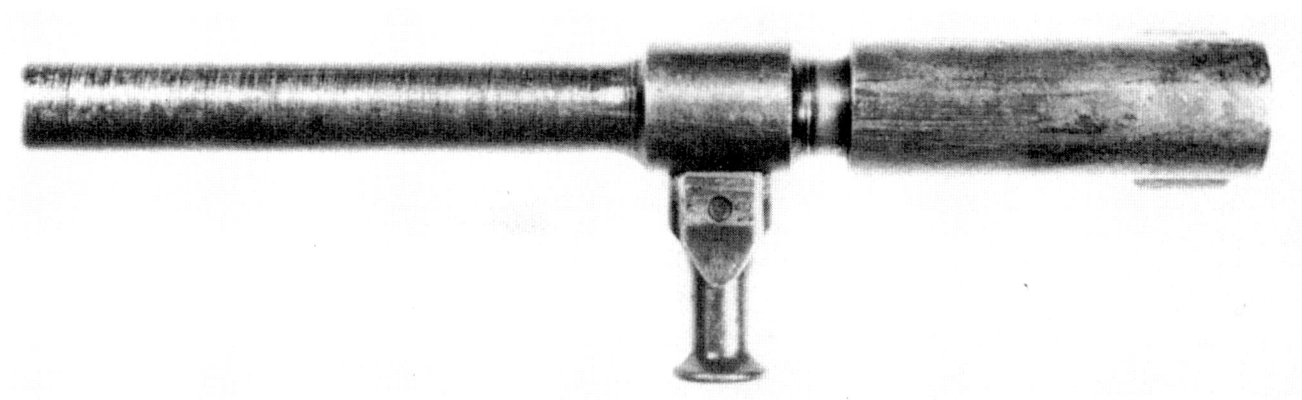

Aufsicht auf Gaskolbenstange, Schloßführung und Spannhebel des MKb42(H). Der Spannhebel ist beweglich in die Gaskolbenstange eingebaut, um die Sicherung durch »Einhaken« in das Gehäuse zu ergänzen. Hier ist der Spannhebel in der normalen Schußstellung.

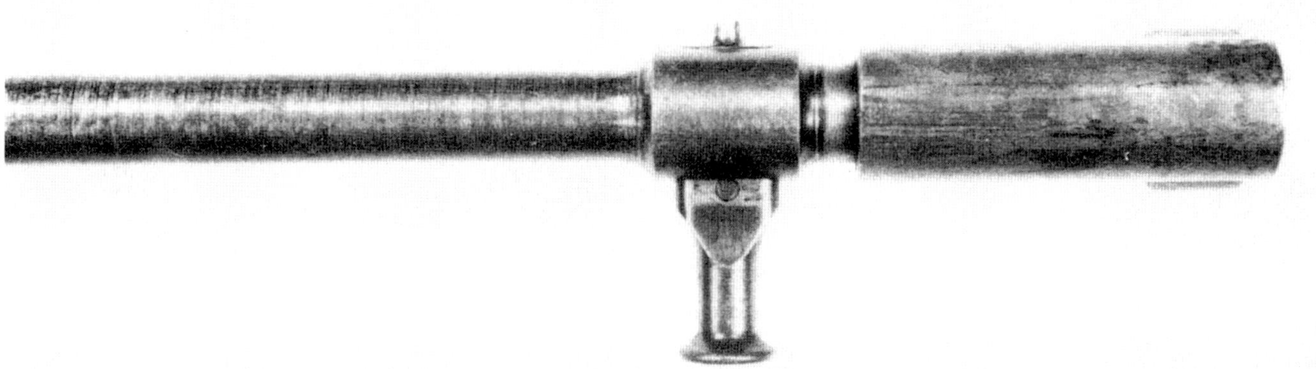

Durch Eindrücken des Spannhebels greift ein Stift an dessen Ende in eine runde Bohrung im Gehäuse ein. Dadurch wird sowohl eine Verriegelung des geschlossenen Systems als auch eine gespannte und gesicherte Verriegelung ermöglicht.

praktischen Anwendungen der Prototypentwicklung eine große Rolle gespielt zu haben scheint, waren sowohl der MKb42(H) von Haenel als auch der MKb42(W) von Walther mit Montageschienen für Zielfernrohre am Kimmensockel ausgestattet.

Die Montage des Zielfernrohres 41 (ZF 41) mit anderthalbfacher Vergrößerung ist so ausgebildet, daß sie auf die am Kimmensockel angebrachten Montageschienen aufgeschoben werden kann. In der Montageschiene des Zielfernrohres ist ein federgelagerter Riegelmechanismus eingebaut, der beim Aufschieben des Zielfernrohres auf die Waffe an der Montageschiene auf der rechten Waffenseite in einer Nut einrastet und so das ZF 41 in Position hält.

Im vorliegenden Fall stammt der früheste Hinweis auf einen MKb mit Zielfernrohr vom September 1942. Es handelt sich dabei um einen Hinweis auf eine »MKb42-Scharfschützenausführung mit einem Wirkungsgrad bis 600 m.« Abgesehen von fragmentarischen Hinweisen auf die angedachte Verwendung eines Zielfernrohrs mit zwei- oder dreifacher Vergrößerung (»mit einer besseren Leistung als diejenigen,

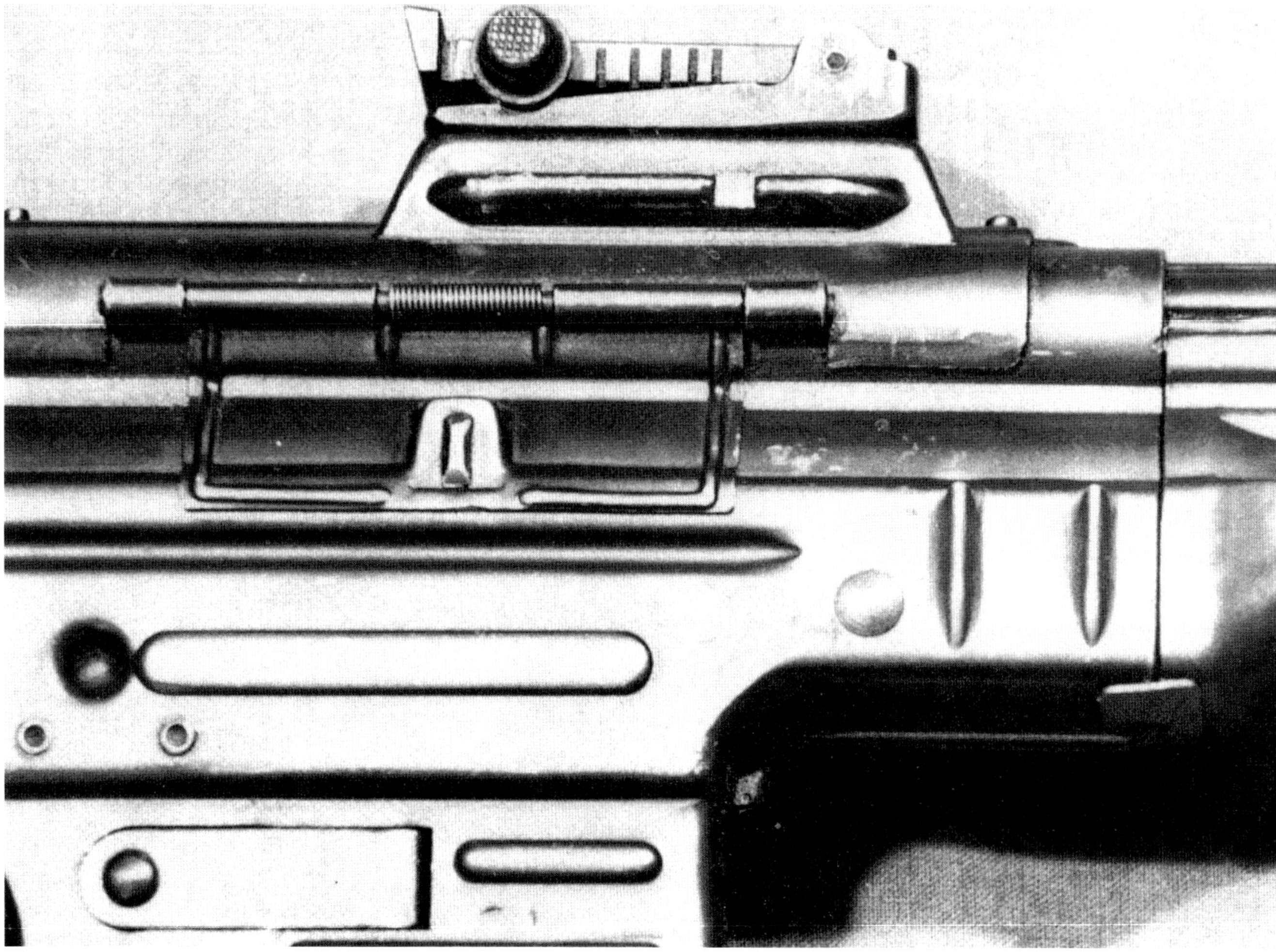

Haenel MKb42(H), Ansicht von rechts. Der Verschlußblock aus legiertem Stahl wurde dadurch im Gehäuse in Position gehalten, daß das Blechgehäuse um den Verschluß selbst geformt wurde. Die verschiedenen Einkerbungen und Stifte dienten zur Positionierung und Verriegelung des Verschlusses. Der große vordere Stift verbindet den Lauf mit dem Verschlußblock. Die federgelagerte Klappe über dem Auswurffenster wurde hinzugefügt, um Schmutz und Fremdkörper aus dem Gehäuse fernzuhalten. Bemerkenswert ist die im Visiersockel integrierte Aufnahmeschiene für ein Zielfernrohr. Die Ausfräsung auf der Schiene nahm die Verriegelung des Zielfernrohrs auf.

die von den Russen verwendet werden«), 300 mm vom Auge entfernt montiert, um den Hülsenauswurf nicht zu beeinträchtigen, ist die Realisation dieser Pläne nie vollständig aufgedeckt worden.

Interessanterweise scheint die gesamte Serie des Haenel MKb42(H) mit Schienen versehen worden zu sein, wobei allerdings nicht alle Waffen die in die rechte Schiene eingefräste Arretierungsnut besitzen.

Obwohl die Waffe in keinster Weise zum Scharfschützeneinsatz geeignet war, sollte damit wohl bekräftigt werden, daß jegliche ernsthafte Überlegung, Maschinenkarabiner zum Präzisionsschießen einzurichten, der damaligen For-

Hülsenauswurffenster des MKb42(H) mit geöffneter Klappe. Wenn der Verschlußschlitten nach hinten gezogen wurde, sprang die Klappe selbsttätig auf. Die verschiedenen Teile des Blechgehäuse und ihre Form dienten als Führung für die beweglichen Teile. Bezogen auf die Handfeuerwaffenherstellung bedeutete das Haenel-Kurzpatronenwaffensystem einen erheblichen technologischen Fortschritt in der spanlosen Blechumformtechnik.

derung des Heereswaffenamtes entsprach, neue Waffen mit einer Aufnahmemöglichkeit für Zielfernrohre zu versehen. Trotz dieser Forderung weist jedoch nichts darauf hin, daß Zielfernrohre jemals zur Verwendung mit Waffen der MKb-Serie ausgegeben wurden.

Obwohl dieses Waffensystem nur eine Zwischenlösung war und lediglich bedingt in die Massenfertigung kam, wurden insgesamt 11.853 Exemplare der »Maschinenkarabiner 42«-Serie zwischen November 1942 und September 1943 für den Truppeneinsatz hergestellt. Zu diesem Zeitpunkt wurde gemäß den deutschen Berichten die MKb-Herstellung zugunsten der verbesserten Maschinenpistole 43 (MP43)-Se-

Innenansicht des überarbeiteten MKb42(H)-Magazingehäuses. Eine Aussparung ist zur Aufnahme der am Rücken des verbesserten 30-Schuß-Magazins angebrachten Führungsschiene vorhanden. Nach der Standardisierung zur Verwendung in der MKb-Fertigungsserie waren die Blechmagazine der Kurzpatronenwaffen völlig austauschbar.

Mündung des Maschinenkarabiners MKb42(H). Für die Massenfertigung vereinfacht, bestand der Kornsockel aus einem Gußteil anstelle des bisherigen Frästeils. Bei gleichen Abmessungen wurde das Gewinde erweitert, um den frühen, aufschraubbaren Granatschießbecher MKb42 verwenden zu können. Das Gewinde wurde durch eine entsprechende Mündungsmutter geschützt.

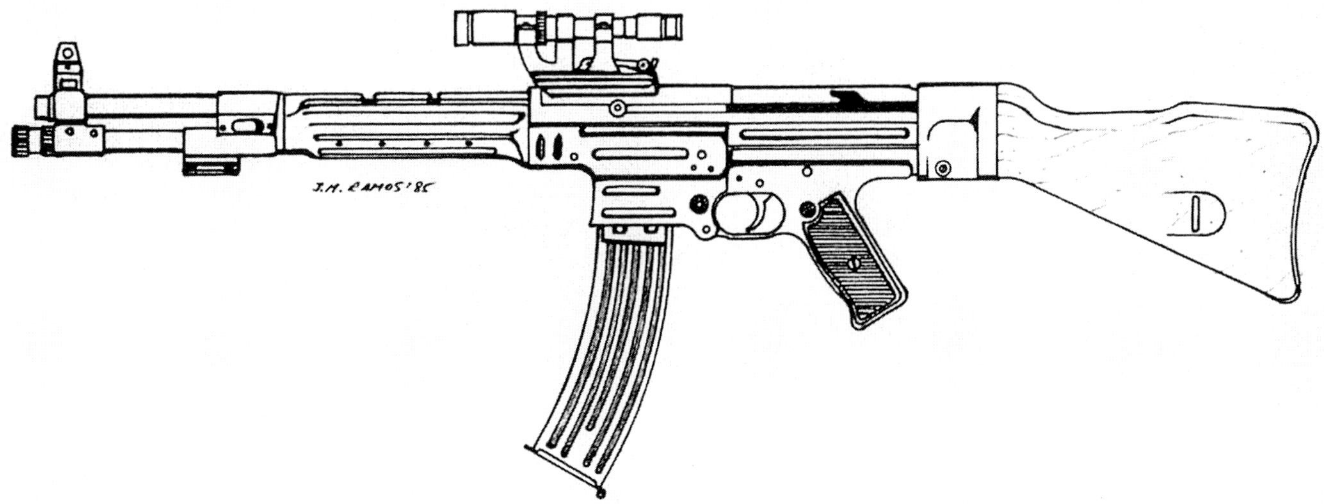

Haenel MKb 42(H) mit anderthalbfachem ZF 41 Zielfernrohr und einer Prototypmontage.

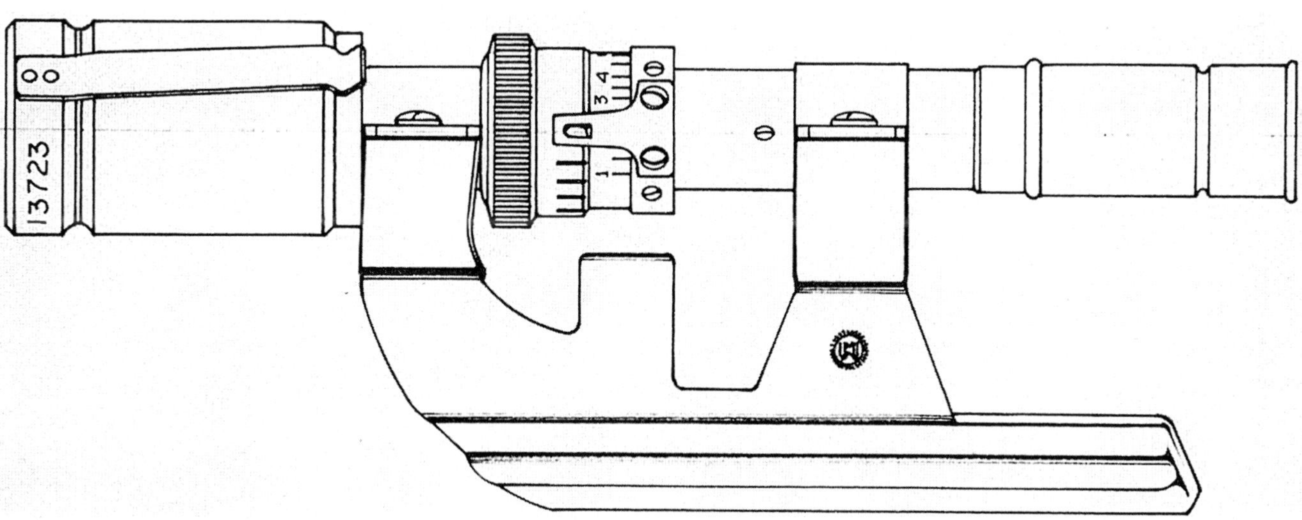

Die Montage war zur Aufnahme des Zielfernrohrs 41 (ZF 41) mit anderthalbfacher Vergrößerung vorgesehen. Sie wurde über die Schienen am Visiersockel geschoben und durch eine federgelagerte Sperre in einer Ausfräsung in der rechten Schiene verriegelt.

rie eingestellt. Ausgehend davon, daß erhalten gebliebene Exemplare des Haenel MKb42(H) Seriennummern bis in den 11.000er-Bereich aufweisen, muß die tatsächliche Anzahl der Walther MKb42(W) trotz aller gegenteiligen Behauptungen weitaus geringer als bisher angenommen sein. Berichten zur Folge wurde die Herstellung bestimmter Teile und die Waffenmontage »im Hause« Haenel durchgeführt, aber auch verschiedene Zulieferer in die Fertigung des MKb42(H) eingebunden. Soweit bekannt ist, sind jedoch bisher lediglich die Merz-Werke (cos) und die Mauser-Werke, Borsigwalde (ar) eindeutig identifiziert worden.

Eine Waffe der frühen Fertigungsreihe, Maschinenkarabiner 42(H) mit Seriennummer 3294. Obwohl die gesamte Fertigungsserie des Haenel MKb42(H) mit Zielfernrohrschienen versehen worden zu sein scheint, besaßen nicht alle Waffen die in die rechte Schiene eingefräste Arretierungsnut.

IV
Walther Maschinenkarabiner 42(W)

Die Firma Carl Walther in Zella Mehlis (Codezeichen »ac«) entwarf und entwickelte den MKb 42(W), um sich damit an einer Ausschreibung der deutschen Streitkräfte im Jahre 1942 zu beteiligen. Als bedeutender deutscher Waffenlieferant hatte sich das Walther-Werk bereits 1937 mit einem besonderen Waffensystem für Kurzpatronen beschäftigt und einen Maschinenkarabiner vorgelegt.
Das Gewehr war ein leichter Gasdrucklader mit Drehriegelverschluß, eingerichtet für die 7-mm-Bergmann-Versuchspatrone DWM 581 (7 x 39), die 1936 entwickelt worden war. Das Selbstladegewehr war primär für halbautomatisches Feuern eingerichtet, konnte jedoch durch Montage einer Sondereinrichtung dreischüssige Feuerstöße abgeben. Der frühe Maschinenkarabiner war nur eine von vielen halbautomatischen Versuchswaffen, die in den Jahren vor dem 2. Weltkrieg von Walther entwickelt wurden.
Das mit Gasdruck arbeitende Drehriegelverschlußsystem basierte auf einer zwischen 1939 und 1941 entwickelten Versuchswaffenreihe. Der für die 7,9-mm-Kurzpatrone eingerichtete Walther MKb soll aus dem Selbstladegewehr Modell A115 Nr. 3 hervorgegangen sein. Diese Waffe, als letzte einer Reihe von drei Walther-Versuchsgewehren, erschien 1941 und war ein Gasdrucklader mit verzögertem Rückstoßsystem und Drehriegelverschluß. Dieses Gewehr soll als Entwurfsbasis für den Walther-Maschinenkarabiner gedient haben. Da die ursprüngliche halbautomatische Version die normale 7,9 x 57 mm Dienstpatrone verschoß, wurde die Waffe beim neuen MKb-Entwurf für die Bolte-Kurzpatrone eingerichtet.
Die Arbeit an dem Haenel-Entwurf war bereits ziemlich fortgeschritten, und es wird darum angenommen, daß die Übernahme eines ähnlichen Entwurfs viel Entwicklungszeit beim Walther-MKb-Programm gespart hat. Die Form des 1940 für die ersten Waffenamtsversuche eingereichten Walther-Prototyps im Kaliber 7,9 x 33 mm (kurz) konnten vom Verfasser nicht ermittelt werden. Da die Waffen Nr. 1 & 2 der Modell-A115-Versuchsserie aus den Jahren 1939 und 1940 Weiterentwicklungen des Walther-Drehriegelverschlußsystems sind, ist es höchstwahrscheinlich, wenn auch unbestätigt, daß modifizierte Versionen dieses Systems zu diesem Zweck eingesetzt wurden.
Nach anfänglich stillschweigender Billigung erhielt Walther auf Basis seiner Prototypen die Zustimmung für die Weiterführung der Arbeiten an einem Konkurrenzmodell zur Haenel-Entwicklung. Vom Standpunkt des Technologievergleichs, trotz des erheblichen Zeitvorsprungs der Firma Haenel, mußte jedoch das Heereswaffenamt wegen der fehlenden Erfahrung in der Blechumformtechnik eine Zusammenarbeit zwischen Haenel und der Blechbearbeitungsfirma Merz einfädeln, damit einige Komponenten des MKb-Entwurfs zwecks effizienterer Massenfertigung neu entwickelt werden konnten.
Walther erkannte die offensichtliche Neigung zu Waffen aus spanlos umgeformten Blechteilen und entschloß sich darum, sein Selbstladegewehr Modell A115 unter Verwendung von möglichst vielen Blechformteilen zu entwickeln. Obwohl bekannt ist, daß Walther sich, in direktem Wettbewerb zu Haenel, um das amtliche MKb-Entwicklungsprogramm beworben hat, ist bisher unklar, ob Walther diesen Schritt aus eigener Initiative ergriff oder als Reaktion auf eine Empfehlung des Heereswaffenamts, welches versuchte, sich dadurch weitere Optionen zu verschaffen. Aus welchem

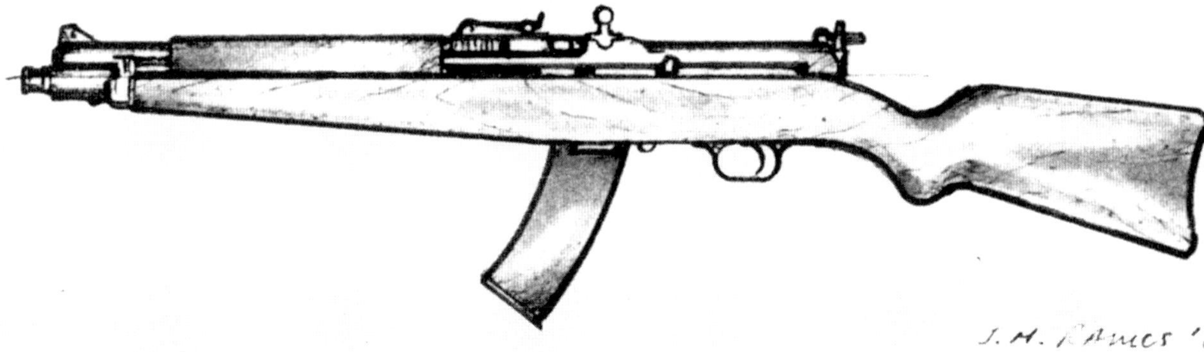

1937 entwickelte die Firma Walther dieses Versuchsmodell eines Selbstladegewehrs. Der kurze, leichte Gasdrucklader war für die 7- mm-Kurzpatrone DWM 581 (7 x 39) eingerichtet.

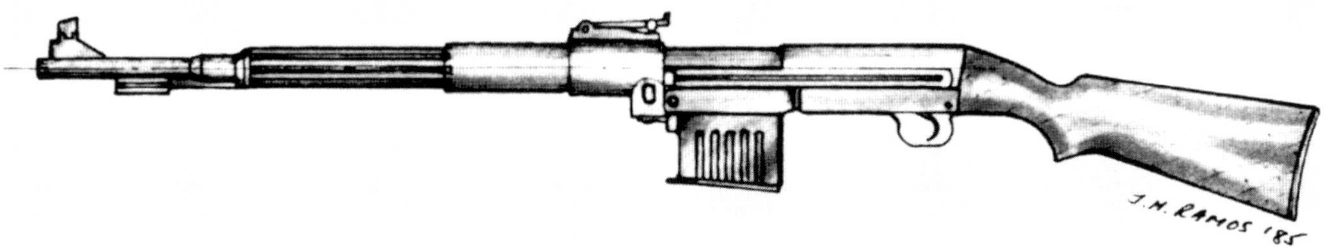

Das Walther-Selbstladegewehr Modell A115 (Nr. 3 im Kaliber 7,9 x 57 mm) ist ein Gasdrucklader mit verzögertem Rückstoß-System und Drehkammerverriegelung. Die Prototypwaffe diente vermutlich als Entwurfsbasis für die MKb42(W)-Waffenreihe für Kurzpatronen.

Das Walther-Gewehr für die 7,9-mm-Kurzpatrone. Dieser MKb42(W) mit der Seriennummer 0084 wurde für die 1942 abgehaltene Erprobung durch das Heereswaffenamt hergestellt.

Der abgebildete Maschinenkarabiner aus der Walther-MKb-Versuchsreihe trägt die Nummer 0084 und ist in seine Baugruppen zerlegt. Die Waffe besitzt ein einzigartiges Gasdrucksystem mit Drehkammerverriegelung. Obwohl insgesamt als zu kompliziert eingestuft, genoß das zuschießende Walther-System hohes Ansehen. Das 30-Schuß-Blechmagazin, eine frühe Variante für den Walther-MKb, wurde von Haenel hergestellt und trägt das Markenzeichen dieser Firma.

Grund auch immer, im Januar 1941 wurde ein amtlicher Entwicklungsauftrag für 200 MKb-Prototypwaffen erteilt, die im August des folgenden Jahres (1942) zur Erprobung fertig sein sollten.

Im Gegensatz zu den sehr optimistischen Vorhersagen des Heereswaffenamts, die ursprünglich eine Aufnahme der Massenfertigung, sowohl der Walther-als auch der Haenel-Waffen, in der zweiten Hälfte des Jahres 1942 vorsahen, war es klar, daß das Walther-Programm, bei nur zwei fertigen Prototypwaffen im Sommer 1942, weit hinter den Haenel-Anstrengungen lag. Ob diese Verzögerung zum letztendlichen Verwurf des Walther-Systems beigetragen hat, wie von manchen Stellen behauptet wird, bleibt unbekannt.

Nach allen Berichten war Haenel bereits im November 1942 in der Lage, die Massenfertigung einzuleiten, während Walther die Fertigung im Oktober mit 500 Stück monatlich aufnehmen und diese bis März 1943 auf monatlich 1500 Stück steigern sollte.

Die ursprünglichen Pläne des Heereswaffenamts sahen ein funktionsfähiges Walther-MKb-Waffensystem offensichtlich als Teil der gesamten Maschinenkarabinerversorgung vor. Da ein sich in der Entwicklung befindlicher Entwurf von Haehel (das Modell mit geschlossenem Verschluß) näher an die ursprünglich vom Heereswaffenamt projektierte Kurzpatronenwaffe herankam, wurde der Walther-MKb-Entwurf gegen Ende 1942 offiziell verworfen. Obwohl wesentlich aufwendiger, reduzierte das aufschießende System die Gefahr des Eindringens von Schmutz und Fremdkörpern in die Waffe und erhöhte sogar die Treffsicherheit bei Einzelfeuer.

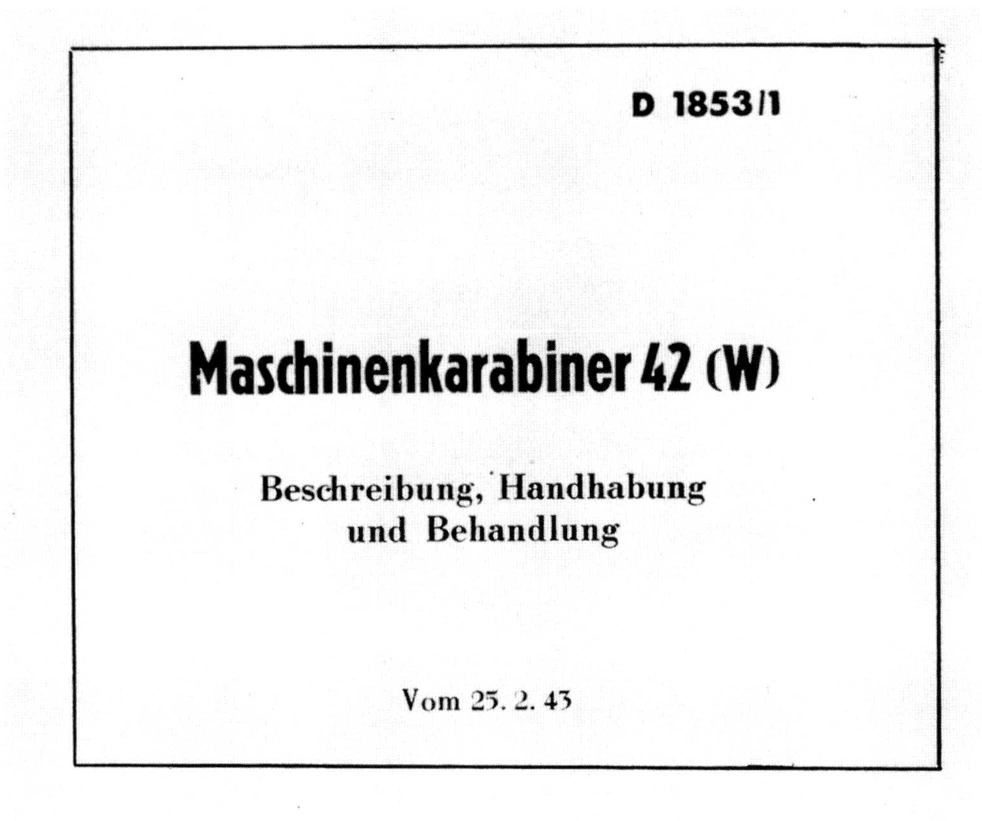

D 1853/1

Maschinenkarabiner 42 (W)

Beschreibung, Handhabung und Behandlung

Vom 25. 2. 43

Deckblatt des Handbuchs *D1853/1 Maschinenkarabiner 42(W)* vom 25. 2. 1943.

Trotz erheblicher Unterschiede im Mechanismus sahen die Maschinenkarabiner von Walther ihren Konkurrenten der Firma Haenel sehr ähnlich und wurden offensichtlich anhand der gleichen Richtlinien konzipiert. Obwohl Walther einige Zulieferer in das Maschinenkarabinerprojekt einbezog, ist bisher unbekannt, ob die hauptsächlichen Stanzteile für das Projekt MKb42(W) von einer Fremdfirma oder Walther selbst stammen, wie vermutet wird.

Neben einigen Übereinstimmungen, wie der Bajonettschiene oder des Mündungsgewindes zum Aufschrauben des Granatschießbechers MKb42, besitzt der MKb42(W) ebenfalls die Zielfernrohrmontageschienen auf dem Kimmensockel. Obwohl frühe Walther-Prototypwaffen ohne diese Schienen bekannt sind, scheint dieses Merkmal auf den zur Fertigung vorgesehenen Walther-Modellen Standard gewesen zu sein. Bemerkenswert ist jedoch, daß keines der bisher untersuchten Exemplare der noch erhaltenen MKb42(W) die in die rechte Schiene eingefräste Verriegelungsnut für das Zielfernrohr besitzen.

Um logistische Probleme im Truppengebrauch zu vermeiden, sollten die MKb beider Firmen das gleiche 30schüssige, abnehmbare Stangenmagazin verwenden. Eine verbesserte Ausführung basierte direkt auf dem von der Haenel-Schmeißer-Gruppe für die MK42- Prototypreihe ursprünglich entworfenen Magazin.

Im Gegensatz zur Haenel-Konstruktion war der Walther MKb mit einem Mechanismus ausgestattet, der, im Zusammenwirken mit dem Magazin, den Verschluß nach Verschießen der letzten Patrone offenhielt. Obwohl die Magazine völlig austauschbar waren, wurden die Magazine mit Aufsperrvorrichtung ursprünglich zur Verwendung mit dem MKb42(W)-System hergestellt. Interessanterweise war die Vorrichtung zum Auswerfen abgefeuerter Patronenhülsen, trotz ähnlichem Magazinschacht und gleicher Maga-

Bild 1

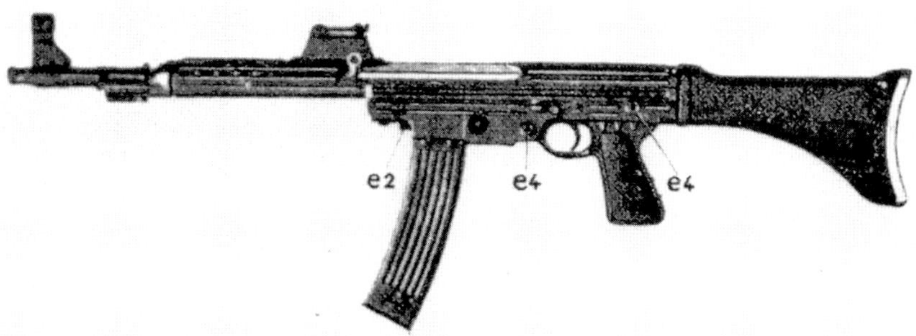

Maschinenkarabiner 42 (W), Ansicht von links
e 2 Hebel (zum Auseinandernehmen)
e 4 Haltebolzen

Bild 2

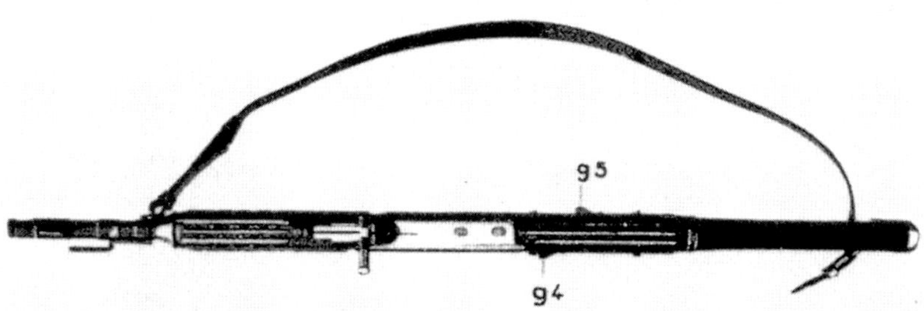

Maschinenkarabiner 42 (W), Ansicht von oben
g 4 Hebel (für Einzel- und Dauerfeuer)
g 5 Hebel (zur Sicherung)

Originalabbildungen aus dem MKb42(W)-Handbuch D1853/1.
Bild 1 zeigt die Waffe von links, mit Hinweisen auf den Hebel zum Zerlegen (e2) und die Haltebolzen (e4) des Abzugsgehäuses.
Bild 2 zeigt die Waffe von oben, den Umschalthebel für die Feuerart (g4) und den Sicherungshebel (g5).

Bild 3

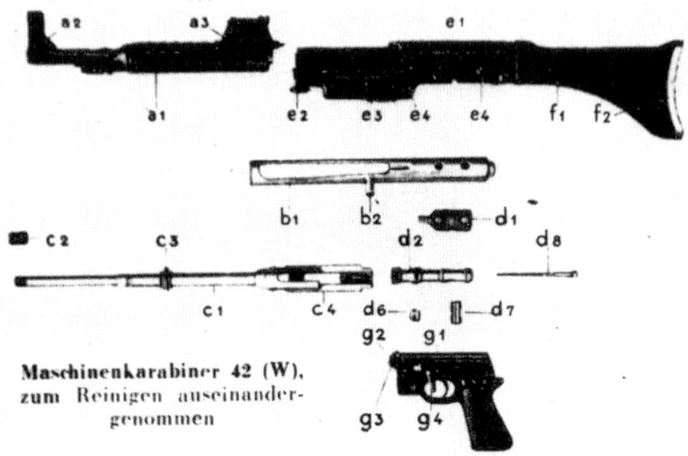

Maschinenkarabiner 42 (W), zum Reinigen auseinandergenommen

a 1 Mantel
a 2 Kornhalter
a 3 Visierfuß
b 1 Spannschieber
b 2 Griff
c 1 Lauf
c 2 Mutter
c 3 Gaskolben
c 4 Verriegelungsstück
d 1 Einlage
d 2 Kammer
d 6 Sperre
d 7 Kammerbolzen
d 8 Schlagbolzen
e 1 Gehäuse
e 2 Hebel (zum Auseinandernehmen)
e 3 Kappe (zur Magazinsperre)
e 4 Haltebolzen
f 1 Kolben
f 2 Kolbenkappe
g 1 Griffstück
g 2 Hahn
g 3 Schalthebel
g 4 Hebel (für Einzel- und Dauerfeuer)

Bild 4

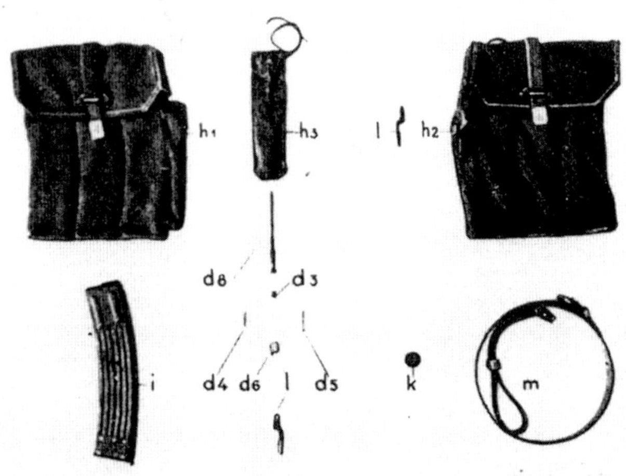

Maschinenkarabiner 42 (W), Zubehör und Vorratssachen

d 3 Auszieher
d 4 Bolzen
d 5 Schraubenfeder
d 6 Sperre (zum Schloß)
d 8 Schlagbolzen (mit Schraubenfeder)
h 1 linke Tasche f. 3 Magazine MP 43 f. 30 Schuß
h 2 rechte Tasche f. 3 Magazine MP 43 f. 30 Schuß
h 3 Beutel für Vorratssachen MP 43
i Magazin MP 43 für 30 Schuß
k Mündungskappe MP
l Magazinfüller MP 43
m Karabinerriemen

Abbildungen des Handbuchs D1853/1. Maschinenkarabiner 42(W) »zum Reinigen auseinandergenommen« (Bild 3) sowie »Zubehör und Vorratstaschen« (Bild 4). Die Magazintaschen besitzen die frühen Einzelklappen als Abdeckung der einzelnen Magazinfächer.

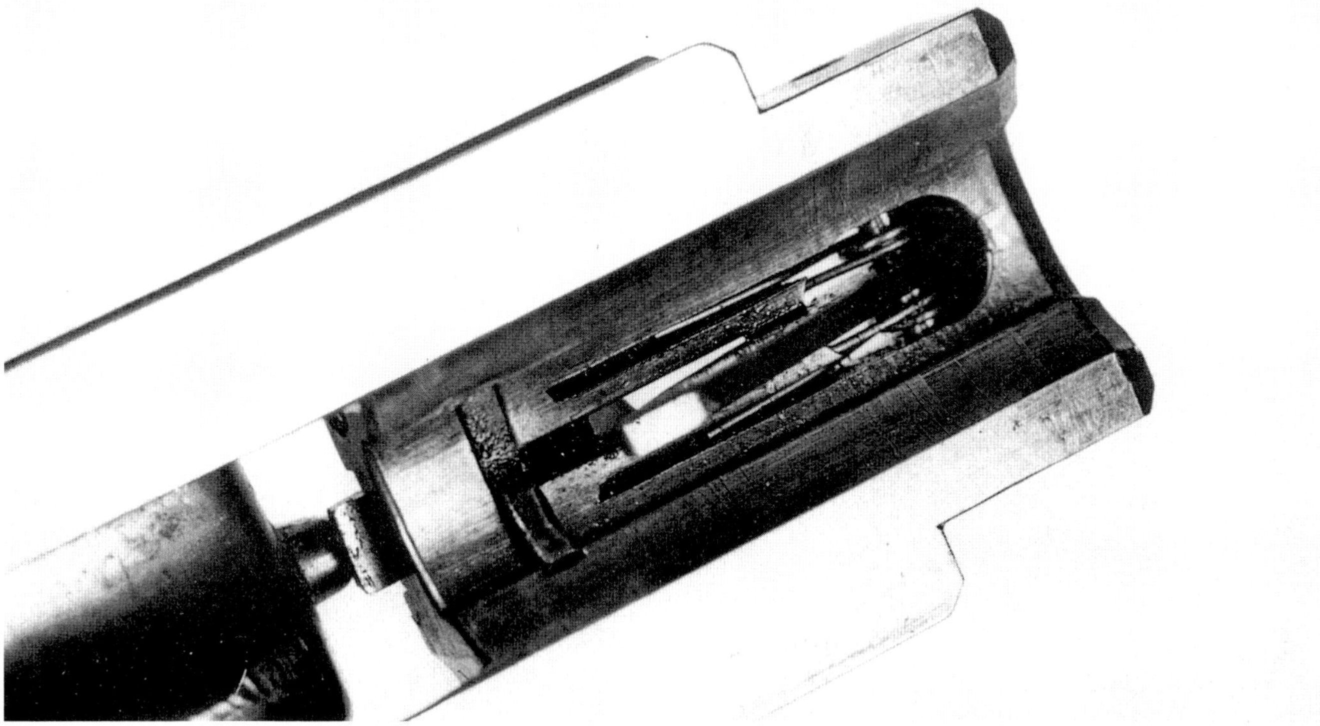

Eine Nahaufnahme des Verschlußfangmechanismus des MKb42(W). Das Walther-Magazin ist eingerastet; die eingebaute Verlängerung des Zubringers hat den federgelagerten Verschlußfang ausgelöst. Obwohl die verbesserten 30-Schuß-Maschinenkarabiner-Magazine völlig austauschbar sein sollten, beinhaltete der Walther- im Unterschied zum Haenel-Entwurf einen Verschlußfang, der in Verbindung mit dem Magazin arbeitete und den Verschluß bei leerem Magazin geöffnet hielt.

zinanordnung, bei beiden Waffen völlig unterschiedlich. Während die Haenel-Waffe eine Auswurföffnung auf der rechten Gehäuseseite verwendete, wurden die Hülsen beim Walther-Modell durch eine obenliegende Öffnung nach links ausgeworfen.

Eine kurze Beschreibung des MKb42(W)-Systems aus dem Waffenhandbuch D1853/1 vom 25. Februar 1943 besagt folgendes:

Der MKb42(W) ist ein Gasdrucklader mit »angezapftem« Lauf der durch Stifte auf einem Drehbolzen verriegelt wird und einem durch den Abzug auslösbaren Hahn. Er ist eine aufschießende Waffe, d.h. im durchgeladenen Zustand ist der Verschluß geschlossen und eine Patrone befindet sich im Lauf. Die Waffe ist für Einzel- und Dauerfeuer eingerichtet.

Obwohl sich die Gehäuse äußerlich glichen, unterschied sich der Mechanismus erheblich von dem des Haenel-Systems. Im Vergleich ist eines der angenehmeren Merkmale des gesamten Walther-Entwurfs der Abzugsmechanismus bestehend aus: Abzug mit Feder, Hahn mit Feder, Abzugstollen mit Feder, Sicherungshebel mit Gestänge, Feuerwahlhebel mit Gestänge und Unterbrecher. Die Federn von Hahn, Abzugstollen und Abzug sind Doppelschenkelfedern, wobei Abzug und Abzugstollen über die gleiche Feder arbeiten.

Mit dem Gehäuse durch zwei federverriegelte Bolzen verbunden, dient das aus Blech geformte Griffstück mit seiner eingebauten Abzugsgruppe gleichzeitig als Abzugsbügel und Pistolengriff. Der Umschalthebel für Einzel- und Dauerfeuer befindet sich auf der linken Seite der Waffe, wobei ein Sicherungshebel auf der rechten Seite angeordnet ist. Bei

Ein MKb42(W) 30-Schuß-Magazin aus der Haenel-Fertigung, wie es ursprünglich für das Walther-System vorgesehen war.
Die Verlängerung des Zubringers ist deutlich erkennbar. Die in die Magazinrückseite geprägte Schiene dient zur Führung dieser Verlängerung.

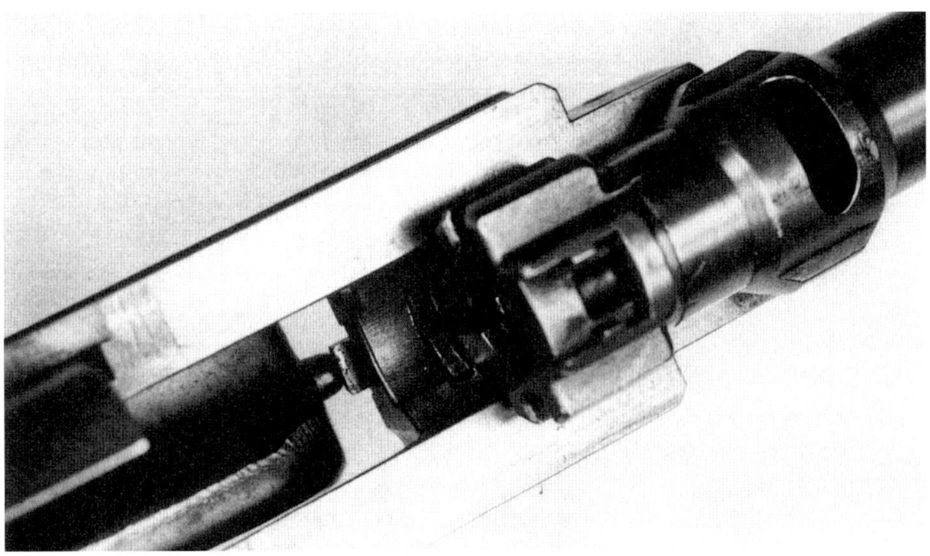

In dieser Ansicht des Verschlußfangsystems des MKb42(W) wird der Verschluß offen gehalten. Nach dem Verschießen der letzten Patrone bleibt der Verschluß offen.

Die früheste bekannte Abbildung eines Walther-Maschinenkarabiners. Die Originalaufnahme des Heereswaffenamts von dem Walther MKb42(W)-Prototyp ist mit November 1942 datiert. Bemerkenswert ist das Fehlen der Zielfernrohrmontageschienen auf dem Kimmensockel. Bei den Magazinen handelt es sich um frühe, für das Walther-System bestimmte Ausführungen.

Dieses Magazin aus der frühen Fertigung ist mit MKb42 gekennzeichnet. Das andere Firmenzeichen konnte bisher nicht identifiziert werden. Diese Ausführung war zur Verwendung mit dem Walther-Kurzpatronensystem bestimmt. Das Magazin besitzt eine Verlängerung des Zubringers.

Walther MKb42(W), eine weitere Waffe der ursprünglichen Entwicklungsreihe. Trotz erheblicher interner Unterschiede sahen die Walther-Maschinenkarabiner ihren Konkurrenten der Firma Haenel sehr ähnlich.

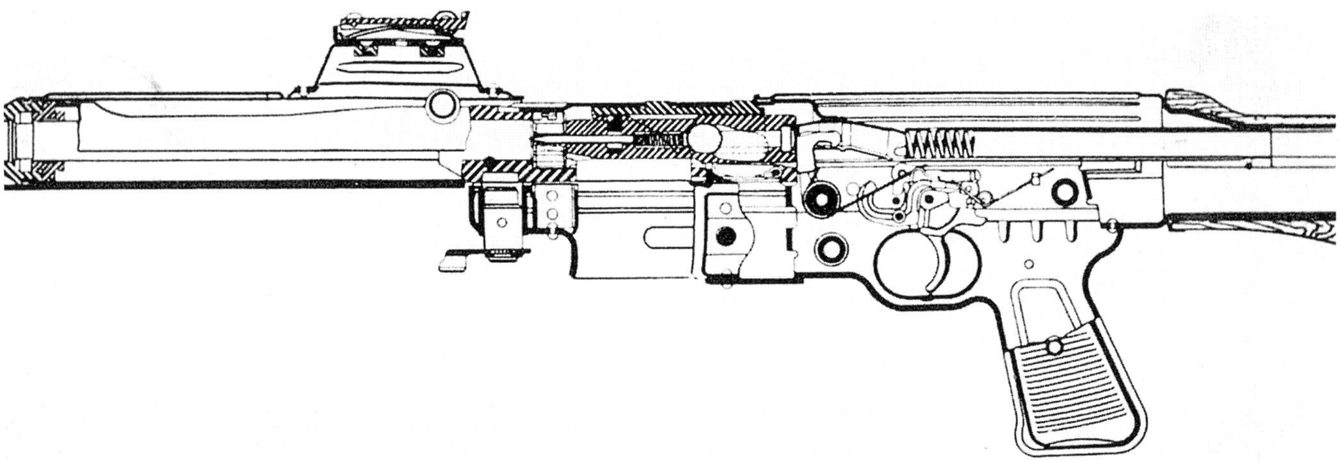

Eine Schnittzeichnung des MKb42(W)-Systems von Walther.

gesicherter Waffe wird der Abzug mechanisch fest unterstellt. Es ist notwendig, die Hebel auf beiden Seiten der Waffe auf ihre Stellung zu überprüfen.

Viel ist über die Tatsache berichtet worden, daß Haenel das ursprüngliche Schlagbolzensystem bei der verbesserten Maschinenpistole 43 durch den innenliegenden Hahn des Walther MKb42(W) ersetzt hat.

Die Frage, ob das Abzugssystem der sich entwickelnden MP43-Serie tatsächlich Monate vorher von Haenel unabhängig entwickelt oder vom Walther-Entwurf übernommen und für die MP43-Prototypen abgeändert wurde, ist bisher nie zufriedenstellend beantwortet worden. Da bekannt ist, daß Haenel vor Herbst 1942 Kurzpatronenwaffen mit aufschießendem Verschluß und innenliegendem Hahn herge-

Ein Mitglied der Auswertungsmannschaft des US-Zeugamts 1945 bei der Arbeit in den Räumen der Firma Carl Walther in Zella-Mehlis (ac). Mindestens 17 Walther MKb42(W)-Maschinenkarabiner sind deutlich zu erkennen. Zwar gehen Schätzungen in den Bereich von mehreren tausend, doch bleibt das Ausmaß der limitierten Produktion der Walther-Maschinenkarabiner über die 200 Stück MKb42(W) der Entwicklungsserie hinaus, falls überhaupt vorhanden, noch unbestätigt.

stellt hat, war es bisher schwierig, die genauen Umstände und die richtige Reihenfolge der Ereignisse zu bestimmen. Auf jeden Fall besaß die MP43-Serie bei Aufnahme der Fertigung im Endeffekt den Haenel-Feuerwahlhebel mit einer Art Walther Abzugstollen und Abzugstollenhebel, Hahn- und Entriegelungssystem. Neben der Haenel- Entwicklung scheinen ca. 200 Exemplare des Walther MKb42(W) in Erfüllung des ursprünglichen Vertrages im Spätsommer und Herbst 1942 ausgeliefert worden zu sein. Obwohl eine vergleichende Erprobung der MKb42(H) und MKb42(W) den Berichten nach auf dem Versuchsgelände Kummersdorf sowie in verschiedenen Feldeinheiten durchgeführt wurde, sind die Ergebnisse und Schlußfolgerungen dieser Erprobungen bisher unentdeckt geblieben.

Während es fast unmöglich ist, den Umfang der direkt von Walther hergestellten Komponente des MKb festzustellen, wurden verschiedene Teile in Erwartung der Massenproduktion von verschiedenen Subunternehmern gefertigt. Zwar ist der Kreis der Subunternehmer nicht vollständig aufgeklärt, doch ist es bekannt, daß Laufgruppen von der Ruhrstahl AG (bys) und Gustav Genschow & Co. AG (cxm) geliefert wurden, während die Württembergische Metallwarenfabrik AG (awt) für Abzugsgruppenbestandteile zuständig war. Die Württembergische Metallwarenfabrik stellte sich interessanterweise als Hauptlieferant für die Abzugsgruppen der gesamten Sturmgewehrserien heraus.
Soweit bestätigt wurde, lag der Grund für die Verwerfung des Walther-MKb-Systems im November 1942 offiziell in

Originalaufnahme der Erprobungsstelle Aberdeen Proving Ground (APG). Der Walther MKb42(W) mit der Seriennummer 0078 nahm an den Nachkriegsauswertungen des erbeuteten Materials durch die US-Army teil. Nach den Zeugamtsunterlagen ist »der Verschlußschlitten von Nr. 0078 offensichtlich aus dem Vollen gefräst. Der Verschlußschlitten von Nr. 0131 ist ein bearbeitetes Schmiedeteil«.

der »Untauglichkeit des Gasdrucksystems« *(Anmerkung des Übersetzers: Der Lauf des MKb 42(W) hatte zwei Bohrungen aus denen bei Schußabgabe Gas in den um den Lauf angeordneten Gaszylinder austreten konnte. Das Gas übte auf einen beweglichen Ring Druck aus, der dadurch den Verschlußträger in Bewegung versetzte. Über ein Kurvenstück wurde die Ver- und Entriegelung des Verschlusses erzielt).*
Angesichts des von Anfang an vorhandenen Vorsprungs des Haenel-Konzerns erscheint es unzweifelhaft, daß der Walther-Entwurf dem Heereswaffenamt in erster Linie als Entwurfsalternative gedient hat und niemals als ernsthafter Mitbewerber bei der Verwendung als Dienstwaffe betrachtet wurde.
Es mag zwar nur eine Vermutung sein, doch ist es angesichts der Haltung des Heereswaffenamts in der zweiten Hälfte des Jahres 1942 dem Walther-Entwurf und der Tatsache gegenüber, daß nur sehr wenige Walther-MKbs bekannt sind, die als serienmäßig hergestellte Waffen eingestuft werden könnten, äußerst fraglich, ob die Produktion dieser Waffe jemals auf Dauer angelegt war.

V
Vollmer-Maschinenkarabiner

Unter den zahlreichen Handfeuerwaffen, die in den Jahren vor dem 2. Weltkrieg entwickelt wurden, trägt der relativ unbekannte Vollmer-Maschinenkarabiner das Prädikat, als erster echter Maschinenkarabiner zur Verwendung durch die deutschen Streitkräfte in Erwägung gezogen worden zu sein.

Als Produkt des bekannten Waffenkonstrukteurs Heinrich Vollmer war die Waffe speziell für eine frühe Experimentalpatrone für mittlere Reichweiten entworfen worden.

1935 wurden die Vollmer-Werke in Biberach an der Riß (Oberschwaben) von der Waffen- und Munitionsherstellungsfirma Gustav Genschow & Co (Geco) mit der Entwicklung eines Waffensystems zur Verwendung ihrer neuentwickelten 7,75 x 40 M35 »Mittelpatrone« beauftragt. Unter der direkten Leitung von Heinrich Vollmer brachten die Vollmer-Werke innerhalb von vier Monaten einen vollautomatischen Maschinenkarabiner bis in das Erprobungsstadium.

Der Karabiner war eine Weiterentwicklung des Vollmer-Selbstladegewehrs 29 (SG29), dem Entwurf eines Waffensystems für die Dienstpatrone 7,9 x 57 mm, der zuvor vom Heereswaffenamt abgelehnt worden war. In seiner ersten Ausführung erhielt der Vollmer-Maschinenkarabiner die Bezeichnung M35.

Der vollgeschäftete Vollmer-Karabiner hatte eine Länge von ca. 96 cm und wurde am 22. Juni 1935 bei Biberach seinen

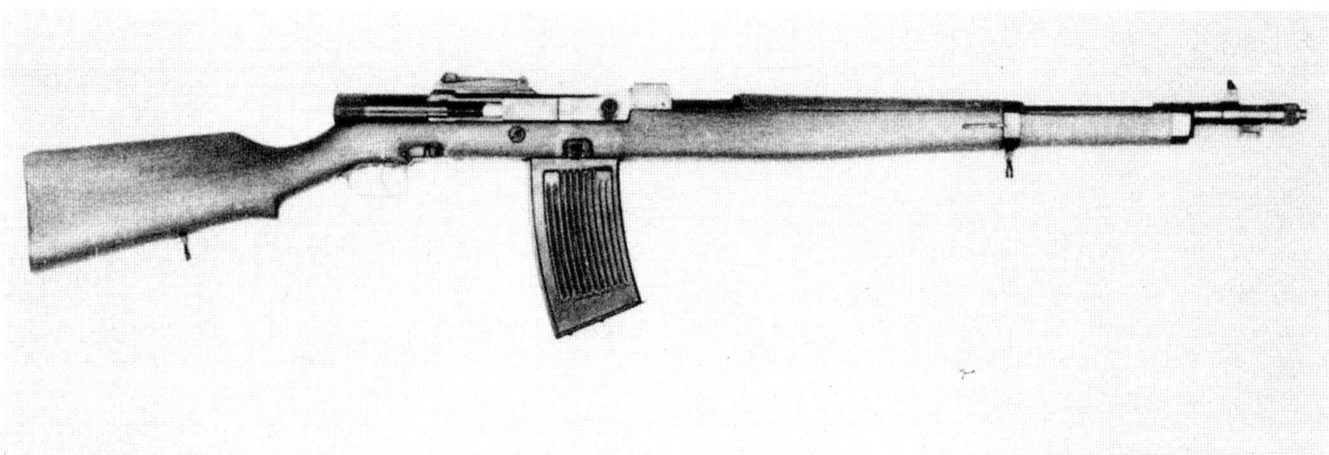

Das Vollmer Selbstladegewehr SG 29 für die Dienstpatrone 7,9 x 57 mm. Obwohl es vom Heer erprobt und abgelehnt wurde, diente das SG-29-System als Basisentwurf für die M35-Maschinenkarabinerreihe.

Der Vollmer-Maschinenkarabiner Modell A35II ist ein Exemplar der ursprünglichen Prototypreihe, die vom Heereswaffenamt erprobt wurde. Obwohl diese Waffe neben der Bezeichnung »A35II« mit dem Datum »1939« versehen ist, begann die Arbeit an diesem Modell bereits im |ahre 1936.

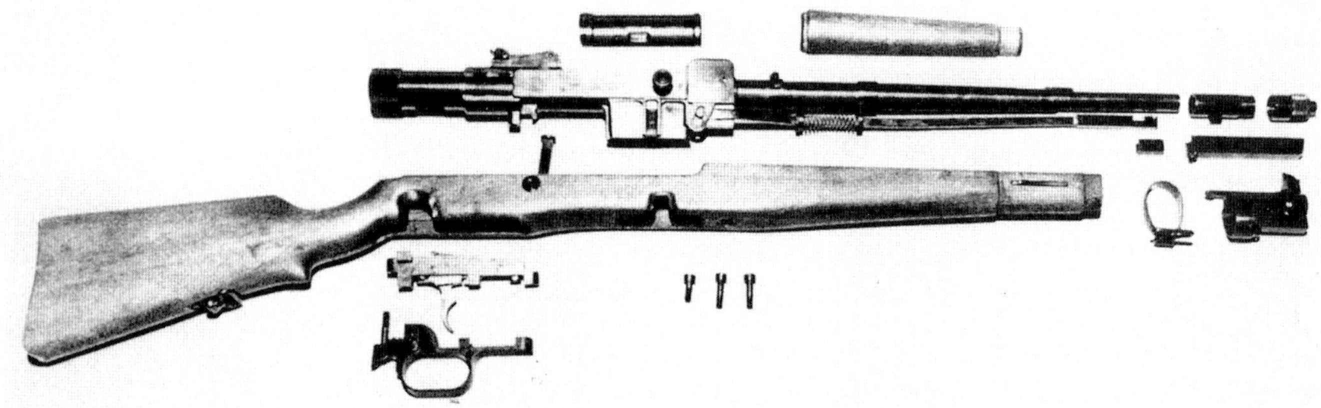

Blick auf das zerlegte Vollmer-Modell A35II.

Mit ihrer Vollschäftung wirkt diese Waffe konventionell. Der Maschinenkarabiner Modell A35II ist 100,3 cm lang, hat eine Lauflänge von 41 cm und ein Gewicht von 4,7 kg. Die Patronen werden aus einem abnehmbaren 20-Schuß-Kastenmagazin zugeführt, welches direkt unter dem Verschluß montiert ist. Obwohl später geändert, betrug die Feuerkadenz der frühen Vollmer-Waffe annähernd 1000 Schuß in der Minute.

ersten Erprobungen unterzogen. Die Patronenzufuhr erfolgte aus einem 20-Schuß-Kastenmagazin. Mit annähernd 1000 Schuß in der Minute erreichte das Gewehr eine für Handfeuerwaffen erstaunliche Kadenz *(Anmerkung des Übersetzers: Laut Bericht von Genschow-Direktor Winter vom 29. Juni 1935 soll die Feuergeschwindigkeit bei diesem Versuch lediglich 600 bis 700 Schuß pro Minute betragen haben).* Da diese Schußfolge zugegebenerweise viel zu hoch war, wurden Maßnahmen eingeleitet, um die Schußfolge auf ein annehmbares Maß zu reduzieren.

Obwohl das Heereswaffenamt keine hohe Meinung von Gasdruckladern mit Kolben und »angezapften« Läufen hatte, ist der Vollmer-Entwurf ein Gasdrucklader mit Drehverschluß.

Der Gasdruck, der zur Entriegelung des Verschlusses und zum Spannen benötigt wird, wurde am vorderen Laufende entnommen. Hierzu war an der Mündung eine Hülse angebracht, die eine kugelförmige Düse umschloß. Durch den beim Schuß auftretenden Gasdruck wurde die Düse um etwa 2 bis 2,5 cm in Schußrichtung gedrückt. Diese Bewegung wurde von dem unter dem Lauf befindlichen Gestänge auf einen Schleuderhebel übertragen, der die Bewegung umkehrte, den Verschlußträger nach hinten bewegte, dabei die Schließfeder spannte und die Entriegelung bewirkte. Neben der Funktion als integrierter Teil des Repetiersystems fungierte die Mündungsdüse als eine Art Rückstoßdämpfer; eine wirkungsvolle Art, die Waffe bei längeren Feuerstößen zu stabilisieren.

Am 16. Dezember 1935 wurde eine modifizierte Version der Vollmer-Waffe mit der Bezeichnung M35A auf dem Versuchsgelände Kummersdorf in Anwesenheit von Regierungsbeamten einer Erprobung unterzogen. *(Anmerkung des Übersetzers: Der erste Beschuß des M 35 A erfolgte laut Bericht von Vollmer an Genschow, mit Schreiben vom selben Tag bereits am 12. September 1935 in Biberach).*

Die Konstruktionsänderungen hatten zu Problemen mit der Patronenzufuhr und dem Hülsenauswurf geführt. Eine Verbesserung war dringend notwendig. Während der Weiterentwicklung wurde 1936 ein Modell A35/II unter der Aufsicht des Majors Friedrich Kittel des Heereswaffenamts erprobt. Major Kittel wurde später Generalmajor und Leiter der Abteilung WaPrüf2 des Heereswaffenamts *(Anmerkung des Übersetzers: Der erste Funktionsbeschuß des M 35 II erfolgte laut Bericht von Vollmer an Genschow vom 11. 02. 37 am 10. Februar 1937 in Biberach. Bei der Vorführung am 12. März 1937 vor dem WaA in Berlin erreichte die Waffe bei Dauerfeuer eine Kadenz von 1000 Schuß pro Minute).* Das Heereswaffenamt machte zwar verschiedene Vorbehalte geltend, unterzog allerdings das Vollmer-System wegen dem bei ihm erkannten Potential von Juni bis Dezember 1937 einer weiteren ausführlichen amtlichen Erprobungsreihe auf dem Kummersdorf-Gelände.

Nach den Berichten soll eine imponierende Gesamtmenge von über 13.000 Schuß mit der Vollmer-Waffe ohne nennenswerte Störung abgegeben worden sein. Diese Leistung war sicher dazu geeignet, den Wert der Waffe in bezug auf eine Übernahme durch die Wehrmacht zu erhöhen.

Die bemerkenswerte Leistung des Vollmer-Maschinenkarabiners wurde der erfolgreichen Kombination der Waffen- und Patronenentwürfe zugeschrieben. Die Genschow-Kurzpatrone wurde parallel zur Waffenentwicklung laufend verbessert. Abgesehen von einigen grundsätzlichen ballistischen Werten und der Erfassung von Treffergebnissen, wurden die Leistungen der Geco-Patrone nie richtig definiert.

Während die Annahme des Vollmer-Waffensystems in Erwägung gezogen wurde, bestand das Heereswaffenamt im Februar 1938 darauf, daß einige »unerwünschte Merkmale« der vorhandenen Waffe vor der amtlichen Truppenerprobung korrigiert werden müßten *(Anmerkung des Übersetzers: In einer Aktennotiz vom 21. Februar 1938 bestätigte Major Kittel, daß der Gesamtmechanismus des M35II funktioniere und auch die Kadenz den Forderungen entspräche).* Die Änderungen und Verbesserungen sollten folgende Punkte beinhalten:

- Der Hülsenauswurf soll nach rechts verlegt werden.
- Die Waffe darf im Schaft nicht geteilt sein.
- Das Gewicht darf 4,4 kg nicht überschreiten.
- Fabrikationstechnische Vereinfachungen sollten berücksichtigt werden.

Auch wenn die Vollmer-Waffe sehr effizient war, war sie doch für die vereinfachte Massenfertigung, die zu diesem Zeitpunkt vom Heereswaffenamt vorgesehen wurde, eher ungeeignet.

In einer modifizierten Form, die ein einzigartiges pneumatisches Bremselement zur Reduzierung der Kadenz beinhaltete, wurde der Vollmer-Maschinenkarabiner Modell

A35/III am 21. September 1938 zur amtlichen Erprobung eingereicht.
Dieses stark verbesserte Vollmer-Modell wurde gut angenommen und erfolgreich in Kummersdorf erprobt. Es wurde geplant, 25 Waffen in die Truppenerprobung zu geben. Die Firmen Genschow und Vollmer wurden im Glauben gelassen, daß die deutschen Streitkräfte mit dieser neuen Waffe nebst Patrone ausgerüstet werden sollten.
Im Laufe der Ereignisse befahl jedoch das Heereswaffenamt am 30. August 1939, kurz vor dem Einmarsch der Wehrmacht in Polen, die Einstellung der Weiterentwicklung der Vollmer-Waffe *(Anmerkung des Übersetzers: Bereits am 22. August 1939 teilte Major Roske vom WaA Genschow mit, daß das Amt an der Weiterentwicklung des M 35-Systems nicht mehr interessiert sei.)*
Obwohl es unter marktwirtschaftlichen Überlegungen in solchen Angelegenheiten gängige Praxis ist, abgelehnte Waffensysteme auf dem Weltmarkt anzubieten, wurde mit der Absicht, das Projekt in völliger Geheimhaltung zu verhüllen, amtlich entschieden, daß die Vollmer-Waffe und die Gen-

Das Vollmer-Modell A35lII in seiner endgültigen Form war mit seinen Verbesserungen eine höchst wirkungsvolle Waffe. Das einzigartige System war der erste Maschinenkarabiner, der für den Dienstgebrauch in Deutschland in Erwägung gezogen wurde.

Das Modell A35III in zerlegtem Zustand. Als kompliziertes Waffensystem, das viel Maschinenarbeit erforderte, war die Vollmer-Waffe kaum für die 1939 vom Heereswaffenamt vorgesehene Art der Massenfertigung geeignet.

Die Patrone 7,75 mm (7,75 x 40) für den Maschinenkarabiner Vollmer M35, die 1935 von der Firma Gustav Genschow (Geco) entwickelt wurde. Obwohl im Laufe der Zeit Ausführungen dieser Patrone mit Stahlhülse für das Vollmer-Waffensystem entwickelt wurden, besaßen die frühen Geco-Patronen für mittlere Reichweiten Messinghülsen.

Die Bodenstempelung »Geco« erscheint auf dieser frühen Genschow-Versuchspatrone 7,75 x 40.

schow-Kurzpatrone unter keinen Umständen einer fremden Regierung zum Kauf angeboten werden durften. Diese Einstellung wurde zwar später revidiert, doch geschah dies, ohne die betroffenen Firmen zu entschädigen.

H.G. Winter, der als Direktor der Firma Genschow für die Aufnahme der Entwicklungsarbeiten an der Geco-Patrone und dem Vollmer-Maschinenkarabiner direkt verantwortlich war, gab nach dem 2. Weltkrieg zu den Ereignissen folgenden Kommentar ab:

»Die in den Jahren 1935-1939 von Vollmer entwickelten Waffen und deren Munition waren exzellent und waren besonders durch ihre Zuverlässigkeit attraktiv. Die in dieser Zeit zuständigen Militärbehörden erkannten im großen und ganzen jedoch nicht die Einzigartigkeit dieser neuen Waffenart und ihrer Munition in dem notwendigen Umfang, um ihre Weiterentwicklung mit allen Mitteln voranzutreiben. Lediglich General Kittel, damals noch Major, hatte ihre Bedeutung erkannt.«

Abgesehen von der auf die Patronenerprobung begrenzten Verwendung der Vollmer-Waffe durch Genschow in den Jahren 1941-42, wurde die Arbeit am Vollmer-Maschinenkarabiner im August 1939 eingestellt.

Was die Genschow-Patrone betrifft, wurde im Rahmen des weiteren Entwicklungsprogramms 1942 die Hülsenlänge auf 39 mm geändert und das Kaliber von 7,75 mm auf 7,62 mm (7,62 x 39 mm) reduziert.

Patronenexperten haben sich dahingehend geäußert, daß die sowjetische Sturmgewehrpatrone 7,62 x 39 mm M43 ein direkter Abkömmling der Genschow-Patrone wäre. Obwohl die sowjetische Patrone eine starke Ähnlichkeit mit der Genschow-Versuchspatrone 7,62 x 39 mm besitzt, bleibt diese Behauptung mangels Bestätigung bzw. einer objektiven russischen Darstellung zu diesem Thema unbestätigt.

Während die Firmen Genschow und Vollmer beide die Vollmer-Waffe abwechselnd als M35, M35A oder sogar gelegentlich A35 bezeichneten, wurde aus Klarheitsgründen die Bezeichnung M35 (Modell 35) in Anlehnung an die Geco-Patronenbezeichnung aus dem Jahre 1935 offensichtlich am häufigsten verwendet.

Die Bezeichnung A35 (Apparat 35) kommt von der Firma Vollmer, bei der die Waffe offensichtlich so bezeichnet wurde.

Um diese Waffen als Prototyp zu kennzeichnen, wurde die Bezeichnung »A35« auf den Waffen dieser einzigartigen Serie eingestanzt.

VI
Die Maschinenpistolen-Reihe

Nachdem die erheblich verbesserte Haenel-Waffe zur Weiterentwicklung ausgewählt war, wurde ihr Konstrukteur Hugo Schmeisser dazu angehalten, das neue Waffensystem im Hinblick auf die geplante Massenfertigung zu vereinfachen.

Ein Prototyp der MP43 wurde in den letzten Monaten des Jahres 1942 entwickelt. Die Versuchsreihe sollte weiter verbessert werden, während Vorbereitungen getroffen wurden, den Haenel-Maschinenkarabiner MKb42(H) in die – wenn auch begrenzte – Massenfertigung zu geben. Obwohl das neue System verschiedene Baugruppen des MKb42(H) unverändert beibehielt und das Abzugssystem erheblich verbessert wurde, unterschieden sich die Versuchswaffen von dem Maschinenkarabiner.

Nach der Überarbeitung wurde das ursprüngliche Haenel-Schlagbolzensystem durch ein Schloß mit innenliegendem Hahn ersetzt. Der Gaszylinder wurde verkürzt und endete jetzt am Verbindungsstück. Er wurde mit einer Dichtungsschraube verschlossen, die einen Dorn zum Zusammenstellen von mehreren Waffen trägt. Die aus Gaskolben, Gaskolbenstange und Schloßführung bestehende Baugruppe wurde leichter gemacht und auf die Bajonetthalterung wurde verzichtet.

Mit der Änderung vom zuschießenden zum aufschießenden System wurde die ursprüngliche Sicherung, bei der der Spannhebel in eine Aussparung am Gehäuse eingerastet wurde, zugunsten einer mechanischen Sicherung eliminiert. Über den mit dem Finger zu bedienenden Sicherungshebel auf der linken Seite des Griffstücks konnte der Abzug gesichert werden.

Um die Waffe zu sichern, wurde der Hebel in die obere Stellung gebracht, wobei die Markierung »S« (Sichern) sichtbar wurde. Zum Entsichern brachte man den Hebel in die untere Stellung und es wurde die Markierung »F« (Feuer) sichtbar. Trotz dieser hauptsächlich im Inneren vorgenommenen Veränderungen blieb das Verschlußgehäuse, der Handschutz und der Kolben weitgehend von Änderungen verschont. Daher sahen sich die MKb42(H) und die verbesserte Waffe sehr ähnlich.

Während Schmeisser den Anforderungen des Heereswaffenamts in der zweiten Hälfte 1942 und dem Frühjahr 1943 mit den notwendigen Verbesserungen nachkam, wurde im Frühjahr 1943 die Bezeichnung Maschinenpistole 43 (MP43) für den verbesserten Haenel-Entwurf amtlich eingeführt, eine Maßnahme, die sich ebenfalls auf das Magazin, die Patrone und das Zubehör erstreckte.

Bezüglich der Veränderungen in den Bezeichnungen ist die Neubezeichnung der deutschen *Sturmgewehre* als *Maschinenpistolen* interessant, da diese Bezeichnung bisher von der Wehrmacht ausschließlich für vollautomatische Nahkampfwaffen verwendet wurde. In den Jahren vor dem 2. Weltkrieg war jedoch die Bezeichnung *Maschinenkarabiner* aufgekommen, um ein kurzes Selbstladegewehr ohne Dauerfeuereinrichtung zu beschreiben.

Wie auch immer – als das Heereswaffenamt Ende der 30er Jahre nach einer neuen Multifunktions-Infanteriewaffe suchte, wurde die Entwicklung unter der Bezeichnung »Maschinenkarabiner« fortgesetzt, da diese Bezeichnung für das neue Konzept am geeignetsten empfunden wurde. Obwohl diese Bezeichnung an sich keine besondere Bedeutung gehabt hätte, befand es das Heereswaffenamt für notwendig, die Bezeichnung des Kurzpatronenwaffensystems von *Ma-*

Diese vom Heereswaffenamt stammende Originalaufnahme aus dem Jahre 1942 zeigt einen Meilenstein der frühen Maschinenkarabinerentwicklung. Was auf den ersten Blick wie ein typischer Haenel MKb42(H) aus der limitierten Serienfertigung aussieht, ist in Wirklichkeit eine einzigartige Übergangsvariante mit den notwendigen Modifikationen für ein aufschießendes System mit innenliegendem Hahn und einer mechanischen Sicherung.
Die vordere Stellung des Spannhebels (der Gaskolbenstange), der in einem geänderten Führungsschlitz liegt, das Fehlen der L-förmigen Sicherungsaussparung im Gehäuse, sowie das Vorhandensein eines Sicherungshebels deuten auf Veränderungen hin, die sich mit der verbesserten MP43 decken.
Es handelt sich offensichtlich um ein Werkstattmodell. Das Griffstück ist gefräst und nicht aus Blech gestanzt.
Obwohl den späteren Versionen ähnlich, wurden die Magazine mit dem flachen Rücken ursprünglich für das Haenel-Schmeisser MK42 Prototypsystem entwickelt. Als frühe Verwendung der Bezeichnung Maschinenpistole wurden die Magazine mit »MP42(HS)«.gestempelt. Dies ist die einzige bekannte Verwendung der Bezeichnung MP42.
Der MP43-Prototyp wurde von Haenel gefertigt. Die Seriennummer »02« erscheint auf der linken Seite des Verschlußgehäuses und ist ebenfalls auf der linken Seite des Griffstücks eingestanzt.
Das Bild beweist offensichtlich, daß das aufschießende Haenel-System weit früher entwickelt wurde, als die Historiker bisher zu glauben bereit waren.

schinenkarabiner (MKb) in *Maschinenpistole* zu ändern und rief damit doch eine erhebliche Verwirrung bezüglich der einzelnen Waffentypen hervor.
Eine Erklärung dafür könnte darin liegen, daß trotz der wohlwollenden Beurteilung des neuen MKb-Waffensystems durch das Waffenamt in seiner frühen Entwicklungsphase von 1942, sich Adolf Hitler persönlich mit den Entscheidungen bezüglich der Entwicklung und Einführung neuer Waffensysteme befaßt haben soll. Entgegen dem Plan des Heereswaffenamts, die Kurzpatronenwaffen zur Massenfertigung auszureifen, soll Hitler über die Einführung einer völlig neuen Waffe samt Patrone sehr empört gewesen sein. Hierauf befahl er die Einstellung der Arbeiten.
Auf hoher Ebene gab es allerdings auch Gruppen, die mehr daran interessiert waren, zufriedenstellende Waffen ins Felde zu schicken, als den Führer zu besänftigen. So machte sich das Heereswaffenamt in einem kühnen Zuge daran, die Projektentwicklung verdeckt fortzusetzen. Zur Tarnung der weiteren Entwicklung wurde die Bezeichnung MKb daher fallengelassen und die Arbeit unter der Bezeichnung *Maschinenpistole 42* und *Maschinenpistole 43* fortgesetzt. Aus Täuschungsgründen eingeführt, erzeugten die neuen Bezeichnungen den falschen Eindruck, daß die Waffen MP42 und MP43 lediglich eine geringfügige Verbesserung der vorhandenen Maschinenpistolen darstellten, obwohl die Waffen MKb und MP43 eng verwandt waren. Die Arbeit an dem MKb wurde offiziell eingestellt, die Entwicklung einer verbesserten Maschinenpistole dagegen, wenn auch unter Ge-

Eine frühe Vorführung des Kurzpatronenwaffensystems: Die MP43/1 wird einer Gruppe von hochrangigen Offizieren vorgestellt

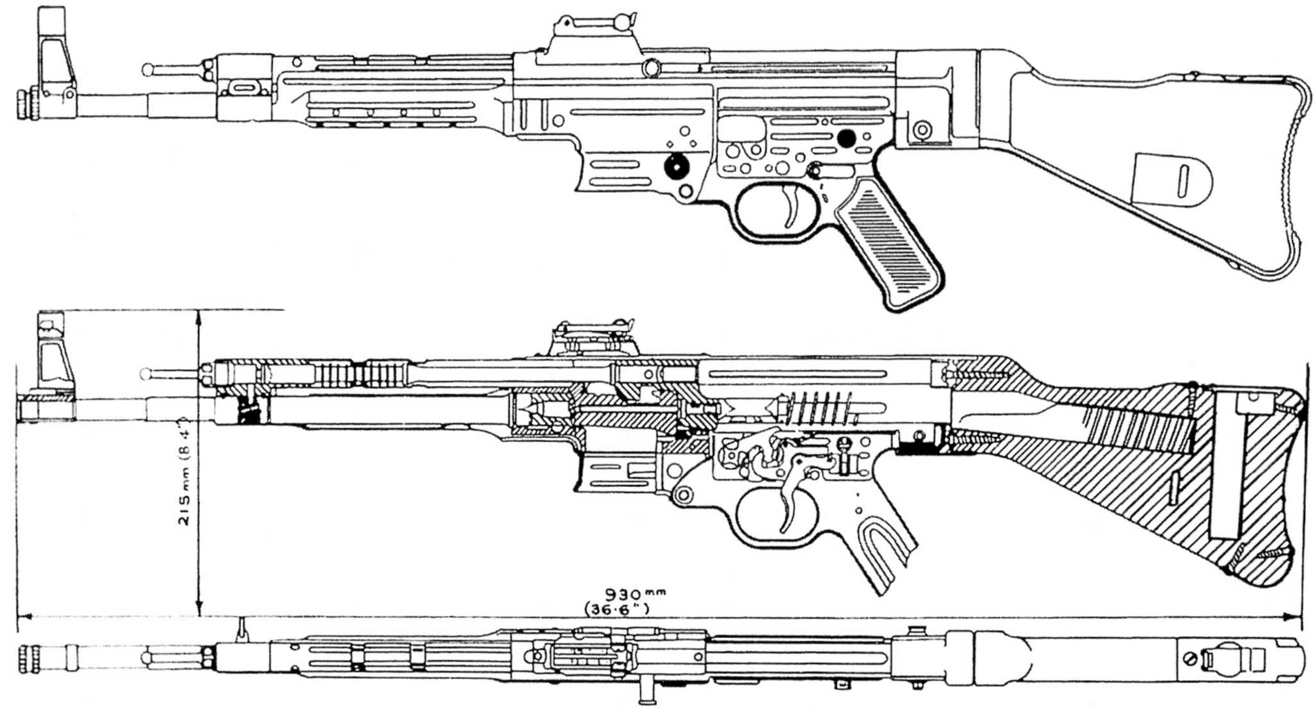

Nachkriegszeichnung des britischen Zeugamts (Ordnance Board) des MP43-Waffensystems. Die Zeichnung zeigt deutlich den Aufbau der Waffe.

heimhaltung, fortgesetzt. Erst zu einem Zeitpunkt als die Entwicklung des Kurzpatronenwaffensystems mit zunehmender Geschwindigkeit voranging, wurde die wahre Gestalt des neuen Systems Hitler vorgeführt. Nachdem er die MP43 als offensichtliche Weiterentwicklung des MKb erkannt hatte, dessen Weiterentwicklung er einige Monate zuvor verboten hatte, verlangte der Führer die sofortige Einstellung des Projekts.
Trotz Hitlers Entscheidung gegen die Einführung der verbesserten MP43-Serie wurde jedoch im März 1943 offiziell eine »Sonderserie«, begrenzt auf die sich bisher in der Produktion befindlichen Waffen und Bauteile, gebilligt.
Nach den darauffolgenden Produktionsvorbereitungen zu urteilen, scheinen sich die führenden Befürworter des neuen Systems eine sehr großzügige Vorstellung davon geleistet zu haben, was sich bereits in der Produktion befand.
Noch vor diesen Entwicklungen war aus dem internen Schriftverkehr des Heereswaffenamts (WaPrüf2 Ib) vom 15. Januar 1943 unter den Berichten über den Status verschiedener Waffenprojekte zu lesen: *»Die Entwicklung der aus dem Haenel-Maschinenkarabiner hervorgegangenen MP43 ist abgeschlossen. 15 Muster befinden sich zurZeit in der Erprobung«*. Dies ist ohne Zweifel die erste Truppenanwendung des verbesserten Haenel-Systems.
Obwohl es sich hier ohne Zweifel um Vorserienmodelle handelt, wurde das aufschießende MP43-System zweifellos viel früher entwickelt, als bisher angenommen.
Bis Juni 1943 wurde eine nicht bekannte Anzahl »Maschinenpistolen« von der Heeresgruppe Nord an der Ostfront feldmäßig erprobt.
Der *Haenel-Maschinenkarabiner* MKb42(H) wurde als Vergleichsmodell herangezogen und aus bisher unbekannten Gründen als »MP43A« bezeichnet. Die *Maschinenpistole* wurde mit »MP43B« bezeichnet, um zwischen den beiden Waffentypen zu unterscheiden. Zusätzlich wurden die beiden Waffensysteme als »offene« (= zuschießende) und »ge-

Das Rückgrat der Wehrmacht. Ein deutscher Infanterist auf dem Marsch über eine der zahllosen schlammigen Ebenen der Ostfront. Vor seiner Brust hängt eine MP43/1.

schlossene« (= aufschießende) Waffen bezeichnet, was den wohl auffälligsten Unterschied zwischen den beiden Kurzpatronenwaffen zu diesem Zeitpunkt darstellte.
Auch wenn angenommen werden konnte, daß eine so geringe Anzahl Waffen bei den deutschen Fronttruppen kaum einen nennenswerten Eindruck hinterlassen würden, waren sie vor dem Hintergrund der sowjetischen Massenangriffe, die diesem Ausdruck eine neue Bedeutungverliehen, von dieser Waffe zugleich begeistert und beeindruckt.
Als Folge der äußerst günstigen Einsatzbeurteilungen, die im September 1943 aus Rußland vorlagen, änderte Hitler seine Meinung so stark, daß das Projekt endlich die amtliche Genehmigung erhielt und offiziell weitergeführt werden durfte.
Was die tatsächliche Waffenproduktion angeht, wurde allem Anschein nach der verbesserte Haenel-Entwurf in den ersten Monaten des Jahres 1943 in zwei unterschiedlichen Versionen gleichzeitig produziert, nämlich die MP43 und die MP43/1.
Obwohl beide Waffen in Entwurf und Funktion identisch waren, besaßen sie unterschiedliche Mündungsausführungen, wobei unterschiedliche Granatschießbecher zur Verwendung kamen. Die MP43/1 behielt das gleiche Mündungsgewinde samt Mutter mit großem Durchmesser wie beim Produktionsmodell des MKb42(H), wodurch die Verwendung des aufschraubbaren Granatschießbechers des MKb42 ermöglicht wurde (später als *MP Gr Gt 43 – Maschinenpistolengranatgerät 43* – bezeichnet). Die MP43/1 besaß ebenfalls einen langen, dicken Kornsockel sowie einen Lauf mit durchgängig gleichem Durchmesser hinter der Kornmontage.
Die MP43 erhielt andererseits ein kürzeres Gewinde mit geringerem Durchmesser mit entsprechender Schutzmutter. Der Kornsockel war kürzer und schlanker, bei einem reduzierten Laufdurchmesser direkt hinter der Kornmontage, wodurch die MP43 zur Aufnahme des standardisierten aufklemmbaren Granatschießbechers *(Gw Gr Gt – Gewehrgranatgerät)*, der beim Dienstgewehr K98k verwendet wurde, eingerichtet war. Kaum beachtet ist der Unterschied zwischen den MP43- und MP43/1-Serien in der Montagevorrichtung für Zielfernrohre.
Genau wie beim Haenel MKb42(H) wurde die MP43/1 mit integrierten Zielfernrohrmontageschienen auf beiden Seiten des Kimmensockels versehen. Obwohl die meisten MP43/1 scheinbar mit Montageschienen für das frühe Zielfernrohr

Soldaten der Waffen-SS in ihrer charakteristischen Flecktarnbekleidung während einer Gefechtspause 1944. Der rechte Soldat hält eine MP43/1.

41 (ZF41) mit eineinhalbfacher Vergrößerung versehen wurde, wurde diese Einrichtung bei den MP43, MP44 und StG44 fallengelassen.
Unter diesen Gesichtspunkten gibt es drei klare Varianten der MP43/1:

1. Die größte Anzahl mit Zielfernrohrmontageschienen,
2. die Ausführung ohne die in die rechte Schiene eingefräste Verriegelungsnut und schließlich
3. die MP43/1-Variante ohne jegliche Schienen.

Da die Zielfernrohre mit eineinhalbfacher Vergrößerung sich bereits vor der Herstellung der ersten Waffen der neuen Maschinenpistolen-Serie als von zweifelhaftem Wert erwie-

Die mit MP44 gekennzeichneten Gewehre scheinen die am zahlreichsten vertretenen Kurzpatronenwaffen während des 2. Weltkrieges gewesen zu sein.

sen hatten, deutet das Vorhandensein der Montageschienen auf der MP43/1 auf eine Weiterverwendung des Maschinenparks und der Fertigungverfahren bzw. sogar von Bauteilen, die ursprünglich für den MKb42(H) vorgesehen waren, hin. Wie die noch vorhandenen Waffen zeigen, macht die MP43/1 durchaus den Eindruck einer Übergangslösung der Firma Haenel, was bei einigen der frühesten MP43/1-Serienmodelle besonders offensichtlich ist.

Haenel fertigte den MKb42(H) in einer kleinen Serie bis September 1943. Angesichts der offensichtlichen Übergangsform der MP43/1, einer Waffe, die ebenfalls von Haenel gefertigt wurde, neigt man zur Annahme, daß die MP43/1-Fertigung und nicht die der MP43 die Arbeit am MKb abgelöst hat.

Nach einer Produktionsverlagerung wurde die MP43 dann in großen Stückzahlen hergestellt, anfänglich bei Haenel und dann von anderen Firmen, während der Kreis der Subunternehmer genehmigt und erweitert wurde.

Die noch vorhandenen Exemplare der MP43/1 tragen das Datum 1943. Abgesehen von seltenen, frühen MP43-Exemplaren, die mit 1943 datiert sind und vermutlich Ende 1943 hergestellt wurden, sind die MP43-Varianten mit 1944 oder 1945 datiert. Unabhängig von deren Reihenfolge wurden die MP43/1 und MP43 jedoch mit der entsprechenden Modellbezeichnung gekennzeichnet.

Obwohl die Bezeichnung MP43/1 normalerweise eine geänderte oder verbesserte MP43 darstellen müsste, scheinen die Bezeichnungen in diesem Falle dem Heereswaffenamt einfach als Unterscheidungsmerkmal zweier verschiedener Muster der gleichen Waffe gedient zu haben, ohne Rücksicht darauf, welches Modell zuerst erschienen ist.

Unter besonderer Berücksichtigung von Adolf Hitlers Verwicklung in das Kurzpatronenwaffen-Programm bleiben kaum Zweifel daran, daß Hitler direkten Einfluß auf dieses Projekt genommen hat. Obwohl sich die dem Verfasser bekannten deutschen Aufzeichnungen aus dieser Zeit widersprechen, genügt es festzustellen, daß Hitlers Handeln tatsächlich die Entwicklung behindert und den Anfang der Massenfertigung verzögert hat.

Am besten drückt wahrscheinlich folgender Kommentar die Situation aus: »*Wäre die Entwicklung angehalten worden, als die Einstellung des Projekts erstmalig angeordnet wurde, wäre eine Aufnahme der Massenfertigung nach der endgültigen Bewilligung des Projekts nahezu unmöglich gewesen*«.

Das deutsche Kurzpatronenwaffensystem (Kurzpatrone 7,9 mm) in der standardisierten Fertigungsform. Hier abgebildet, v.u.n.o.: MP43, MP43/1 und MP44, die Hauptwaffen der MP43-Serie:

VII
Maschinenpistole 43 (MP43)

Als Maßstab in der MKb-Entwicklung, der abgesehen von Verbesserungen, unterschiedlichen Modellbezeichnungen und vereinfachten Herstellungsverfahren als Grundlage für die gesamte Kurzpatronenwaffen dienen sollte, setzte sich die Form und Funktionsweise der MP43-Serie bis zum Ende der deutschen Sturmgewehrfertigung im Jahre 1945 durch.

Als radikale Abweichung von der althergebrachten deutschen Praxis, handwerklich sauber und solide gefertigte Handfeuerwaffen zu liefern, gehörte die MP43 einer neuen Generation von Gebrauchswaffen an, deren äußerliche Erscheinung hinter den Anforderungen der Massenfertigung und der optimalen Leistung zurücktreten mußte.

Trotz stetig steigender Anforderungen an eine gesteigerte Produktion entsprachen die Herstellungs- und Abnahmeanforderungen während der gesamten Produktionszeit angeblich den ursprünglichen Vorgaben des Heereswaffenamts. Unter den zahlreichen deutschen Infanteriewaffen dieser Zeit galten die Waffen für die Kurzpatrone mit als die zuverlässigsten.

Keine noch so umfangreiche und ausgeklügelte Versuchsreihe kann die Erprobung unter Gefechtsbedingungen ersetzen. Unter den extremen klimatischen Bedingungen Rußlands bewiesen die Waffen, daß sie die erwarteten Leistungen selbst mit lediglich routinemäßiger Pflege erbringen konnten.

Die deutschen Fronttruppen waren von diesem Waffensystem beeindruckt und forderten bis zum Kriegsende stetig eine gesteigerte Auslieferung dieser Waffen. Es ist unzweifelhaft, daß die Fähigkeit einer Einheit, auf typischen Gefechtsreichweiten während eines Sturmangriffs oder in der Abwehr eines Angriffs, konzentriertes vollautomatisches Feuer abzugeben, den deutschen Truppen auch einen klaren psychologischen Vorteil gab.

Es ist interessant, daß in alliierten Berichten über erbeutete Handfeuerwaffen in vielen Fällen mit offensichtlichem Mangel an Objektivität die deutschen Maschinenpistolen als »grob und unzuverlässig« und bei ausgedehntem Dauerfeuer als »potentielle Gefahr« bezeichnet wurden.

In einigen Fällen beziehen sich die Kritiker auf deutsche Dienstanweisungen, nach denen die Waffen in der Regel mit Einzelfeuer, bzw. nur mit kurzen Feuerstößen, eingesetzt werden sollten, obwohl diverse andere deutsche Dienstanweisungen eine Verwendung als Selbstladegewehr und den Einsatz von Feuerstößen, bzw. Dauerfeuer, nach Bedarf forderten.

Bei der Erarbeitung eines neuen taktischen Einsatzkonzepts für den vorteilhaftesten Einsatz des neuen Waffensystems ging man davon aus, daß die Anzahl der ausgelieferten Maschinenpistolen und die gleichermaßen wachsende Anzahl Frontsoldaten unter Berücksichtigung der Dauerfeuermöglichkeit die Anweisung zur Munitionseinsparung notwendig machen würde. Die Anweisung hatte also nichts mit der Zuverlässigkeit der Waffen zu tun.

Gemäß den Anforderungen des Heereswaffenamts die Zuverlässigkeit zu erhöhen, wurden stichprobenartig Waffen aus der Serienfertigung genommen und einem Dauerfeuertest unterzogen, wobei 5000 Schuß pro Waffe im Dauerfeuer abgegeben wurden, wobei keine Störungen auftreten durften. Obwohl es mit Sicherheit auch zu Fehlfunktionen gekommen sein dürfte, bereitete – soweit bekannt ist – auch ausgedehntes Dauerfeuer diesem Waffensystem mit der Kurzpatrone im allgemeinen keine Probleme.

Der Basisentwurf der Maschinenpistolen-Reihe für Kurzpatronen. Eine MP43 aus der Serienfertigung.

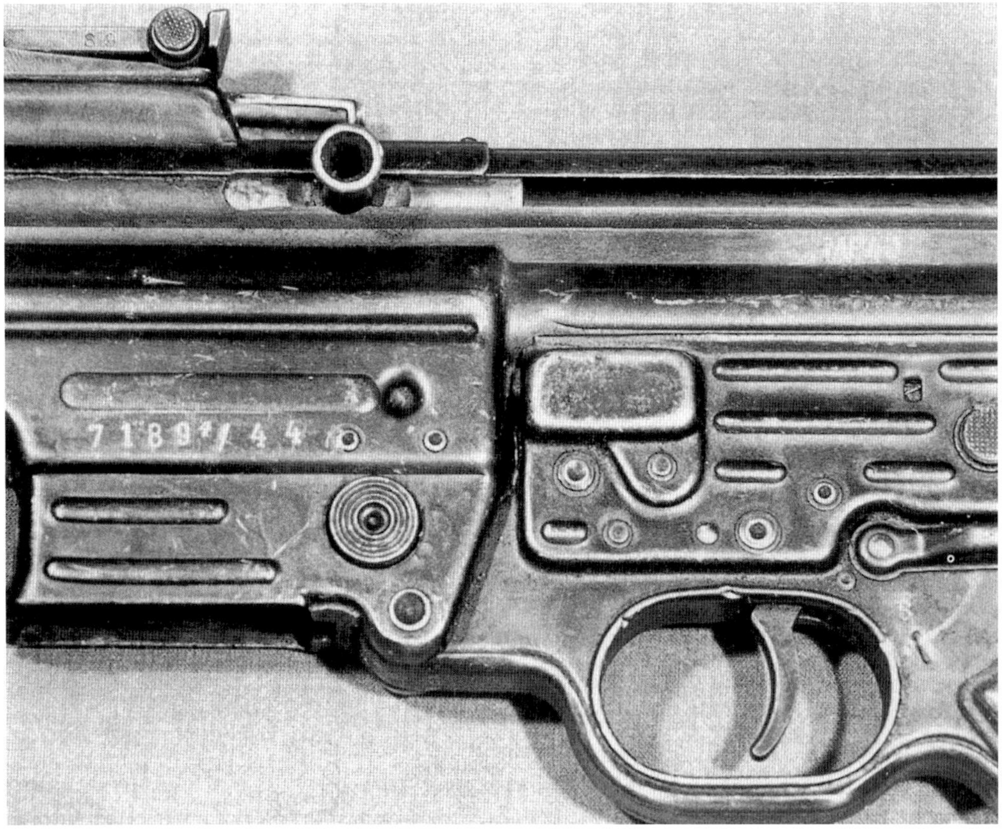

Nahaufnahme des MP43-Gehäuses. Die Modellbezeichnung, Seriennummer sowie das Herstellungsjahr sind zu erkennen. Bis auf die Kennzeichnung sowie geringfügige herstellungstechnische Abweichungen waren die MP43, MP44 und StG44 nahezu identisch.

Laut den Kampfberichten wurden die Maschinenpistolen nicht nur von den deutschen Streitkräften, sondern auch von ihren sowjetischen Gegnern hoch angesehen. Erbeutete Waffen wurden hoch geschätzt und gerne gegen die Deutschen verwendet, besonders während des langwierigen Rückzuges aus Rußland, bei dem unglaubliche Mengen an Waffen und Munition der Roten Armee in die Hände fielen.

Bedingt durch die Umstände der ausgedehnten kämpferischen Auseinandersetzung mit der Sowjetunion, die sich über einen Zeitraum von vier Jahren erstreckten, wurde der größte Anteil aller Kurzpatronenwaffen, die für die Wehrmacht hergestellt wurden, an die Ostfront geliefert und dort letztendlich verloren oder vernichtet. Obwohl die grundlegende Entwicklungsarbeit am Waffensystem für Kurzpatronen scheinbar nach der Übernahme des Haenel-Entwurfs erledigt war, widmete sich das Heereswaffenamt der Verbesserung der Waffe aus fertigungstechnischer Sicht, nachdem sich ihre Tauglichkeit im Felde erwiesen hatte. Es lag folglich an Haenel und verschiedenen Zulieferern, verbesserte und vereinfachte Fertigungsmethoden für die neuen Waffen zu suchen.

Gemäß den Nachkriegsberichten hatte Hugo Schmeisser, Konstrukteur des Haenel-Entwurfs, den Mitgliedern des *Combined Intelligence Objectives Sub-Committee (CIOS)* berichtet, daß er an verkürzten Fertigungsverfahren für die MP43 gearbeitet und das Gehäuse zwecks vereinfachter Fertigung neu entworfen habe.

An den erhalten gebliebenen Waffen aus der für die Kurzpatrone eingerichteten Waffenreihe sind jedoch keine großen Entwurfsänderungen festzustellen. Alles spricht dafür, daß die erwähnte Entwicklung so spät begonnen wurde, daß sie nicht mehr in die tatsächliche Fertigung integriert werden konnte.

Abgesehen von geringfügigen Änderungen, wie der Vereinfachung der Blechstanzwerkzeuge, den Ersatz von Nieten durch den Einsatz der Punktschweißtechnik bei der Endmontage und den Wegfall des Mündungsgewindes, gab es einige kleine Abweichungen im Rahmen der Einzelteilherstellung, die offensichtlich in den Herstellungsverfahren und Werkzeugeinrichtungen begründet waren und keine amtlich zugelassene Entwurfsänderung darstellten.

Da zwischen manchen Teilen der einzelnen Zulieferer Unterschiede bestehen, scheint es, daß es den einzelnen Herstellern erlaubt war, von den vorgegeben Spezifikationen in den Fällen abzuweichen, wo die Herstellungsquoten und die Waffenleistung nicht nachteilig beeinträchtigt wurden.

Obwohl es kein Bestandteil des Versuchs war, das Gesamtsystem aus fertigungstechnischer Hinsicht zu verbessern, wurde eine kleine Serie von Versuchswaffen im Laufe des Jahres 1943 in der Suhler Haenel-Fabrik hergestellt.

Diese Waffen, den Berichten nach modifizierte Versionen des neuen Systems (MP43/1), erhielten als Versuchswaffen eine eigene Numerierung und dienten vermutlich der Erprobung der nach den frühen Feldversuchen empfohlenen Verbesserungen. Obwohl diese Versuchsreihe unterschiedliche Fertigungsmethoden und Bauelemente umfasste, wurden die Änderungen nicht für die Serienfertigung übernommen.

Abgesehen von geringfügigen Veränderungen, bestand der Hauptunterschied zwischen den Waffen, besonders zwischen denen der frühen und der sogenannten »Spätfertigung«, in der Oberfläche der Waffen und ihrer Bestandteile. Mit dem Fortschreiten des Krieges wurde die Brünierung nach und nach durch das Phosphatieren der Flächen abgelöst. Dieses einfache Verfahren umfaßte ein Sandstrahlen der Teile, wonach sie in einer Lösung aus Schwefelsäure und Eisenpulver rund 30 Minuten lang gekocht wurden. Die Reaktion zwischen der Säure und dem Eisenpulver, bzw. dem Stahl der Teile, verursachte eine Beschichtung der Metalloberfläche mit einer dünnen Lage von unlöslichen Eisenphosphatkristallen.

Diese graue Kristalloberfläche wurde dann mit Öl getränkt, welches ein entsprechendes Farbmittel enthielt, um eine stumpfe, nicht reflektierende, abrieb- sowie rostfeste Oberfläche zu erzielen – eine hervorragende militärische Oberflächenverarbeitung in verschieden Grautönen.

Obwohl die frühen Waffen der MKb- und MP-Serien scheinbar brüniert wurden, wurde die MP43-Reihe in einigen Fällen komplett brüniert sowie in einer Mischung aus brünierten und phosphatierten Teilen gefertigt.

Eine zeitgenössische Aufzeichnung bezieht sich auf die Waffen mit gemischten Oberflächen, wonach die unterschiedliche Verwendung der beiden Methoden der Oberflächenbehandlung die Beteiligung verschiedener Zulieferer im Laufe der Waffenherstellung widerspiegeln.

Obwohl die spätere StG44-Sturmgewehrserie scheinbar größtenteils phosphatiert wurde, sind auch hier gemischte Oberflächen zu finden. Die noch vorhandenen Waffen zeigen alle möglichen Kombinationen von brünierten und

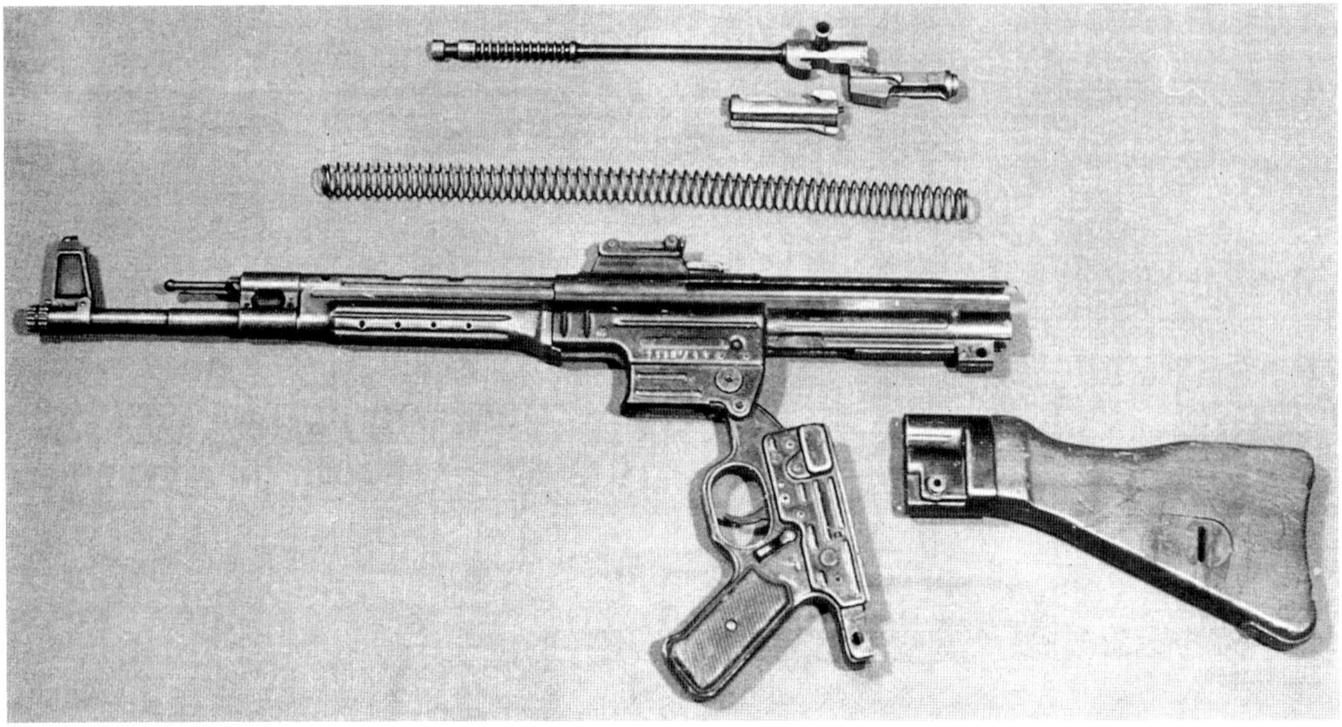

Die MP43, zur Reinigung beziehungsweise zur Inspektion zerlegt.

Ansicht der MP43 von der rechten Seite.

Die MP43 in der Standardausführung. Beide Waffen wurden im Jahr 1944 gefertigt.

phosphatierten Teilen. Obwohl verschiedene Blechteile den Berichten nach gänzlich unbearbeitet waren, ist es wichtig anzumerken, daß viele dieser scheinbar ungeschützten Teile in Wahrheit durch eine farblose Phosphatierung geschützt waren.

Manchmal kam es vor, daß die Färbung der Oberfläche Flecken aufwies. Um dieses Problem zu beseitigen, wurde oft das Farbmittel im Ölbad weggelassen, wodurch die phosphatierten Teile dem Anschein nach lediglich sandgestrahlt waren. Obwohl nicht sonderlich schön, schützt die farblose Phosphatierung das Metall genauso wie eine farbige.

Nach den amtlichen Produktionszahlen wurden bis Januar 1944 fast 20.000 Waffen der MP43-Serie an die deutschen Streitkräfte aüsgeliefert, wobei der Großanteil dieser Menge vermutlich aus MP43/1 bestand. Zwar galt die Firma Haenel in der zweiten Hälfte des Jahres 1943 noch als Hauptlieferant, doch war es bisher unmöglich festzustellen, ab wann die mit MP43 gekennzeichneten Waffen erstmalig hergestellt wurden.

Allem Anschein nach wurde die Umstellung auf die MP43-Variante mit dem vereinfachten Lauf und der vereinfachten Mündung nach und nach übergangsweise vollzogen, und nicht zu einem bestimmten Stichtag.

Es ist bekannt, daß auch eine sehr kleine Anzahl Waffen mit der Stempelung MP43/1 existieren, deren Mündungsbereich dem der MP43 entspricht.

Trotz der Bezeichnungsänderung wurden noch 1944 und 1945, aus Gründen die der Werkzeugeinrichtung zugeschrieben werden, immer noch Waffen mit der Bezeichnung MP43 hergestellt. Die Funktionsweise der gesamten MP43-Serie (d.h. MP43, MP43/1, MP44 und StG44) blieb während der letzten Fertigung nahezu unverändert.

Zur Technik:

Das Verschlußgehäuse ist aus Blech geformt, und besitzt einen mit dem Vorderteil verbundenen Block, in dem der Lauf montiert ist. Ein weiterer, im unteren Gehäuseteil hinter dem Magazinschacht befestigter Block, dient als Verriegelungsanschlag. Rippen sind zur Versteifung, sowie zur Verschlußführung in die Seitenwände des Gehäuses gestanzt. Die Gaskolbenstange mit dem Schloßführungsstück bewegt sich im oberen Teil des Gehäuses, dem Gaszylinder, während sich der Verschlußblock im unteren Teil bewegt. Während des Feuerns bewegt sich der offen liegende mit der Gaskolbenstange verbundene Spannhebel hin und her.

Der Gaskolben ist vom Typ mit langem Hub, wobei die Gaskolbenstange fest damit verbunden ist. Es gibt keine Gasregelung, der vordere Verschlußstopfen des Gaszylinders läßt sich allerdings zur Reinigung leicht entfernen. Die Schließfeder, die gegen die Kolbenverlängerung wirkt *(Anmerkung des Übersetzers: Die Feder wirkt auf das Schloßführungsstück mit dem Ver- und Entriegelungsorgan),* hat einen großen Durchmesser und reicht bis weit in den Kolben hinein.

Alle Bewegungen des Verschlußes werden durch die Gaskolbenstange kontrolliert. Wird der Verschluß verriegelt, senkt sich dessen Hinterteil etwas, und wird durch den Verriegelungsblock im Gehäuse arretiert. Nach dem Auslösen des Schusses wirkt der Gasdruck auf den Gaskolben und über diesen und die Kolbenstange auf das Entriegelungsorgan. Das Entriegelungsorgan läuft gegen den Druck der Schließfeder zurück und hebt mit seiner ausgefrästen Nase das Verschlußstück aus der starren Verriegelung. Bei diesem Rücklauf wird die leere Hülse ausgeworfen und zugleich der Hammer im Griffstück gespannt. Am Ende des Rücklaufes wird der Verschluß gepuffert.

Durch den Schließfederdruck angetrieben wird der Verschluß wieder nach vorn gebracht, nimmt dabei eine Patrone aus dem Magazin mit und stößt diese in das Patronenlager. Wenn der Verschluß seine vorderste Stellung erreicht hat, bewegen sich der Gaskolben, die Kolbenstange und die Schloßführung mit dem Ver- und Entriegelungsorgan weiter vorwärts, wobei letzteres das Verschlußstück nach unten in die Verriegelung drückt. Es kann jetzt wieder geschossen werden.

Der Verschluß ist aus dem Vollen gefräst und mit der Seriennummer der Waffe gekennzeichnet. Die Verschlüsse wurden wahrscheinlich einzeln angepaßt, um einen korrekten Verschlußabstand zu gewährleisten. Der Auszieher ist als Hebel ausgelegt und besitzt eine getrennte Feder.

Der Schlagbolzen ist im Verschlußstück schwimmend gelagert. Er erhält seinen Impuls nicht direkt vom Hahn, sonder mittels eines Federbolzens, der im abgewinkelten hinteren Teil des Führungsstücks eingelassen ist. Der Federbolzen kann das Hinterteil des Schlagbolzens nur erreichen, wenn sich die Gaskolbenstange mit ihrem Führungsstück ganz vorne befindet und der Verschluß verriegelt ist.

Der Abzugsmechanismus ist im Griffstück untergebracht, welcher am Unterteil des Gehäuses mittels Scharnier befestigt ist. Die Sicherung und der Abzug sind voneinander getrennt. Die Sicherung, die den Abzug sperrt, ist auf der linken Seite des Griffstücks angebracht und mit dem Daumen angenehm erreichbar. Die Feuerwahl erfolgt über einen Schaltbolzen, der je nach gewählter Feuerart rechts oder links aus dem Griffstück hervorsteht. Es ist nicht vorgesehen, daß der Benutzer die Abzugsbaugruppe auseinandernimmt. Das Zerlegen des Verschlußmechanismus zwecks Reinigung und Inspektion kann leicht und ohne Werkzeug bewirkt werden.

VIII
Maschinenpistole 43/1 (MP43/1)

Die Maschinenpistole 43/1 ist eine Variante, die in ihrem Aussehen und in ihrer Funktion mit der MP43, der MP44 und dem StG44 nahezu identisch ist. Durch Beibehaltung verschiedener Charakteristika des MKb42(H) sollte die MP43/1 jedoch innerhalb der gesamten MP43-Serie einzigartig bleiben.

Als Übergangsprodukt, das der Firma Haenel zugeschrieben wird, ging nach deutschen Fertigungsunterlagen die MP43/1 als erste Waffe der MP43-Reihe im Juli 1943 in die Produktion.

Ob die Entscheidung, ein Übergangsmodell herzustellen, als Notlösung getroffen wurde, bleibt unbekannt. Da die Firma Haenel jedoch in den frühen Monaten des Jahres 1943 noch stark in die Fertigung des MKb42(H) eingebunden war, das Heereswaffenamt aber sehr darauf bedacht war, den verbesserten Entwurf in die Serienfertigung zu bringen, wurde mit der Produktion der neuen Waffe noch vor Abschluß der Arbeiten am alten Modell begonnen. Die Möglichkeit, daß die charakteristischen Elemente der MP43/1 aus diesem Grunde zum Zeitpunkt des Produktionsbeginns nur in dieser Form hergestellt werden konnten, muß darum auf jeden Fall in Betracht gezogen werden.

Während die Truppenversuche mit dem frühen MKb den Wert des Kurzpatronenwaffensystems klar bewiesen hatten, mußte die verbesserte MP43 sich noch im Gefecht beweisen. Allen Anzeichen nach erschien die MP43/1 als Zwischenlösung zur Verwendung für die Gefechtserprobung, während die notwendigen Vorbereitungen weitergeführt wurden, um eine noch weiter vereinfachte MP43 in befriedigenden Stückzahlen herstellen zu können. Während die Produktion der »verbesserten Waffe« offiziell im Juli 1943 aufgenommen wurde, ist den Berichten nach eine Dienstanweisung für den Feldeinsatz der MP43/1 vom Heereswaffenamt, Amtsgruppe für Entwicklung und Prüfung, im August 1943 herausgegeben worden. Obwohl eine Lücke in der fortschreitenden Numerierung der Dienstanweisungen zwischen der Anweisung für den MKb42(H) und der für die MP43/1 besteht, wurde scheinbar keine gesonderte Dienstanweisung für die MP43 herausgegeben. Bis auf die bereits erwähnte Unterscheidung zwischen *MP43A* und *MP43B* liegt hierfür bisher keine besondere Erklärung vor. Neben der MP43/1 scheint in den frühen Monaten des Jahres 1943 ebenfalls eine MP43/2 existiert zu haben. Einzelheiten über diese unbekannte Variante sind bisher nicht entdeckt worden. Im Herbst und Winter 1943 sind Waffen der Maschinenpistolen-Serie an Kampfeinheiten der Ostfront ausgegeben worden. Es ist bekannt, daß die Heeresgruppe Nord bereits im September die MP43/1 erhalten hat.

Trotz anfänglicher Schwierigkeiten, die den Herstellungsverfahren zugeschrieben werden, wurden die Probleme schnell aus dem Wege geräumt und die Waffen mit Wohlwollen der zur Ausrüstung bestimmten Einheiten angenommen. Bis zum Frühjahr 1944 wurde eine begrenzte Anzahl der neuen Waffen zusätzlich zu den in Rußland kämpfenden Truppen auch ausgewählten Einheiten in Westeuropa zur Verfügung gestellt.

Obwohl unbestätigt, soll die günstige Beurteilung von Hitlers persönlicher Wacheinheit, die bereits im Oktober 1943 die neuen MP43/1 Waffen erhalten hatte, ein entscheidender Faktor für die endgültige Annahme des neuen Waffensystems gewesen sein.

Neben der Beurteilung der Waffe nach ihren besonderen

Die Maschinenpistole 43/1 in der typischen Produktionsausführung.

Die Maschinenpistole 43/1, feldmäßig zerlegt.

Eine von C.G. Haenel (fxo) hergestellte MP43/1 ohne Magazin. Hier ein Exemplar der späten Fertigungsreihe ohne Zielfernrohrmontageschienen am Kimmensockel.

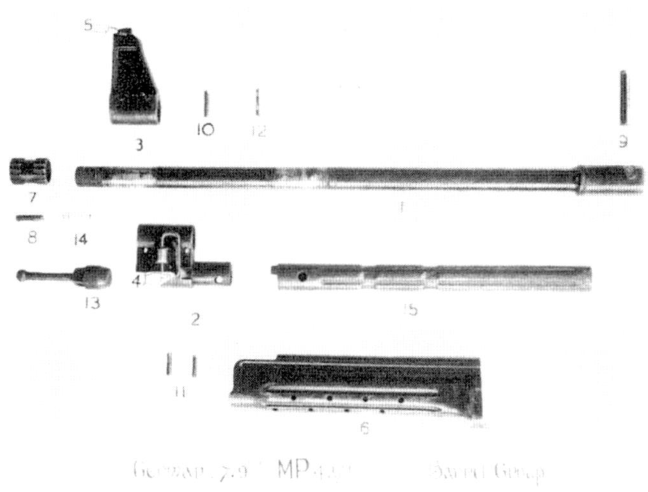

Teil einer britischen Zeugamtsauswertung aus dem 2. Weltkrieg. Eine Reihe von Originalaufnahmen dokumentiert eine erbeutete »Deutsche Maschinenpistole MP43/1«. Diese ist wie folgt bezeichnet: »Deutsche 7,9 mm MP43/1 Laufgruppe«. Der Unterschied zwischen dem MP43/1-Lauf und dem der späteren Ausführung ist offensichtlich.

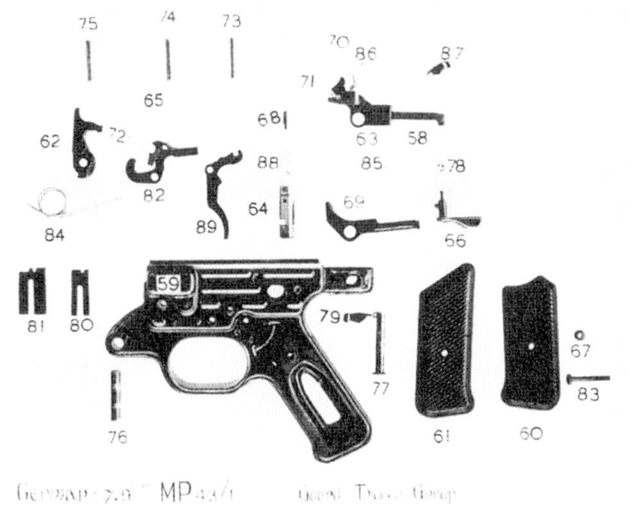

»Deutsche 7,9 mm MP43/1 Abzugsbügelgruppe«. Eine Mischung aus gefrästen und gestanzten Teilen. Die Abzugsgruppe der »Maschinenpistole« wird hier in kaum gesehener Art und Weise abgebildet.

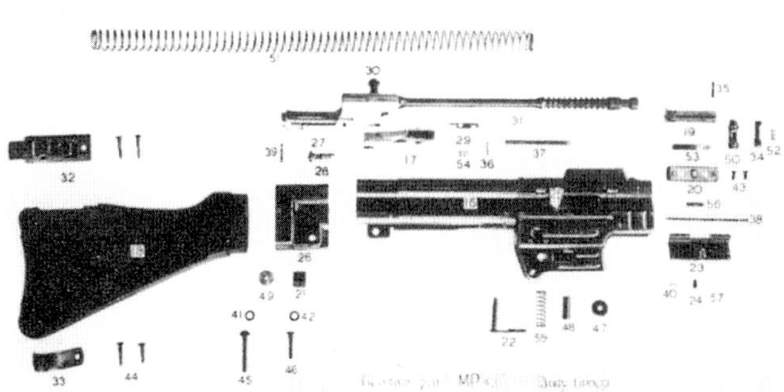

»Deutsche 7,9 mm MP43/1 Gehäusegruppe«. Da die Enden der verschiedenen Nieten während der Montage gestaucht wurden, um sie an ihrem Platz zu halten, war ein Abschleifen eines Endes notwendig, um sie vollständig zu entfernen. Die Waffe ist vollständig zerlegt worden.

Vorzügen wurde durch die nahezu gleichzeitige Ausgabe des neuen Selbstladegewehrs 43 (G43) für die Standardpatrone ein Vergleich mit dieser Waffe unvermeidlich.

Nach dem Beweis der vergleichbaren Treffergenauigkeit und -Wirkung bei typischen Gefechtsentfernungen (300-500 m), der zusätzlichen Dauerfeuermöglichkeit, einer von zehn auf 30 Patronen gesteigerten Magazinkapazität gegenüber dem G43 und dem wesentlichen Faktor, daß 150 Kurzpatronen das gleiche Gewicht hatten wie 100 Standardpatronen, ging die Maschinenpistole unter der Voraussetzung der Wahlmöglichkeit eindeutig als bevorzugte Waffe hervor.

Von großem Interesse waren auch die Truppenversuche, die unter der Aufsicht des Reichsluftfahrtministeriums vom Fallschirmjäger-Lehrregiment durchgeführt wurden, um einen direkten Vergleich zwischen ihrem neuentwickelten *Fallschirmjägergewehr 42 (FG42)* und der neuen *MP43/1* des Heeres zu erhalten.

Es gab keinen Zweifel daran, daß die Luftwaffe an die hohe Reichweite des für die Normalpatrone eingerichteten FG42 festhalten würde. In Anbetracht der Lage der Luftwaffe zeigt der offizielle Testbericht allerdings eine erstaunlich objektive Beurteilung der Stärken und Schwächen des Kurzpatronenwaffensystems.

Damals wurde berichtet:

- *Die MP43/1 ist von einfacher Konstruktion, leicht zu verstehen und funktioniert problemlos.*
- *Einfache Einrichtungen für Einzel- und Dauerfeuer erlauben einen schnellen Wechsel der Feuerart.*
- *Das Kastenmagazin dient als brauchbare Auflage für Einzelfeuer; liefert jedoch nicht genügend Hebelwirkung bei Dauerfeuer.*
- *Die Patronenzufuhr ist befriedigend und Hemmungen oder Störungen sind nicht aufgetreten. Der Hülsenauswurf erfolgt nach rechts und stört nicht die Tätigkeit von anderen in der Nähe.*
- *Die ballistischen Leistungen bis 300 m können als gleichwertig mit denen des FG42, K98k und der Selbstladegewehre betrachtet werden, liegen jedoch bei 400 m merkbar unter denen der anderen.*
- *Im Vergleich mit dem FG42 ist die Kadenz erheblich langsamer; wobei der reduzierte Rückstoß gezielte Feuerstöße auf Entfernungen bis 300 m erlaubt. Über diese Entfernung hinaus wird die Streuung als übermäßig betrachtet.*
- *Ein Zielfernrohr hat sich als weniger wertvoll erwiesen. Bei der festgestellten Kampfentfernung von 300 m können Ziele relativ problemlos mittels Kimme und Korn erfaßt und getroffen werden. Über 300 m ist die Streuung zu groß und die Durchschlagsleistung für den Einsatz als Scharfschützenwaffe zu gering.*

Die Modellbezeichnung »MP43/1«, wie sie in das Verschlußgehäuse geprägt wurde. Die Kurzpatronenwaffen wurden alle mit der entsprechenden Modellbezeichnung versehen.

Während man sicher davon ausgehen kann, daß die Luftwaffenfeldeinheiten ihren Anteil der Maschinenpistolen-Serien

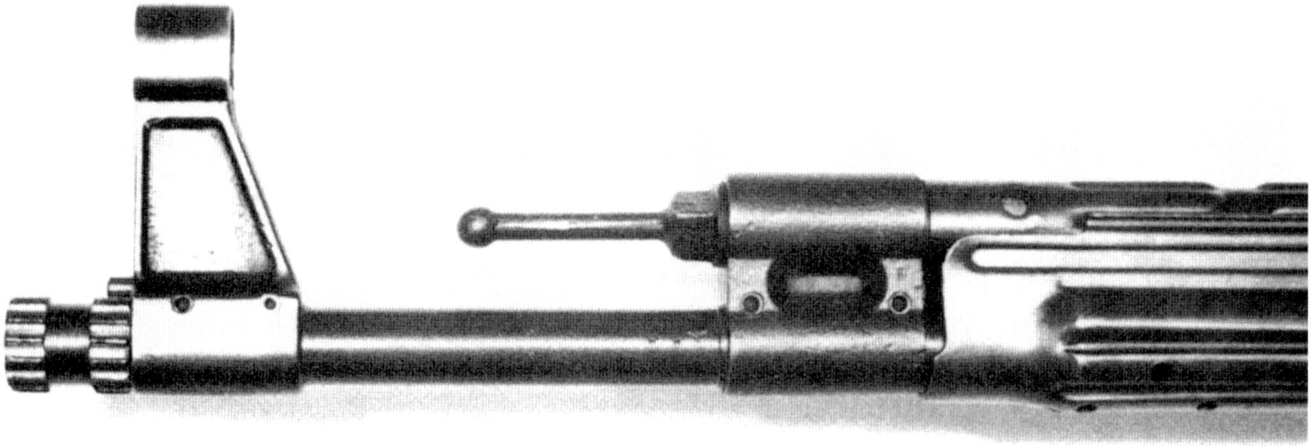

Mündungbereich einer typischen MP43/1. Obwohl vereinfacht, waren viele Details, einschließlich der Gewindeabmessungen, identisch mit denen des MKb42(H). Ursprünglich zur Montage eines Granatschießbechers gedacht, konnte der frühe, aufschraubbare MKb42-Schießbecher (mit neuer Bezeichnung MP Gr Gt 43) problemlos montiert werden.

Die Maschinenpistole 43/1. Ein Exemplar aus der frühen Fertigung. Diese Waffe besitzt die Montageschienen für ein Zielfernrohr auf beiden Seiten des Kimmensockels.

vor Kriegsende erhielten und einsetzten, war die Luftwaffe unter keinen Umständen bereit, das Kurzpatronensystem offiziell einzuführen.

Teilweise läßt sich dies damit erklären, daß Heer, Luftwaffe, Marine und Waffen-SS nahezu frei darin waren, ihre Waffen selbst nach dem eigenen Bedarf zu entwickeln, anstatt für alle Teilstreitkräfte der Wehrmacht die gleichen Waffen zu entwickeln, wie es ursprünglich vorgesehen war. Bei der gegebenen militärischen und politischen Lage Deutschlands wurden die Handlungen oft so von bitterer Rivalität geprägt, daß es sich für die Wehrmacht nachteilig auswirkte (in diesem Falle, zum Beispiel, hatte sich das Heer für das Kurzpatronensystem entschieden, während die Luftwaffe das FG42 einführte. Die Waffen-SS bevorzugte scheinbar sowohl das neue Selbstladegewehr als auch das Kurzpatronensystem).

Allen Berichten zufolge scheint es, daß, obwohl die neuen Waffen von den belieferten Einheiten wohlwollend aufgenommen wurden, die Ausgabe dieser Waffen in nennenswerten Stückzahlen während des Großteiles des Jahres 1944 auf ausgewählte Infanterie- und Waffen-SS Einheiten beschränkt wurde.

Obwohl die Beurteilung der ballistischen Werte der MP43/1 durch die Luftwaffe weitaus realistischer erscheint als die Werte, die vom Heereswaffenamt angegeben wurden, wies das Waffenamt in seinen Unterlagen vielfach auf die »600 m Schußleistung« des Waffensystems mit der Kurzpatrone hin. Ein Beispiel ist die folgende Aussage: *»Die ballistische Leistung der MP43/1 ist bis 600 m die gleiche wie die des K98k und des Selbstladegewehrs«.*

Die konstanteste Trefferlage scheint im Bereich zwischen 300 und 400 m gelegen zu haben. Da die Waffenämter unter der Auflage litten, sämtliche neuen Waffensysteme auf Eignung zum Einsatz mit Zielfernrohren zu prüfen, wurde eine amtliche Erprobung *»zur Feststellung der Eignung des Maschinenkarabiners zum Scharfschützeneinsatz«* im Oktober 1943 in der Infanterieschule Döberitz-Elsgrund durchgeführt.

Zu diesem Zweck wurde die MP43/1 im Vergleich zum Selbstladegewehr G43 erprobt, wobei beide Waffen den gleichen Zielfernrohrtyp verwendeten.

In Waffenamtskreisen als »Blechprägeausführung« bekannt, wurde das Gewehr-Zielfernrohr vierfach (Gw ZF4) ursprünglich als Teil des Waffensystems G43 entwickelt, das zur Verwendung als Scharfschützengewehr durch einfache Montage eines Zielfernrohrs auf einem integrierten Sockel vorgesehen war.

Zwar paßte das Zielfernrohr unproblematisch auf das G43, doch mußte für die Verwendung an der MP31/1 das Gw ZF4 mit einer speziellen Montage versehen und an die MP, direkt

Eine Testwaffe vom Oktober 1943. Die MP43/1 wurde verwandt, um die Eignung der Maschinenpistole zum Scharfschützeneinsatz zu prüfen. Hier eine MP43/1 mit Zielfernrohrschienen auf dem Visiersockel, aber der typischen Mündung der MP43. Das Zielfernrohr ist auf der nachträglich angeschweißten Montageschiene aufgeschoben.

hinter dem Auswurffenster an der rechten Gehäuseseite, eine Montageschiene geschweißt werden.

Aus einer Reihe von Versuchen, die sowohl Einzelfeuer als auch Feuerstöße aus der MP43/1 auf verschiedenen Entfernungen umfaßte, wurde Folgendes ermittelt: *»Die Streuung der MP43/1 ist so erheblich, daß sie das G43 nicht ersetzen kann. Es ist die Meinung der Infanterieschule, daß die MP43/1 mit Zielfernrohr aufgrund zu großer Streuung zum Scharfschützeneinsatz ungeeignet ist«.*

Verschiedene MP43/1 mit *»einer auf der rechten Gehäuseseite montierten, gefrästen, V-förmigen, 10,8 cm langen Montageeinrichtung«* wurden von der U.S. Army auf dem Versuchsgelände Aberdeen *(Aberdeen Proving Grounds – APG)* nach dem Krieg erprobt. Es bleibt festzustellen, daß jede als MP43/1 gekennzeichnete Waffe, die eine Original-Zielfernrohrmontage dieser Art besitzt, eine echte Ausnahme dieser Baureihe darstellt. Obwohl die Umstände eine Anwendung von Zielfernrohren bei den Waffen der MP43-Serie eventuell erfordert hätten, wurden trotz des ursprünglichen Vorhabens keine Zielfernrohre für diese Waffen ausgegeben. Ausnahme hiervon sind die gelegentlichen Erprobungen bzw. die Verwendung der Waffen für Sonderzwecke.

Obwohl Bezeichnungsänderungen bei der MP43-Serie eine erhebliche Rolle spielten, blieb die Bezeichnung MP43/1 bis zum Produktionsende dieses Modells Ende 1943 beziehungsweise Anfang 1944 unverändert.

Linke Seite der MP43/1 mit Blick auf die integrierte Zielfernrohrschiene. Eine Waffe aus der »a«-Serienfertigung. Die Seriennummer und das Fertigungsjahr (1003a/43) sind gut sichtbar.

Der Visiersockel mit der Zielfernrohrmontage der MP43/1 ist mit dem des MKb42(H) aus der Kleinserienfertigung identisch.

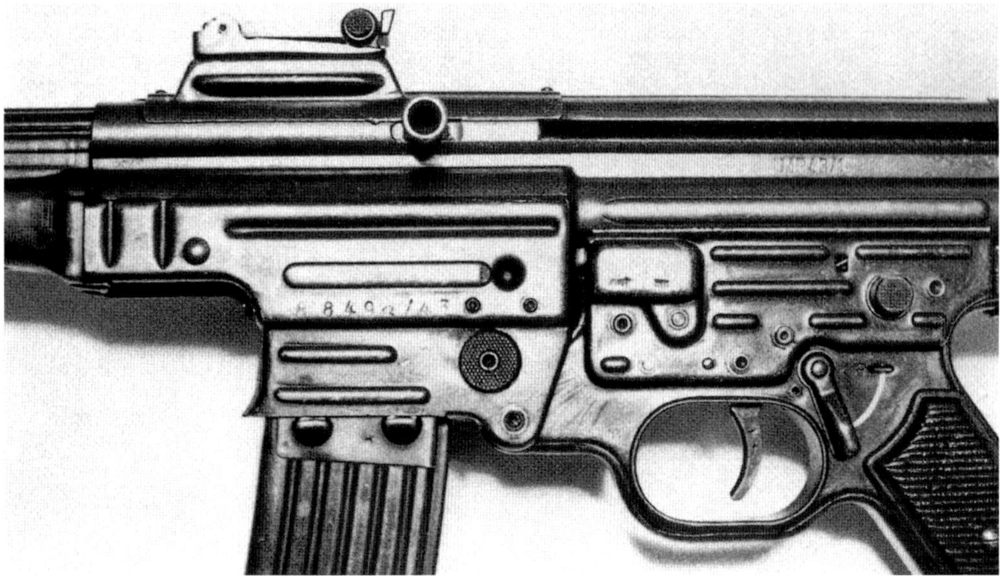

Eine Nahaufnahme der MP43/1 Nr. 8849a/43. Ein weiteres Exemplar der »a«-Serie mit Zielfernrohrschienen zum Vergleich.

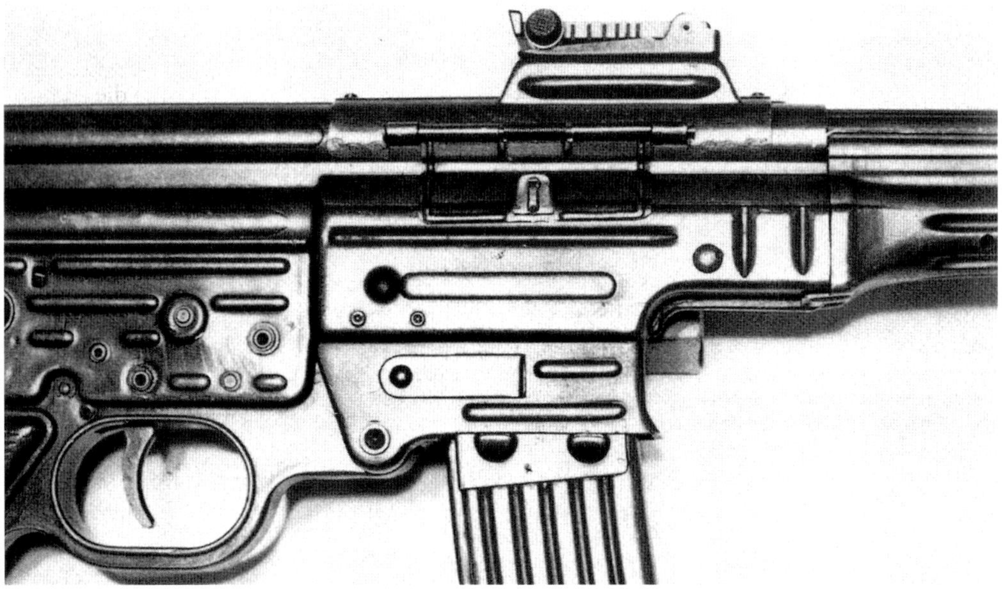

Die MP43/1 Nr. 8849a von der anderen Seite. Obwohl die Zielfernrohrschienen vorhanden sind, fehlt die Verriegelungsnut auf der rechten Schiene.

IX
Maschinenpistole 44 (MP44)

Eine Welle von günstigen Kampfauswertungen änderte Hitlers Meinung über das Kurzpatronen-Waffensystem. Nach den Aufzeichnungen von Albert Speer führte der Oberbefehlshaber der Wehrmacht im April 1944 folgende Bezeichnungen zur »endgültigen Bestimmung« der drei neuen Infanteriewaffen ein:

(a) Das bisherige MG42 soll diese Bezeichnung beibehalten.
(b) Das bisherige Selbstladegewehr, bekannt als Gewehr 43, soll die Bezeichnung Karabiner 43 (K43) erhalten.
(c) Die bisherige neue Maschinenpistole, bekannt als MP43, soll die Bezeichnung MP44 erhalten.

Am 6. April 1944 wurde also die Bezeichnung der MP43 amtlich in »Maschinenpistole 44« (MP44) geändert.
Die wohl gößte Anzahl dieser Kurzpatronenwaffen tragen die Bezeichnung MP44 und sind bis auf die Typenbezeichnung auf dem Gehäuse in Aussehen und Funktion mit der MP43 identisch. Obwohl die MP44 – wie berichtet – nach den gleichen Spezifikationen wie die MP43 hergestellt wurde, konnten geringfügige Änderungen in den Blechformtechniken und der maschinellen Verarbeitung zwischen den einzelnen Waffen verzeichnet werden – besonders bei jenen, die in den letzten Kriegsmonaten hergestellt wurden. Typisch für die gesamte Kurzpatronen-Waffenreihe scheinen sich diese Änderungen auf bestimmte Zulieferer zu beschränken und stellen keine einheitliche Änderung durch alle Hersteller dar.
Trotz der offiziellen Änderung der Modellbezeichnung wurden 1944 und 1945 weiterhin Waffen mit beiden Bezeichnungen, MP43 und MP44, hergestellt.
Die genauen Gründe für die Beibehaltung der MP43-Stempelung konnten bisher nicht geklärt werden. Die Modellbezeichnung »MP43« könnte allerdings ein integrierter Bestandteil der Prägewerkzeuge für das Verschlußgehäuse gewesen sein. Es ist wahrscheinlich, daß nach der Bezeichnungsänderung *»die Verschrottung von wertvollen und nützlichen Prägewerkzeugen«* vermieden wurde.
Anfang 1944 werden noch beide Typen der ursprünglichen Maschinenpistolenserie erwähnt, doch wurde die MP43/1 allem Anschein nach nicht in der offiziellen Bezeichnungsänderung aufgeführt, da die Produktion dieses Modells scheinbar bereits beendet war.
Zwar war die gesamte Entwicklungsrichtung darauf ausgelegt, daß durch grundsätzliche Änderungen der Konstruktionen und den Einsatz vereinfachter Herstellungsverfahren eine Produktionserhöhung erreicht wurde, doch entwickelte man auch verschiedene Zubehörteile, um die Waffe für den speziellen Infanterieeinsatz anzupassen, da die Kurzpatronen-Waffenreihe ja so weit wie möglich als Allzweckwaffensystem vorgesehen war.
Aus diesem Grunde wurde auch, abgesehen von den Versuchen mit dem Gw ZF 4 bei der frühen MP43/1-Serie, eine begrenzte Anzahl MP44 ebenfalls mit der speziellen V-förmigen, 10,8 cm langen Zielfernrohrmontage versehen, die auf der rechten Seite direkt hinter dem Auswurffenster an das Gehäuse mittels Punktschweißtechnik angebracht wurde.
Obwohl ursprünglich zur Aufnahme des Zielfernrohrs Gw ZF 4 gedacht, kam die wohl praktischste Anwendung der Montageeschiene mit der Verwendung des Infrarot-Nachtsichtgeräts. Zur Aufnahme dieses Zielgeräts 1229 (ZG 1229)

Die Maschinenpistole 44 ist der noch am häufigsten vorhandene Vertreter dieser Waffenfamilie.

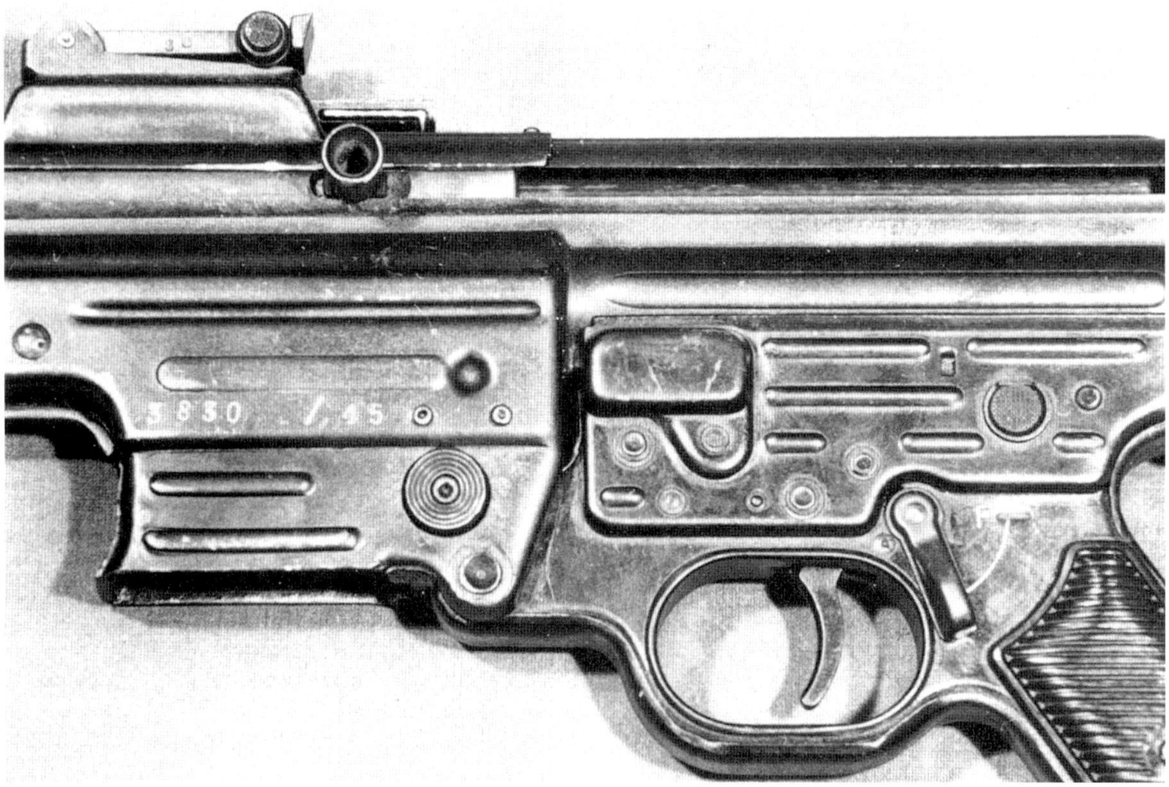

Eine Nahaufnahme der MP44. Ein spätes Fertigungsmodell von 1945 mit den seltenen Plastikgriffschalen.

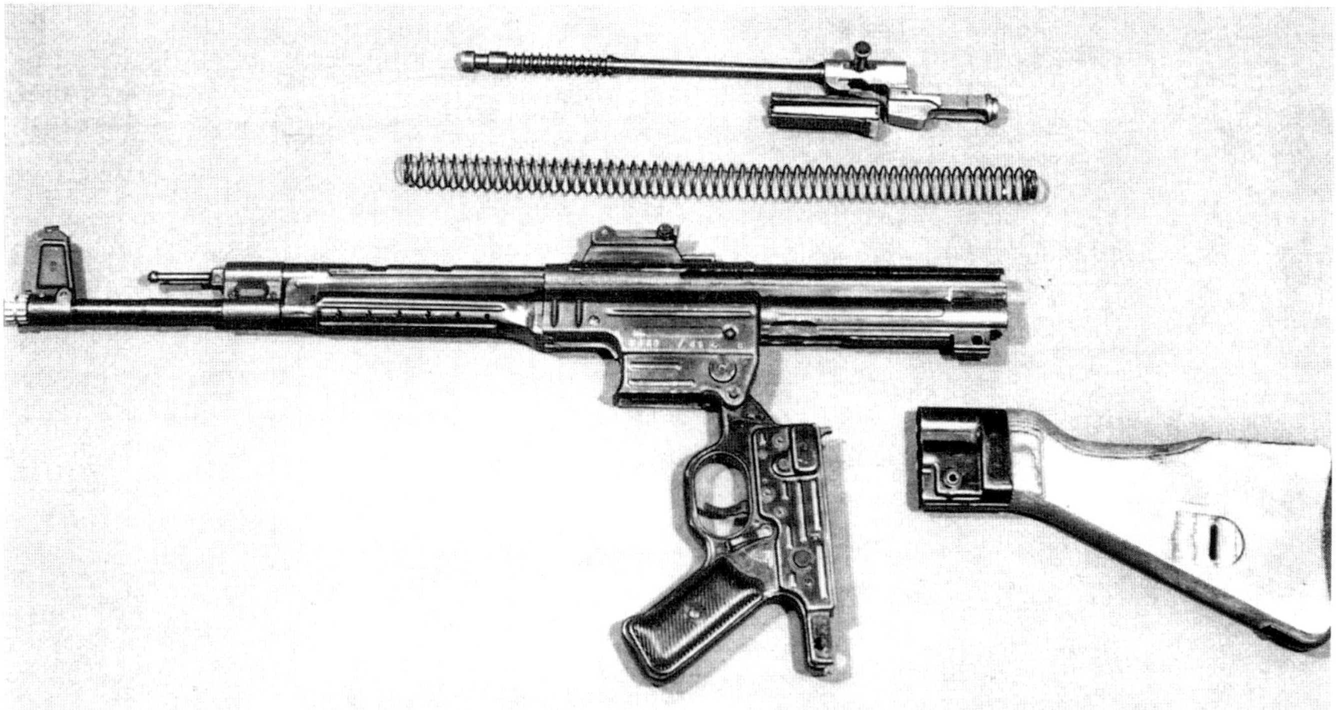

Die MP44, feldmäßig zerlegt. Die Kombination aus Gaskolben, Kolbenstange und Führungsstück, der Verschluß und die Schließfeder liegen oberhalb der Waffe. Der Kolben und das am Hauptgehäuse angelenkte Griffstück wurden durch einen einzigen Stift gehalten.

Die MP44 von der rechten Seite. Als Hauptwaffe der für die Kurzpatrone eingerichteten Waffenfamilie sind die mit MP44 bezeichneten Modelle in den größten Stückzahlen hergestellt worden.

wurde eine modifizierte Form der ZF 4-Montage verwendet.

Obwohl CIOS-Berichte die Montage von Gw ZF 4-Montageeinrichtungen durch die Firma Haenel auf Waffen der späten Produktionsreihe festgestellt haben, müssen MP44-Waffen mit diesem Montagesockel als absolute Ausnahmen dieser Serie angesehen werden müssen.

Abgesehen von geringfügigen Varianten blieb die MP44 ohne Veränderung von Bauteilen bis zu ihrem Herstellungsende mit der MP43 in Aussehen und Funktion identisch.

In Übereinstimmung mit den generell gebräuchlichen Ersatzmaterialien und der veränderten Oberflächenbearbeitung an deutschen Waffen aus der späten Kriegsfertigung sind einige Exemplare aus dem Jahr 1945 komplett phos-

Abgesehen von geringfügigen Abweichungen an den geformten Blechteilen findet man die auffälligsten Unterschiede an den regulären Serienwaffen in der vereinfachten Mündung. In einigen Fällen wurde das Gewinde weggelassen und ein einfacher Kornsockel ersetzte die Standardbaugruppe. Ein Vergleich zwischen zwei MP44 aus der späten Fertigung zeigt diesen Unterschied.

Die MP44 war bei der Truppe eine sehr beliebte Waffe. Die Aufnahme zeigt einen Reenactor im Feldanzug der Waffen-SS. Besonders in den USA und in Großbritannien erfreut sich das Nachstellen historischer Szenen und Ereignisse durch Hobbyisten in möglichst detailgetreuer Uniformierung und Ausrüstung steigender Beliebtheit.

phatiert, besitzen einen Kolben aus Schichtholz anstatt aus massivem Holz, und wurden mit Plastik- statt Holzgriffschalen versehen.

Da die deutschen Produktionszahlen nicht zwischen MP und StG unterscheiden, kann nicht genau nachgewiesen werden, welche Kennzeichnung am häufigsten verwendet wurde. Bei Betrachtung der noch vorhandenen Waffen könnte allerdings angenommen werden, daß die mit MP44 gekennzeichneten Waffen in den größeren Stückzahlen gefertigt wurden.

X
Das Sturmgewehr 44 (StG44)

Die Produktion der MP43-Serie wurde trotz des ständigen Rohstoffmangels, Störungen der Transporte und erheblicher Beschädigungen der Herstellungsanlagen stetig ausgeweitet. Gegen Ende des Jahres 1944 wurde eine monatliche Produktion zwischen 40.000 und 80.000 Kurzpatronenwaffen pro Monat prognostiziert. Bis 1945 gab es Indizien, daß das Sturmgewehr (der endgültige Begriff für diese für die Kurzpatrone eingerichteten Waffenfamilie) die 9-mm-Maschinenpistolenreihe (MP40) ablösen würde. Dies war ein Schritt, der bereits 1941 überlegt worden war, als die ursprünglichen Pläne in Richtung einer voraussichtlichen Ablösung der Maschinenpistolen durch das neue Maschinenkarabinersystem gingen. Obwohl dieses Vorhaben nie verwirklicht wurde, verlieh die nun kampferprobte MP43-Serie diesem Plan in den letzten Kriegsmonaten einen enormen Nachdruck.

Als sich der Kriegsverlauf endgültig gegen die Wehrmacht wandte, versuchte man aus dem Propagandawert neuer Waffen Kapital zu schlagen. Eine weitere Änderung der Modellbezeichnung für das neue Waffensystem war Bestandteil dieser Bestrebungen. Im Dezember 1944 wurde die amtliche Bezeichnung der Maschinenpistole MP 44 in *Sturmgewehr 44 (StG44)* geändert.

Dieser Name wurde angeblich von Adolf Hitler persönlich gewählt, um durch diese Bezeichnungsänderung das StG44 der Öffentlichkeit als »spezielle Sturmwaffe« zu präsentieren. Durch die Vergabe von Sondernamen für Waffensysteme, wie z.B. *Tiger, Panther* oder wie in diesem Fall *Sturmgewehr* wurden viele Deutsche zur Annahme verleitet, dies wäre eine der vielen kriegsentscheidenden Geheim- oder Wunderwaffen, die Deutschland den Endsieg bringen würden.

Obwohl die Bezeichnungsänderung von *MP* in *StG* hauptsächlich aus Propagandazwecken vorgenommen wurde, erhielt dieses Waffensystem dadurch eine völlig neue Identität. Die ständige Verwirrung durch die Anwendung der Bezeichnung *Maschinenpistole für* die MP38- und MP40-Waffenreihen neben der MP43-Serie war damit endgültig beendet.

Ab 1944 bezeichnen nahezu alle deutschen Unterlagen die Waffen der MP43-Waffenreihe als »Sturmgewehr« bzw. »StG44«. Abgesehen von der StG44-Modellbezeichnung, die an der üblichen Stelle auf jeder Waffe eingeprägt wurde, waren die Sturmgewehre in jeder Hinsicht mit den MP43 und MP44 identisch. Auch bei diesen Waffen treten in der gleichen Art und Weise wie bei der MP43 und der MP44 bei den späteren Exemplaren geringfügige Abweichungen in der Teilefertigung, Oberflächenbearbeitung und dem Material der Kolben und Griffschalen auf. Es ist bekannt, daß 1945 Abweichungen in der Materialstärke und Qualität des verarbeiteten Blechs verschiedener Teile vorkamen. Die bekannten Exemplare des StG44 haben entweder eine »gemischte« Oberflächenbehandlung oder sind komplett phosphatiert. Ein vollständig brüniertes StG44 würde sich zweifellos als einzigartig herausstellen.

Viele der letzten StG44 sind sehr grob verarbeitet, doch taucht interessanterweise gelegentlich ein Sturmgewehr aus der späten Kriegsfertigung mit fast makelloser Endbearbeitung auf, daß offensichtlich mit viel Mühe hergestellt wurde. Es mag zwar nur eine subjektive Meinung sein, doch scheint die schlichte, zweckmäßige Erscheinung des komplett phosphatierten Sturmgewehrs das deutsche Sturmgewehr-Konzept am besten zu verkörpern.

Die amtlichen deutschen Produktionszahlen variieren

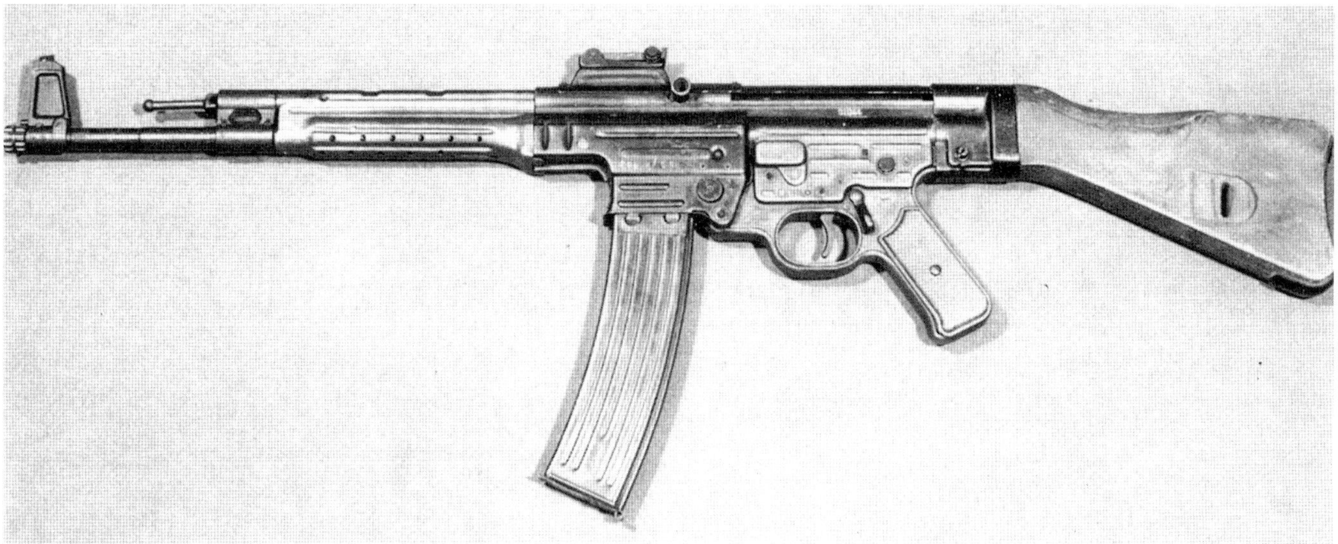

Das Sturmgewehr 44 (StG44). Als Propagandamaßnahme wurde dieses für die Kurzpatrone konstruierte Waffensystem als »spezielle Sturmwaffe« bekannt gemacht und die Bezeichnung der MP44 im Dezember 1944 in Sturmgewehr 44 geändert.

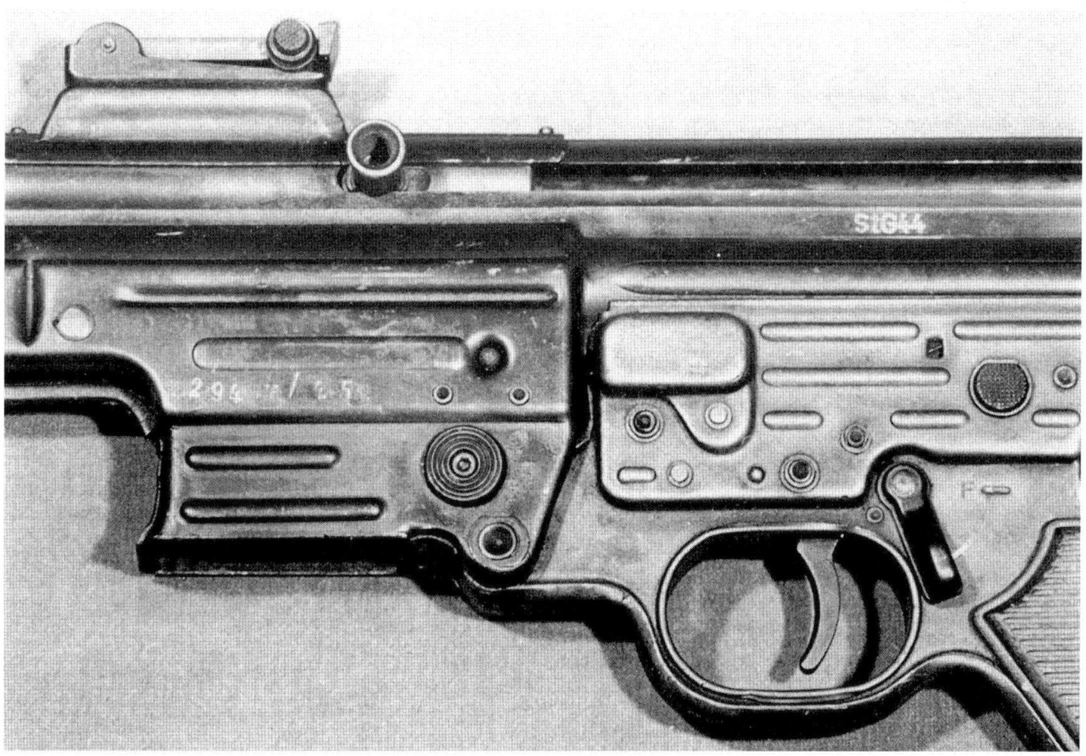

Eine Nahaufnahme des StG44-Gehäuses mit Abzugsgruppe. Dieses letzte Modell der MP43-Reihe, eine Waffe mit der Bezeichnung StG44, wurden in den letzten Wochen des 2. Weltkrieges hergestellt.

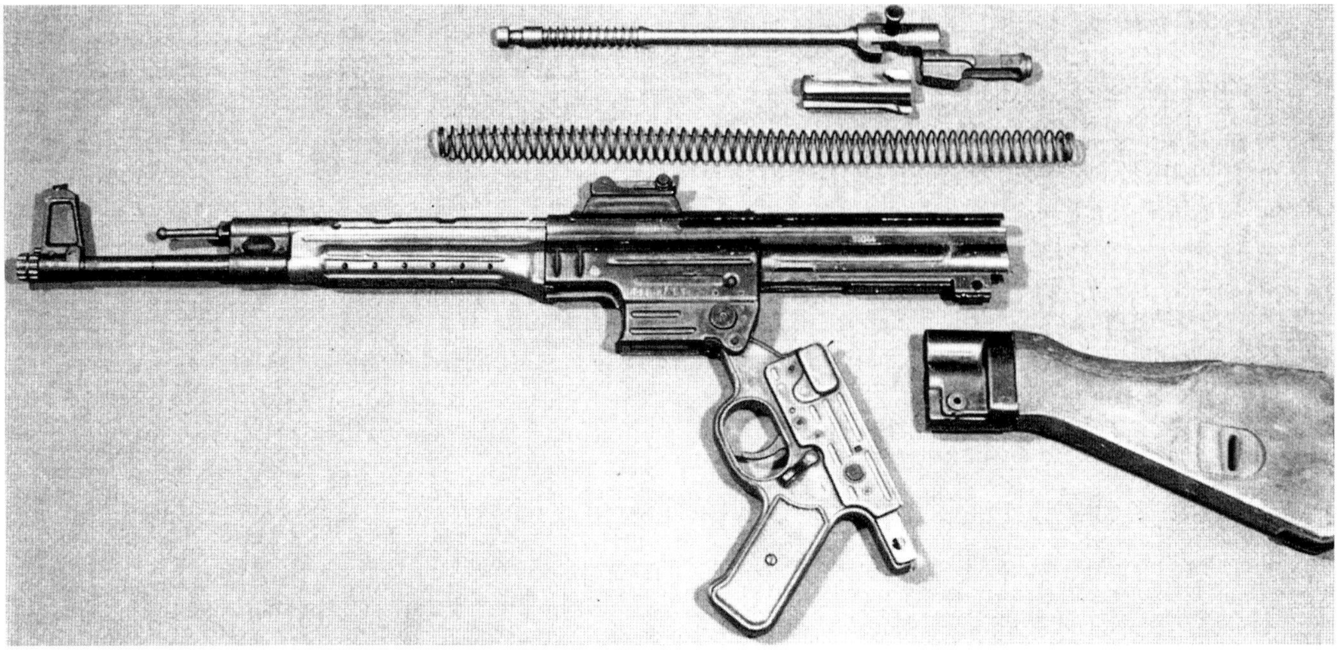

Sturmgewehr 44, feldmäßig zerlegt. Die Ähnlichkeit mit den anderen Waffen der Baureihe ist offensichtlich.

Das Sturmgewehr 44 von der rechten Seite. Bis auf die StG44-Modellbezeichnung sind die Sturmgewehre in Form und Funktion identisch mit den MP43 und MP44.

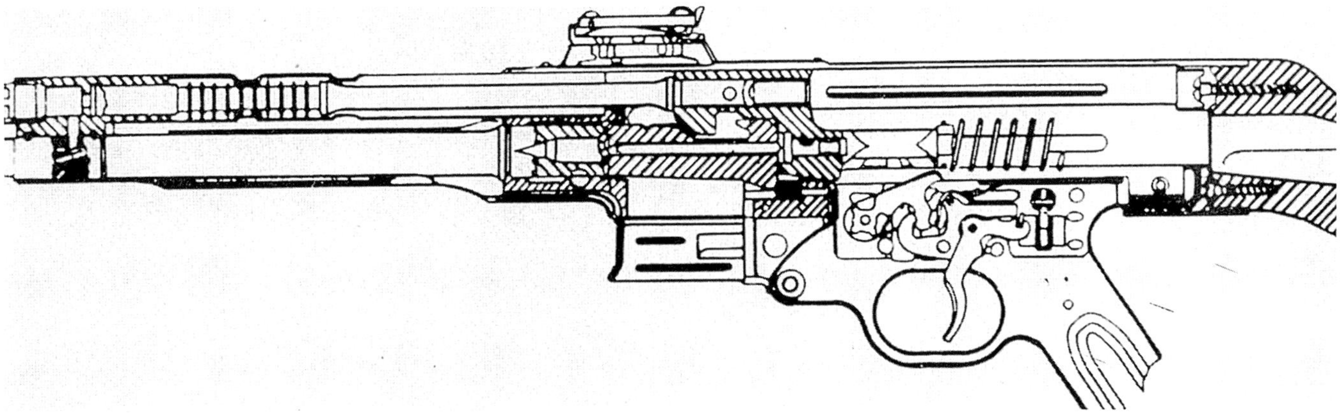

Schnittzeichnung des Sturmgewehrs 44.

scheinbar von Quelle zu Quelle. Eingeführte Praxis war, von Zeit zu Zeit Berichte über die verschiedenen Waffensysteme vom Waffenamt oder von verwandten Quellen herauszugeben. Laut den im »Überblick über den Rüstungsstand« veröffentlichten Zahlen belief sich die Gesamtproduktion für die Modelle MP43, MP44 und StG44 von Juli 1943 bis März 1945 auf:

Monat	1943	1944	1945
Januar	—	3 400	41 683
Februar	—	4 050	34 300
März	—	7 000	48 633
April	—	9 000	?
Mai	—	9 500	—
Juni	—	13 000	—
Juli	97	20510	—
August	1 265	29 500	—
September	1 446	35 000	—
Oktober	4 000	46 000	—
November	6 200	55 100	—
Summe	**19 501**	**281 860**	**124 616**
Stückzahl insgesamt: 425.977			

Die Gesamtsituation in Deutschland grenzte im letzten Kriegsmonat an ein Chaos. Offensichtlich war März der letzte Monat, in dem eine halbwegs geordnete Produktion aufrechterhalten wurde. Trotzdem wurden sogar einige Waffen scheinbar noch im April 1945 hergestellt. Die Gesamtproduktion dieses Waffensystems belief sich nach offiziellen Zahlen auf 425.977 Stück. Verglichen mit dem enormen Bedarf der an allen Fronten kämpfenden Wehrmacht und der Tatsache, daß die Hauptproduktion erst nach der Wende im Kriegsverlauf hergestellt wurde, waren dies insgesamt zu wenige Waffen, um irgendeine entscheidende Wirkung bewirken zu können. So genau auch die Produktionszahlen erfaßt gewesen sein mögen, zählten im Endeffekt doch nur die Waffen, die auch an die kämpfende Truppe ausgegeben wurden.

Obwohl der endgültige Nachweis schwierig ist, soll doch der Unterschied zwischen den Produktionszahlen und der Anzahl der Waffen, die an die Truppe verteilt wurden – besonders in den letzten Kriegsmonaten des Jahres 1945 – erschreckend gewesen sein.

Das Sturmgewehr 44 war die erste Waffe mit dieser Bezeichnung, die im Kampf eingesetzt wurde. Das deutsche Heer stufte das StG44, wo immer es eingesetzt wurde, als absoluten Erfolg ein.

Auch das Sturmgewehr 44 veränderte sich gegen Kriegsende in seinem äußeren Erscheinungsbild. Die obere Waffe besitzt zum Beispiel kein Mündungsgewinde.

XI
Waffenteile und ihre Herstellung

Das Ziel war klar umrissen: Die Bauteile für das neue Handfeuerwaffensystem sollten von einfacher Konstruktion sein und auf einfachen Blechbearbeitungsmaschinen hergestellt werden können. Der Maschinenpark durfte dabei nicht aufwendiger oder komplizierter als für die herkömmliche Gewehr- und Maschinenpistolenherstellung sein.

Deutsche Handfeuerwaffen waren bisher unter einem Dach entworfen, entwickelt und schließlich »im Hause« hergestellt worden, wobei die etablierten Waffenhersteller zunehmend in der Kriegsrüstung eingebunden waren. Bei den benötigten Liefermengen wurde es für das Heereswaffenamt notwendig, sich immer stärker auf Zulieferfirmen zu verlassen, um einen ununterbrochenen Teile-Nachschub zu gewährleisten.

Diese Arbeitsweise dürfte allerdings kaum eine deutsche Erfindung sein, denn die Vergabe von Produktionsaufträgen über Teile und Baugruppen an Zulieferfirmen war schon seit Jahren ein wichtiger Bestandteil des Massenfertigungs-Konzepts. Obwohl viele Länder während des 2. Weltkrieges erfolgreich unter Einsatz von Zulieferfirmen Maschinenpistolen hergestellt hatten, war das deutsche »Sturmgewehrprogramm« der wohl ehrgeizigste Einsatz von Subunternehmern während des gesamten Krieges.

Aus vertraglicher Sicht waren die Begriffe »Hauptlieferant« und »Subunternehmer« bzw. »Zulieferer« relativ weit gefaßt. Zum Beispiel war die Firma Haenel (fxo) ein Hauptlieferant mit dem Auftrag, die Endmontage der verschiedenen Bauteile vorzunehmen, die Waffen fertigzustellen und letztendlich die Verantwortung für die Endabnahme der Waffen zu tragen.

Andererseits war ein typischer Zulieferer lediglich für die Herstellung und Annahme eines oder mehrerer Bauteile verantwortlich, die mit Komponenten anderer Hersteller zusammengefügt wurden, um das Endprodukt herzustellen.

Um Verwirrungen auszuschließen, werden in den folgenden Zeilen nur die Firmen als Hauptlieferanten aufgeführt, die für die Waffenendmontage und -abnahme verantwortlich waren.

Das Herzstück der Kurzpatronenwaffe, der typische Verschlußblock (Verschlußhülse), wurde aus dem Gehäuse ausgebaut. Nach der Endmontage war es unmöglich, den Block ohne Zerstörung der Waffe aus dem Gehäuse zu entfernen.

Die aus legiertem Stahl gefräste und warmbehandelte Verschlußhülse wurde mit Halte- und Distanzbolzen sowie Schweißpunkten mit dem Gehäuse verbunden.

Obwohl es die Vertragsbedingungen in einer freien Marktwirtschaft wohl erlaubt hätten, eine freie Auswahl der Zulieferer durch den Hauptauftragnehmer zu treffen, waren die Umstände des deutschen Industrieapparats so, daß die Auswahl geeigneter Subunternehmer durch das Heereswaffenamt oder unter dessen Aufsicht getroffen wurde.
Obwohl der zweifelsfreie Nachweis schwierig ist, scheinen folgende Firmen für die Montage der MP43-Waffenserie (MP43, MP43/1, MP44, StG44) zu irgendeinem Zeitpunkt zwischen Juli 1943 und April 1945 verantwortlich gewesen zu sein.

afv	*Schiffer*
ayf	*ERMA*
bnz	*Steyr*
byf	*Mauser*
ce	*Sauer*
fxo	*Haenel*
p	*Ruhrstahl Akt. Ges, Preßwerk Brachwede, Brackwede*
q	*Köhler, Julius, Limbach/Sa.*
r	*Westf. Anhaitische Sprengstoff A.G., Werk Reinsdorf*

Anmerkung des Übersetzers: Laut Liste der Fertigungszeichen für Waffen, Munition und Gerät des Oberkommando des Heeres aus dem Jahr 1944 wurde das »r« nur zur Kennzeichnung von Sprengkapseln verwendet.
Im Verhältnis hierzu wurde eine relativ große Anzahl Zulieferer eingesetzt, um Teile für das Gesamtsystem zu liefern, d.h. für die Waffe und deren Zubehör.
Unter den mit der Endmontage betrauten Firmen scheinen jedoch unter Berücksichtigung aller Faktoren Haenel, ERMA, Mauser und Steyr die Hauptlieferanten gewesen zu sein. Interessant ist, daß diese Firmen neben der Endmon-

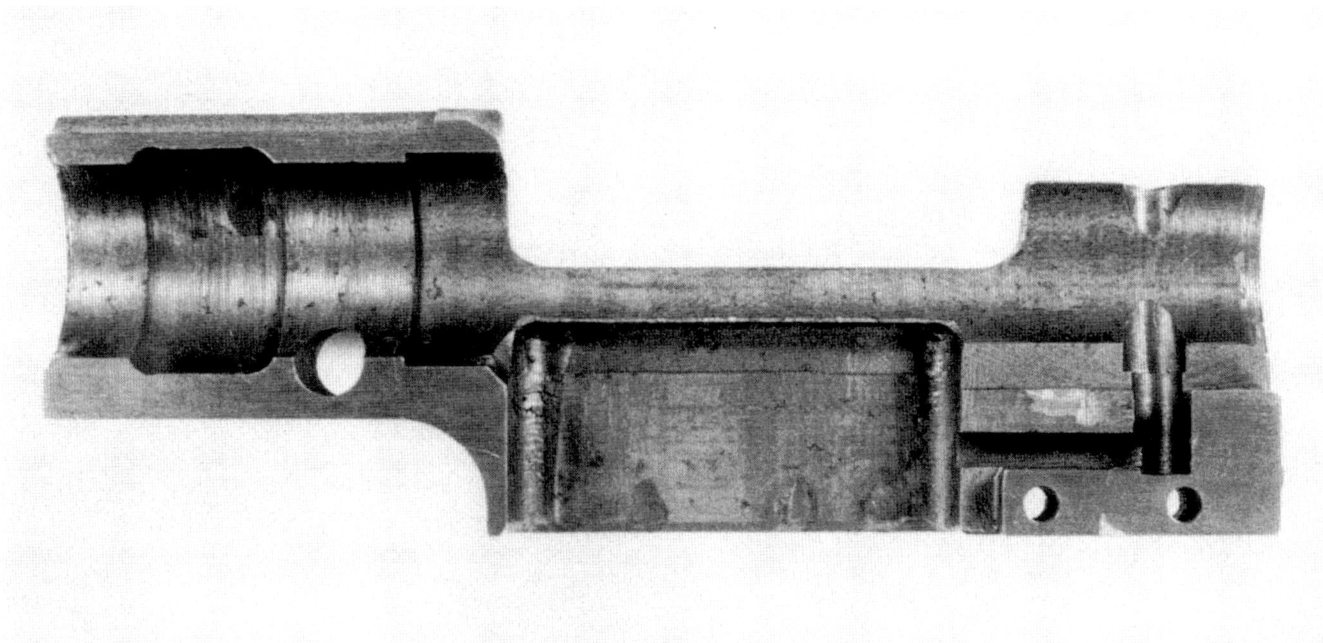

Ein Schnitt durch die Verschlußhülse zeigt die Aufnahme für den Lauf (links) und den Magazinschacht.

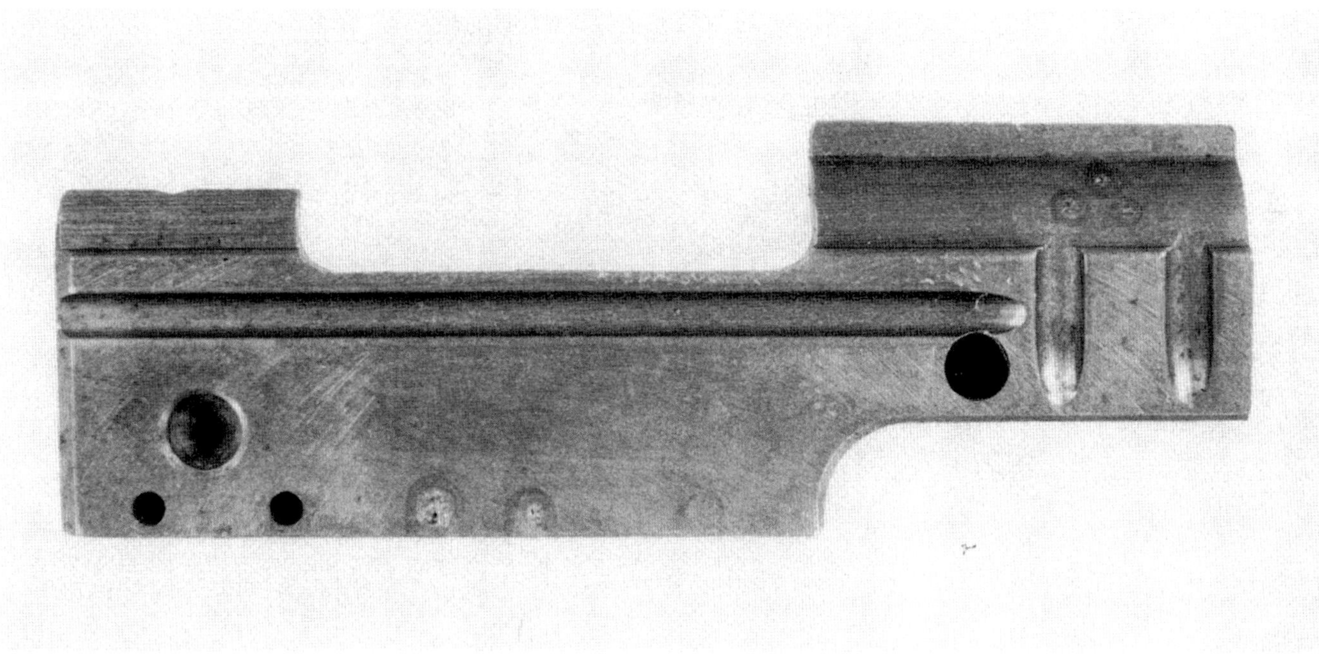

Die Verschlußhülse des Sturmgewehrs von außen. Deutlich zu erkennen sind die Ausfräsungen und Bohrungen, die zur Befestigung des Blocks im Gehäuse dienen.

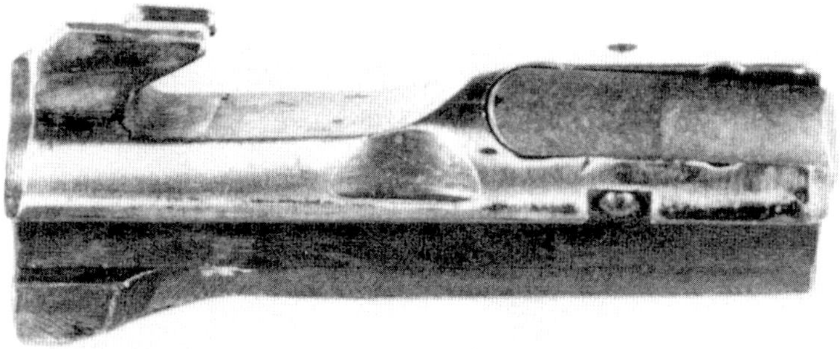

Vergleichsansicht von zwei Kammern aus der MP43-Serie mit kleinem halbrundem Ausschnitt am Auszieher (oben) und der verbesserten Version mit großem, schräggeschnittenen Ausschnitt unter dem Auszieher.

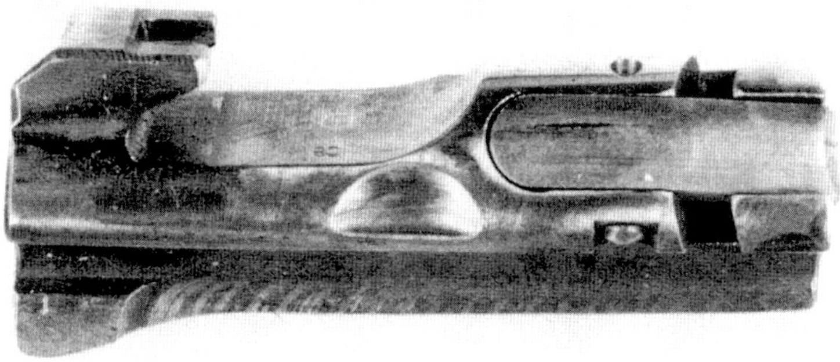

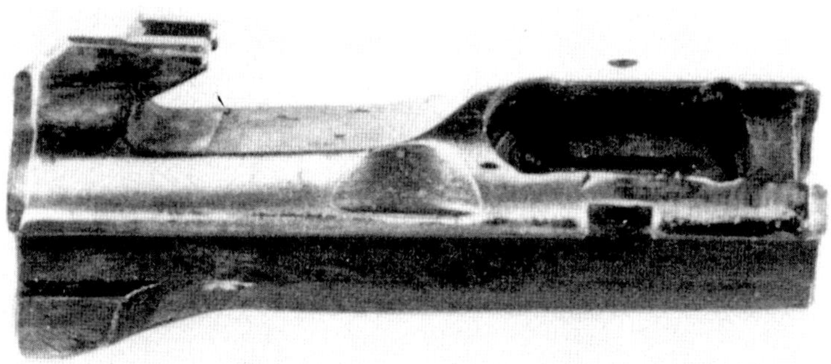

Die Kammern wurden aus legiertem Stahl hergestellt, gefräst und wärmebehandelt. Die Auszieher wurden aus diesen Kammern entfernt. Obwohl gewöhnlich Herstellercode, Annahmestempel und Seriennummer angebracht wurden, sind Kammern ohne Herstellercode bekannt.

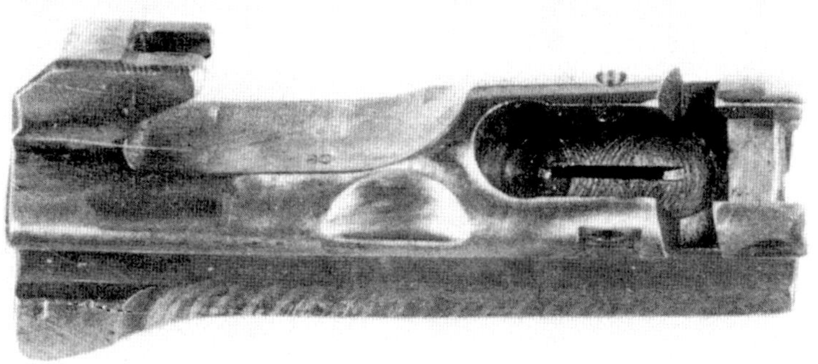

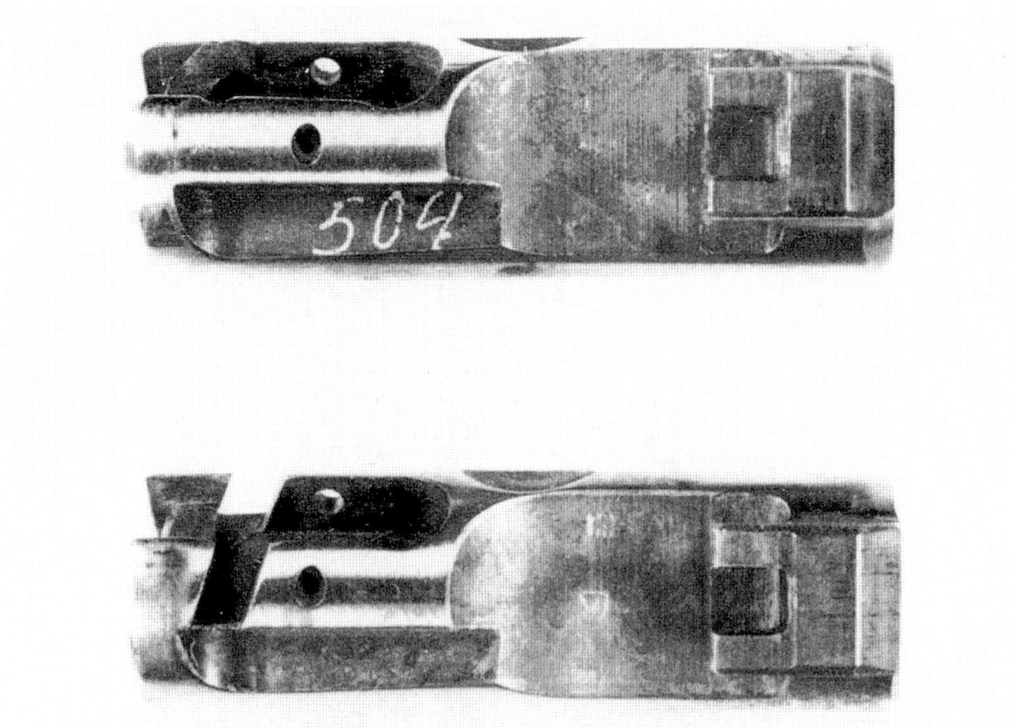

Um Lackreste und Metallspäne der lackierten Stahlhülsen aus dem Verschlußbereich ableiten zu können, erhielt die Unterseite der Kammer eine besondere Form. Die Auszieher wurden auf diesem Bild entfernt. Die Aussparung für den Auszieher ist deutlich sichtbar.

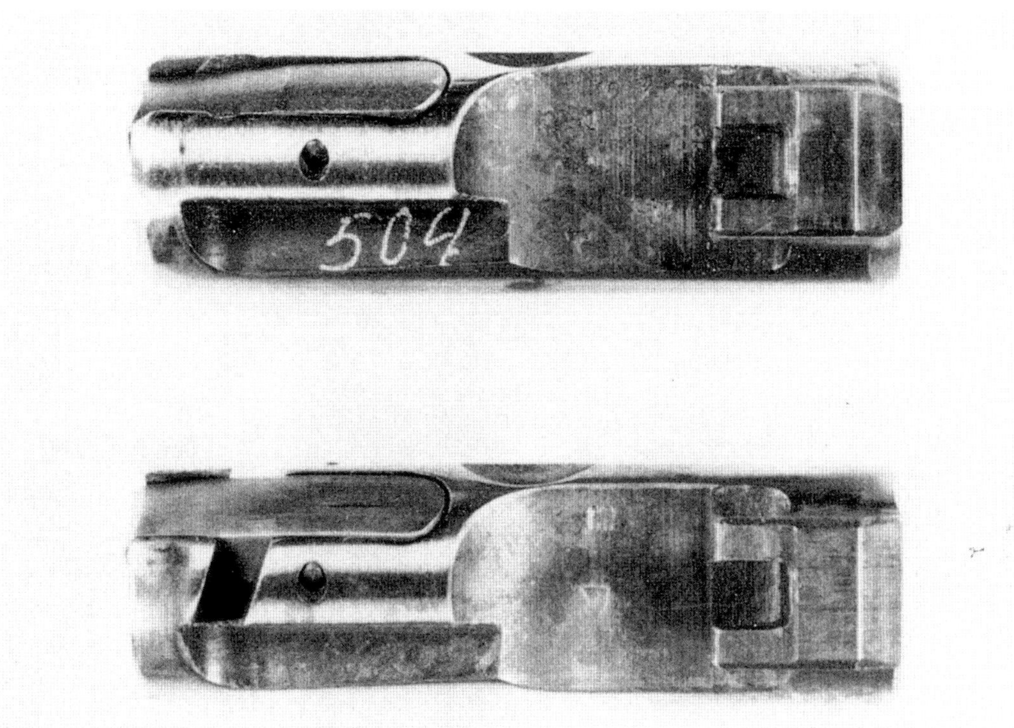

Blick auf zwei Kammern mit montierten Ausziehern. Sorgfältig warmbehandelte Auszieher waren zur Gewährleistung einer störungsfreien Funktion unbedingt erforderlich. Abgesehen von dem gefrästen Ausschnitt unter dem Auszieher sind die Verschlüsse identisch.

Das Griffstück aus hohlgeprägtem Blech wurde am Unterteil des Gehäuses direkt hinter dem Magazinschacht mit einem Gelenkbolzen angelenkt und durch den Griffkastenbolzen rückseitig verriegelt. An verschiedenen Schweißpunkten waren die 1,14 mm starken Blechteile überlappend miteinander dauerhaft verbunden und damit doppelt so dick. Die Griffschalen wurden entfernt, um die Form des Blechs zu zeigen. Bei gesicherter Waffe ist der Buchstabe »S« (Sichern) zu erkennen.

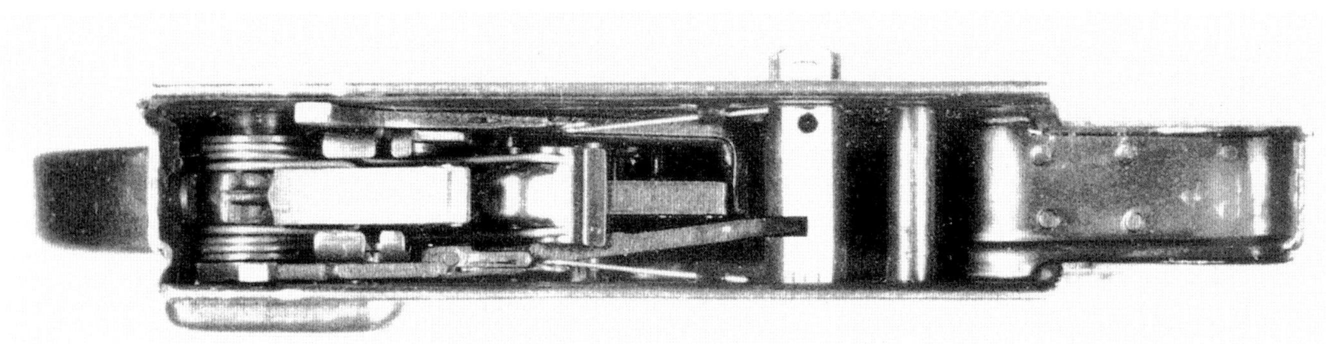

Blick in den Abzugsmechanismus. Bei nach rechts durchgedrücktem Schaltbolzen wird der Buchstabe »D« (Dauerfeuer) sichtbar. Der Hahn befindet sich in gespannter Stellung.

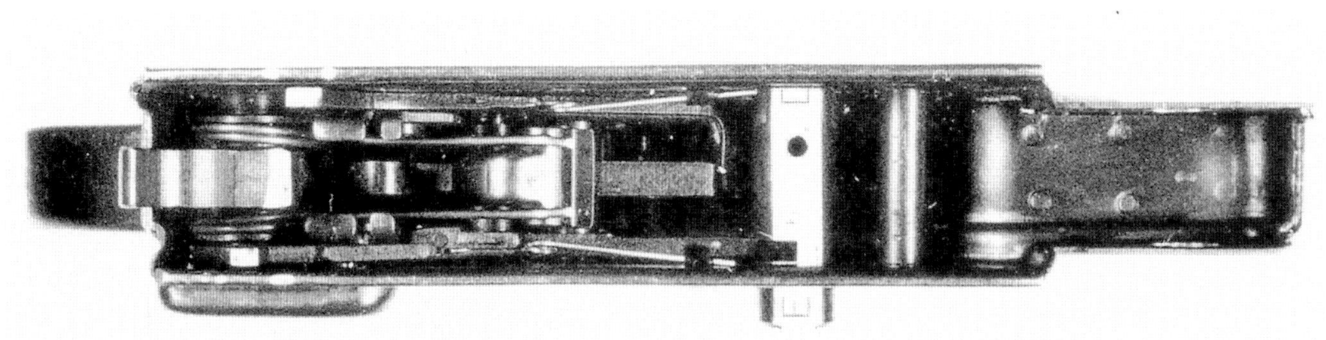

Der Hahn ist abgeschlagen und der Schaltbolzen nach links gedrückt. Der Buchstabe »E« (Einzelfeuer) ist sichtbar.

Bei Problemen mit der Abzugsgruppe sollte das komplette Griffstück durch waffentechnisches Personal ausgetauscht werden. Man ersparte sich dadurch langwierige Reparaturen und die Lagerhaltung von Einzelteilen in den Waffenmeistereien. Bei entsicherter Waffe wird der Buchstabe »F« (Feuer) sichtbar.

Standard-Kornsockel der MP43-Serie, ein Gußstück mit minimalen Fräsarbeiten und einer Mündungsmutter (Gewindeschutz).

Eine weitere Ansicht des Kornsockels. Die Mündungsmutter wurde entfernt. Obwohl gewöhnlich ein Kornschutz montiert wurde, wurden diese leicht vom Sockel gestoßen und gingen so verloren.

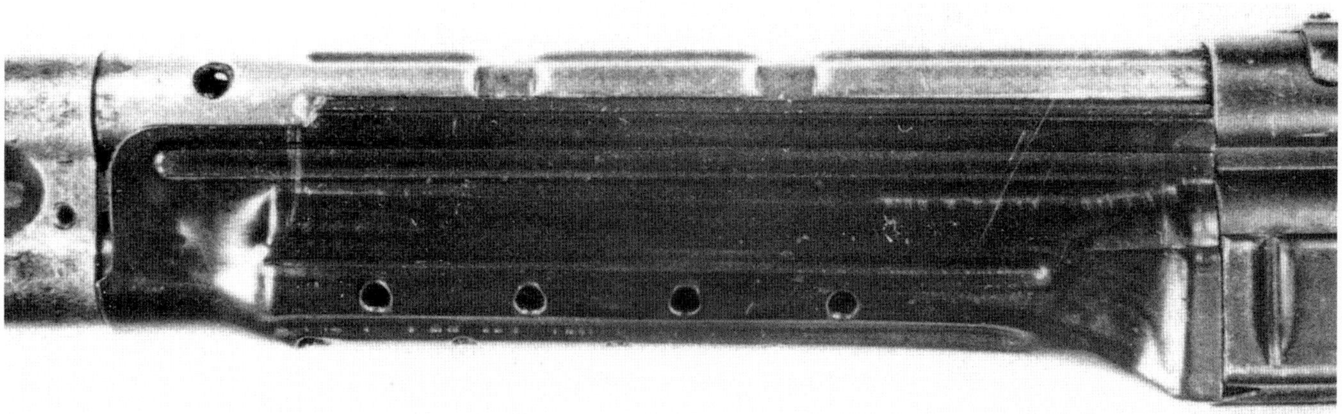

Typischer Sturmgewehr-Handschutz. Der Handschutz ist ein U-förmig gebogenes Hohlprägeteil, das am Gaszylinder einrastete. Dieser Handschutz war entweder gebläut oder phosphatiert.

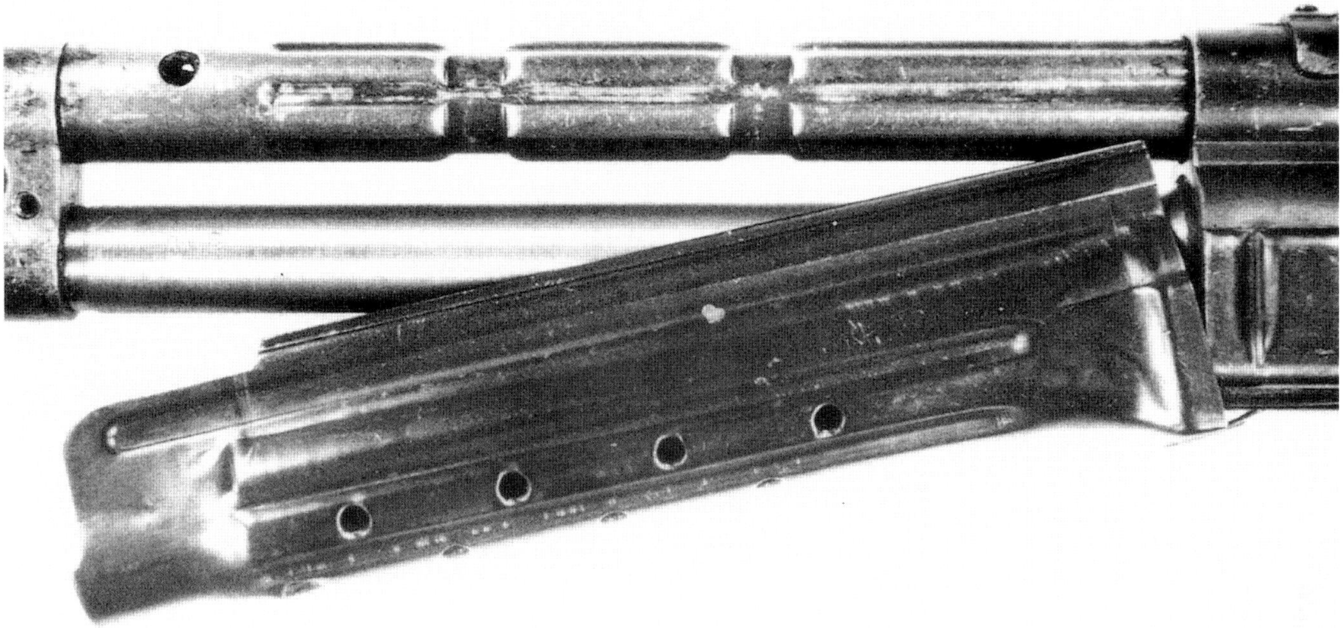

Das hohlgeprägte Teil wird durch seine Federspannung gehalten. Der Handschutz konnte durch Herabziehen des Demontagewerkzeugs, das in eins der vorderen Löcher eingeführt wurde, entfernt werden.

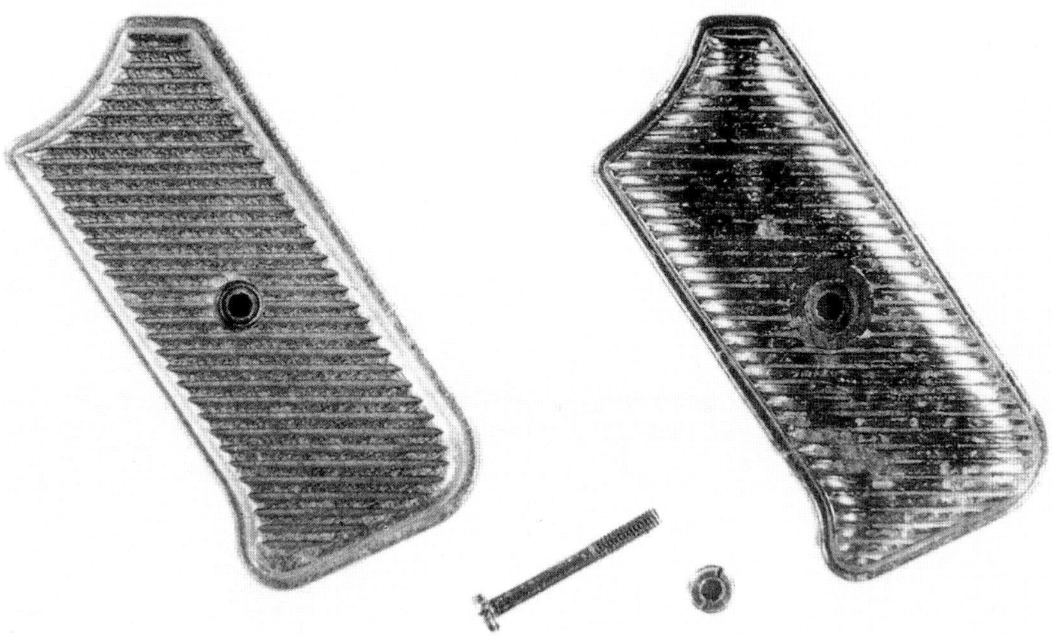

Bei den Kurzpatronenwaffen wurden Holz- und Plastikgriffschalen verwendet.

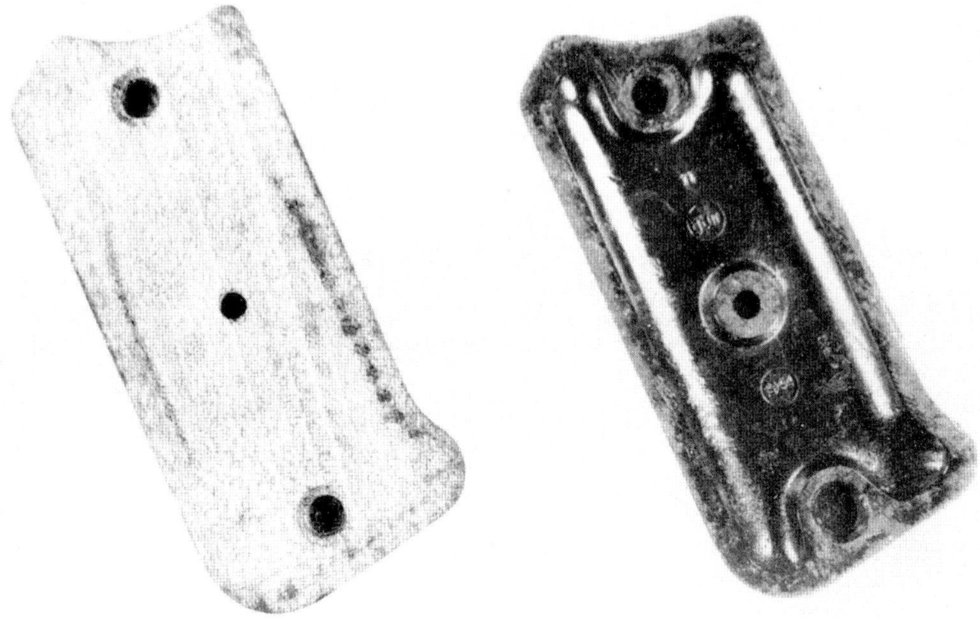

Rückansicht der Holz- und Plastikgriffschalen. Auf den im Spritzgußverfahren hergestellten Plastikschalen ist der Herstellercode (gbm) und das Herstellungsjahr (1944) zu sehen. Die kleinen Mulden dienten zur Positionierung der Schalen an der Waffe. Die Holzgriffschalen sind am häufigsten zu finden.

Die Kimme besteht aus einem Visierblatt mit Einteilungen in 100 Meter-Schritten von 100 bis 800 m. Das Visier ist auf einem geprägten Blechsockel montiert. Der Visiersockel wurde entweder durch Nieten oder Schweißpunkte auf dem Oberteil des Gehäuses gehalten.

Typische Auswurffensterklappe der Sturmgewehrreihe. Die Klappe verhinderte wirksam das Eindringen von Schmutz ins System. Sie war an der rechten Seite unterhalb des Visiersockels mit einem Scharnier befestigt.

Beim Zurückziehen der Verschlußgruppe wurde die federgelagerte Klappe entriegelt und sprang auf.

Kolben des Sturmgewehrs mit herausgenommenem Riegelbolzen. Der flache Kolben wurde sowohl aus massivem Holz als auch aus Schichtholz hergestellt und hatte eine Gesamtlänge von 29 cm und einer Dicke von 3,25 cm. Obwohl keine Kolbenplatte vorhanden war, wurde der Kolben mit tiefen Rillen sowie einem massiven Kantenschutz aus Metall an den Ecken versehen. Die Seriennummer der Waffe sowie Abnahmestempel wurden oft sowohl auf dem Holz als auch auf den Schutzblechen angebracht.

tage der Teile aus Fremdfertigung auch noch diverse Teile des Systems selbst produzierten.

So wurden beispielsweise bei der Firma Mauser Gehäuse und Bodenstück gefertigt. Eine offizielle Aufstellung der Firma Mauser über das Geschäftsjahr 1944-45, die damals als »Geheim« eingestuft war, weist zur MP 44 folgende Zahlen als »abgesandt« aus:

Monat	Gehäuse	Bodenstück	
Oktober	1944	539	4.539
November	1944	9.520	13.500
Dezember	1944	2.641	–
Januar	1945	–	–
Februar	1945	–	–
März	1945	9.400	18.967

Obwohl die deutschen Waffenproduzenten bekanntlicherweise in den Jahren vor dem Kriege Teile unterschiedlicher Wichtigkeit auf Zuliefererbasis für andere Hersteller produzierten, wurde diese Tätigkeit gewöhnlich von nur einem Subunternehmer in direkter Zusammenarbeit mit einem Hersteller ausgeführt.

Folglich wurde die Idee, Waffen aus von gewöhnlichen Industrieunternehmen gefertigten Komponenten herzustellen, zu diesem Zeitpunkt als sehr fortschrittlich betrachtet. Daher sollten neben der Entwicklung einer völlig neuen Patronenart nebst entsprechendem Waffensystem zwei höchstwichtige Faktoren zu Bestandteilen des Gesamtprojekts werden:

(A) *Der Einsatz von Lieferanten aus der Industrie, die bisher keine Erfahrung in der Herstellung von Waffenteilen besaßen.*

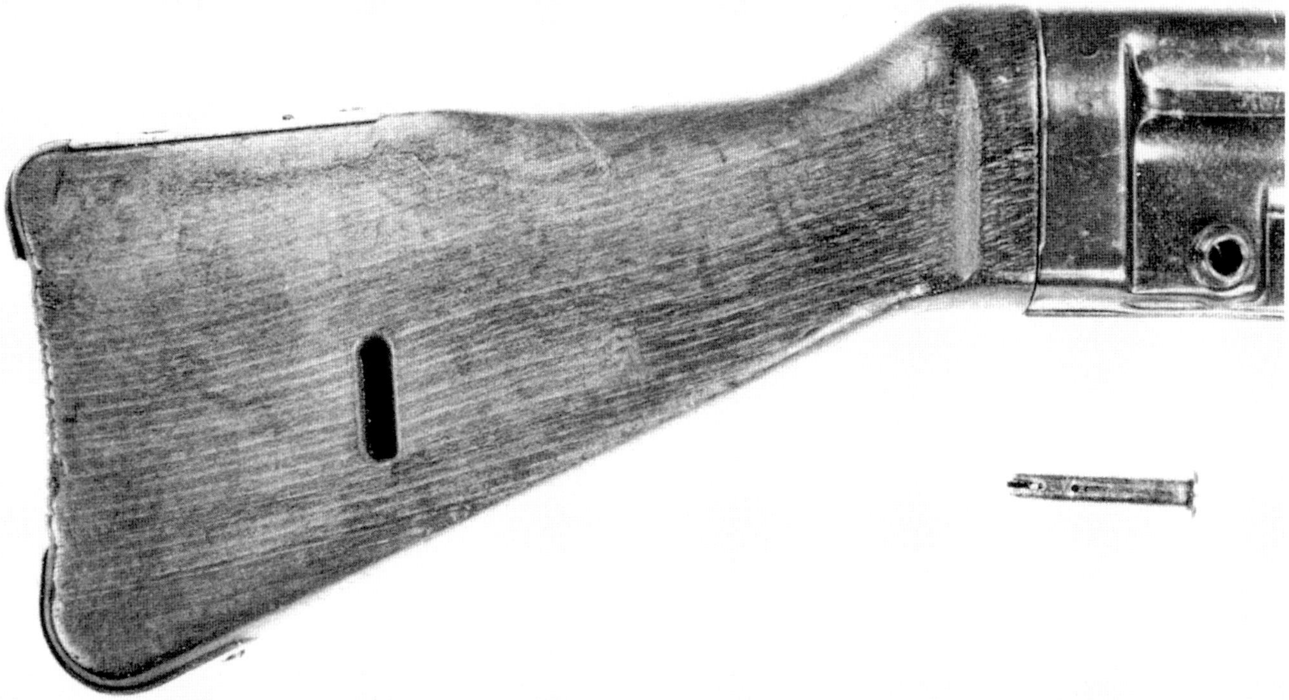

Sturmgewehrkolben von der rechten Seite. Neben der großen Bohrung für die Schließfeder, die 20 cm in den Kolben hineinragte, wurde ein 10 cm tiefes Fach in die hintere Oberseite des Kolbens gefräst. Mit einem federgelagerten Deckel versehen, nahm dieses Fach die Gebrauchsanweisung, das Demontagewerkzeug und die Reinigungsbürste für den Gaszylinder auf. Dieser Kolben ist aus massivem Holz gefertigt. Der Riemen wurde rechts montiert.

(B) Der weitgehende Einsatz von »Blechprägeteilen«, wobei die Komponenten mittels Bolzen, Nieten und Schweißnähten zusammengefügt wurden.

Als wichtiger Bestandteil des »Blechprägekonzepts« wurde das *Punktschweißverfahren* zum Zusammenverfügen der ausgestanzten und hohlgeprägten Teile häufig eingesetzt.
Neben den offensichtlichen Vorteilen der Verwendung von Waffenteilen aus hohlgeprägtem Blech, statt der üblichen Schmiede- und Frästeile, wurde das Punktschweißverfahren den üblichen mechanischen Verbindungsmethoden vorgezogen. Als wirksames und wirtschaftliches Verfahren zur Verbindung von Stahlblechteilen mit niedrigem Kohlenstoffgehalt war das Punktschweißen sehr schnell und erforderte minimale Fachkenntnisse.

Obwohl verschiedene zeitgenössische Berichte die deutsche Waffenindustrie dieser Zeit als »extrem konservativ« bezeichneten, stellte das »Sturmgewehrsystem«, verglichen mit den bisherigen Methoden, mit denen deutsche Handfeuerwaffen bisher produziert wurden, ein sehr fortschrittliches Konzept dar.
Bei allem Respekt war das Sturmgewehr eine »Blechwaffe«. Das Hauptstück der Waffe war das Gehäuse. Es nahm die zur Funktion notwendigen Komponenten auf und hielt diese in der für sie bestimmten Position.
Das *Gehäuse*, ein gestanztes, hohlgeprägtes und gebogenes Blechstück mit fest montiertem Verschlußblock, war mit Sicken versehen, um das Gehäuse zu versteifen und zum Teil den beweglichen Teilen als Führung zu dienen.
Der *Verschlußblock* aus legiertem Stahl, gefräst und warmbehandelt, wurde durch Stifte und Schweißpunkte im Gehäuse

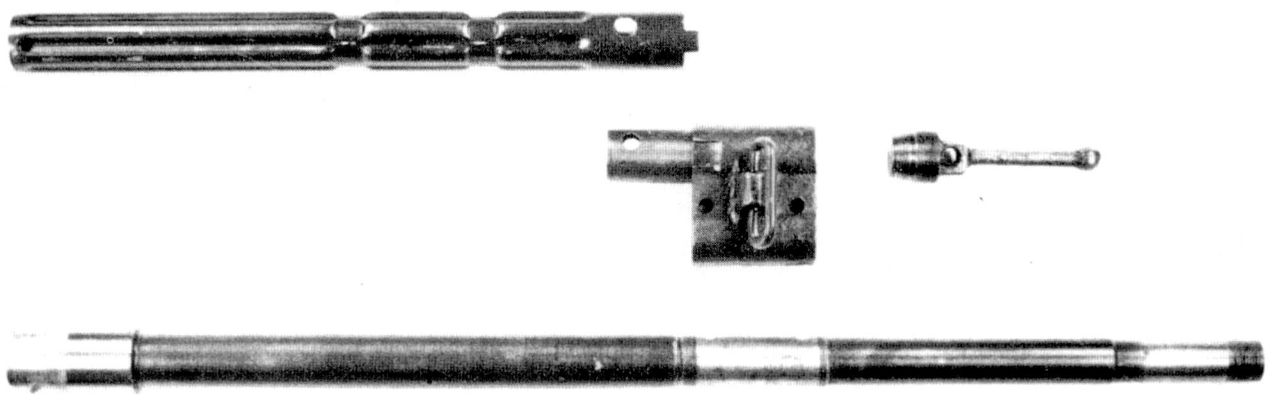

Gaszylinder, Verbindungsstück, Dichtungsschraube und Lauf des Sturmgewehrs. Der Gaszylinder, ein spanlos geformtes Blechrohr, war mit Sicken versehen, die als Verstärkung und zugleich als Führungen für den Gaskolben dienten. Dieses Exemplar besitzt eine Gesamtlänge von 41,3 cm. Das Verbindungsstück und die Dichtungsschraube waren Gußteile, die lediglich an den absolut notwendigen Stellen maschinell bearbeitet wurden.

Dieser ungewöhnliche Blickwinkel auf einen lauf der MP43-Serie zeigt deutlich die Rampe, die das Einführen der Patrone in das Patronenlager erleichtern sollte, sowie die Aussparung für den Auswerfer. Der Lauf wurde in die Verschlußhälse eingepreßt und durch einen durch Hauptgehäuse und Block reichenden Stift arretiert.

Die MP44 ist die verbreitetste Variante dieser im Blechprägeverfahren (Hohlprägen) hergestellten Waffe. Bei dieser späten Fertigung (1945) wurde eine Hauptverstärkungssicke im Gehäuse weggelassen.

arretiert, das zusätzlich noch um den Block selbst geformt wurde. Nach der Montage war es nicht mehr möglich, den Block ohne Zerstörung der Waffe zu entfernen.

Der Lauf wurde ebenfalls in den Verschlußblock gepreßt und mit dem Gehäuse verstiftet. Obwohl dies dem waffentechnischen Personal vorbehalten war, konnte der Lauf durch Entfernen des Stifts entfernt und ersetzt werden.

Der *Griffkasten* (die damalige Bezeichnung für das Griffstück) besteht aus Kasten-Boden und Kasten-Deckel, die ebenfalls spanlos geformt bzw. hohlgeprägt sind. Er beinhaltet die Abzugsgruppe und wird auf der Unterseite des Gehäuses direkt hinter dem Magazinschacht mittels eines Gelenkbolzens und hinten durch den Griffkastenbolzen gehalten.

Um die Waffe zu zerlegen, wurde der durch eine Feder gesicherte Griffkastenbolzen entfernt und somit das Bodenstück vom Gehäuse gelöst. Der Kolben konnte nun nach hinten abgezogen und der Griffkasten nach unten geschwenkt werden.

Obwohl nun ein begrenzter Zugang zum Abzugsmechanismus möglich war, war es wegen der fest im Griffkasten montierten Distanz- und Haltebolzen nahezu unmöglich, die Einzelteile unter Gefechtsbedingungen angemessen zu warten.

Mit dem Hauptaugenmerk auf einer effizienten Fertigung, konnten einzelne Bauteile nach genauen Vorgaben durch Personal der Waffen Instandsetzung repariert werden. Statt Einzelteile zu reparieren war vorgesehen, bei auftretenden Problemen zum Beispiel gleich das gesamte Griffstück durch ein neues zu ersetzen.

Alle Faktoren dieses neuen Waffensystems waren ein sorgfältig erarbeiteter Kompromiß aus begrenzten Herstellungskosten, Produktionsvereinfachung und optimaler Leistung. Deutschen Quellen zufolge lagen neben den Problemen, die die Herstellung eines neuen Waffensystems mit verhältnismäßig neuen Fertigungstechniken bereitet, die größten Schwierigkeiten in dem relativ wahllosen Einsatz von Zulieferern und Subunternehmern.

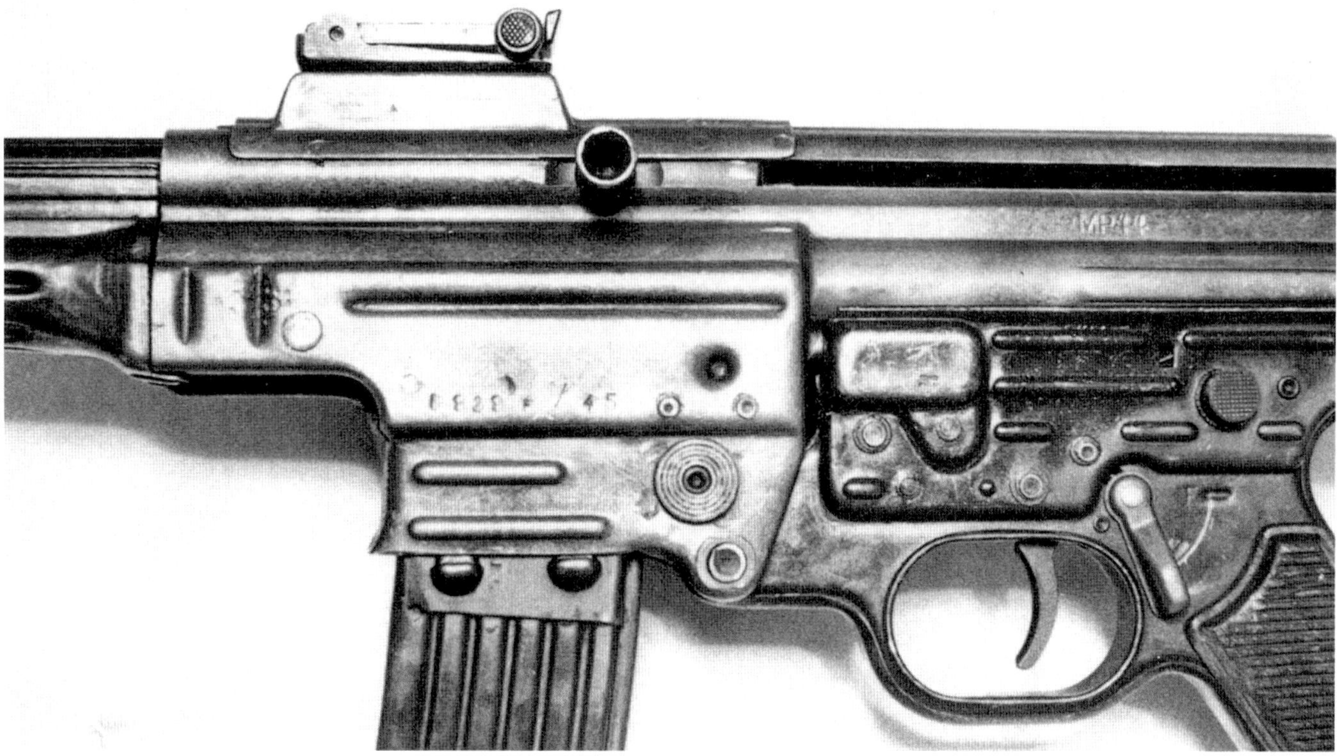

Nahaufnahme einer MP44 aus dem Jahr 1945. Die Waffe hat das von einigen MP44 und StG44 aus der Spätkriegsfertigung bekannte vereinfachte Gehäuse.

Eine typische MP44 mit dem Blechgehäuse in der üblichen Form.

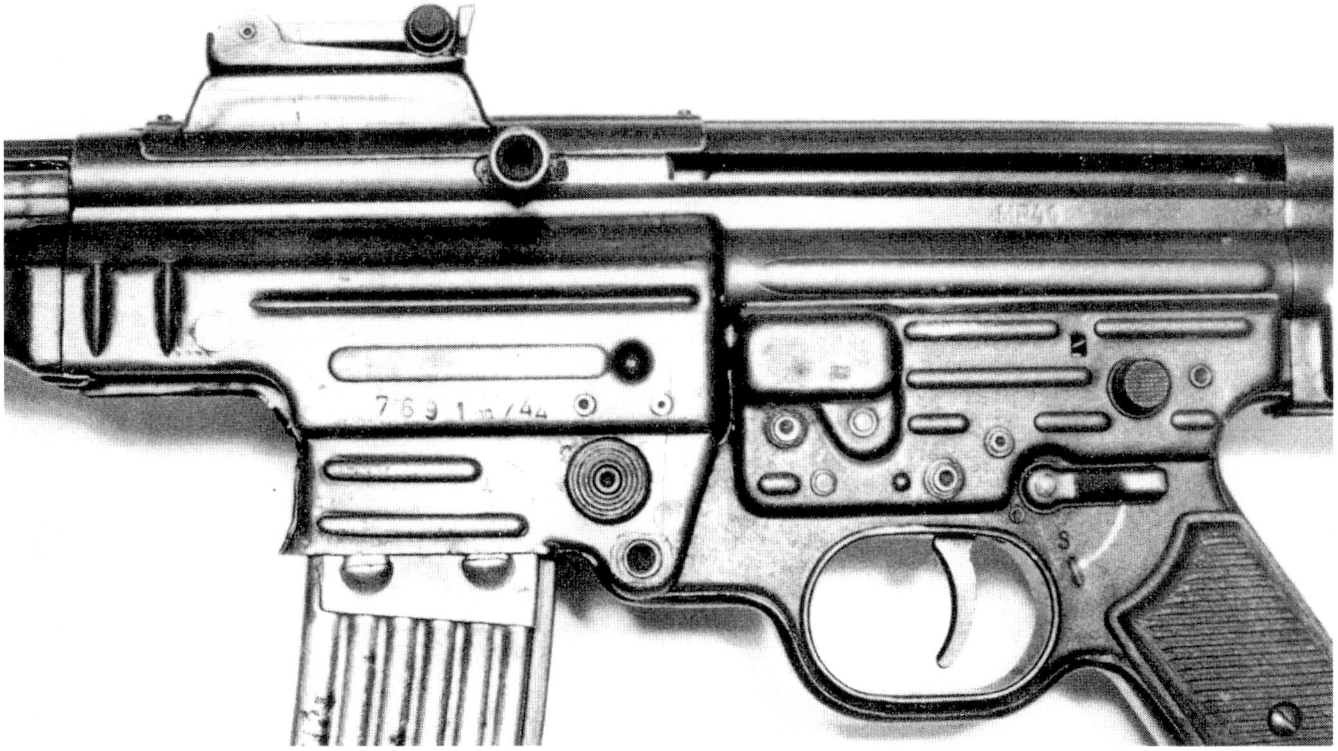

Nahaufnahme einer MP44 aus dem Jahr 1944 mit Standardgehäuse.

Trotz der Anwendung relativ hochentwickelter Methoden zur Kontrolle des Fertigungsablaufs in jedem Werk bestand das Hauptproblem angeblich in der Inkompatibilität von Teilen, die aus unterschiedlichen Quellen kamen – ein Problem, das häufig zu irgendeinem Punkt der Waffenmontage festgestellt wurde.

In den 40er Jahren waren die Probleme der Qualitätskontrolle für die deutsche Industrie genauso kompliziert wie heute, obwohl auch damals geschultes Personal die Teile anhand von Zeichnungen und Spezifikationen unter Verwendung von Meßwerkzeugen, Lehren und entsprechenden Prüfverfahren inspizierte.

Wenn die fertiggestellten Waffen nicht einwandfrei funktionierten, was gelegentlich vorkam, war es fast unmöglich festzustellen, wer dafür verantwortlich war.

Um die Vorgaben zu erreichen, versuchte das Heereswaffenamt, durch einen immer größer werdenden Zulieferer-Kreis die Produktion zu steigern. Wann immer ein zusätzlicher Lieferant in das Fertigungsprogramm aufgenommen wurde, erhöhte sich die Wahrscheinlichkeit von Problemen erheblich, bis die Firma die Fähigkeit erlangt hatte, konstant funktionstüchtige Teile zu fertigen, die den technischen Vorgaben entsprachen.

Deutsche Quellen, die nach dem Kriege diese Situation kommentierten, berichten, daß trotz der vielschichtigen Probleme, die mit der Herstellung des neuen Waffensystems verbunden waren, die allgemeine Meinung bestand, daß sämtliche mit der Produktion des Sturmgewehrs verbundene Schwierigkeiten beseitigt worden wären, wenn nur genügend Zeit zur Verfügung gestanden hätte.

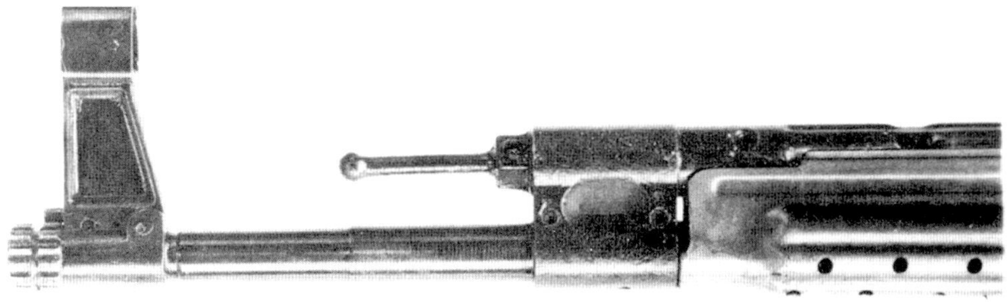

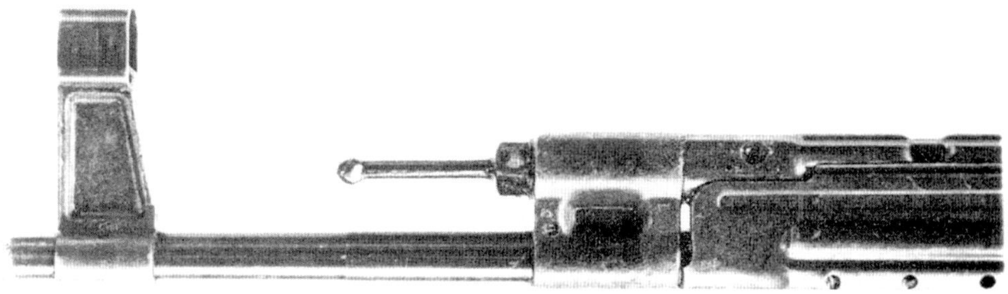

Um die Herstellung der Sturmgewehre zu vereinfachen, wurde in einigen Fällen auf das Mündungsgewinde verzichtet und eine vereinfachte Kornmontage verwendet.

Obwohl Deutschland unter einem Mangel an Arbeitskräften, Rohmaterialien und allerlei Notwendigkeiten, die für eine moderne Kriegsführung benötigt wurden, litt, erreichte die Sturmgewehrproduktion ihren höchsten Ausstoß zu einem Zeitpunkt, wo der Krieg so gut wie verloren war. Besonders treffend wurde berichtet: »*Der Fortschritt, der 1944 durch das Sturmgewehr verkörpert wurde, lag nicht in seiner Erfindung, sondern in der Fähigkeit, erprobte Konstruktionsdetails und neue Fertigungstechniken zu einer vielseitigen Infanteriewaffe zu kombinieren*«.

Entsprechend der gängigen Praxis, jede Waffe mit Modellbezeichnung und Seriennummer zu kennzeichnen, wurden die Herstellercodes und die Abnahmestempel des Waffenamts (WaA) gewöhnlich auf den Hauptteilen und der fertigen Waffe angebracht. Zur Herkunfts- und Qualitätskontrolle trugen die WaA-Stempel die Kennummer des prüfenden Waffenamts um nachzuweisen, durch welche Waffenamtsdienststelle das Teil bzw. die Waffe abgenommen wurde. Einer oder mehrere Inspektoren arbeiteten unabhängig von den Mitarbeitern des Herstellers. Die *Waffenabnahme (Wa Abn)* unterstand direkt dem Heereswaffenamt und war für die Überwachung der vorschriftsmäßigen Herstellung aller Waffenteile verantwortlich.

Daß dieses Konzept wirksam war, läßt sich zu unserem Leidwesen daran erkennen, daß die verwendeten Herstellercodes und die WaA-Abnahmestempel bisher nicht vollständig geklärt werden konnten.

XII
Das Zubehör

Das bei Haenel für das Kurzpatronenwaffensystem entwickelte 30schüssige Stahlblechmagazin ist, neben dem von der MP38-Waffenserie übernommenen Magazingehäuse und der Verriegelung, eine Aptierung früherer Maschinenpistolen-Magazine. Es ist eine Entwicklung, die direkt auf dem 30schüssigen, zweireihigen und abnehmbaren Kastenmagazin aufbaute, das von der Haenel-Schmeisser Gruppe für den frühen Prototyp des Maschinenkarabiners MKb42 entwickelt wurde.
Die Rückseite des ursprünglichen Magazins war ohne Führungsnase entworfen worden. Um das Magazin mit den Haenel- und Walther- Maschinenkarabinern verwenden zu können, wurde eine Führungsnase an der Rückseite des neuen Magazins hinzugefügt. Zusätzlich zu ihrer Führungsfunktion verlieh diese dem Magazin Stabilität.
Anders als bei der Haenel-Waffe beinhaltete der Walther-MKb-Entwurf eine Vorrichtung zum Offenhalten des Verschlusses, die in Verbindung mit einer Verlängerung am Zubringer nach dem Leerschießen des Magazins den Verschlußoffenhielt. Obwohl die Magazine bei beiden Waffen verwendbar waren, waren sie ursprünglich nur zur Verwendung mit dem Walther-MKb42(W)-System vorgesehen.
In seiner endgültigen Form besaß das Magazin keine Verlängerung mehr am Zubringer. Die Magazine der einzelnen Hersteller unterschieden sich nur geringfügig, und so wurde das 30-Schuß-Magazin zum Standardzubehör der gesamten Kurzpatronenwaffenreihe. Der Magazinkasten besteht aus zwei aus Bleck geformten Hälften, die mit einer durchgehenden Schweißnaht verbunden sind. Auf beiden Seiten des Magazins ist jeweils ein geformtes Blech mit zwei als Anschlag dienenden Nasen im Punktschweißverfahren angebracht. Die auf der rechten Seite befindliche Platte hat eine Aussparung zum Verriegeln des Magazins im Magazinschacht.
Der Zubringer, ebenfalls ein hohlgeprägtes Blechteil, sowie die Magazinfeder werden mittels einer abnehmbaren Bodenplatte gehalten. Nach dem Entfernen dieser Platte kann der Zubringer zur Inspektion oder Reinigung leicht entnommen werden.
Da die Magazingruppe als Schießauflage im Liegendanschlag dienen sollte, wurden sowohl das Magazin als auch der Magazinschacht mit ausreichenden Verstärkungsrippen versehen.
Als integriertes Teil des Gehäuses befindet sich der Magazinschacht direkt vor der Abzugsgruppe. Der Knopf für die Magazinverriegelung ist auf der linken Seite angeordnet. Dieser große, runde Knopf wurde bei der Montage fest in die Waffe eingebaut und kann nicht entfernt werden.
Zum Laden der Waffe wurde ein Magazin einfach von unten in den Magazinschacht eingeführt, bis es hörbar einrastete. Durch Drücken des Magazinverriegelungsknopfs kann das Magazin aus dem Gehäuse entnommen werden. Obwohl es nicht möglich ist, ein in die Waffe eingeführtes Magazin zu füllen, erleichtert eine Führung für den Ladestreifen das Füllen des Magazins.
Mit jeder Waffe wurde ein *Magazinfüller* ausgegeben. Er wurde gemäß *Gebrauchsanweisung Di854/3* wie folgt eingesetzt:

Füllen der Magazine:
- *Stellen Sie fest, daß die Magazine vor dem Füllen sauber und unbeschädigt sind.*

- *Führen Sie den Magazinfüller in die Magazinführungsrippe ein.*
- *Setzen Sie einen Ladestreifen mit 5 Patronen in die Führung des Magazinfüllers ein.*
- *Drücken Sie die Patronen in das Magazin, entweder mit dem Daumen der rechten Hand oder durch Drücken gegen eine Tischplatte oder ähnliche Oberfläche.*
- *Das Magazin kann ebenfalls mit losen Patronen per Hand gefüllt werden.*
- *Stellen Sie bei Verwendung dieser Methode allerdings sicher, daß die Patronen den richtigen Sitz im Magazin erhalten.*
- *Drücken Sie die Patronenreihe mehrmals mit dem Daumen nach unten, bis Sie spüren, daß die Patronen glatt hin und her gleiten.*

Dieser Magazinfüller war ein wesentlicher Bestandteil des Waffensystems. Abgesehen von geringen Problemen, die auf »schwache Magazinfedern« und »Transportschäden« bei den frühen MKb-Erprobungen in Rußland zurückgeführt wurden, sollte der Haenel-Magazinentwurf sich bei entsprechender Handhabung und Pflege in Kampfhandlungen als völlig zufriedenstellend erweisen.
Obwohl das rund 20 cm aus der Waffe herausragende Magazin den Anforderungen des Waffenamtes entsprach, war es einigen Berichten zufolge in einigen Fällen fast unmöglich, die Waffe aus einer Deckung heraus einzusetzen.
Es sind zwar verkürzte Sturmgewehrmagazine mit verschiedenen Patronenmengen bekannt, doch müssen diese, abgesehen von den echten 10-Schuß-Exemplaren die während des 2. Weltkrieges zu Testzwecken für Experimentalwaffen eingesetzt wurden, mit Vorbehalt betrachtet werden. Soweit bekannt, wurden keine modifizierten Magazine zur Verwendung mit den Kurzpatronenwaffen von den deutschen Streitkräften eingeführt oder ausgegeben.
Da die Magazinform und -größe von der Form und Größe der dafür bestimmten Patrone diktiert wird, ergab in diesem speziellen Fall ein Fassungsvermögen von 30 Schuß eine Gesamtmagazinlänge von 26 cm und ein Gesamtgewicht von rund 930 g in gefülltem Zustand. Unter Berücksichtigung der flaschenförmigen Patronenform war das Magazin hinten etwas breiter als vorne, während das ganze Magazin etwas gebogen war, um die Patronenzufuhr zu erleichtern.

Ein deutscher Infanterist zielt mit einer MP43/1 während einer Wintergefechtsübung. Obwohl das Magazin gemäß einer Anforderung des Waffenamts als Schießauflage dienen konnte, war es in einigen Fällen fast unmöglich, die Waffe damit aus einer Deckung heraus einzusetzen.

Die Magazine dieses Waffensystems tragen eine Vielfalt von Modellbezeichnungen und Herstellcodes. Unterschiede in der Oberflächenverarbeitung, Markierung, sowie geringfügige, herstellerbedingte Abweichnungen in den Schweißverfahren sind bei diesem Magazinen üblich. Die Untersuchung einer willkürlichen Auswahl von Magazinen aus der gesamten Waffenserie (von MKb bis StG) ergab, daß die Magazine für die Kurzpatronenwaffen von Anfang bis Ende im Wesentlichen nahezu identisch waren.

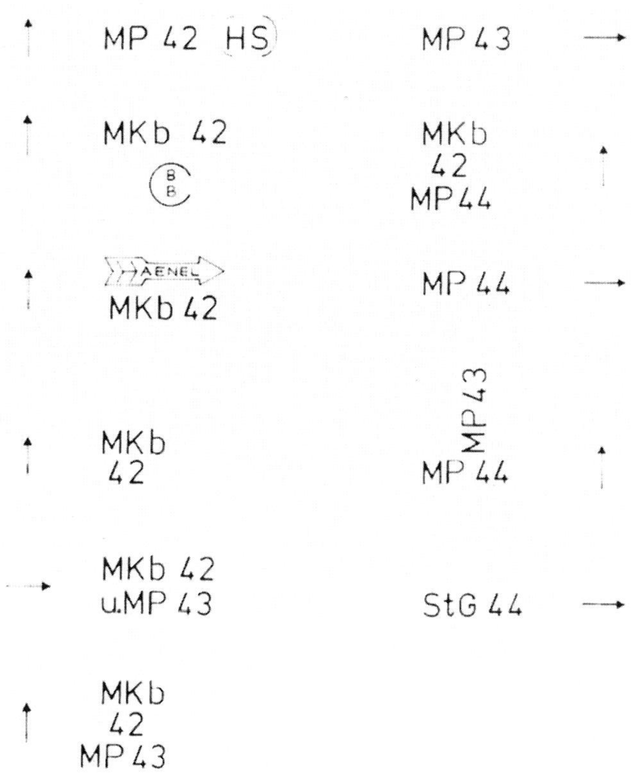

Die hier abgebildeten Markierungen wurden auf Kurzpatronenmagazinen gefunden und zeigen deutlich die Veränderungen von 1942 bis Ende 1944. Die kleinen Pfeile zeigen in jedem Fall inRichtung Oberteil des Magazins .

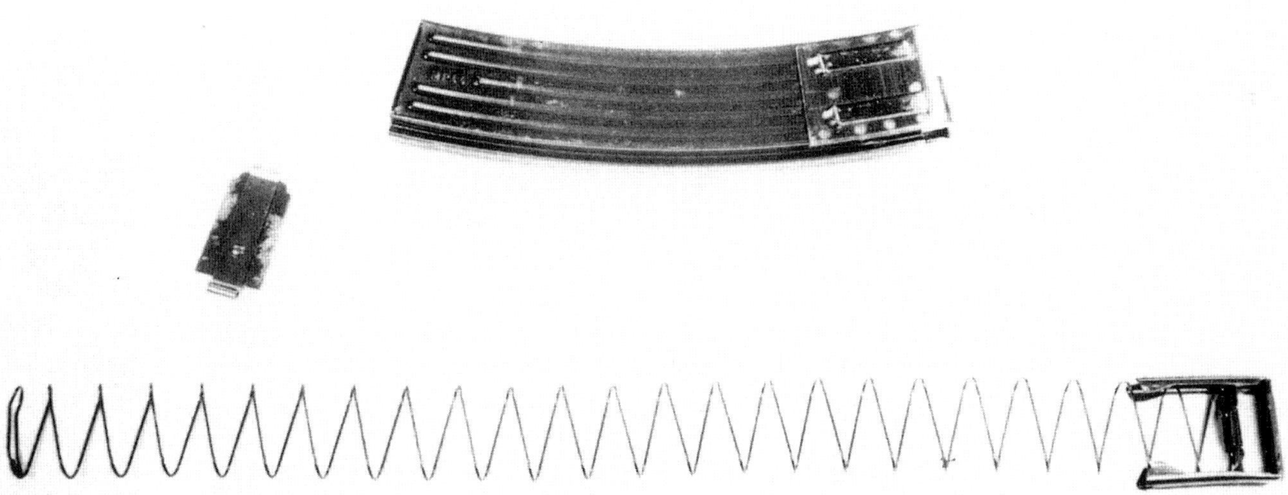

Kurzpatronen-Standardmagazin zum Reinigen zerlegt. Gemäß den Wartungsvorschriften sollten die Magazine, »wann immer möglich geleert, von Rost und Schmutz innen und außen gereinigt und auf Beschädigung geprüft werden; die Magazinfedern sollten auf Spannung überprüft werden.«

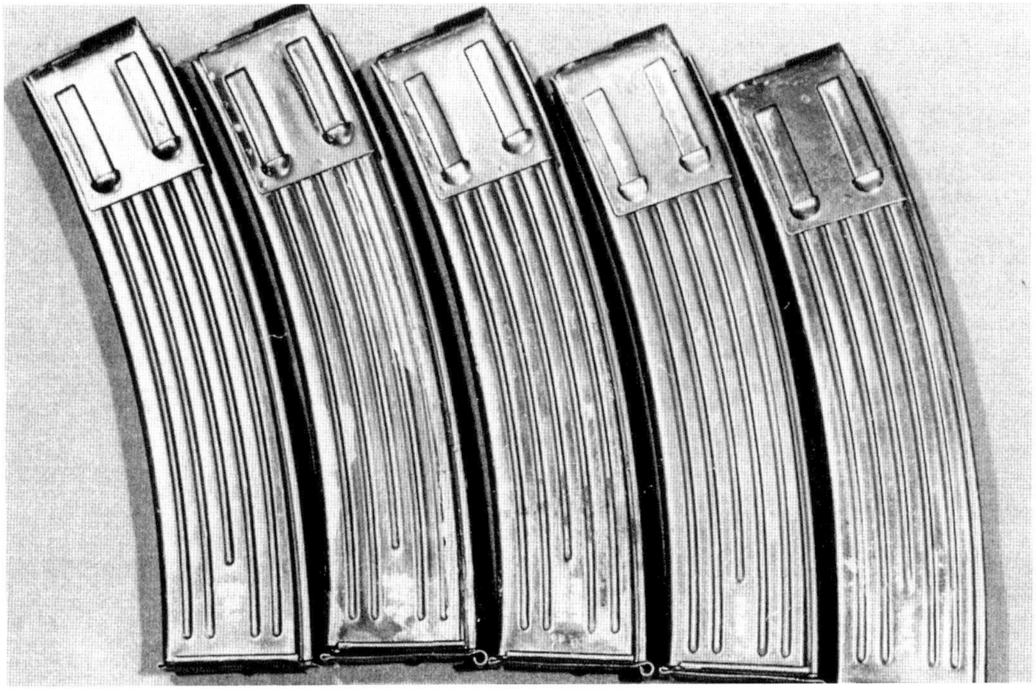

Das typische Stangenmagazin für die Maschinenkarabiner-Reihe hat eine Magazinkapazität von 30 Patronen. Die Markierungen zeigen die fortschreitende Modellbezeichnung von MKb42 bis MP44.

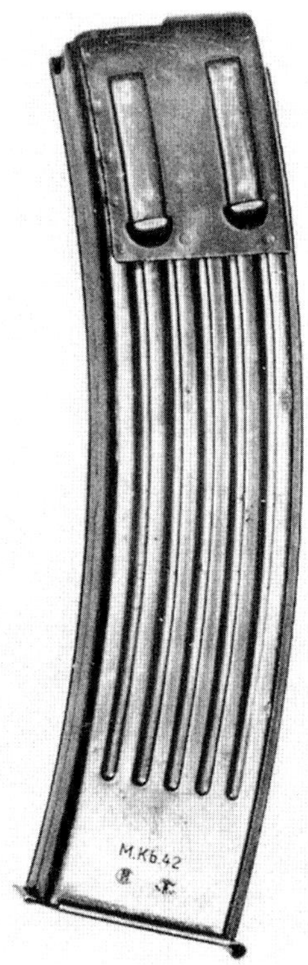

Dieses MKb42-Magazin war für den Walther-MKb42(W) bestimmt. Diese frühe Variante trägt ein kommerzielles Warenzeichen unbekannter Herkunft.

Ein Vergleich zwischen dem frühen Magazin für den Walther-MKb (links) und einer Standardaus-führung. Der verlängerte Zubringer ist oberhalb der Führungsrille klar sichtbar.

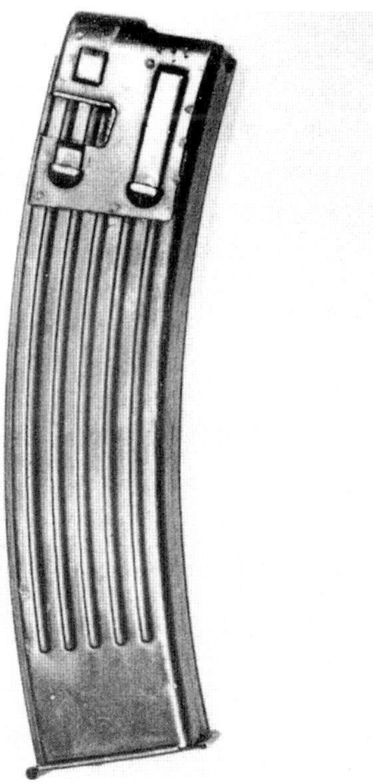

MKb42-Magazin von der rechten Seite. Eine extrem frühe Variante mit verlängertem Zubringer (Aufhaltesperre) für das Walther-MKb-System. Das Magazin hat eine brünierte Oberfläche.

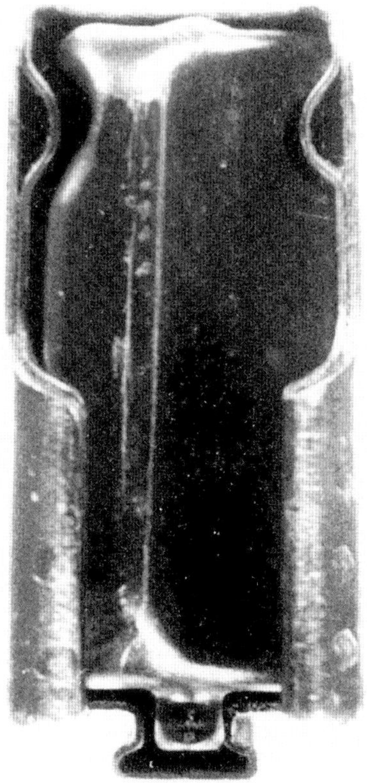

Frühes MKb42-Magazin. Die Nase am Zubringer ragt in die hintere Führungsrille des Magazins.

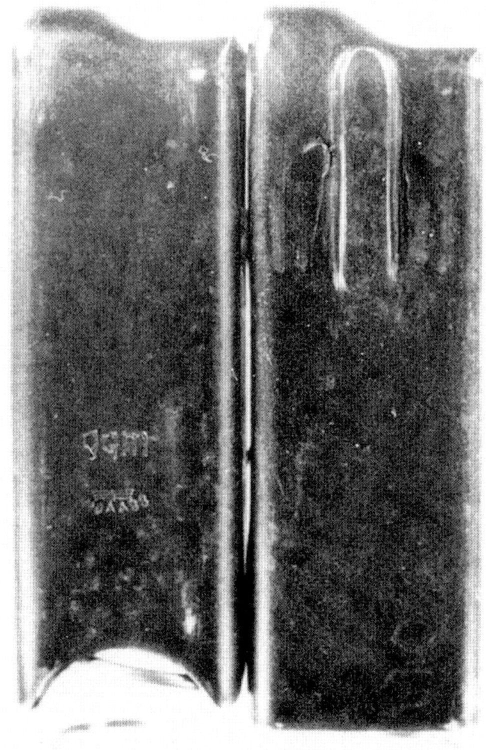

Standardzubringer (links) und frühe Ausführung mit Verlängerung. Als eingeprägtes Teil des Zubringers mißt die Verlängerung 5 mm in der Breite und 22 mm in der Länge, mit einem angeschrägten Boden zur Vermeidung des Widerstands in der Führungsrille. Außer der Verlängerung sind beide Führungsböden identisch und voll austauschbar.

Blick auf den Standardzubringer von oben.

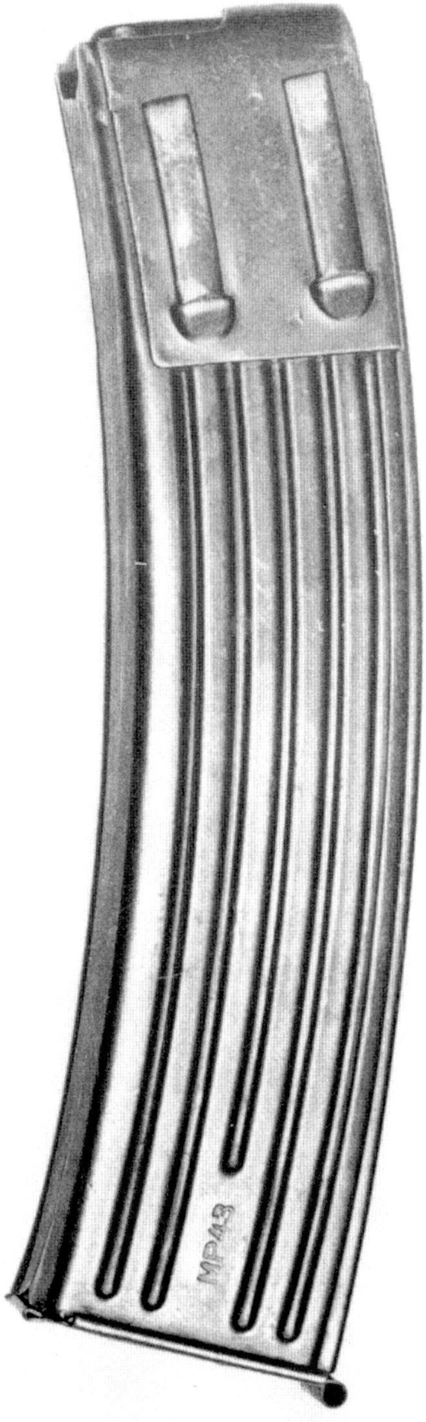

Typisches 30-Schuß-Magazin für die Kurzpatrone mit der Bezeichnung MP43 und brünierter Oberfläche.

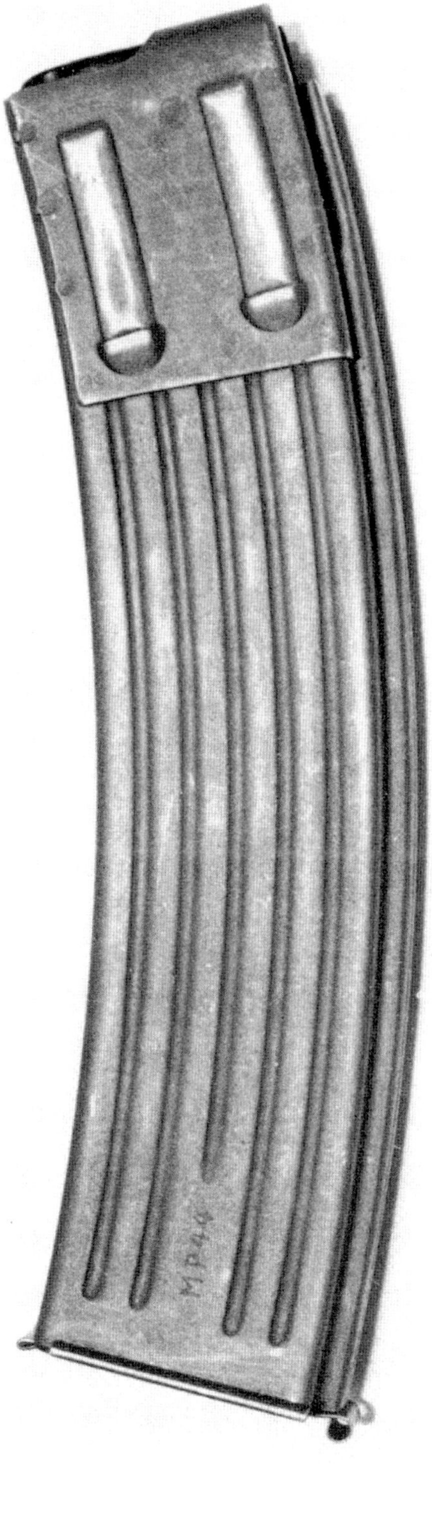

Typisches 30-Schuß-Magazin mit der Markierung MP44 und phosphatierter Oberfläche.

Obwohl die meisten Magazine durch Schweißnähte zusammengehalten wurden und scheinbar gleich aussehen, können gerade an diesen Nähten und deren Nachbearbeitung Unterschiede entdeckt werden.

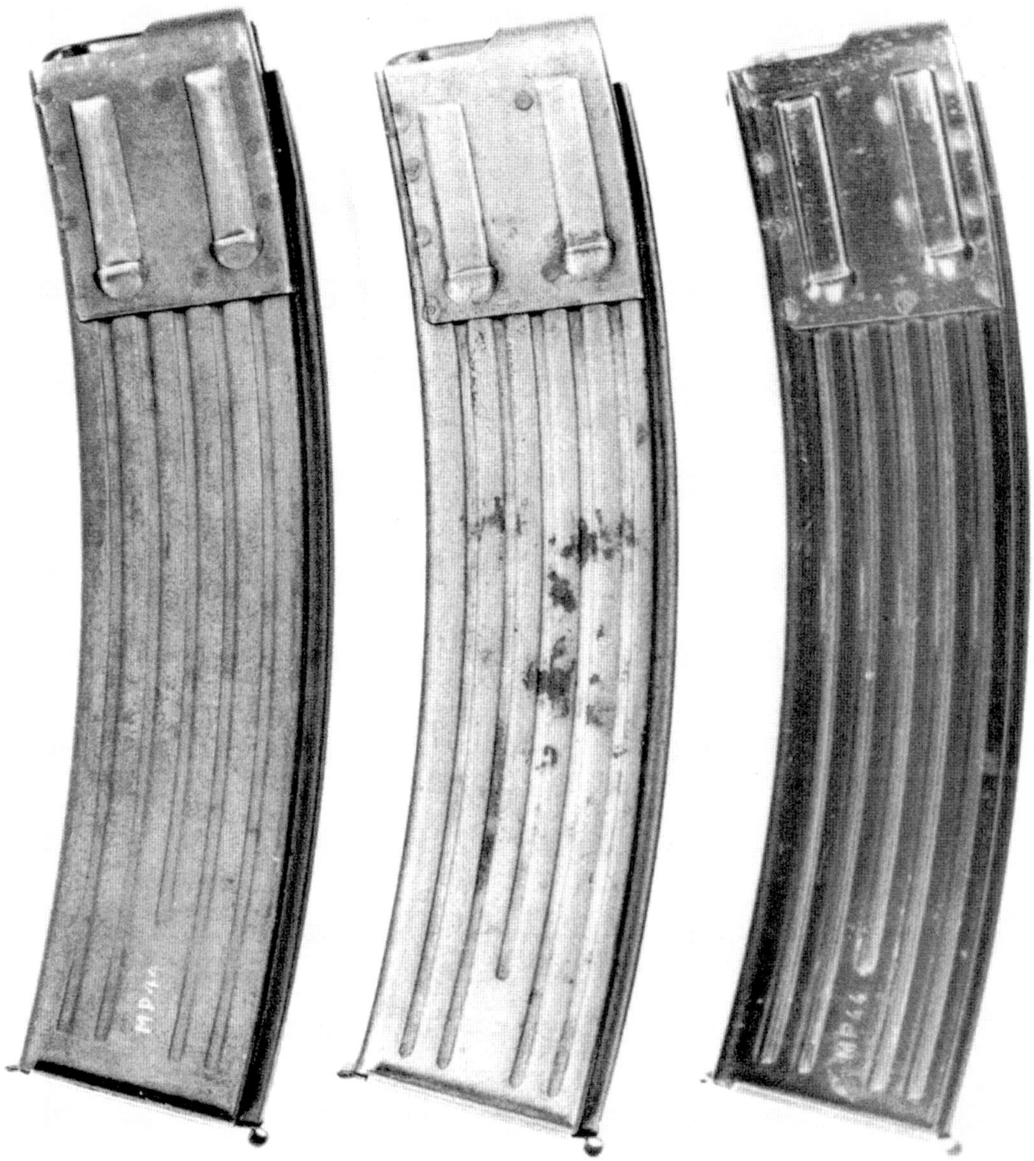

Ein Beispiel für die Oberflächenbearbeitung gegen Ende des Krieges: Diese MP44-Magazine wurden phosphatiert, weißfertig belassen und brüniert (v.l.n.r.).

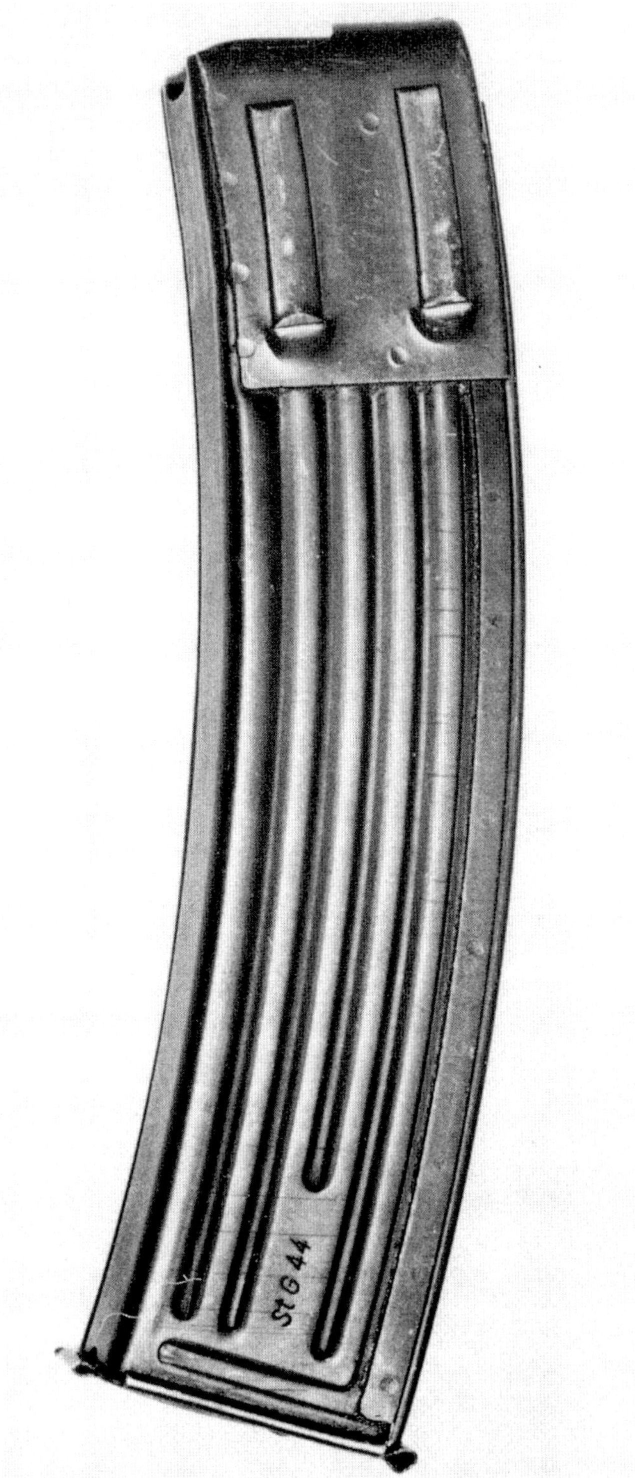

Ein nach dem Kriege in der Tschechoslowakei hergestelltes Magazin. Eine Entwurfsverbesserung sollte das Magazin vereinfachen und verstärken. Zusätzlich zur unteren Verstärkungsrippe wurden die beiden Hälften statt mit Schweißnähten durch Aufschweißen von zusätzlichen Formteilen miteinander verbunden.

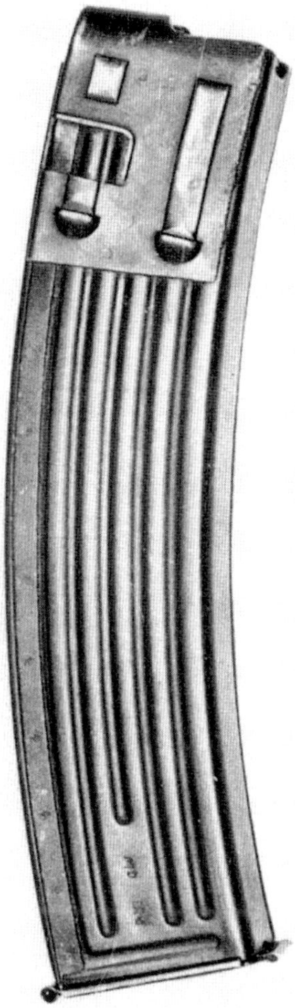

Nachkriegs-StG44-Magazin mit den tschechischen Markierungen und dem Fertigungsjahr (1946). Obwohl die Tschechen bekannterweise verschiedene deutsche Rüstungsgüter nach 1945 weiter herstellten, sind auch StG44-Magazine aus später Kriegsfertigung deutscher Herkunft bekannt.

Die in diesem Kapitel aufgeführten Herstellercodes stammen direkt von den Magazinen und zeigen deutlich die Änderungen der Bezeichnungen von Ende 1942 bis Ende 1944. Besonders interessant sind die Magazine, bei denen die ursprüngliche Bezeichnung »durchgestrichen« oder mit der neuen Bezeichnung überstempelt wurde – ein grobes Verfahren, welches ebenfalls bei Waffen Verwendung fand. Angesichts der üblichen Kennzeichnungspraxis scheint es jedoch wahrscheinlich, daß solche Stempelaktionen ohne offizielle Genehmigung durchgeführt wurden.
Die nachfolgend aufgeführten Herstellerkennzeichen wurden in der Art aufgezeichnet, wie sie auf Magazinkasten, Zubringer und Bodenplatte angebracht sind. Obwohl einige Magazine nur von einem Lieferanten hergestellt wurden, besitzen andere auf jedem Einzelteil einen anderen Code. Unabhängig der Markierung und Herkunft, waren die Einzelteile allem Anschein nach untereinander uneingeschränkt austauschbar:

aqr	fxo	qlv
ayf	gqm	qlw
bte	jvd	qlx
CHN	kur	qnw
cxt	qlt	tbv

Standard-Kurzpatronen im typischen 5-Schuß-Ladestreifen.

Neben den Magazinen mit der typischen gebläuten Oberfläche (wahrscheinlich die verbreitetste Oberfläche) wurden die Kurzpatronenmagazine auch parkerisiert, farblos parkerisiert, sowie mit einer emailleartigen schwarzen Farbe lackiert. Unter den zuletzt gefertigten wurden verschiedene Magazine unbearbeitet belassen (blankes Metall).
Neben der Standardzuteilung von sechs 30-Schuß-Magazinen wurde zu jeder Waffe, wie bei der Wehrmacht üblich, ein kompletter Zubehörsatz ausgegeben.
Die Magazintasche besteht aus zwei Einheiten, die je drei Magazine aufnehmen können. Dies ergibt bei sechs Magazinen ein Tragvolumen von 180 Schuß, neben der vom Soldaten mitgeführten Anzahl Zusatzpatronen bzw. Magazine.
Obwohl die Magazintaschen der frühen MKb-Prototypwaffen scheinbar ganz aus Leder gefertigt wurden, ähnlich der Magazintaschen für die MP38/40-Maschinenpistolen, bestanden die typischen, für die Kurzpatronenwaffen ausgegebenen Magazintaschen hauptsächlich aus schwerem Segeltuch in einer Vielfalt verschiedener Feldfarben. Unterteilungen, Riemen und Koppelschlaufen wurden aus Leder oder Kunstleder gefertigt.

Die Waffenmodellbezeichnung wurde entweder in ein Lederteil gestanzt oder mit schwarzer Tinte auf das Segeltuch gestempelt. Auf erhaltenen Kurzpatronen-Magazintaschen sind die Bezeichnungen MKb42, MP44 und StG44 bisher neben folgenden Herstellercodes entdeckt worden:

bcb gaq ojx
cww gmo oxm

Zur normalen feldmäßigen Pflege wurde das übliche *Reinigungsgerät 34* zur Laufpflege und zum routinemäßigen Ölen verwendet.

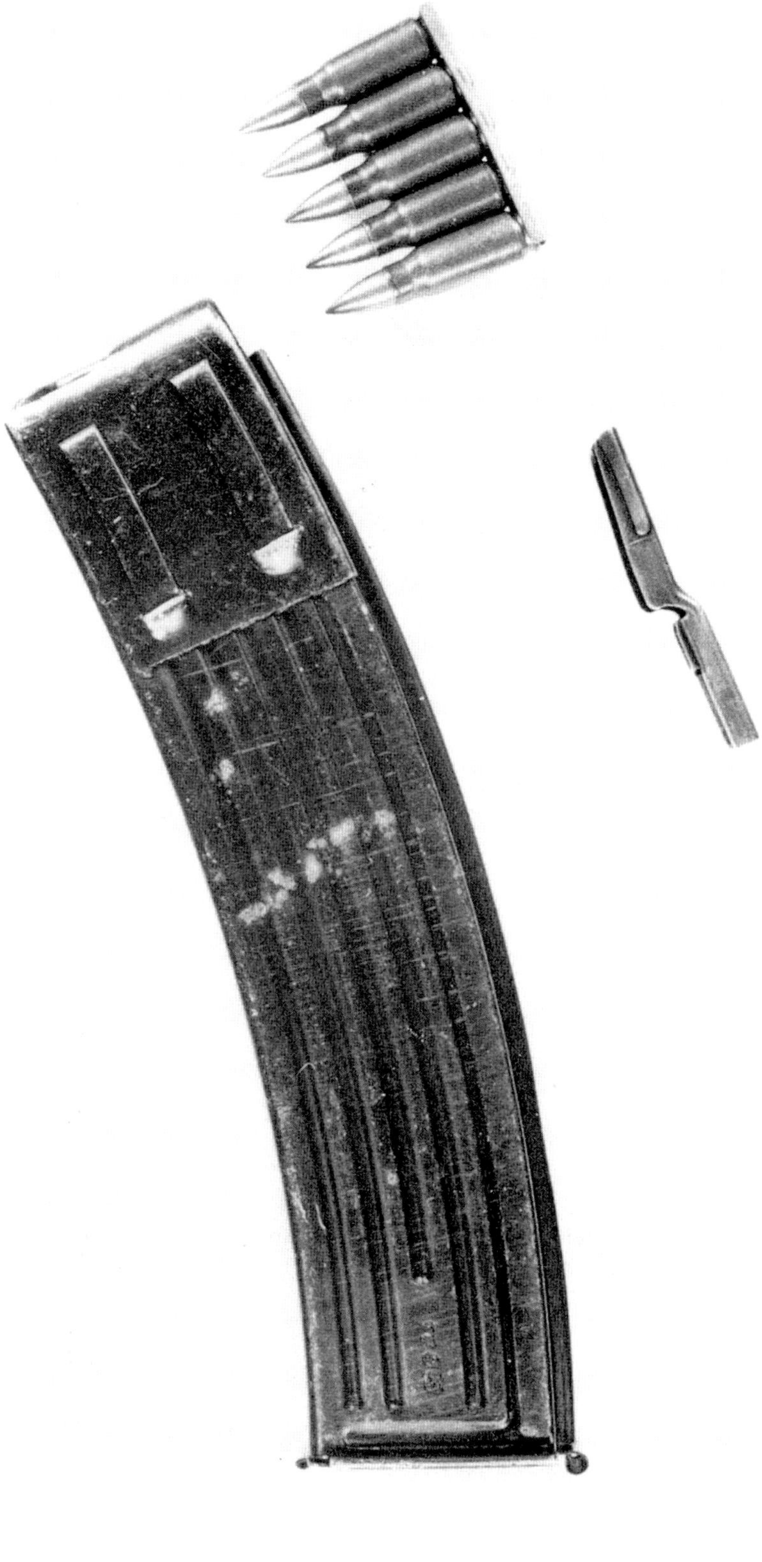

StG44-Magazin mit einem gefüllten Ladestreifen und dem kurzen Magazinfüller. Dieses mit jeder Waffe ausgegebene Zubehörteil wurde eingesetzt, um den Ladestreifen beim Ladevorgang am Magazin ansetzen zu können.

Der Magazinfüller war aus einem einzigen Stück Blech geprägt, 1,3 mm stark, 76 mm lang und 16 mm breit. Er ist hier einsatzbereit mit eingesetztem Ladestreifen abgebildet.

Blick auf ein gefülltes Sturmgewehrmagazin.

Ein stark gebrauchter Veteran« mit abgenutzter Oberfäche. Die MP44 ist komplett mit einem mit MP44 gekennzeichnetem Magazin, dem Leder-Trageriemen und der Mündungskappe MP ausgerüstet.

Ein Blick auf die Unterseite des Gehäuses zeigt deutlich den Magazinschacht, die Verschlußunterseite und die Aussparung für die Magazinführung.

Vergleich unterschiedlicher Magazinverriegelungen. Die MP43 (oben) besaß die gerändelte Ausführung, während die MP44 die Ausführung mit kreisförmigen Rippen besaß. Es gab ebenfalls zwei Fertigungsabweichungen, wobei die eine Ausführung punktgeschweißt und die andere gefräst war.

Als vorbeugende Maßnahme wurden die anfälligsten Teile (Schlagbolzen, Auswerfer, Auswerferstift, Auswerferfeder) der Waffe als Ersatzteile beigegeben. Aufbewahrt in einem kleinen Beutel aus Segeltuch oder gummiertem Stoff, wurden die Ersatzteile in einer kleinen Seitentasche an der rechten Magazintasche mitgeführt. Eine kleine Gebrauchsanleitung, oft als »Kolbenfachheft« bezeichnet, wurden eng gerollt und zusammen mit dem Demontagewerkzeug und der Reinigungsbürste für den Gaszylinder im Kolbenfach mitgeführt.

Der Magazinfüller wurde in einer Seitentasche der linken Magazintasche mitgeführt. Zwar wurden die meisten Taschen mit getrennten Zubehörtaschen auf gegenüberliegenden Seiten hergestellt, doch wurden auch zusammengehörige Magazintaschensätze (rechts und links) mit einer einzigen Zubehörtasche gefertigt. Um zu verhindern, daß Schmutz und Fremdkörper in den Lauf eindringen konnten, wurden dem Zubehör eine oder mehrere Mündungskappen mitgegeben. Mit diesem Waffensystem wurden zwei unterschiedliche Modelle aus Gummi bzw. Kunststoff verwendet. Es waren dies die ursprüngliche Form (d.h. die Kappe passend zur ursprünglichen Mündungsmutter [Mündungskappe MP]) sowie die K98k Standardkappe für die Läufe aus der Spätfertigung ohne Mündungsgewinde *(Mündungskappe 98* für StG44).

Unabhängig vom verwendeten Typ konnten die Mündungskappen in einer Notsituation durchschossen werden. Zum Tragen der Waffe wurde ein Standardgewehrriemen aus Leder oder Kunstfasern verwendet.

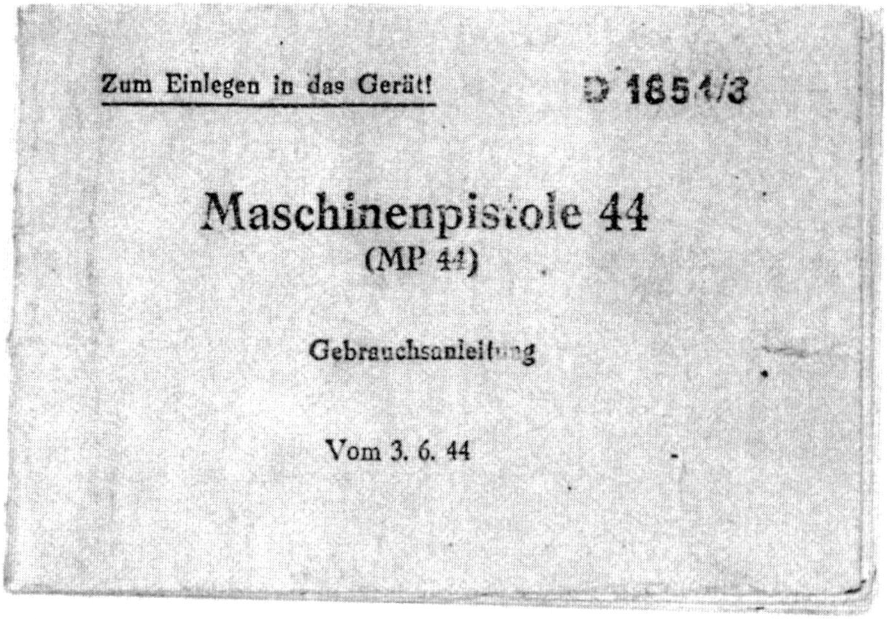
Zum Einlegen in das Gerät!

D 1854/3

Maschinenpistole 44
(MP 44)

Gebrauchsanleitung

Vom 3. 6. 44

Die Gebrauchsanleitung Dl 854/3 für die MP44 vom 3. Juni 1944. Oft als »Kolbenfachheft« bezeichnet, wurde das kleine Heftehen (10 x 7 cm) eng gerollt und zusammen mit dem Demontagewerkzeug und der Reinigungsbürste für den Gaszylinder im Kolbenfach mitgeführt.

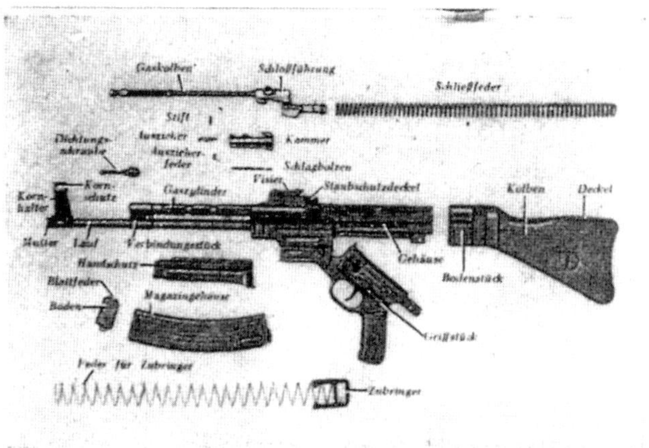

Bild 2: MP 44 und Magazin, zum Reinigen auseinandergenommen

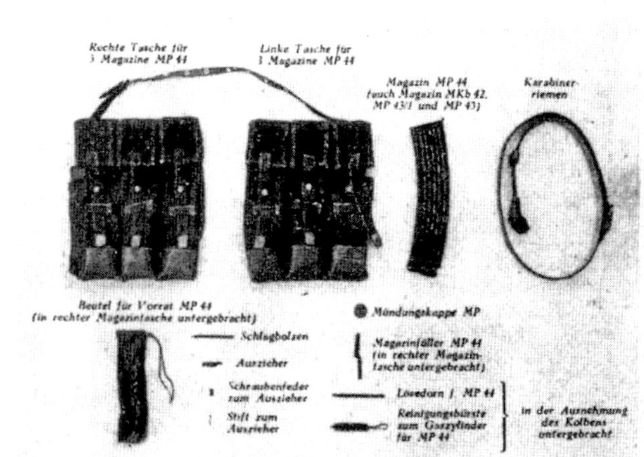

Bild 3: MP 44, Zubehör

Auszug aus dem MP44 »Kolbenfachheft«. Die Abbildungen (v.l.n.r.): »MP44 und Magazin, zum Reinigen auseinandergenommen« und MP44, Zubehör«.

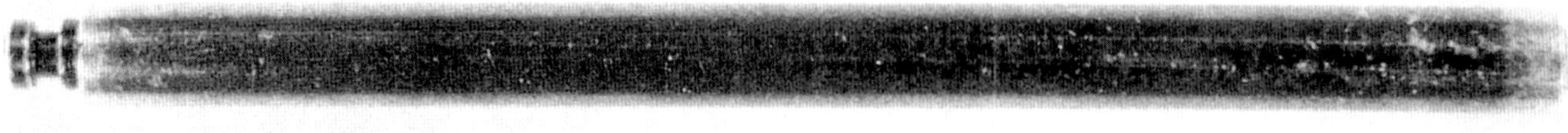

Das Standard-Demontagewerkzeug zum feldmäßigen Zerlegen der Waffe. »Handschutz mit Hilfe des Lösedorns nach unten abziehen, dazu abgesetztes Ende des Lösedornes in eines der vorderen Löcher des Handschutzes setzen; Dichtungsschraube ebenfalls mit dem Lösedorn herausschrauben.« Mit einer gebläuten oder phosphatierten Oberfläche versehen, besaß das Werkzeug einen Durchmesser von ca. 6 mm und eine Länge von rund 9,3 cm.

Eine weitere Ansicht des Demontagewerkzeugs beim Einsatz mit der Dichtungsschraube. Das Werkzeug wurde zusammen mit der Gaszylinder-Reinigungsbürste im Kolbenfach mitgeführt. Obwohl die Dichtungsschrauben in der Regel mit einem Loch versehen waren, fehlt dieses bei einigen Schrauben aus der Spätfertigung.

Ersatzteilbeutel aus Segeltuch oder gummiertem Stoff, 17,5 x 5,6 cm, für Schlagbolzen, Auszieher, Stift und Schraubenfeder zum Auszieher.

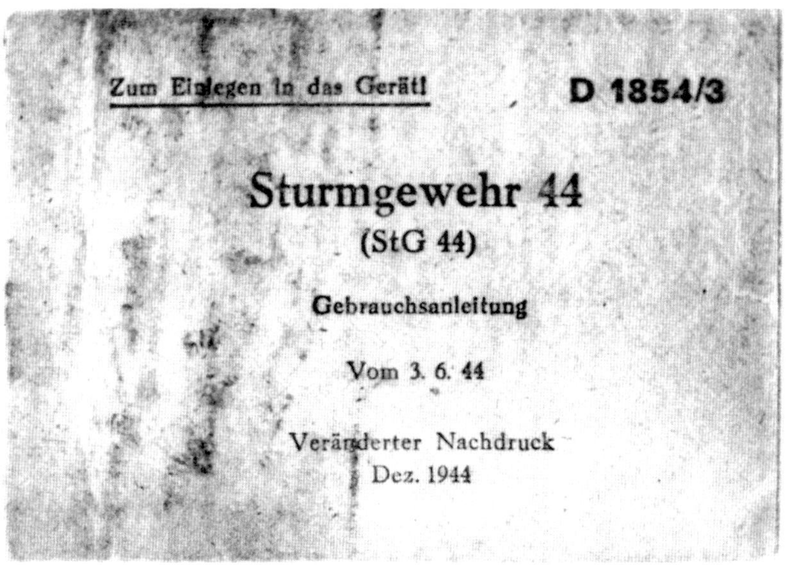

Zum Einlegen in das Gerät! D 1854/3

Sturmgewehr 44

(StG 44)

Gebrauchsanleitung

Vom 3. 6. 44

Veränderter Nachdruck
Dez. 1944

Die Gebrauchsanleitung Dl 854/3 (StG44) wurde im Dezember 1944 zur Berücksichtigung der Bezeichnungsänderung überarbeitet, ist aber inhaltlich mit der Ausgabe für die MP44 identisch.

Eine schwere lederne Magazintasche, vermutlich für die frühen MKb42-Varianten. Anders als bei den späteren Taschen finden hier nur zwei Magazine Platz.

Rückenansicht der frühen Magazintasche mit Koppelschlaufen und Ring für das Koppeltragegestell. Die Tasche besitzt keinerlei Markierungen.

Frühes Modell der MKb-Magazintasche: Eine rechte Tasche aus blaugrauem Segeltuch mit schwarzem Lederbesatz. Obwohl Einzelklappen häufig waren, wurden bei frühen Taschen auch einteilige Klappen verwendet.

MKb42-Tasche von hinten, mit ledernen Koppelschlaufen und D-Ring für Tragegestell. Die Koppelschlaufe links trägt die Stempelung »MKb42,« während die rechte die Herstellercodes und das Fertigungsjahr (oxm 43) zeigt.

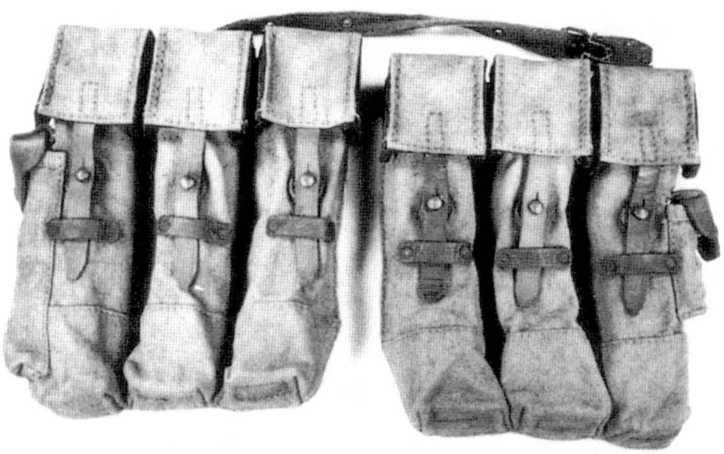

StG44-Magazintaschen später Fertigung (1945) aus mittelgrauem Segeltuch mit braunen Lederteilen. Ein verstellbarer Riemen (oben) ging hinter den Rücken, um zu verhindern, daß die vollen Taschen auf dem Koppel zusammenrutschten. Die schmale Zubehörtasche auf der rechten Magazintasche nahm den Ersatzteilbeutel auf, die auf der linken Magazintasche den Magazinfüller.

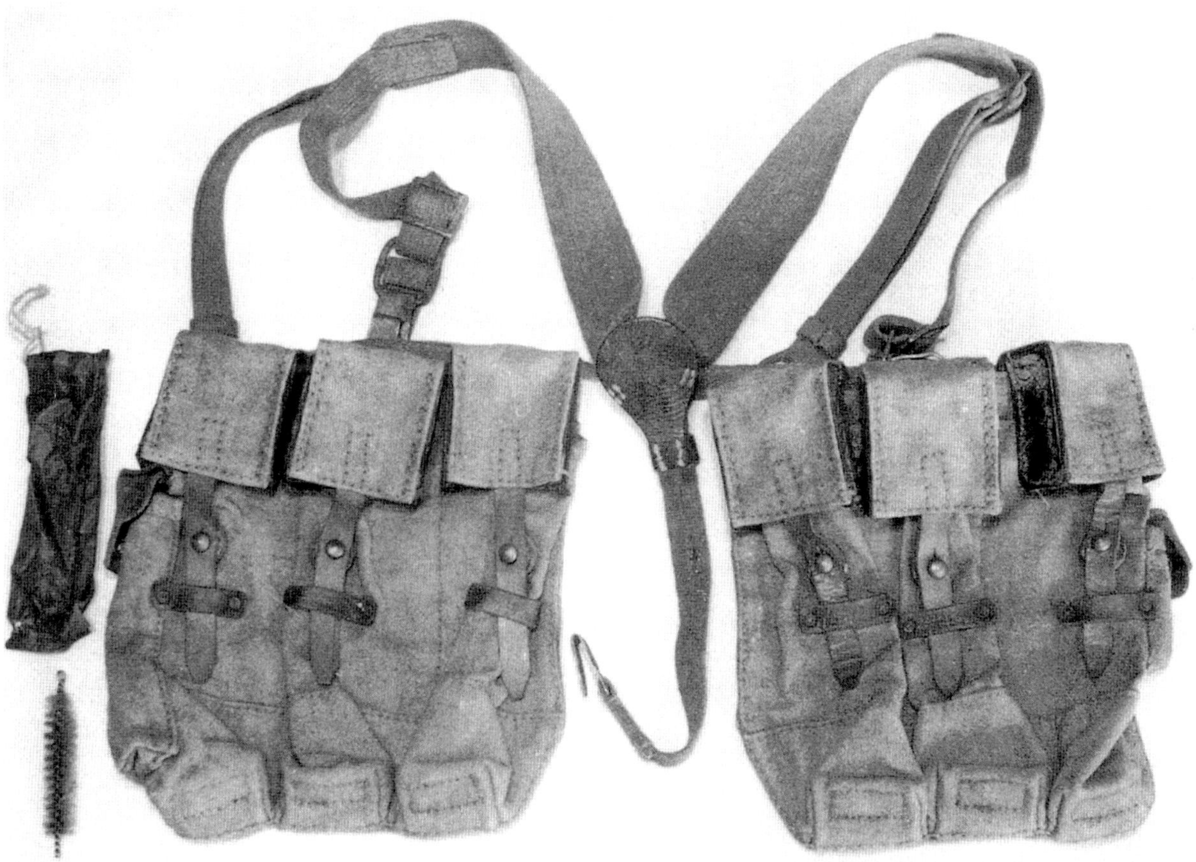

Typische Sturmgewehr-Magazintaschen mit Koppeltragegestell. Die Taschen wurden aus Webzeug, Segeltuch oder Drillich hergestellt, wobei Leder auch für Verschlußklappen, Riemen, Koppelschlaufen und Verstärkungen verwendet wurde. Ersatzteilbeutel und Gaszylinder-Reinigungsbürste sind ebenfalls abgebildet.

Nahaufnahme der Bezeichnung StG44 auf der Koppelschlaufe. Neben dieser Bezeichnung sind auch mit »MP44« markierte Taschen von 1945 bekannt.

Neben der Modellbezeichnung wurden Herstellercode und Fertigungsjahr in das Leder gestanzt oder mit schwarzer Tinte auf das Segeltuch gestempelt, hier »ojx 45« mit Abnahmestempel auf einer Koppelschlaufe.

Alternativansicht der Magazintasche StG44 mit Koppelschlaufen und D-Ringen. Die Schlaufen ermöglichten eine schräge Positionierung der Taschen am Koppel, um die Magazinentnahme zu erleichtern.

Variante der Magazintasche. Die rechte Tasche hat Verschlußlaschen aus Stoff und zeigt eine minimale Lederverwendung. Obwohl die Magazintaschen für die Kurzpatronenwaffen grundsätzlich gleich waren, werden geringfügige Abweichungen als üblich angesehen.

Späte Fertigung einer Magazintasche mit minimaler Lederverwendung, um Material zu sparen. Koppelschlaufen und verschiedene Riemen sind aus einem Azetat-Faserkunststoff.

Eine weiteres Modell. Die linke Tasche stammt aus dem Jahre 1945 und zeigt einen schwarz gestempelten Herstellercode (»bcb44«). Obwohl die rechte und die linke Tasche gewöhnlich zusammen ausgegeben wurden, sind scheinbar in den letzten Kriegsmonaten auch Taschen einzeln verteilt worden.

XIII
Weitere Sturmgewehr-Entwicklungen

Die Einführung der MP43-Serie bedeutete eine zusätzliche Belastung für die deutsche Industrie. Neben den auf vereinfachten Herstellungsmethoden basierenden Waffenverbesserungen, hatte das Heereswaffenamt versucht, das System zwecks Eliminierung der komplexeren Bestandteile umzukonstruieren, wodurch es zu einem modifizierten, verzögerten oder einfachen Rückstoß-System abgeändert werden sollte.

Im Entwicklungsverlauf der vereinfachten Systeme wurden Geräte wie Drucksperren, Gasabsorbtionssysteme und Verzögerungseinrichtungen erprobt, jedoch nie übernommen. Es ist bekannt, daß sich Mauser (byf), Haenel (fxo), Gustloff (dfb), Spreewerke (cyq), Großfuß (bpr), ERMA (ayf) und Steyr (bnz) an der Entwicklung eines vereinfachten Sturmgewehrs beteiligten. Verschiedene Firmen beteiligten sich allerdings auch lediglich an der Entwicklungsarbeit einzelner Baugruppen, wie z.B. Feuerdämpfer, Mündungsbremsen und Kompensatoren für die Kurzpatronenwaffen.

Bezüglich der Vereinfachungen an diesem Waffensystem ist trotz der Beteiligung mehrerer bekannter deutscher Waffenhersteller nicht bekannt, ob das Heereswaffenamt genaue Entwurfsvorgaben festgesetzt hatte. Wie auch immer, in den Fällen, wo Waffen und Daten erhalten geblieben sind, weisen die unter diesem Einfluß hergestellten Waffen interessanterweise gemeinschaftliche Merkmale mit der MP43-Serie auf. Die bemerkenswertesten Ähnlichkeiten bestehen in dem gleichen Magazin, einem ähnlichen Kolben, der Visiereinrichtung sowie einem Griffstück mit Pistolengriff, welches die Abzugsgruppe mit innenliegendem Hahn und Feuerwahlmöglichkeit beinhaltet.

Die grundlegenden Systeme basierten auf Gasdruck oder verzögerter Rückstoßfunktion, wobei die Waffen selbst mittels hochentwickelter Blech-Hohlprägetechniken hergestellt wurden.

Die Firma C.G. Haenel in Suhl begann gegen Ende 1944 mit Hugo Schmeisser die Entwicklungsarbeit an einer völlig neuen Kurzpatronenwaffe. Diese vereinfachte Waffe wurde von Haenel als *Maschinenpistole 45 (MP45)* bezeichnet und ähnelte in den Grundzügen dem früheren Schmeisser-Entwurf, wobei in noch größerem Maße geformte Blechteile, vereinfachte Fertigungsmethoden und kostengünstigen Bauteile verwendet wurden.

Bei diesem auf der MP43-Serie aufbauenden Prototyp mit Feuerwahlmöglichkeit wurde der Verschluß und das Gaskolbensystem der MP43, jedoch mit dem Gaszylinder und Schlittenführungssystem unterhalb des Laufs, verwendet. Bei dem auch als *StG45(H)* bekannten Haenel-Sturmgewehr wurde ebenfalls das frühe MKb42(H) Abzugssystem und der als Druckknopf ausgelegte Feuerwahlknopf zur Umschaltung von Einzel- auf Dauerfeuer verwendet.

Obwohl die Nachkriegsrecherchen ergaben, daß technische Zeichnungen und Waffenteile tatsächlich hergestellt wurden, ist das Schicksal dieses Systems, abgesehen von einer unbekannten Anzahl in Handarbeit gefertigter Versuchswaffen, noch ungeklärt.

Obwohl diese Waffen kein Bestandteil der Arbeiten an der Vereinfachung des eigentlichen Waffensystems waren, wurde eine begrenzte Anzahl dieser Versuchswaffen während des Jahres 1943 im Haenel-Werk produziert. Diese Versuchsmodelle basierten auf einer modifizierten Versionen der zu diesem Zeitpunkt aktuellen MP43/1 und waren besonders gekennzeichnet.

Eine der 1943 von Haenel hergestellten experimentellen Kurzpatronenwaffen. Die modifizierte MP43/1 (Versuchsmodell 9) wurde eingesetzt, um vorgeschlagene Entwurfsänderungen auszuwerten.

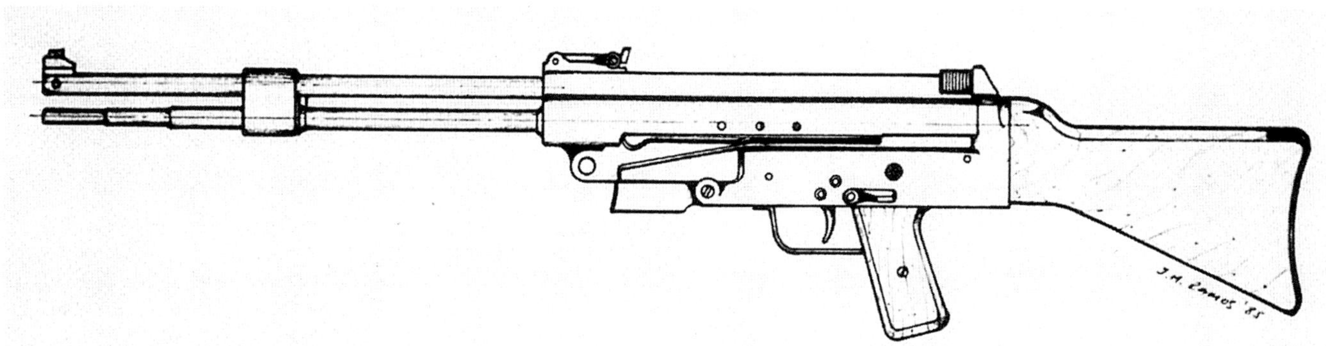

Der Haenel-Prototyp Sturmgewehr 45(H) ist ein Beispiel für die Versuche gegen Kriegsende, ein vereinfachtes Sturmgewehr zu liefern. Das Haenel-System bediente sich einer vermehrten Verwendung von Blechteilen und einfacher Herstellungsmethoden.

Die Versuchsreihe, die vermutlich die nach den frühen Felderprobungen empfohlenen Änderungen widerspiegelte, wies verschiedene Entwurfsänderungen auf, die bei den regulären Serienwaffen nicht übernommen wurden.

Bis auf das *Versuchsmodell 9 (V9),* welches unten beschrieben wird, sind weitere Waffen dieser Serie bisher unbekannt.

Das Versuchsmodell war in seiner Funktion mit den Standardwaffen identisch. Der Spannhebel wurde allerdings vom Führungskörper (Schloßführung) entfernt und auf einer speziellen Blechabdeckung montiert. Als integrierter Bestandteil der Abdeckung griff der neue Spanngriff in eine entsprechende Ausfräsung der Schloßführung innerhalb des Gehäuses.

Um die lange Öffnung in der Seite der Waffe zu schließen, wurde die gleitende Abdeckung durch schmale Führungsschlitze im Oberteil des Gehäuses geführt. Als Antwort auf negative Frontberichte über die Visierposition wurde das Korn von der Mündung entfernt und auf einem besonderen abgeschrägten Sockel an der Oberseite des Verbindungsstücks von Gaszylinder und Lauf montiert. Der Visiersockel wurde auf dem Gehäuse weiter nach hinten verlegt. Obwohl die Seitenhöhe der Visierlinie gegenüber der Standardwaffe von 6,35 cm auf 5,6 cm reduziert wurde, blieb der Abstand zwischen Kimme und Korn gleich.

Bei den Gustloff-Werken in Suhl erhielt der Chefkonstrukteur Karl Barnitzke den Auftrag, den vorhandenen MP43-Entwurf in einen Rückstoßlader umzuarbeiten.

Obwohl kein genaues Datum für den Beginn dieses Projekts bekannt ist, nimmt man an, daß die Arbeit Ende 1943 aufgenommen wurde. Trotz Barnitzkes Aussage, daß er an verschiedenen MP43-Modifizierungen gearbeitet hatte, konnte die hier besprochene Waffe als sein Rückstoßlader identifiziert werden.

Nach der Wahl der MP43/1 als Basiswaffe für den Versuch, wurde der Umbau laut Barnitzke folgendermaßen vorgenommen:

»Beim Vergleich mit der 9-mm-Standardpatrone wares offensichtlich, daß die stärkere Kurzpatrone Probleme bereiten würde, falls die Geschwindigkeit der beweglichen Teile nicht genügend reduziert würde.

Folglich sollte der erste Versuch, den Mechanismus der MP43 durch ein Rückstoßsystem zu vereinfachen, die Verwendung eines Gaspuffers beinhalten.

Gaszylinder; Dichtungsschraube, Gaskolben und Verschlußgruppe wurden der Originalwaffe entnommen. Das Gasventil im Lauf wurde mit einer Manschette verschlossen. Ohne ein neues Ventil zu bohren; sollte die Manschette als Träger für eine neue »Steuerstange« dienen. Der normale Gaskolben wurde durch eine längere, schmälere Stange ersetzt; die bis zur Mündung reichte.

Ein zylindrischer Gasfang wurde am Mündungsende der Stange befestigt. Der Verriegelungsnocken auf der Verschlußunterseite wurde abgeschliffen. Beim Schuß wurde der Gasfang an der Steuerstange mit Verbrennungsgasen gefüllt, wodurch Gasfang und Stange nach vorne gedrückt wurden, während der Druck auf den Verschluß den Rückstoßimpuls verursachte. Daher diente der Gasfang als pneumatischer Puffer, der die Bewegung auf ein praktisches Funktionsmaß verlangsamte.«

Als rein experimentelle Variante, die nicht zum Feldeinsatz vorgesehen war, diente diese einzigartige Waffe als Beweis dafür, daß das Rückstoß-Prinzip auf die Kurzpatrone 7,9 mm angewandt werden konnte.

Es ist bekannt, daß ein weiterer großer Waffenhersteller ebenfalls einen »Maschinenkarabinerprototyp« für die Standarddienstpatrone hergestellt hat. Zwar könnte es sich hierbei um die Gustloff-Werke handeln, die an mehreren Waffenentwicklungs-Projekten tätig waren, doch ist auch dies bisher nicht mehr als eine unbewiesene Behauptung.

Ebenfalls in die Kategorie der »unbestätigten Aktivitäten« sind die Spreewerke, eine metallverarbeitende Firma aus Berlin, einzuordnen, die sich als Hauptlieferant für Bauteile der MP38-Maschinenpistolenreihe und Produzent der Pistole 38 hervorgetan hat. Es soll hier ebenfalls in den letzten Monaten des 2. Weltkrieges am Kurzpatronenwaffenprogramm gearbeitet worden sein. Ein Nachkriegsbericht alliierter Nachrichtendienste führt hierzu folgendes aus:

»Ihre Aktivitäten in der Entwicklung eines einfachen Maschinenkarabiners, obwohl eher bescheiden, wurden allem Anschein nach in Eigeninitiative und ohne amtlichen Auftrag durchgeführt.

Diese Versuchswaffe wurde in den Gustloff-Werken zum Rückstoßlader umgebaut. Der ursprüngliche Prototyp, eine modifizierte MP43/1, bewies die Anwendbarkeit des Rückstoßladerprinzips auf die 7,9-mm-Kurzpatrone.

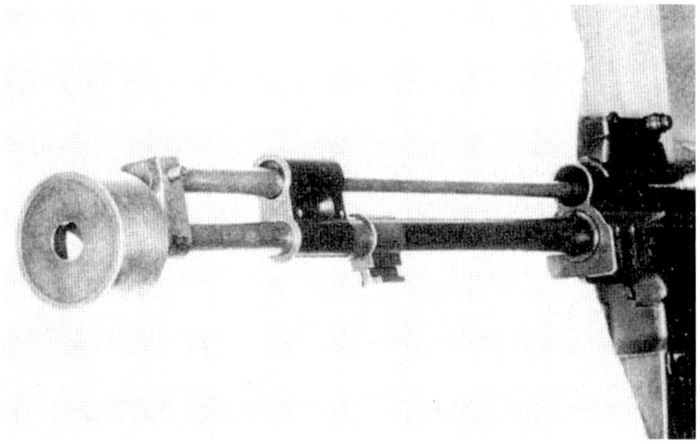

Vorderansicht der Versuchswaffe. Der zylindrische Gasfang, ein becherartiges Gerät, am Mündungsende des Steuerkolbens angebracht, diente als pneumatischer Puffer zur Dämpfung des Impulses auf praktische Anwendungswerte.

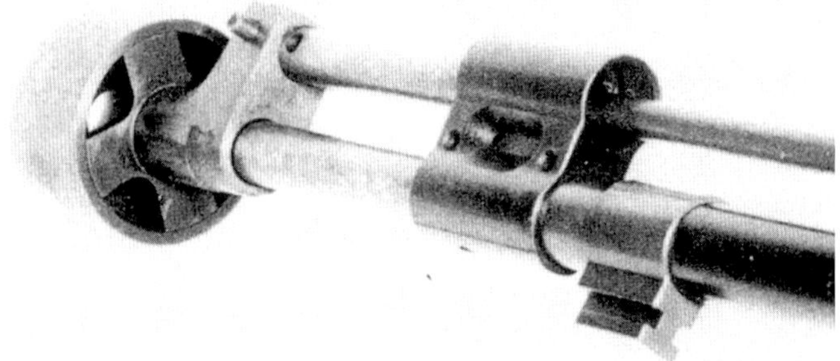

Ansicht der Gasfang-Baugruppe. Das ursprüngliche Gasventil wurde durch eine Laufmanschette verschlossen. Trotz der Ausbildung als Bajonettwarze konnte wegen des Gasfangs kein Bajonett aufgepflanzt werden. Als reine Versuchswaffe war die einzigartige Waffe nicht zum Feldeinsatz bestimmt.

Da bisher nichts über die Form dieses Entwurfs bekannt wurde, besteht die Möglichkeit; daß kein Prototyp gefertigt wurde.
Die Entwicklung war jedoch zu keinem Zeitpunkt so weit fortgeschritten, daß das WaPrüf2 der betreffenden Firma einen amtlichen Auftrag erteilt hätte.«

Auf den ersten Blick scheint es, daß sich die Fakten in diesem Buch gleichwohl in bestätigte und unbestätigte unterteilen, doch muß hier beachtet werden, daß die deutschen Waffenhersteller und Zulieferbetriebe Waffen sowohl auf der Basis von amtlichen Aufträgen als auch aus Eigeninitiative für die verschiedenen Teilstreitkräfte der Wehrmacht entwarfen und entwickelten – was die Sache für uns heute enorm kompliziert.

Durch Geheimhaltung und Zerstörung bedingt, erwähnt ein Großteil der erhaltengebliebenen deutschen und alliierten Dokumente diese Firmen und ihre Aktivitäten nur beiläufig. Obwohl mit Sicherheit angenommen werden kann, daß sich die fraglichen Firmen mit einem bestimmten Bereich der Waffenentwicklung beschäftigt haben, werden die Einzelheiten und der Umfang der Beteiligung wohl nie völlig geklärt werden können.

Die Firma Großfuß in Döbeln, ein Produzent des Maschinengewehrs MG42, war ebenfalls für den Entwurf eines vereinfachten verzögerten Rückstoßladersystems für die Kurzpatrone verantwortlich.

Das aus Blech-Hohlprägeteilen hergestellte »Sturmgewehr Großfuß« war im wesentlichen ein mit Gasdruck unterstütztes Rückstoßladersystem mit starrem Lauf. Angeblich auf dem »Blish-Prinzip« basierend, wurde die Funktionsweise der Großfuß-Waffe wie folgt beschrieben:

Gas wurde durch ein Ventil unter dem Lauf direkt vor dem Patronenlager abgezapft. Ein Teil des beim Abfeuern der Waffe entstehenden Gases wirkt auf einen unter dem Verschluß angebrachten Verriegelungsbolzen und preßt diesen gegen eine in den Verschluß integrierte Rampe. Bei zunehmendem Druck auf den Stoßboden wird der Bolzen durch die Rampe, d.h. durch den Verschluß wieder in seine Aussparung zurückgedrückt, wobei sich die Verschlußbewegung nach hinten fortsetzt.

Dies war eine unabhängige Entwicklung aus dem Jahre 1944. Obwohl sich Großfuß einen hervorragenden Ruf beim Heereswaffenamt als Folge seiner Entwicklungsarbeit am MG42 verdient hatte, und obwohl Exemplare des Sturmgewehrs – den Berichten nach – Mitgliedern der wichtigen Waffenkommission vorgeführt wurden, scheinen mangels Interesse seitens WaPrüf2 keine Truppenerprobungen stattgefunden zu haben.

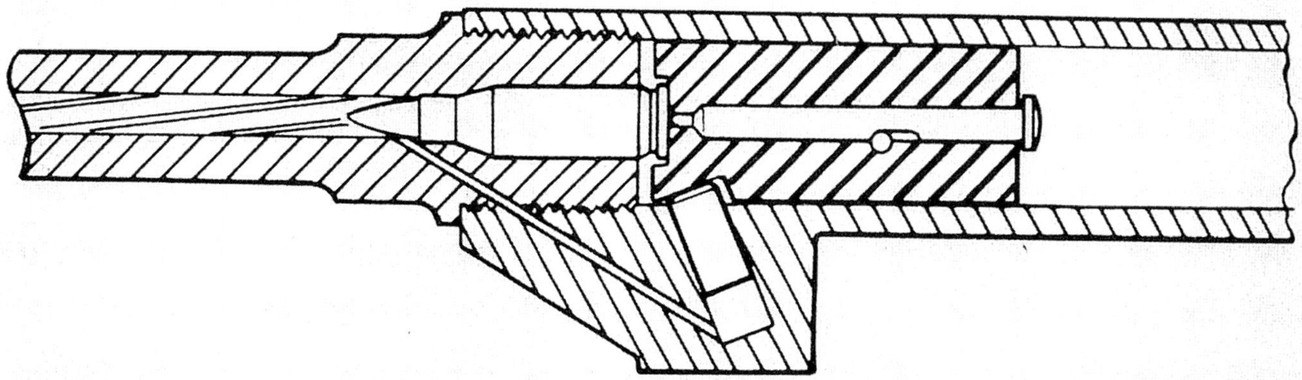

Die Großfuß-Konstruktion hatte einen durch Gasdruck abgestützten Masseverschluß. Obwohl Prototypen hergestellt wurden, ist nicht bekannt, daß irgendein Exemplar den Krieg überstanden hat.

Trotz der amtlichen Anerkennung als »einfach und einzigartig« sind, so weit bekannt ist, nur sehr wenig Exemplare des »StG Großfuß« jemals hergestellt worden. Unter den Hauptlieferanten der MP-43-Serie arbeiteten auch ERMA und Steyr zusätzlich zu ihrem Lieferauftrag unabhängig voneinander an Entwürfen für ein Sturmgewehr für die Kurzpatrone. Es ist nicht bekannt, ob eine der Firmen jemals einen Prototyp seiner Entwicklung hergestellt hat.

Das riesige Mauser-Unternehmen, das mit seinem umfangreichen Waffenentwicklungs-Programm stark ausgelastet war, hatte gegen Ende des Krieges eine viel versprechende Kurzpatronenwaffe fast bis zur offiziellen Annahme gebracht.

Als *Maschinenkarabiner Gerät 06* begann die ursprüngliche Entwicklung ihren Weg. Nach einer langen Modifizierungs- und Verbesserungsphase wurde der Mauser-Entwurf, eine Arbeit der *Abteilung 37,* angeblich zur amtlichen Annahme mit der Bezeichnung *Sturmgewehr 45(M)* vorgesehen *(Anmerkung des Übersetzers: Die Abteilung 37 hatte den Aufgabenbereich »Konstruktion und Werkstatt für leichte Waffen« und wurde von Herrn Altenburger geleitet. Zu seinem Team gehörten die Konstrukteure Seidel, Vorgrimler und Illenberger).* Von einigen Seiten als Nachfolger für die MP43-Serie angesehen, wurden diese »Blechwaffen« ebenfalls durch einfache Hohlpräge- und Stanztechniken hergestellt. Trotz stillschweigender Billigung war die Entwicklung des StG45(M) bei Kriegsende scheinbar noch nicht abgeschlossen. Neben den Versuchen, ein vereinfachtes Waffensystem einzuführen, experimentierte man mit verschiedenen Vorsätzen, die den Mündungsblitz verringern und den Mündungsanstieg bei Dauerfeuer kontrollieren sollten.

Während die Überlegungen zu Mündungsbremsen oder Kompensatoren in diesem Falle scheinbar einen Teil der routinemäßigen Entwicklung darstellten, ist die Anwendung eines Mündungsdämpfers in Wirklichkeit auf die frühen Versuche mit dem neuen Waffensystem für die Kurzpatrone an der Ostfront zurückzuführen. Hier lenkte Kritik die offizielle Aufmerksamkeit auf ein »übermäßiges Mündungsfeuer« beim Nachtschießen: *Das Mündungsfeuer konnte mit Leichtigkeit bis auf 350 Meter Entfernung beobachtet werden. Das Mündungsfeuer selbst hatte eine ausgeprägte Kegelform, die sich bis zu 150 mm von der Mündung ausdehnte. Es gab ebenfalls erheblichen Funkenflug sowohl an der Mündung als auch am Auswurffenster.*

Obwohl anzunehmen ist, daß solche Experimente während des Krieges ständig durchgeführt wurden, ist noch unbekannt, was, außer den hier aufgeführten Elementen, noch in die Erprobung miteinbezogen worden ist.

Prototyp des Mauser-Sturmgewehrs Gerät 06H, das von einigen Quellen für den Nachfolger der MP43-Serie gehalten wird. Diese Kurzpatronenwaffe war zur Annahme als StG45(M) bestimmt.

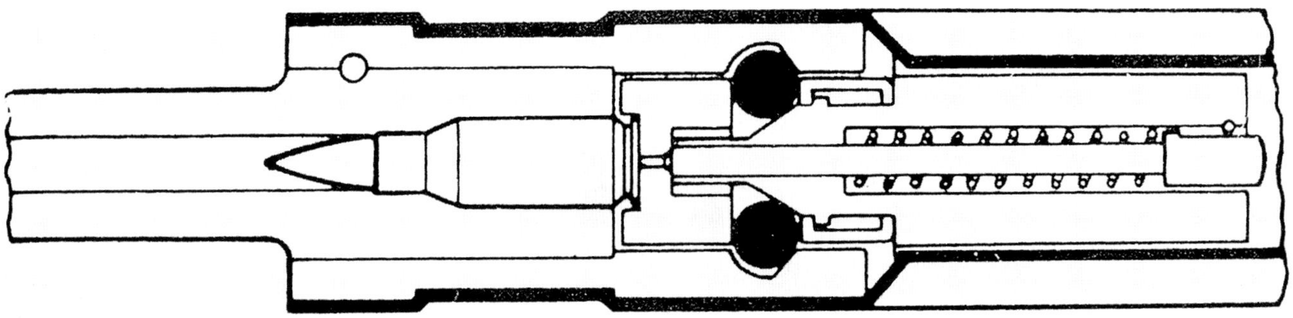

Der halbstarr verriegelnde Rollenverschluß der Firma Mauser wurde im Gerät 06H verwendet.

Außer im Rahmen der Felderprobung sind weder Mündungsdämpfer, Mündungsbremsen noch Kompensatoren für irgendeine Kurzpatronenwaffe eingeführt worden.
Unter den Waffen und Materialien, die 1945 im Rheinmetall-Borsig Werk bei Sömmerda erbeutet wurden, befand sich ein ausdrücklich für die MP43-Reihe bestimmter Mündungsdämpfer, der im *Technical Intelligence Report No. 11* der 21. Armeegruppe beschrieben wurde:

Mündungsdämpfer für MP43

Der Mündungsdämpfer; der an der MP43 wie der Schießbecher befestigt wird, besteht aus einem abgeschnittenen Kegel mit nach hinten gerichteter Spitze. Der Trichter ist im Punktschweißverfahren mit der Schießbechermontage verbunden. Im Trichter, in Längsrichtung zu den Seiten geschweißt, befinden sich 8 Kühlrippen, die radial zur Mitte angeordnet sind, wobei eine Ceschoßaustrittsöffnung von 11 mm freigelassen wurde.
Der Konstrukteur sagte aus, daß nach der Theorie das Mündungsfeuer durch das Zusammentreffen zwischen den heißen, expandierenden Gasen und der Luft verursacht wird. Die Kühlrippen hingegen verteilen und kühlen die Gase gleich nach dem Austritt aus der Mündung ab und verhindern dadurch den Blitz.
Ebenfalls von Interesse ist ein 1945 hergestelltes StG 44, das sich in der RSAF-Studiensammlung in Enfield Lock, England, befindet. Die Waffe wurde nach dem Kriege in Deutschland gefunden und ist mit einem experimentellen Kompensator am Lauf versehen.
Der Kompensator war dafür vorgesehen, mit Hilfe der aus-

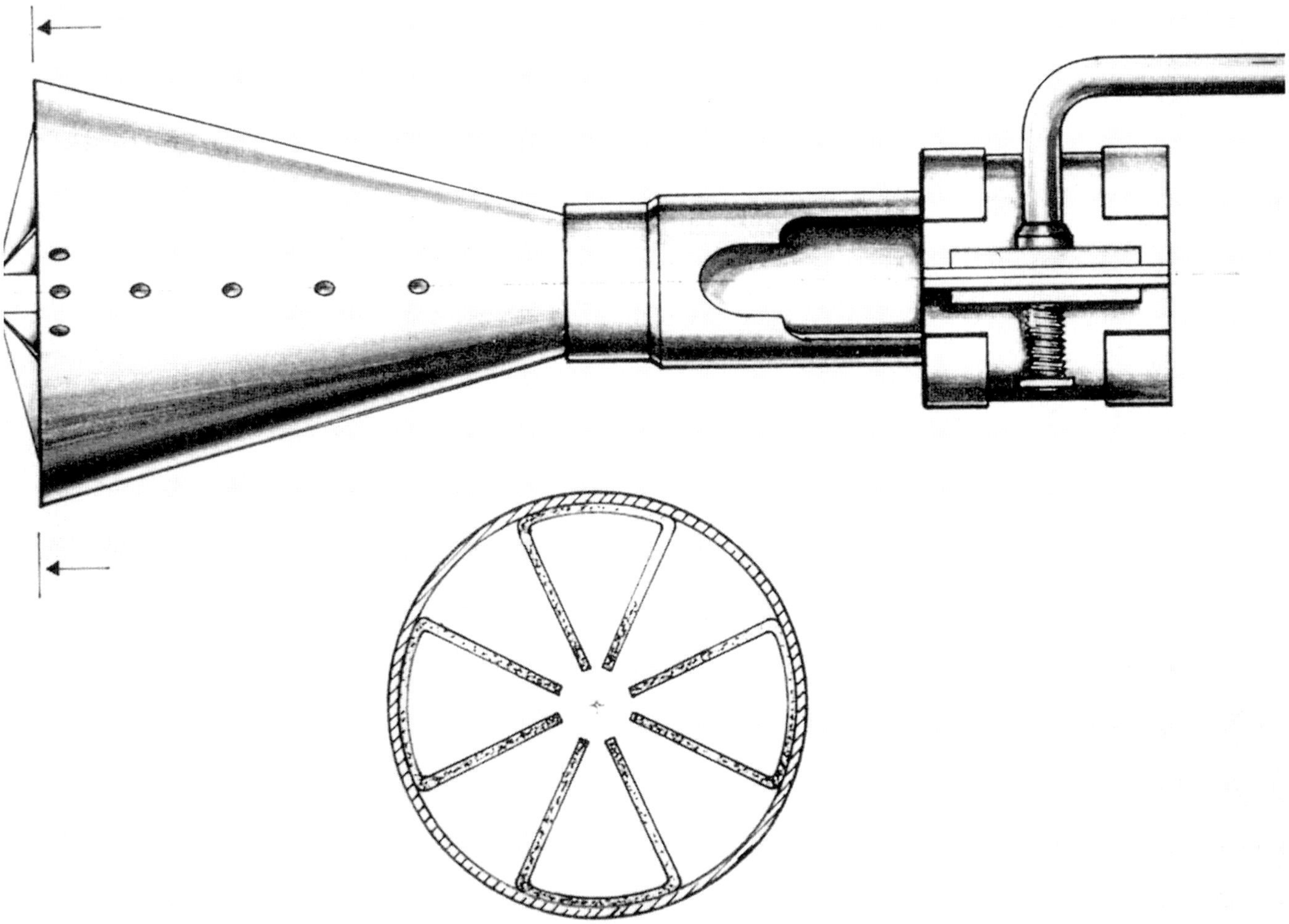

Experimenteller Mündungsdämpfer für die MP43-Reihe. Dieses interessante Gerät befand sich unter den Waffen und Materialien, die 1945 im Rheinmetall-Borsig Werk bei Sömmerda erbeutet wurden.

tretenden Gase das Steigen der Mündung zu kontrollieren. Er ersetzte den Kornsockel auf dem Sturmgewehrlauf.
Es war einfaches Gerät, bestehend aus vier Reihen mit je drei kleinen Löchern, die in die Mitte jedes Zuges gebohrt waren. Die austretenden Gase wurden durch vier Löcher auf jeder Seite des äußeren Rings im Aufwärtswinkel von 60° geleitet. Der modifizierte Kornsockel wurde über den äußeren Ring des Kompensators geschoben und mit einer Mündungsmutter verriegelt. Zwar waren die Gründe für die Verwendung eines Mündungsdämpfers bei diesem System offensichtlich, doch konnte die erwartete Verminderung des Rückstoßes und des Mündungsanstiegs nie glaubhaft nachgewiesen werden. Experten halten die deutschen Experimente in diesem Bereich, besonders auf automatische und halbautomatische Handfeuerwaffen für die Standardpatrone 7,9 x 57 mm bezogen, für einen routinemäßigen Bestandteil der Entwicklung.

Sturmgewehr 44 von 1945 (MP44 überstempelt mit StG44) mit experimentellem Kompensator. Um das Steigen der Mündung zu vermindern, wurden austretende Gase durch Löcher im äußeren Ring nach oben dirigiert.

Sturmgewehrkompensator, zum Reinigen zerlegt. Als selbständige Einheit ersetzte der Kompensator die Kornmontage.

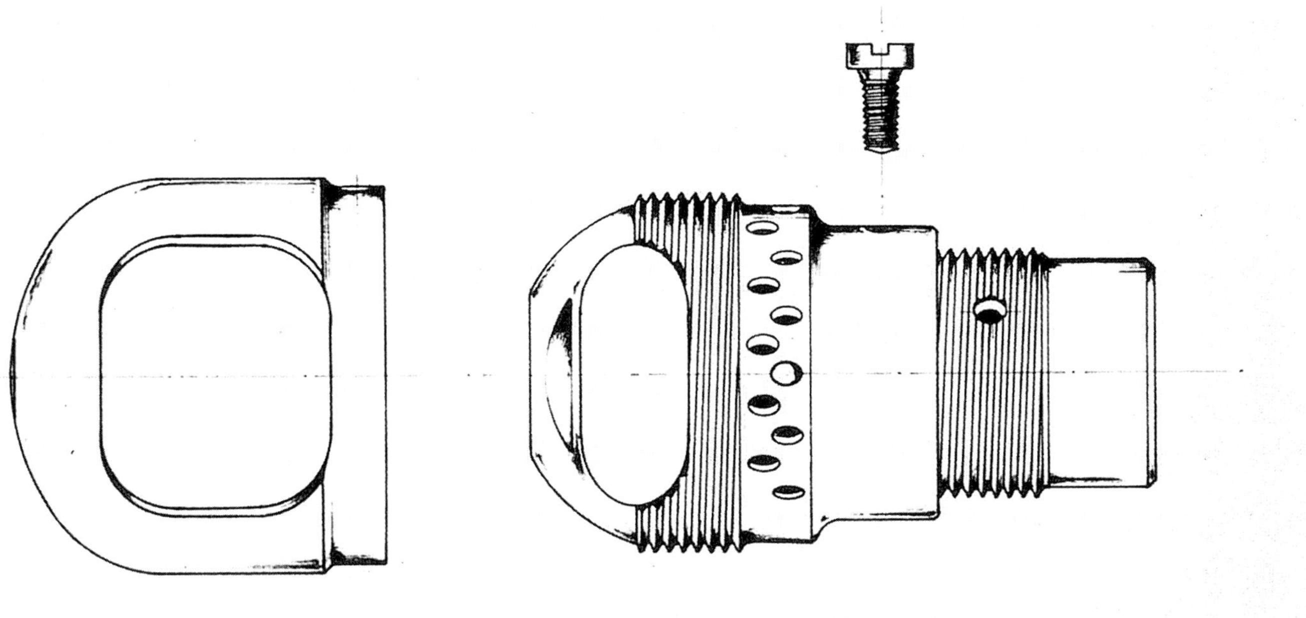

Ein experimenteller Aufsatz, die Kombination aus Mündungsbremse und Kompensator, sollte das Steigen der Mündung und den Rückstoß verringern. Die aus drei Teilen gefertigte Einheit war 7,6 cm lang und wies einen Durchmesser von 3,8 cm auf. Angeblich für die MP43/1 gedacht, besaß die Mündungsöffnung ein entsprechendes Gewinde. Das Gerät wurde nach dem Krieg auf dem Versuchsgelände Aberdeen erprobt.

XIV
Deutsche Selbstladegewehre

Neben der Entwicklung eines zufriedenstellenden Selbstladegewehrs für den allgemeinen Dienstgebrauch, zielten die amtlichen Bestrebungen darauf hin, ein Selbstladegewehr mit Wahlmöglichkeit der Feuerart für die Standarddienstpatrone 7,9 x 57 mm zu entwickeln und herzustellen.
Von einigen Seiten als Alternative zur Annahme des Kurzpatronensystems betrachtet, sollte die Suche nach einem annehmbaren vollautomatischen Gewehr für die lange Patrone während des Krieges die Kurzpatronen-Entwicklung parallel begleiten. Verschiedene deutsche Waffenfabrikanten waren interessanterweise gleichzeitig mit der Entwicklung beider Waffentypen beschäftigt. Soweit es die Selbstladegewehre betrifft, scheint es jedoch zwei getrennte Entwicklungstrends gegeben zu haben, nämlich a) die Gewehre, die auf umgebauten halbautomatischen Entwürfen basierten und b) solche, die komplett neu entworfen wurden.

Als Teil der ursprünglichen Bestrebungen, den sowjetischen Waffenentwicklungen Paroli zu bieten, wurden Versuchswaffen umschaltbarer Selbstladegewehre im Kaliber 7,9 x 57 mm auf der Basis des neuentwickelten halbautomatischen Walther-Entwurfs Gewehr 43 (G43) herausgebracht.
Als Versuch, ein konventionelles Gewehr mit umschaltbarer Feuerart schnellstmöglich zur Verfügung zu stellen, bildeten die ungewöhnlichen Waffen scheinbar einen Teil eines beschleunigten Programms, den deutschen Frontsoldaten eine Waffe in die Hand zu geben, die den sowjetischen Simonow- und Tokarew-Gewehren »ebenbürtig oder überlegen« sein sollten.
Trotz ihrer geringen Wirksamkeit im Gefecht sollen die russischen Gewehre, allen Berichten zufolge, einen weitreichenden Einfluß auf den Lauf der deutschen Handfeuerwaffen-Entwicklung in der ersten Kriegshälfte gehabt haben.

Waffenamtsfoto von 1942 des automatischen Gewehrs Simonow 7,62 x 54R M1936 (AVS). Die Beutewaffe diente als Test- und Vergleichswaffe in den Erprobungen zwischen sowjetischen Automatikgewehren und den experimentellen deutschen Gegenstücken.

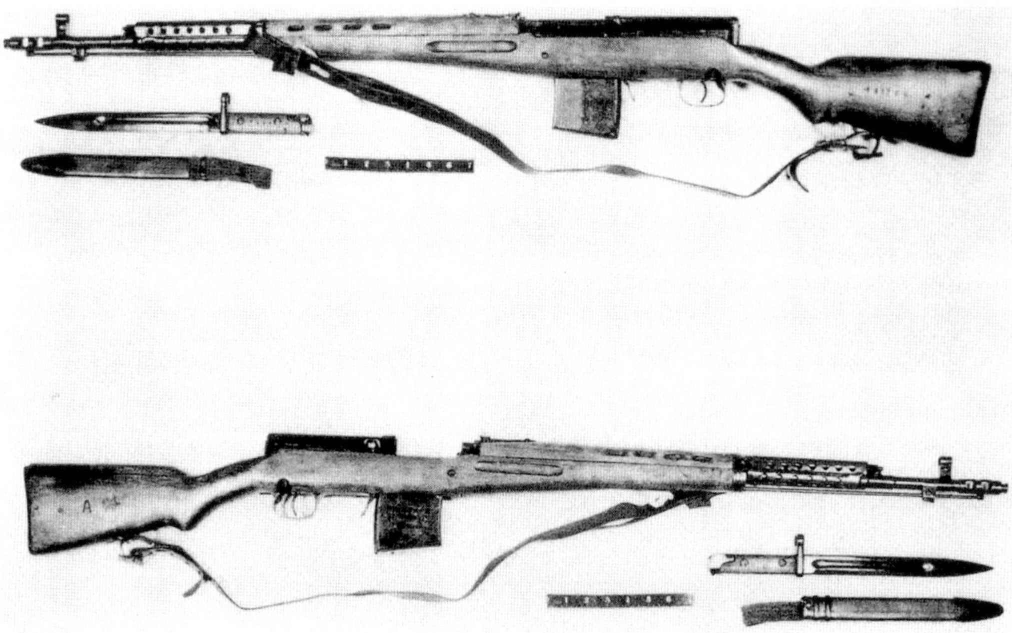

Sowjetisches Selbstladegewehr 7,62 x 54R Tokarew Modell 1940 (SVT).

Halbautomatisches Versuchsmodell des G43, eingerichtet für die russische Dienstpatrone 7,62 x 54R, mit abnehmbarem Tokarew-Magazin für zehn Patronen. Man beachte das fehlen des Kornsockels. Die Lauflänge wurde mit 55,25 cm angegeben.

Originalphoto des Heereswaffenamts (November 1942) von einem sehr frühen Selbstladegewehr 43. Dieses Versuchsmodell ist eine Übergangsversion mit dem Verschluß des G41 und einem experimentellen Mündungsdämpfer. Der Spanngriff sitzt auf der rechten Seite. Das 25-Schuß-Magazin des IMG-Dreyse MG13 ist eingeführt und ein modifiziertes 10-Schuß-Magazin liegt daneben.

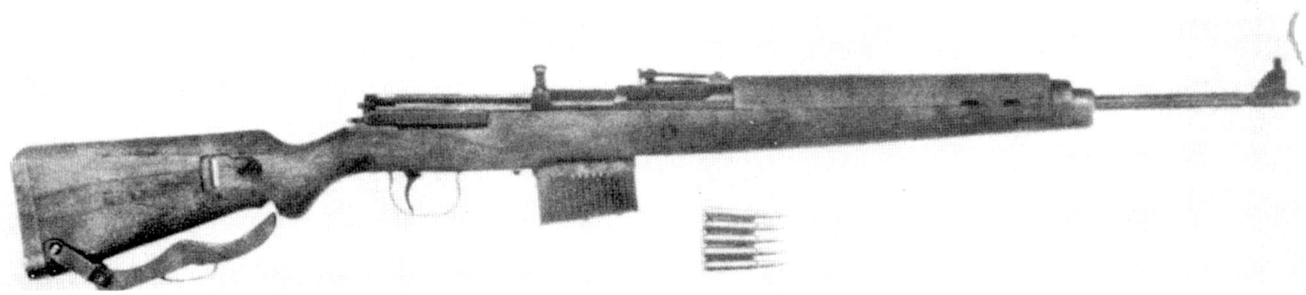

G43 für die Dienstpatrone 7,9 x 57 mm in der Art mit Umschalthebel für voll- und halbautomatisches Feuer. Man beachte den rückstoßdämpfenden Kolbenaufsatz und das modifizierte 10-Schuß-Magazin des IMGs. Die Lauflänge beträgt 55,25 cm.

Obwohl die Erprobung der frühen deutschen Selbstladegewehre bekanntlich vor Ende 1942 durchgeführt wurde, weist nichts darauf hin, ob die Entwicklung selbständig durchgeführt wurde oder gemäß Anweisung und unter Aufsicht des Heereswaffenamts.

Durch die Verwendung von Exemplaren des sich in Entwicklung befindlichen G43 als ideale Basis für Weiterentwicklungen und angesichts der Beteiligung von Walther am Selbstladegewehrprogramm liegt die Vermutung nahe, daß die Firma in Zella-Mehlis (ac) als einer der Hauptakteure

Halbautomatischer K43 mit zylindrischem Versuchs-Mündungsfeuerdämpfer. In deutschen Unterlagen war zu lesen: »Durch Experimente mit den verschiedensten konischen und zylindrischen Formen, sowie spiralförmigen Gasschleusen, wurde festgestellt, daß der wirkungsvollste Mündungsdämpfer für den K43 eine konische Einrichtung darstellt, wobei der Winkel des Konus 14° beträgt und die Länge bei 55 mm liegt«. Es ist allerdings nicht bekannt, ob solche Geräte jemals zur Fertigungsreife gelangten.

dieses Projekts angesehen werden muß. Verschiedene Exemplare dieser vollautomatischen Gewehre für die Dienstpatrone, die aus Walther-Modellen hergestellt wurden, sind in *Aberdeen Proving Ground (APG) nach dem Kriege ausgewertet worden (Anmerkung des Übersetzers: 1910 wurde in Aberdeen im US- Staat Maryland ein Testzentrum mit angegliederter Studiensammlung eingerichtet, um erbeutete Waffen untersuchen und auswerten zu können. Hier wurden auch erbeutete deutsche Waffen untersucht.)*

Obwohl die kompletten Ergebnisse der deutschen Versuche aus dem Jahre 1942 nicht vorliegen, ist bekannt, daß erbeutete Exemplare des Simonow-Gewehrs Modell 1936 (AVS) zu Test- und Vergleichszwecken neben den deutschen Experimentalwaffen untersucht wurden. Davon überzeugt, daß das System lediglich zu einem »erhöhten Munitionsverbrauch« führen würde, soll sich Adolf Hitler sogar noch während der ersten Entwicklungsphasen gegen das vollautomatische G43 ausgesprochen haben.

Den Berichten nach war jedoch das Schicksal der umschaltbaren Gewehre in den Augen des Heereswaffenamts bereits lange vor Hitlers Äußerungen besiegelt worden. Denn obwohl die modifizierten Selbstladegewehre in der Lage waren, vollautomatisches Feuer abzugeben, und »fehlerfrei funktionierten«, ergaben die Testreihen, daß es »schier unmöglich war, beim Dauerfeuer das Gewehr im Ziel zu halten«. Dies war ein unerwünschter Effekt, der damals auf die

Ein »Walther-Versuchs«-G43 mit Verschluß des G41. Die Prototypwaffe G43(W) ist mit einem Wahlhebel für voll- und halbautomatisches Feuer, sowie einem 25-Schuß-Magazin des Dreyse-MG13 ausgestattet. Die Lauflänge beträgt 50 cm.

Kombination aus dem Waffengewicht, der konventionellen Schaftform, die die Laufachse oberhalb der Schulterstütze legte, und einer relativ hohen Kadenz von annähernd 800 Schuß/Minute, zurückgeführt wurde. Obwohl dies mit Sicherheit keine unüberwindbaren Probleme darstellte, war offensichtlich, daß das Waffenamt nicht bereit war, das G43-System in dem Streben nach einer Dauerfeuermöglichkeit vollständig umzugestalten. Nichtsdestotrotz ordnete Hitler später an, daß das G43-Selbstladegewehr nun doch mit einer Dauerfeuereinrichtung hergestellt werden sollte.

Soweit bekannt ist, wurde die Entwicklung einer G43-Variante mit Feuerwahlmöglichkeit nicht über das jahr 1943 hinaus fortgesetzt. Zwar hatte sich das Heer zur Entwicklung des Kurzpatronensystems entschlossen, doch ließen die Versuche, eine annehmbare Waffe für die deutschen Fronttruppen zu produzieren folgende Frage aufkommen: »Ist es notwendig, die Infanterie mit einem Maschinenkarabiner als Ersatz für die vorhandenen Infanteriegewehre zu versehen?«

Eine Antwort auf diese Frage gibt der Auszug aus einem internen Memorandum aus dem Spätjahr 1942:

»Der Kommandeur des Ersatzheeres befürwortet die Einführung des MKb. Was jedoch entschieden werden muß, ist ob der MKb für die lange oder die kurze Patrone hergestellt werden soll.«

Im Gegensatz zu der beim G43-Projekt eingeschlagenen Richtung soll Hitlers früherWiderstand gegen die Einführung einer Waffe für die Kurzpatrone direkt zur Entschei-

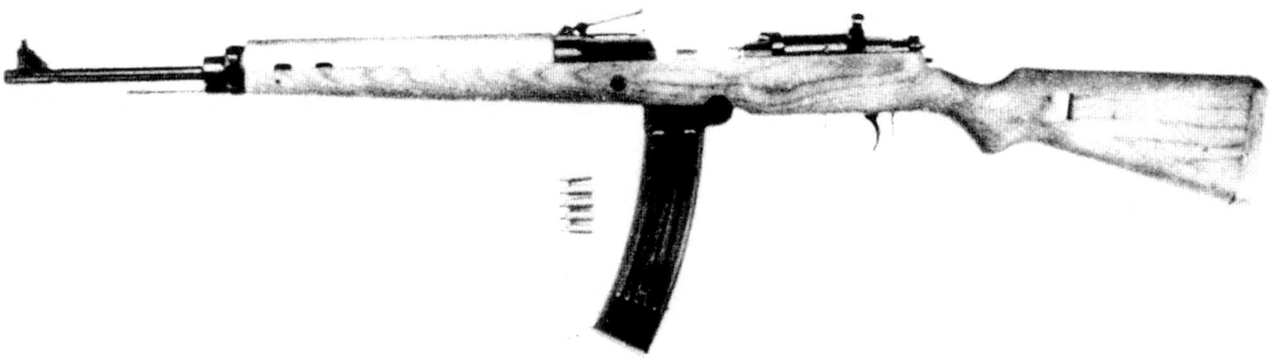

Dieses G43 ist für die 7,9-mm-Kurzpatrone eingerichtet. Man beachte den Feuerwahlhebel und das abnehmbare 30-Schuß-Sturmgewehrmagazin. Die Lauflänge beträgt 55,25 cm bei einer Gesamtlänge von 112 cm. Einige K43 aus später Fertigung sind aus unerklärten Gründen für die Kurzpatrone eingerichtet.

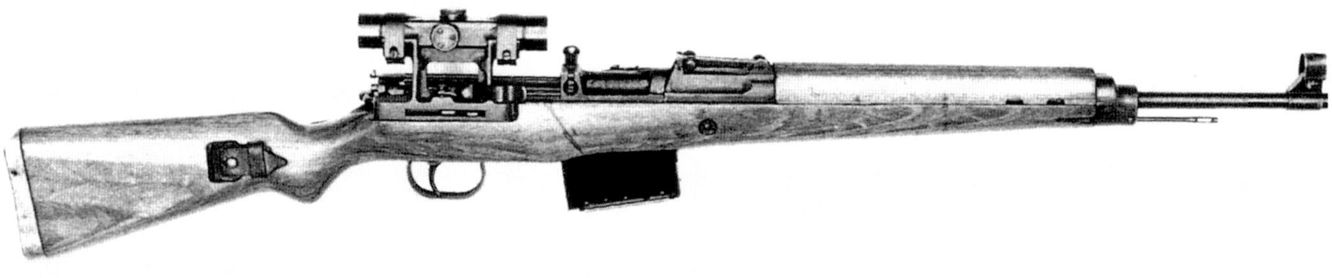

Im Januar 1943 führten Entwürfe zur Verbesserung des »kränkelnden« halbautomatischen G41 letztendlich zur Einführung des Selbstladegewehrs 43 (G43). Das von der Firma Walther in Zella-Mehlis entwickelte G43 wurde bei seiner Annahme zum allgemeinen Dienstgebrauch offiziell als optimale Infanteriewaffe bezeichnet. In Standard- und Scharfschützenausführung entwickelt, ist hier die Scharfschützenausführung mit Zielfernrohr Gw ZF4 abgebildet.

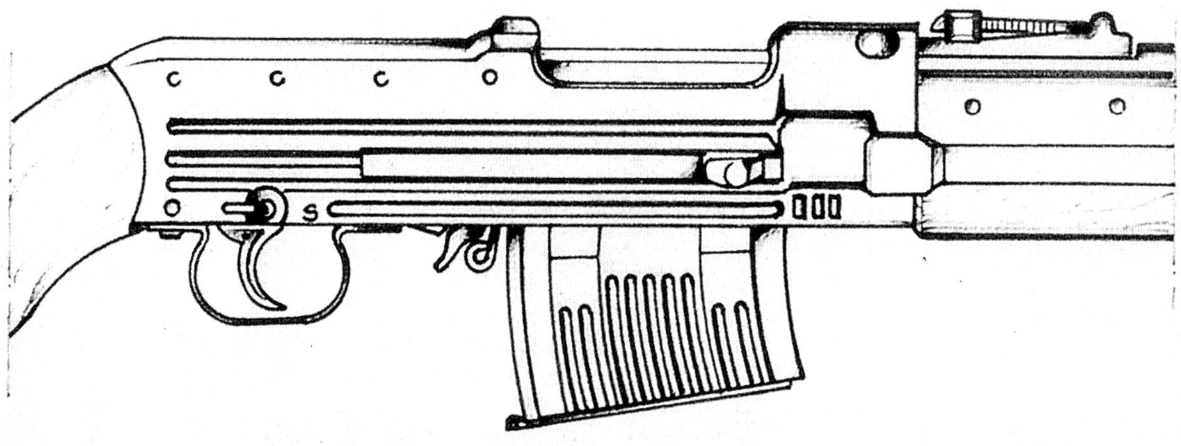

Experimentelles Selbstladegewehr der Gustloff-Werke im Kaliber 7,9 x 57 mm. Der Blechpräge-Entwurf wurde offiziell als G43(G) bezeichnet. Mindestens ein Exemplar dieser seltenen Waffe hat den Krieg überstanden.

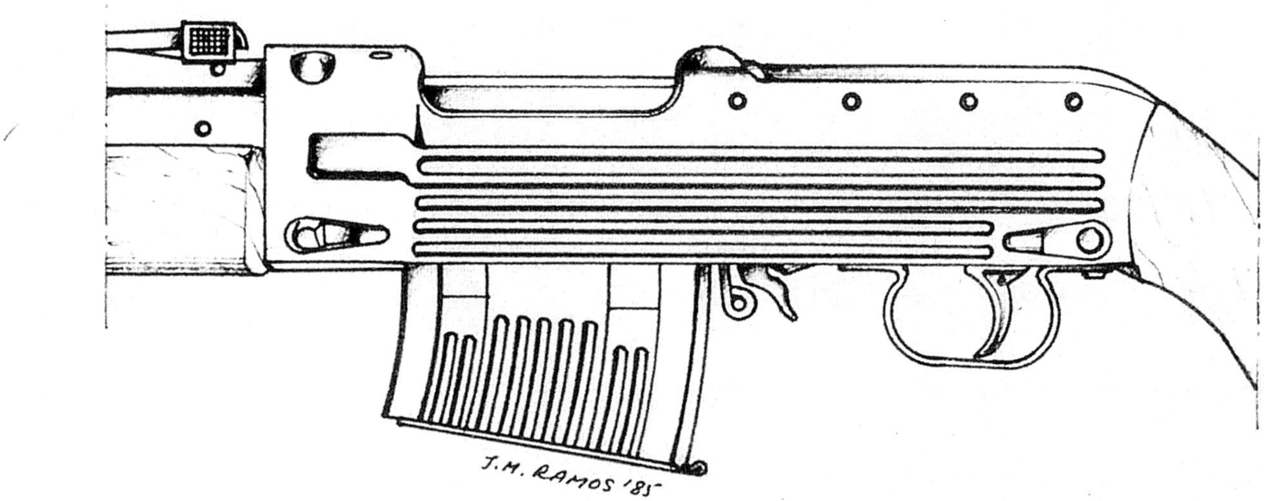

Das 1942 von Gustloff entwickelte G43(G) wurde intern als »Selbstladegewehr 206« bezeichnet. Obwohl der traditionelle Kolben und der Vorderschaft der Waffe eine konventionelle Erscheinung verliehen, war das Gehäuse aus Blech geformt und man bediente sich zahlreicher spanlos geformter Bauteile. Sicherung und Spannhebel befanden sich auf der rechten Gehäuseseite. Der Magazinschacht war zur Aufnahme eines modifizierten 10-Schuß-Magazins des lMG13 vorgesehen.

dung geführt haben, durch die Gustloff-Werke (Suhl) einen MKb-Entwurf für die Standarddienstpatrone entwickeln zu lassen.

Daher vergab die WaPrüf2, auf Anweisung des Heereswaffenamts, einen Auftrag an Gustloff zur Lieferung einer einzigen Prototypwaffe bis November 1942 zu Testzwecken. Offiziell als *Maschinenkarabiner 42(G)* geführt, beinhalteten die Grundspezifikationen der Waffe eine »annehmbare Schußleistung bis 1200 m bei Einzel- und Dauerfeuer mit der vorhandenen Dienstpatrone«.

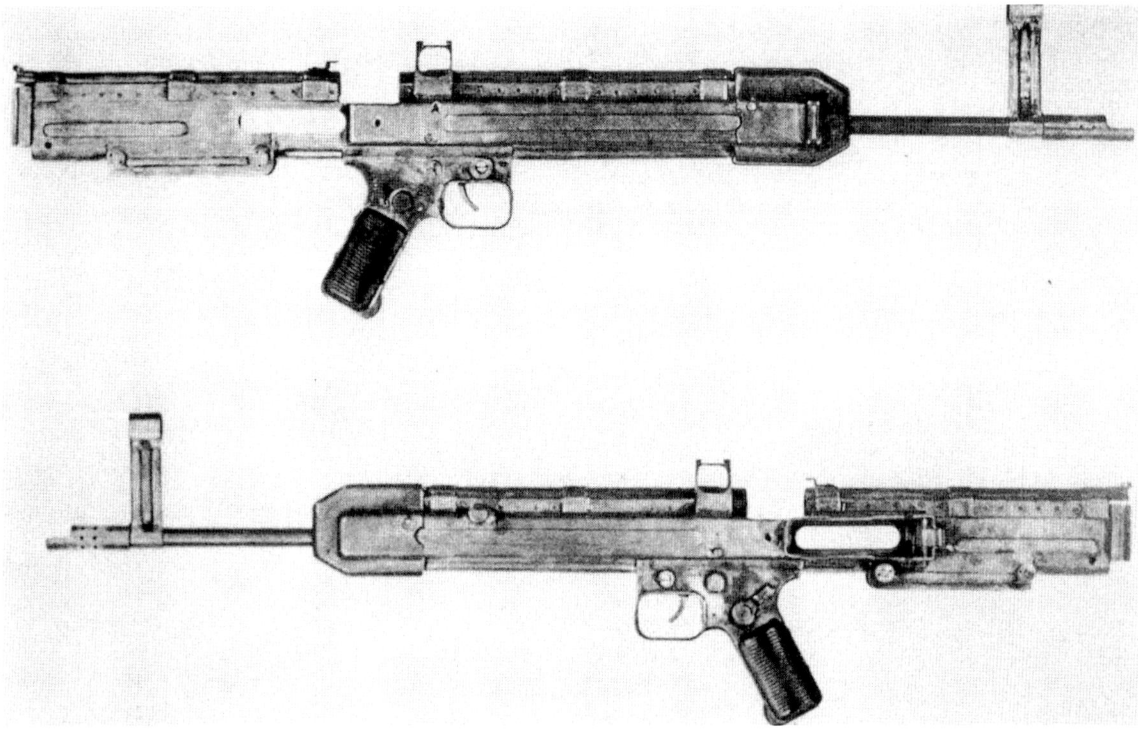

Das Prototyp-Sturmgewehr der Firma Knorr-Bremse (csm) war eine Waffe in »Blechprägetechnik« für die Dienstpatrone 7,9 x 57 mm. Das Gewehr besitzt einen Kompensator sowie ein auf der linken Seite montiertes Magazin. Verschlußgruppe und Kolben fehlen.

Die Waffe mit der Gustloff-Bezeichnung MKb Nr. 208 wurde als umschaltbarer Gasdrucklader mit einer Lauflänge von ca. 51 cm und einem Gewicht von etwa 4,2 kg »ohne Zweibein und Magazin«, sowie einer voraussichtlichen Kadenz von 600 Schuß pro Minute beschrieben. Der Maschinenkarabiner für die Dienstpatrone war für das 25-Schuß-Kastenmagazin des IMG Dreyse MGI 3 eingerichtet.

Obwohl den Berichten zufolge eine Waffe dieser Beschreibung bis Juli 1942 in der Fertigung war, wurde der Status des Gustloff-Systems Mitte November 1942, gemäß dem amtlichen Schriftverkehr, zwischen dem Heereswaffenamt und dem General der Infanterie beim Oberkommando des Heeres folgendermaßen notiert:

Bei der Zusammenkunft der Waffenkommission am 29. 10. 42 war die Firma nicht in der Lage, der entsprechenden Prüfbehörde (WaPrüf2) einen einzigen MKb zur Verfügung zu stellen.

Den vorhandenen Beweisen zufolge wurden die Prototypen des MKb42(G) letztendlich zwar geliefert und getestet, jedoch konnten die Ergebnisse, die aus darauffolgenden Erprobungen gewonnen wurden, nicht überliefert werden.

Während die Entwicklungsarbeiten an dem MKb für die lange Patrone eher begrenzt waren, arbeitete die Firma Mauser, neben den offiziellen Anstrengungen von Gustloff, in Eigeninitiative an einer Art MKb für die Dienstpatrone. Als Teil der allgemeinen Waffenentwicklung wurde der Mauser-Entwurf *Maschinenkarabiner Gerät 08* bezeichnet. Wenn es sich um die Entwicklung eines vollautomatischen Gewehrs, Selbstladegewehrs oder Maschinenkarabiners für die Dienstpatrone handelt, werden die Firmen Gustloff (dfb), Knorr-Bremse (csm), Mauser (byf) und Walther (ac) mit dieser Art der Waffenentwicklung in Verbindung gebracht.

Unter dieser Gruppe scheint jedoch lediglich die Firma

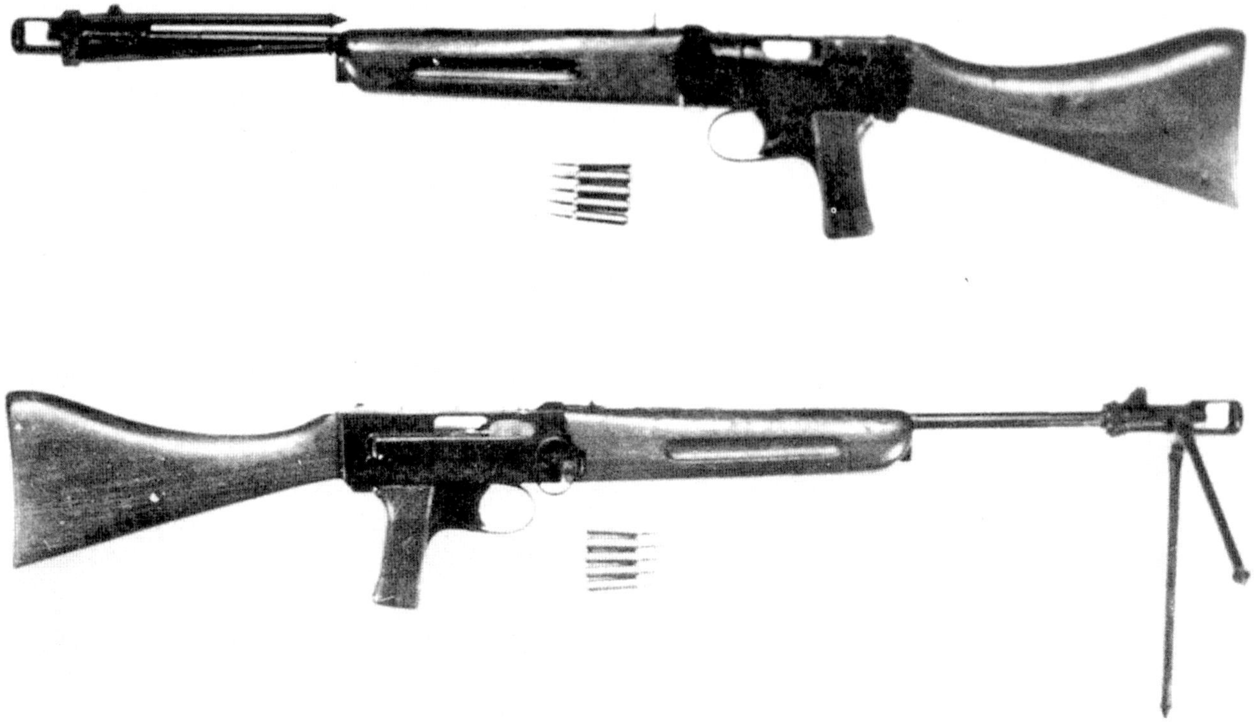

Dieses für die Dienstpatrone 7,9 x 57 mm eingerichtete experimentelle Sturmgewehr mit Feuerart-Umschaltung war unter dem Beutematerial, das von der U.S.-Army (Zeugamt) nach dem 2. Weltkrieg auf dem Versuchsgelände Aberdeen erprobt wurde. Die Waffe besaß ein zusammenklappbares Zweibein, eine Mündungsbremse und ein seitlich links montiertes Magazin. Nach den Aufzeichnungen von Aberdeen ist die Herkunft der Waffe unbekannt (Anmerkung des Übersetzers: Bei der abgebildeten Waffe handelt es sich um einen Prototyp des Fallschirmjägergewehres der Firma Krieghoff.)

Gustloff einen formellen Auftrag des WaPrüf2 zur Entwicklung eines Maschinenkarabiners für die Patrone 7,9 x 57 mm zum Dienstgebrauch erhalten zu haben. Obwohl dies bisher weitgehend unbekannt geblieben ist, wurde 1942 von der Firma Gustloff ein weiteres Selbstladegewehrsystem entwickelt.

Als ein vom MKb42(G) getrenntes Projekt erhielt das Selbstladegewehr 7,9 x 57 mm die offizielle Bezeichnung *Gewehr 43(G)*.

Obwohl die Gustloff-Werke in Weimar (bed) das von Walther entworfene G43 herstellen sollten, war die Gustloff-Variante offensichtlich als Konkurrenzmodell zum Walther-System gedacht.

Die genaue Form des MKb42(G) ist unbekannt, obwohl es gemäß dem Entwicklungstrend ziemlich konventionell ausgesehen haben soll. Das Gehäuse des G43(G) wurde aus Blech gefertigt und bestand weitgehend aus hohlgeprägten Komponenten.

Die von der Firma Gustloff als *Selbstladegewehr 206* bezeichnete Waffe stellte »einen fertigungstechnischen Fortschritt« im spanlosen Blechformen dar. Im Januar 1943, als die Truppenerprobung abgeschlossen war, erfolgte jedoch folgende Stellungnahme des Heereswaffenamts:

»In ihrer gegenwärtigen Ausführung ist die Waffe nicht robust genug. Alle Anstrengungen zur Herstellung auf der Basis des vorliegenden Entwurfs würden eine unverantwortliche Verschwendung von Arbeitskräften und Materialien darstellen.«

Trotz der weiteren Beteiligung der Gustloff-Werke an zahlreichen Waffenentwicklungsprojekten der Wehrmacht erreichten weder der MKb42(G) noch das G43(G) jemals Produktionsreife.

XV
Das Mauser-System

Das *Gerät 06 H ist* bis heute eine der Waffen geblieben, deren wahre Geschichte durch die Geheimhaltung im 2. Weltkrieg und danach – bedingt durch einen umfangreichen Patentstreit – im Dunkeln geblieben ist. Um Licht in die Entstehungsgeschichte der Waffe mit dem halbstarr verriegelten Rollenverschluß zu bringen, wird in der deutschen Ausgabe dieses Buches auf die Ausführungen von Musgrave & Nelson sowie des Autors verzichtet und dafür auf Ausführungen von Dr. Karl Maier, Ludwig Vorgrimler und Ott-Helmuth von Lößnitzer zurückgegriffen, die als Zeitzeugen mit ihren eigenen Worten wohl besser schildern können, was sich damals abspielte als jeder Historiker.
Bereits mit dem MGI 3/15 sammelten die Mauser-Konstrukteure Erfahrungen mit dem Rollenverschluß. Als sich die Einführung der Kurzpatrone abzeichnete, begann das Mauser-Team der Abteilung 37 (die Konstrukteure Illenberger, Stähle, Vorgrimler und Jungermann) unter Chefkonstrukteur Altenburger mit der Arbeit an einem starr verriegelten Rollenverschluß. Im Laufe der letzten vier Kriegsjahre arbeitete diese Abteilung teilweise parallel an dem *Modell 02,* einem Studiengerät zur Erprobung des neuen Verschlusses; dem *Modell 03,* Einbau des Walzenverschlusses in das G 43; dem *Modell 07,* Neuentwicklung mit Walzenverschluß und einfachstem Gesamtaufbau; einem Maschinenkarabiner mit Walzenverschluß; an einer Studie für eine Maschinenpistole mit Masseverriegelung für die Patrone MP43, sowie an einer MP im Kaliber 10,75 mm mit halbstarrem Verschluß.
Der ehemalige Mauser-Ingenieur Dr. Karl Maier schreibt in seinem Bericht *Zur Entwicklung des halbstarren Rollenverschlusses* vom Juni 1993:

»Nach dem Schreiben des V-Berichts 1453 im November 1943 ging mir die festgestellte Neigung des Rollenverschlusses (in der Standardausführung etwa 50 %) zur Selbstentsperrung im Kopf herum.
Es war klar, daß durch die Wahl der Winkel am Verriegelungsstück und am Steuerstück nur ein Bruchteil des Stoßbodenimpulses auf das Steuerstück übertragen wurde. Trotzdem wurden beim halbverriegelten Schießen (Rollen an den Schrägen des Steuerstücks anliegend) immer noch viel zu hohe Rücklaufgeschwindigkeiten gemessen. Dabei kam mir der Gedanke, das Steuerstück möglichst schwer auszubilden, um so die Gleitzeit der Rollen an den Schrägen des Steuerstücks zu verlängern und die volle Entriegelung hinauszuzögern. Eine Überschlagsrechnung zeigte schon, daß damit die Verschlußgeschwindigkeiten von 6 bis 8 m/s nach dem Entriegeln erreicht werden können, also im gewünschten Bereich. Somit konnte der bisherige Gaskolbenantrieb gestrichen werden. Damit war ein neuer Konstruktionsparameter gefunden, nämlich das Gewichtsverhältnis der Verschlußteile, Steuerstück zu Verschlußkopf möglichst groß, drei- bis vierfach. Diese Erkenntnis ist zeitlich auf Dezember 1943, spätestens aber auf Anfang Januar 1944 anzusetzen.
Ich ging mit meiner Idee zu Herrn Niemann und er erkannte sofort das Potential dieses halbstarren Verschlußsystems. Es wurde dann eine Konferenz mit Herrn Altenburger vereinbart; wobei er; Herr Seidel und, wenn ich mich recht erinnere, Herr Illenberger; anwesend waren. Herr Vorgrimler oder Herr Stähle waren bestimmt nicht dabei, nur Herr Niemann und ich. Ich legte meine Gedanken dar. Das Echo bei Herrn Altenburger war nicht begeisternd. Er meinte, die Reibungsempfindlichkeit des Verschluß-Systems und das Rückprallproblem

Der Mauser MKb-Prototyp Gerät 06 ist ein Beispiel für das Bestreben, eine optimale Waffe für die Kurzpatrone 7,9 mm zu entwickeln. Die Versuchswaffe wurde aus schwerem Blech gefertigt. Die Stemepelung »Nr.3« auf der linken Seite des Kimmensockels stellt vermutlich eine Seriennummer dar.

Mauser MKb-Prototyp Gerät 06 im zerlegten Zustand. Als verzögerter Rückstoßlader mit Rollenverriegelung verwendete der Entwurf des Geräts 06 ein Verriegelungssystem mit Rollen, das durch ein konventionelles Gasdrucksystem entriegelt wurde. Das verkürzte 10-Schuß-Magazin war für Testzwecke bestimmt.

Verschluß des frühen Mauser MKb. Das zu dieser Zeit einmalige System für eine Schulterwaffe hatte einen Verschlußkopf mit einem Paar zylindrische Rollen, die in eine starre Verriegelungsmulde in der Verschlußmanschette eingriffen. Beim Schuß lieferte eine Gasstange mit kurzem Hub einen »Öffnungsschlag« gegen den Verschluß. Der Verriegelungseffekt der Rollen wurde durch diesen Impuls überwunden und das System öffnete sich.

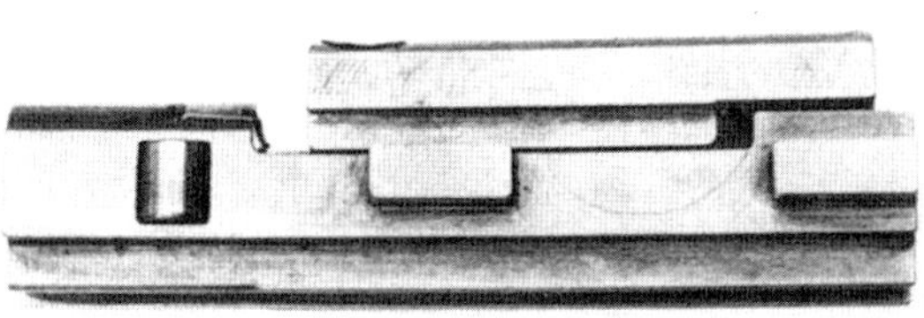

seien damit noch nicht gelöst. Herr Niemann wies aber auf die außerordentliche Vereinfachung des neuen halbstarren Systems hin und daß es unbedingt ausprobiert werden müsse. Man ging jedoch ohne Zusage oder feste Vereinbarung auseinander.

Ich benutzte die nächsten Wochen, um meine Gedanken und Berechnungen in einem grundlegenden V-Bericht niederzulegen, damit die Herren der Konstruktionsabteilung Altenburger ihre Neukonstruktion danach abmessen konnten. Dieser V-Bericht wurde im Dezember 43, spätestens im Januar 1944 geschrieben... In diesem Bericht stellte ich auch den Ausnahmefall dieser Erfindung fest:

Hier sei nicht der Konstrukteur der Erfinder, der gewöhnlich seine Konstruktion an den Theoretiker zur Nachrechnung übergab, sondern der Theoretiker, der ein abstraktes System vorschlug und eine Neukonstruktion auf dieser Basis anregte...

Meiner Erinnerung nach habe ich dann über fast ein halbes Jahr von der Abteilung Altenburger über ihre Tätigkeit am halbstarren Rollenverschluß nichts mehr gehört. Erst gegen Mai erfuhr ich, daß nun ein schießendes Modell mit halbstarrem Rollenverschluß gebaut sei und im Beschuß erprobt werde...«.

Der Bericht von Mauser-Ingenieur Ludwig Vorgrimler vom März 1977 fügt sich nahtlos in die Ausführungen von Dr. Maier ein:

»Wie schon aus der Entwicklung MG 39-42 bekannt, macht hier bei verriegelten Hochleistungswaffen die Haltbarkeit des Verschlusses bei Blechwaffen seine besonderen Schwierigkeiten. Mauser ging deshalb zunächst daran, nach Verschlußsys-

temen zu suchen, die sich besonders für Blechkonstruktionen eignen sollten. Es wurden schließlich zylindrische Rollen als Verriegelungselemente gewählt; die aber nicht linienförmige Abstützung haben sollten wie MG39-42, sondern bei dem sich die Rollen in einer Kallotte, an einem Teil ihres Mantelumfanges, abstützen sollten. In monatelangen Versuchen wurden sogenannte Pulsatormusterstücke solcher Verschlüsse hergestellt und zum Teil im eigenen Werk oder bei staatlichen Instituten immer wieder Belastungsproben ausgesetzt, manchmal bis über 100.000 Lastwechsel bei 30% höherer Stoßbodenbelastung. Hier hat sich mein Kollege Illenberger besonders verdient gemacht. Als wir glaubten, die richtigen Formen und Abmessungen im Pulsator praktisch erprobt und gefunden zu haben, ging man an die Konstruktion von Prototypwaffen... Andere Kollegen waren beauftragt; sich mit der Konstruktion eines Selbstladegewehrs zu befassen. Es war damals an eine kurze Waffe gedacht mit Einzel- und Serienfeuer, die die bestehende Maschinenpistole und das Gewehr K98k ersetzen sollte. Zur Anwendung sollte eine DWM-ähnliche Kurzpatrone kommen, obwohl Hitler, von seiner Umgebung entsprechend beraten, die Ansicht vertrat, »nehmt mir mit einer derartigen Kurzpatrone nicht den langen Arm der Infanterie weg«. Inzwischen hatte man wohl aber einsehen müssen, daß Schießen mit Infanteriewaffen auf 2000 m und mehr, wie im 1. Weltkrieg praktiziert; reine Munitionsverschwendung war und indirektes Schießen mit MG im neuen Heer längst nicht mehr gelehrt und exerziert wurde. Aus dieser hitlerischen Einstellung resultieren auch die verschiedensten Bezeichnungen, Maschinenkarabiner, schwere Maschinenpistolen und andere, bis sich dann zu Ende des Krieges doch die Einheitsbezeichnung »Sturmgewehr« für derartige Kurzwaffen durchsetzte.
So entstand schließlich bei Mauser in Oberndorf 1941-1942 das in der Literatur öfters genannte MKb-Gerät 06 H, ein Gasdrucklader mit starr verriegeltem Rollenverschluß in Blechprägekonstruktion für die Patrone 8 X 33 Polte. ... Bei der »Vorführung einer schweren Maschinenpistole 42 durch das Waffenamt bei Mauser Berlin vor der Inspektion und dem General der Infanterie« am 21. Januar 1942 und bei dem Vorgang »der Führer wünscht Vorführung Mkb Haenel und Mauser« vom 4. 4. 1942 kann es sich nur um das Gerät Mkb42 06 H gehandelt haben...und wie Herr Stähle angibt; hat er sie [die Maschinenpistole] später erstmals mit einem halbstarren Rollenverschluß ausgerüstet.
Hieran schloß sich dann eine Entwicklung des halbstarren Rollenverschlusses an, wie sie Herr Wilhelm Stähle in seiner eidesstattlichen Erklärung vom Januar 1957 anläßlich eines Patentstreits an den Justitiar der Mauser-Werke abgab... Da ich die Vorgänge damals aus nächster Nähe miterlebte, Herr Stähle war mein Brettnachbar, kann ich hierzu sagen, daß Herrn Stähle die Idee nicht wie der Blitz aus heiterem Himmel kam, sondern daß damals schon umfangreiche praktische Schießversuche mit dem Rollenverschluß MG 13/15 und dem Gerät 06 H vorlagen und Herr Stähle praktisch nur die starre Unterstellung der Rollen wegließ, daher auch der schnelle Umbau unter Verwendung aller sonstigen Waffenteile, einschließlich Verriegelungsstück. Die weitere Bemerkung von Herrn Stähle, daß Herr Altenburger den Verschluß zunächst abgelehnt habe, trifft zwar zu, aber es wird hierbei die Begründung des Herrn Altenburger völlig unterschlagen, diese Wahrheit; daß der damalige Verschluß rückprallempfindlich sei, mußte ich hernach in Spanien (bei der Entwicklung des CET-ME-Gewehrs) nur allzu bitter erfahren. Herr Stähle schreibt weiter, daß er seinen halbstarren Rollenverschluß Anfang 1943 in ein vorhandenes Gerät 06 H eingebaut hätte, hierbei habe ich ihm die Entlastungsrillen im Patronenlager mittels Stahlstempel von Hand angebracht; ohne die das Gerät mit ungeölter Munition nicht schoß. Außerdem kam Herr Stähle bei dem Modell zugute, daß der Verschluß praktisch dreiteilig war und das hinter dem Verschlußträger angeordnete Schließfederführungsstück als Nachschlagmasse wirkte. Die vorher angemerkten Befürchtungen des Herrn Altenburger hatte Herr Stähle noch gar nicht erkannt. Die Versuche mit den praktischen Prototypen waren aber jedenfalls erfolgreich, so daß das Heereswaffenamt noch im Sommer 1943 einen Auftrag über weitere vier Prototypen erteilte, die dann anfangs 44 zu amtlichen Testbeschüssen in Kummersdorf bei Berlin waren (Erprobungsstelle Heer).
Aufgrund dieser zufriedenstellend verlaufenen Testbeschüssen erfolgte noch Anfang 1944 die Bestellung einer 0-Serie von 30 Waffen, die möglichst schon über endgültige Werkzeuge hergestellt sein sollten. Die 30 Satz Einzelteile waren bei Kriegsende fertiggestellt und wurden zum Teil im Lager Eschede (bei Hannover) im Auftrag der Engländer von dort internierten Mauserleuten noch montiert; wo sie hernach in englischen und amerikanischen Museen oder bei Sammlern landeten. Das fertigungstechnische Büro Dürenberg in Bad Riesa/Sachsen hatte die damalige Waffe i.A. des HDB aufgrund der bestehenden Fertigungsunterlagen mit siebeneinhalb Arbeits-

Maschinenkarabiner Gerät 06 mit abmontiertem Kolben. Als Musterexemplar einfacher Fertigungsmethoden verwendete der Mauser-Entwurf viele punktgeschweißte Blechkomponenten.

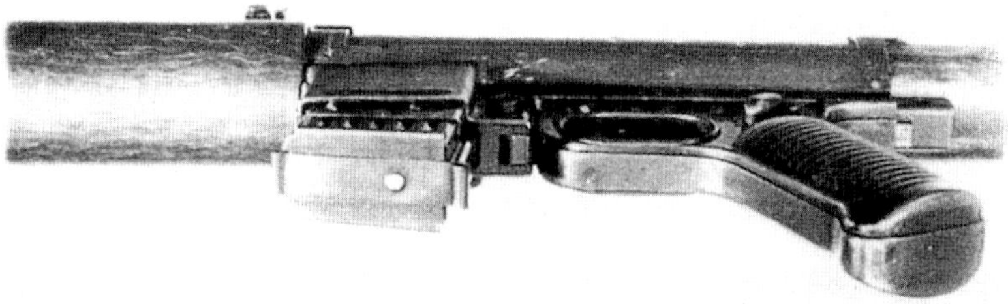

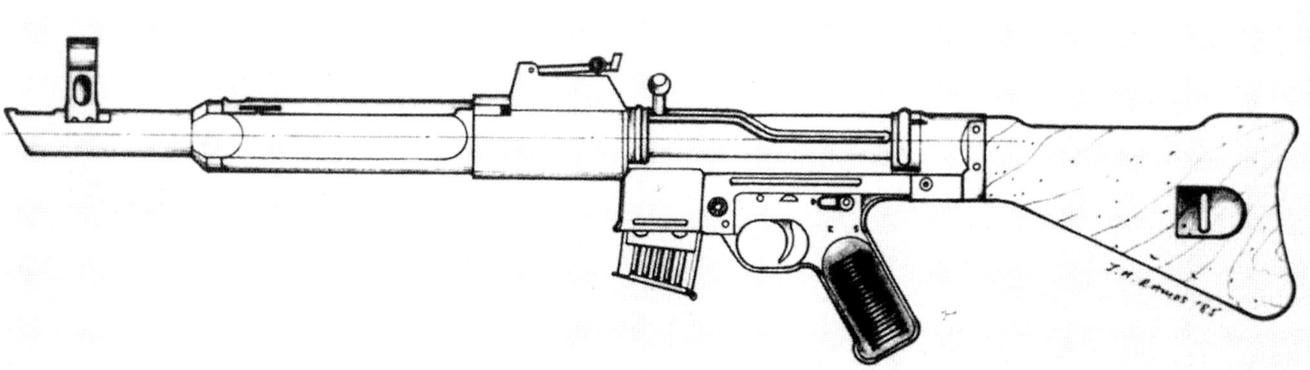

MKb Gerät 06 mit einer Kombination aus Mündungsfeuerbremse und Kompensator um das Steigen der Mündung bei Dauerfeuer kontrollieren zu können. Der Laufmantel aus Blech lenkte Gase nach oben durch die vor dem Korngehäuse liegenden Schlitze.

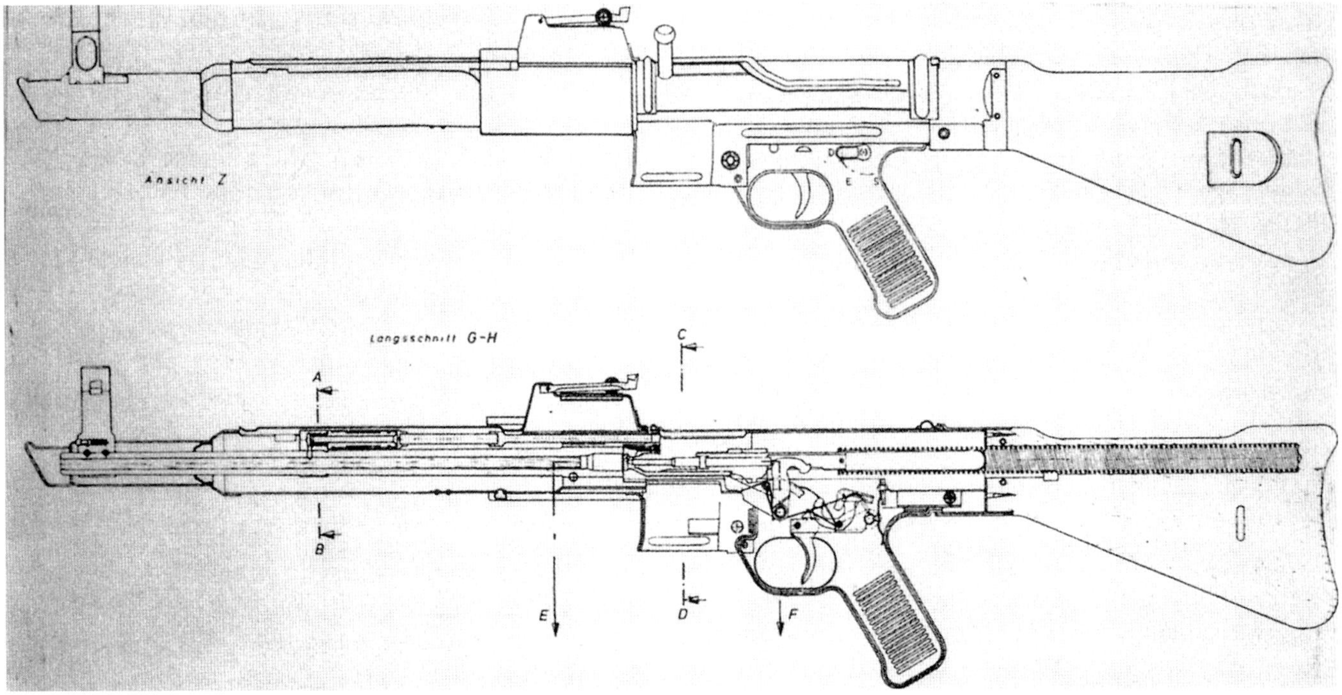

Werkszeichnung des Mauser Gerät 06. Die Schnittzeichnung zeigt deutlich das frühe Gassystem, die Verschluß- und die Abzugsgruppe.

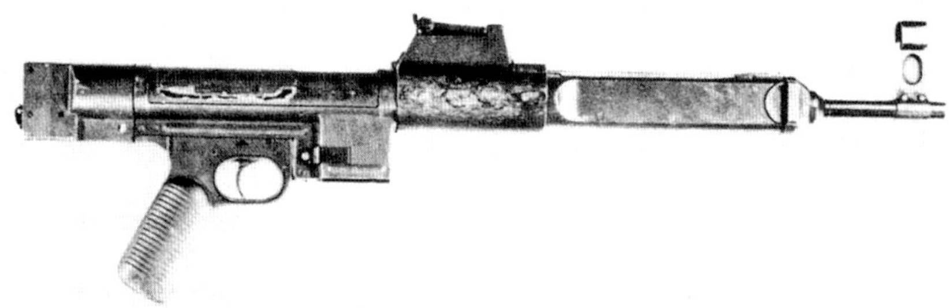

Ein unvollständiges Exemplar eines frühen Mauser-Maschinenkarabiners. Dieses Gerät 06 wurde nach dem Kriege in Aberdeen Proving Ground ausgewertet. Die Seriennummer dieses Prototyps »Nr. 2« ist auf der linken Seite des Kimmensockels eingestempelt.

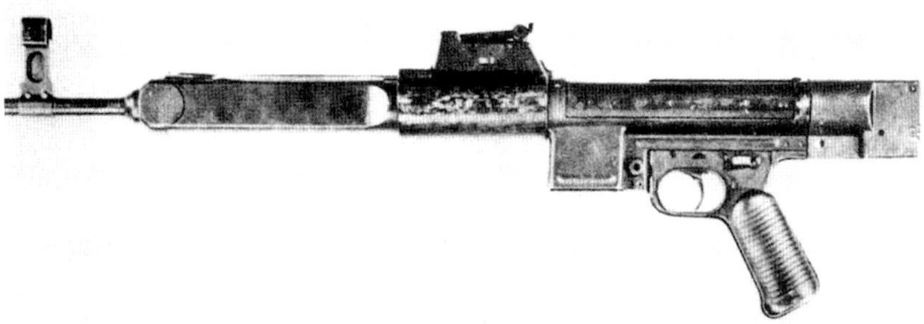

stunden kalkuliert; gegenüber 14 Arbeitsstunden des bestehenden Sturmgewehrs Stg 44 (Haenel-Walther). Dies war in der damaligen Zeit natürlich ein Argument; an dem die Behördenstellen und das Ministerium Speer nicht herumkamen, so daß die Waffe als Stg45 zur Fertigstellung vorgesehen war und das Stg44 ablösen sollte.«
Auszug aus dem in Unterlüß verfaßten Report No. 297 von Ott-Helmuth von Lößnitzer vom 17. Juli 1947 zum Thema »Das deutsche Sturmgewehr«:

»...Die aussichtsreichste Entwicklung wurde von Mauser vorgelegt. Das neue Verschlußsystem ermöglichte ein Waffengewicht von maximal nur 4,2 kg. Damit war das Sturmgewehr 45 nicht schwerer als der deutsche K98k. Die Feuergeschwindigkeit betrug 420 Schuß/min. im Mittel.
Die für die Kurzpatrone vorgeschriebene Lauflänge gestattete es, die Gesamtlänge der Waffe kürzer zu halten als die des K98k.
Das Magazin des Stg 44 wurde ohne Änderungen übernom-

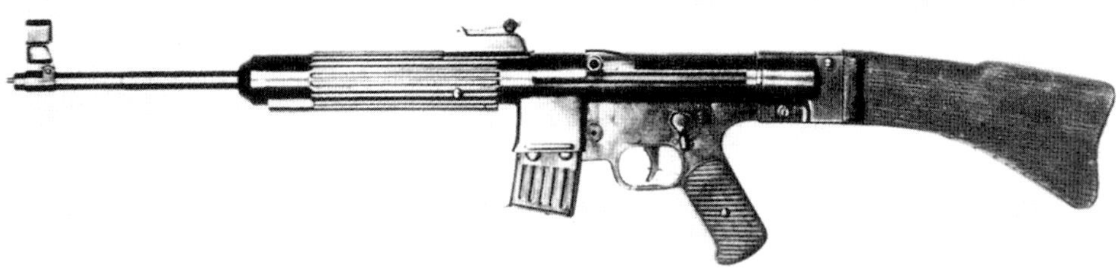

Dieses Mauser Gerät 06H ist eine Verbesserung des frühen Maschinenkarabiners. Neben der Seriennummer »02« auf Waffe und 10-Schuß-Magazin wurden die Jahreszahl »1943« und die Bezeichnung »G06H« auf der Waffe angebracht.

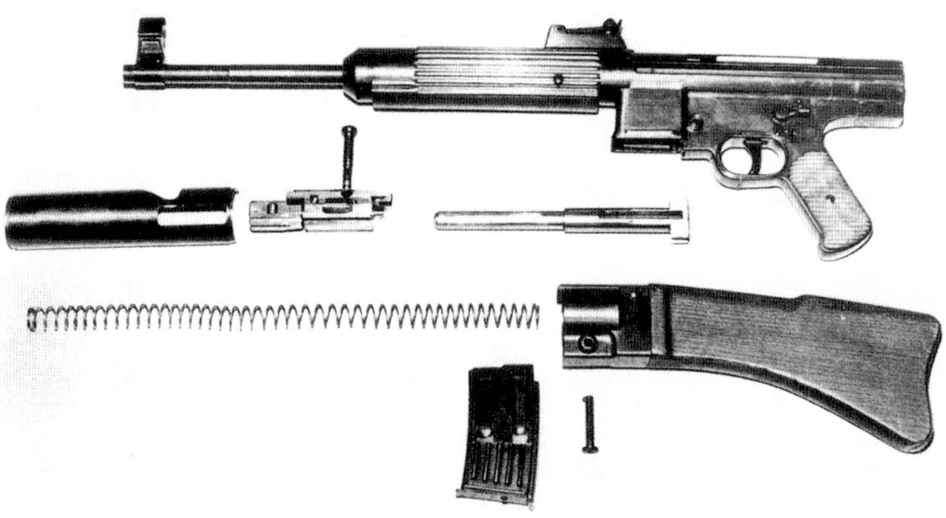

Gerät 06H in zerlegtem Zustand. Der Rückstoßlader mit halbstarr verriegeltem Rollenverschluß war ein Neuentwurf, um die Wünsche des Heereswaffenamts zu befriedigen. Die Waffe hat ein Patronenlager mit Gasentlastungsrillen.

Das Gerät 06H von der rechten Seite. Außer dem Lauf, der Verschlußgruppe und verschiedenen Kleinteilen wurden die Hauptkomponenten des Geräts 06H komplett aus Blech-Hohlprägeteilen einfachster Art hergestellt. Das Gerät 06H wurde auch als MP45(M) oder StG45(M) bezeichnet.

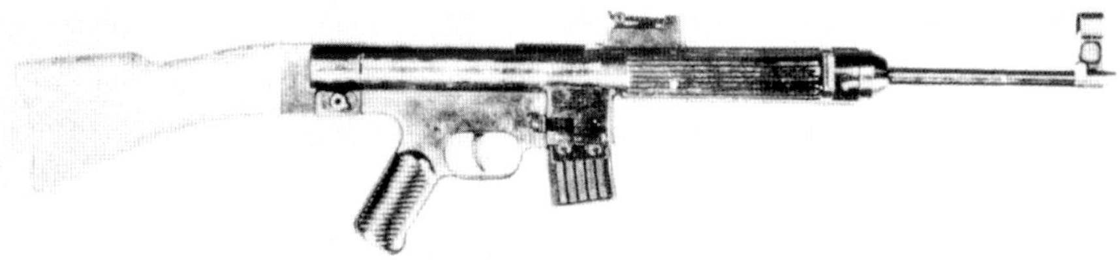

Eine Variante des Mauser Geräts 06H. Bei dieser Ausführung ist der kombinierte Feuerwahl- und Sicherungshebel an einer anderen Stelle angebracht und dreht sich in die entgegengesetzte Richtung. Diese Prototypwaffe nahm an den Nachkriegsauswertungen der U.S.-Army in Aberdeen Proving Ground teil.

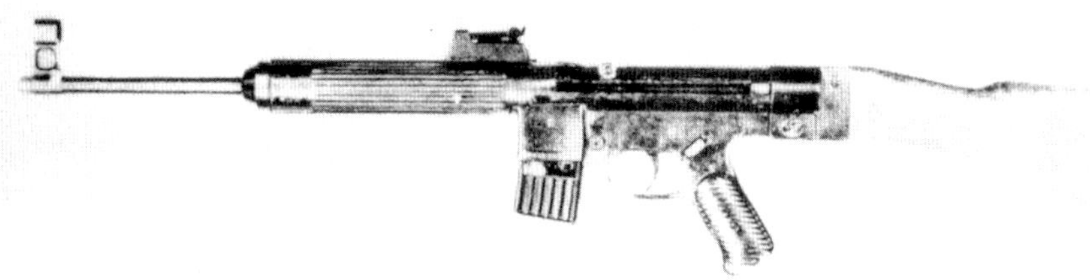

men. Um das Trefferbild im Dauerfeuer zu verbessern, war an der Laufmündung ein aus Blech geprägter Kompensator angebracht. ...Mauser hatte eine grundsätzlich andere Rollenverriegelung geschaffen, als sie vom MG42 her bekannt war. Die beiden Verriegelungsrollen liegen rechts und links dicht hinter dem Stoßboden des Verschlußkopfes. Ihre Steuerung erfolgt bei der Verriegelung durch den konischen Vorderteil des Verschlußgewichts, bei der Entriegelung durch die Schrägen im Verriegelungsstück.

Die ersten Versuchsmodelle entstanden als Gasdrucklader mit angebohrtem Lauf und Gaskolben, der über dem Lauf lag und mit dem Verschlußgewicht verbunden war. Diese Ausführung war nicht einfach genug. Das H.Wa.A. stellte deshalb die Aufgabe zu untersuchen, ob nicht ein Verschluß ohne starre Verriegelung mit verzögerter Öffnungsbewegung für die Kurzpatrone geschaffen werden könnte. Bei dem 3400 atm. im Mittel betragenden Gasdruck und der Hülsenform mit stark ausgeprägter Schulter der Kurzpatrone 7,92 erschien dies etwas schwierig. Die Untersuchungen ergaben, daß entweder die Verschlußmasse sehr groß sein mußte, dann wurde jedoch die Waffe zu schwer, oder aber es mußte die Öffnungsbewegung des Verschlusses während der Schußentwicklungszeit mit Hilfe einer Schleuderung verzögert werden. Hierbei mußte die Rückwärtsbewegung des Verschlußkopfes anfänglich gering genug bleiben, so daß die Deformierung der Patronenhülse unter der Einwirkung des Gasdrucks ohne Störung der Waffenfunktion und ohne Reißen der Hülsenwandung vom Hülsenmaterial aufgenommen werden konnte. Die Einleitung der

Das Mauser-Sturmgewehr 45(M) stellt die letzte Phase der deutschen Sturmgewehrentwicklung dar. Als Infanterie-Allzweckwaffe mit Zielfernrohr und der Fähigkeit, Gewehrgranaten zu verschießen, konzipiert, war das StG45(M) den Berichten nach bei Kriegsende zur amtlichen Einführung bestimmt.

Nahaufnahme des Sturmgewehr 45(M). Dieses Exemplar wurde nach dem Kriege aus Originalteilen sowie aus Komponenten, die nach Mauser-Originalzeichnung gefertigt wurden, zusammengesetzt. Die Kennzeichnung »V-20« (Versuchsmodell 20) identifiziert die Waffe als Nr. 20 der 1945 zu Truppenerprobungen bestellten Serie.

Öffnungsbewegung erfolgte also bei diesem Verschlußsystem nicht durch Antriebsorgane, wie sie von Rückstoß- und Gasdruckladern her bekannt sind, sondern wie bei masseverriegelten Waffen direkt durch den Stoßbodendruck. Weil nun der erste Teil der Rückwärtsbewegung durch die zwischen den zwei Schrägen liegenden Rollen gesteuert wird, arbeitet dieses System als verzögerter Masseverschluß.

Das neue Verschlußsystem entsprach den Forderungen des Heereswaffenamtes. Eingehende Untersuchungen und Versuche ergaben, daß für beide Winkel im Verriegelungsstück und am Vorderteil des Verschlußgewichts 45 Grad die günstigste Lösung darstellen. Die Untersuchungen wurden mit geölter Munition, mit trockener Munition und trockenem Patronenlager, sowie mit stark verstaubter Waffe, verstaubtem Patronenlager und verstaubtem Magazin durchgeführt.

Vorher bereits waren Beschüsse bei großer Kälte und Wärme in entsprechenden Klimakammern durchgeführt worden. In allen Fällen wurde gute Funktionssicherheit erreicht.

Fertigungstechnische Vorteile: Außer Lauf, Verriegelungsstück und Verschluß waren alle Hauptteile aus Blech geprägt. Alle Prägeteile sind mit der für die Funktion erforderlichen Genauigkeit herstellbar. Ihre Form ist so gewählt; daß besonders hochwertige Tiefziehqualitäten der Bleche nicht erforderlich sind. Versteifung, Haltbarkeit der Blechteile gegen Stöße usw. erfolgten durch Versickung.

Das Gehäuse mit Laufmantel und Magazinhalterung wurde aus zwei Blechschalen zusammengesetzt. Die Führungsbahnen für den Verschluß wurden in die rechte und linke Gehäusewand eingeprägt. Pistolengriff mit Abzugsgehäuse wurden ebenfalls aus zwei Hälften zusammengesetzt.

Auch die kleinen Teile der Waffe sind zum größten Teil Stanzteile, wobei zur Erreichung größerer Stärken Pakete aus einzelnen Stanzteilen gebildet wurden.

Nach Montage der gesamten Abzugseinrichtung einschließlich Hahn in ein Blechkästchen, wurde die komplette Gruppe in das Waffengehäuse eingehängt und mit Hilfe des Umstell- und Sicherungshebels dort befestigt.

Die Hahnfeder ist eine Spiralfeder, welche zugleich den Magazinhaltehebel herausdrückt.

Der Schulterkolben, ein flaches, nicht profiliertes Brett; ist an der Rückwand des Gehäuses befestigt.

Der Kornhalter wurde ebenfalls als einfaches Prägeteil ausgeführt.

Die gesamten, größere Kräfte übertragenden Verbindungen, wurden als Versickungen ausgeführt. Schweißstellen wurden so gelegt, daß sie nicht unmittelbar auf Zug oder Druck beansprucht werden und daß bei ihrer Herstellung Verzug oder Änderungen von tolerierten Maßen nicht auftreten.«

Das Ergebnis dieser Konstruktion war nach den Berechnungen der Mauser-Werke eine Ersparnis an Material und Arbeitszeitaufwand von 30% gegenüber dem Stg44.

Die letzte bedeutungsvolle Phase der Entwicklung des deutschen Sturmgewehrs, das *Gerät 06H*, war den Berichten nach zur offiziellen Einführung mit der Bezeichnung *Sturmgewehr 45(M)* bestimmt.

Das Vorhaben, das StG45(M) einzuführen, konnte nicht mehr realisiert werden, doch fand Mausers halbstarr verriegeltes Rückstoßprinzip bei zahlreichen Nachkriegsentwürfen Verwendung.

XVI
Das Volksgewehr

Nach der Wende im Kriegsverlauf gegen Deutschland litt die belagerte Nation unter zunehmender Knappheit an Standard-Rohmaterialien, Unterbrechung der Transportwege und schweren Beschädigungen an den Fertigungseinrichtungen infolge der unaufhörlichen alliierten Luftangriffe.

Die Auswirkungen waren vernichtend. Aus militärischer Sicht reichte die Handfeuerwaffenproduktion kaum aus, um den Bedarf der Wehrmacht zu decken. Es wurde darum entschieden, den *Volkssturm* mit einfachen Waffen auszurüsten, die in großen Stückzahlen in der Massenfertigung hergestellt werden konnten.

Der *Volkssturm* war ursprünglich zur Unterstützung regulärer Einheiten bei der Heimatverteidigung vorgesehen. Obwohl die ursprünglichen Pläne eine hauptsächliche Bewaffnung des *Volkssturms* mit den in früheren Feldzügen erbeuteten Rüstungsgütern vorsahen, wurde es schnell notwendig, andere Waffenquellen zu suchen, nachdem der große Vorrat an Beutewaffen erschöpft war.

Es wurde ein Projekt eingeführt, das das ausdrückliche Ziel hatte, Waffen für den *Volkssturm* zu entwickeln. Dieses Projekt war allerdings streng von der allgemeinen Anstrengung getrennt, die Handfeuerwaffenproduktion generell zu vereinfachen. In diesem Falle scheint der Schwerpunkt bei der Entwicklung von einfachen Schulterwaffen, sowohl für die Standardpatrone 7,9 x 57 mm als auch für die Kurzpatrone 7,9 x 33 mm, gelegen zu haben.

Soweit bekannt, forderten die ursprünglichen Vorgaben Entwürfe für ein- und mehrschüssige Gewehre mit Zylinderverschluß, sowie halbautomatische Waffen in Karabinerform. Obwohl halbautomatische Volkssturmwaffen für die Kurzpatrone allen Berichten zufolge entwickelt wurden, haben scheinbar nur die Varianten mit Zylinderverschluß für Standardmunition den Krieg überstanden.

Zwar sind dem Autor die Einzelheiten der Entwurfsvorgaben für Volkssturmwaffen nicht bekannt, doch ist es auffällig, wie sich die verschiedenen Waffen dieser Kategorie in markanten Punkten ähneln.

Nach einer frühen Entwicklungsphase, die scheinbar im Herbst 1944 abgeschlossen war, wurden die für den *Volkssturm* vorgesehenen Waffen, laut den Aufzeichnungen von Albert Speer, im November 1944 Adolf Hitler vorgeführt:

»Dem Führer sind folgende Volksgewehrmodelle vorgeführt worden:

a) Als Einzellader für die Standardpatrone – Modelle der Firmen Appel, Berlin-Spandau; Bergmann KG, Velten; Gustloff Werke, Suhl; Walther, Zella-Mehlis.

b) Als Mehrladegewehr für die Standardpatrone – Modelle der Firmen Deutsche Industrie-Werke AG, Berlin, mit 10schüssigem K43-Magazin; Röchling, Wetzlar (Coenders), mit 5schüssigem Ladestreifen.

c) Als Mehrladegewehr für die Kurzpatrone 44 mit 30schüssigem Magazin: 2 Modelle der Firma Deutsche Industrie-Werke, Berlin.

d) Als Selbstladegewehr für die Kurzpatrone 44 mit 30schüssigem Magazin: ein Modell der Gustloff-Werke, Suhl.

Der Führer verwarf alle einschüssigen Modelle. Das Walther-Modell beeindruckte ihn von diesen Waffen allerdings am meisten.

Als Mehrladegewehr empfahlen Generaloberst Guderian und General Bahle das Modell der Deutschen Industrie-Werke we-

gen der einfachen Fertigung und der Verwendung von einfachen Materialien. Der Führer hat diesem Vorschlag zugestimmt, forderte jedoch eine Kürzung des Laufes ohne den Rückstoß erheblich zu erhöhen. Er forderte ebenfalls eine Verbesserung der äußerlichen Erscheinung der Waffe, sowie eine Verbesserung der Kolbenform.

Außerdem bemerkte er, daß eine derart primitive Waffe für die Ausgabe an die Truppe nicht geeignet wäre, da von ihr eine negative psychologische Wirkung ausgehen würde.

Der sofortige Produktionsbeginn, unter Verwendung von vorhandenen Läufen des Heeres und der Luftwaffe, nebst K43-Magazinen (insgesamt ca. 400.000-450.000 Stück), sollte befohlen werden. Als Produktionsausstoß habe ich 100.000 Waffen für Dezember 1944 versprochen.

Als weiteres Ziel hat der Führer das Volksgewehr mit Kurzpatrone 44 erwogen, mit einem Magazin für ca. 10 Schuß, das den Schützen im liegenden Anschlag nicht behindern sollte. Das lange MP44-Magazin sollte nicht verwendet werden.

Das Gustloff-Selbstlademodell wurde wegen der hohen Fertigungskosten, des hohen Munitionsverbrauchs und weil die MP44 in Material und Produktionskosten dem etwa gleich lag und bereits in großen Stückzahlen hergestellt wurde, verworfen.«

Keineswegs auf die von Speer erwähnten Unternehmen beschränkt, beteiligten sich eine erstaunliche Anzahl deutscher Waffenhersteller und Industrielieferanten, einschließlich der Firmen Berlin-Lübecker Maschinenfabriken, ERMA, Haenel, Hessische Industrie-Werke, Mauser, Rheinmetall-Borsig, Ruhrstahl, Spreewerk und Steyr an der Volkssturmwaffen-Entwicklung in den letzten Monaten des 2. Weltkrieges.

Trotz des Interesses, das diesem Programm gewidmet wurde, muß betont werden, daß die Volkssturmwaffen an sich nie standardisiert, amtlich übernommen oder mit einer offiziellen Bezeichnung versehen wurden und lediglich auf einer örtlich begrenzten, eingeschränkten Basis ausgegeben wurden.

Die einfache Bezeichnung *Volksgewehr* scheint als allgemeine Bezeichnung für das gesamte Programm gedient zu haben. Die verschiedenen, oft wunderlichen Namen, die für die einzelnen Waffen aufgetaucht sind, wurden meist nach dem Kriege vergeben.

Obwohl die Volkssturm-Waffenreihe keine bedeutenden Fortschritte in der Handfeuerwaffentechnologie darstellen, bewies die deutsche Industrie einen erheblichen Einfallsreichtum in der Herstellung gebrauchsfähiger Waffen aus einfachen Materialien und mit besonders vereinfachten Fertigungsmethoden, wobei spanabhebende Bearbeitung und Hitzebehandlung auf ein Minimum reduziert wurden.

Das Waffensystem wurde von den Alliierten folgendermaßen beschrieben:

»Interessante Waffen, wobei die mögliche Senkung der Qualität der Waffenherstellung bei der Produktion von immer noch gebrauchsfähigen Waffen voll demonstriert wird«. Egal wie grob gefertigt, die Volkssturmwaffen erfüllten die Aufgabe, den Feind außer Gefecht zu setzen. Abgesehen von einer vereinfachten Variante des K98k, dem *Volkssturmkarabiner 98*, welcher eher als Fertigungsnotlösung entstanden ist, wurden die Volkssturmwaffen hauptsächlich aus Stahlrohr und Blechformteilen hergestellt, wobei Schweißen, Stifte und Nieten zur Endmontage eingesetzt wurden.

Da dieses Werk sich hauptsächlich mit der Entwicklung der Kurzpatronenwaffen beschäftigt, handelt es sich bei den in diesem Kapitel beschriebenen Waffen nur um solche, die auch für die Kurzpatrone eingerichtet waren. Das Ausmaß der Volkssturmwaffen-Fertigung war bekanntermaßen bestenfalls extrem eingeschränkt. Der Gustloff VG 1-5 Selbstladekarabiner ist ein direkter Nachfolger der MP507 (Gustloff) und wird als eine der Hauptwaffen dieser Reihe betrachtet, wobei die bisher registrierten Seriennummern bestenfalls den 10.000er Bereich erreichen.

Hans-Dieter Handrich beschreibt die Funktion und den Aufbau dieser von Chefkonstrukteur Karl Barnitzke konstruierten Waffe in seinem Buch *Vom Gewehr 98 zum Sturmgewehr* wie folgt:

»Die MP 507 [Anmerkung des Übersetzers: Die MP 507 ist in Aufbau und Funktionsprinzip mit dem VG 1-5 identisch. Beim VG 1-5 fehlt allerdings die Dauerfeuereinrichtung] von Gustloff war eine masseverriegelte Waffe mit Gasbremse. In der Hälfte des Laufes befanden sich mehrere Bohrungen (vier Bohrungen 64 mm hinter der Mündung) für den Gasaustritt. Ein um den Lauf gelagertes Rohr diente als Verschlußträger, das nach Pistolenart zurücklief. Bei Abgabe eines Schusses füllte sich der Verschlußträger, der gleichzeitig die Funktion des Gaszylinders hatte, mit den aus den Laufbohrungen austretenden Pulvergasen. Diese trafen auf die vordere Fläche des Gaszylinders/Verschlußträgers und verhinderten den Rücklauf.

Die entgegengesetzt wirkenden Rückstoßkräfte wurden so lange aufgehoben, bis das Geschoß den Lauf verlassen hatte. Ein Großteil der Pulvergase entwich nun durch den Lauf, und der Druck auf die Stirnfläche des den Lauf umschließenden Zylinders baute sich ab. Die Rückstoßkräfte überwanden den Gasdruck und leiteten gegen den Druck der um den Lauf liegenden Schließfeder den Rücklauf der Einheit Verschlußträger / Gaszylinder / Verschluß ein. Die Anwendung dieser Gasdruckverriegelung machte eine komplizierte mechanische Verriegelung hinfällig.

Das Waffengehäuse der MP507 bestand aus zwei zusammengeschweißten Prägeteilen, in die die Laufaufnahme eingesetzt war. Der Verschluß befand sich im hinteren Teil des Verschlußträger/Gaszylinder-Rohres.

Der Selbstladekarabiner VG 1-5 der Firma Gustloff wurde als einfacher Selbstladekarabiner für den Volkssturm entworfen.

Nahaufnahme des VG 1-5-Gehäuses (rechte Seite) mit Magazinentriegelung und Auswurföffnung im Funktionszylinder, einem 4,45 mm starken, 39,4 cm langen Stahlrohr mit einem Durchmesser von ca. 3,6 cm. Als »Blechprägeentwurf« wurde der Verschluß in getrennten Hälften geformt und dann zusammengeschweißt. Der Lauf war fest mit dem Verschlussblock verbunden.

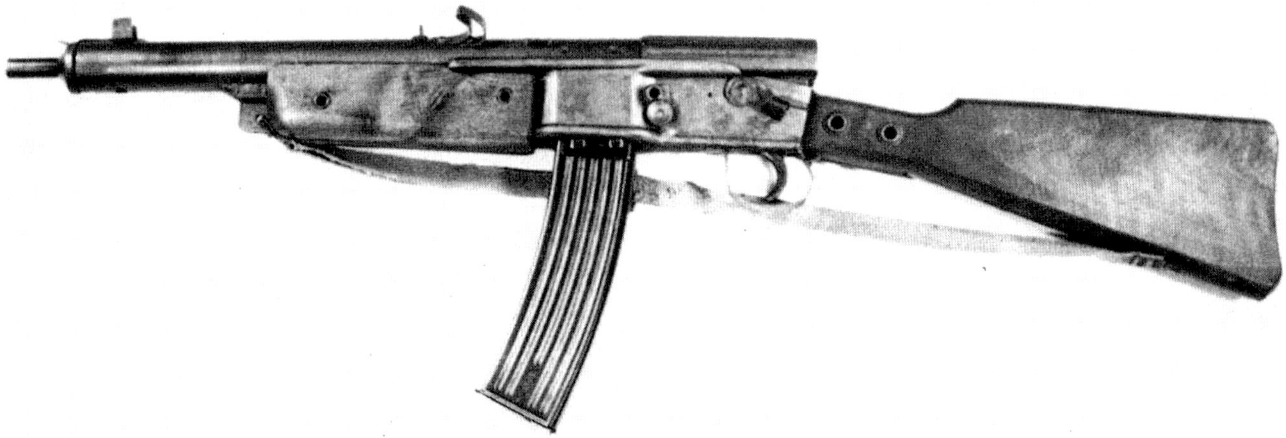

Der Selbstladekarabiner VG 1-5 von der linken Seite. Der flache Kolben sowie der Handschutz wurden an das Verschlußgehäuse genietet. Ein einfacher Tragriemen aus Webzeug wurde während der Endmontage angebracht. Obwohl die Waffen normalerweise phosphatiert wurden, wurden einige weißfertig fertiggestellt. Die Visiereinrichtung war nicht verstellbar.

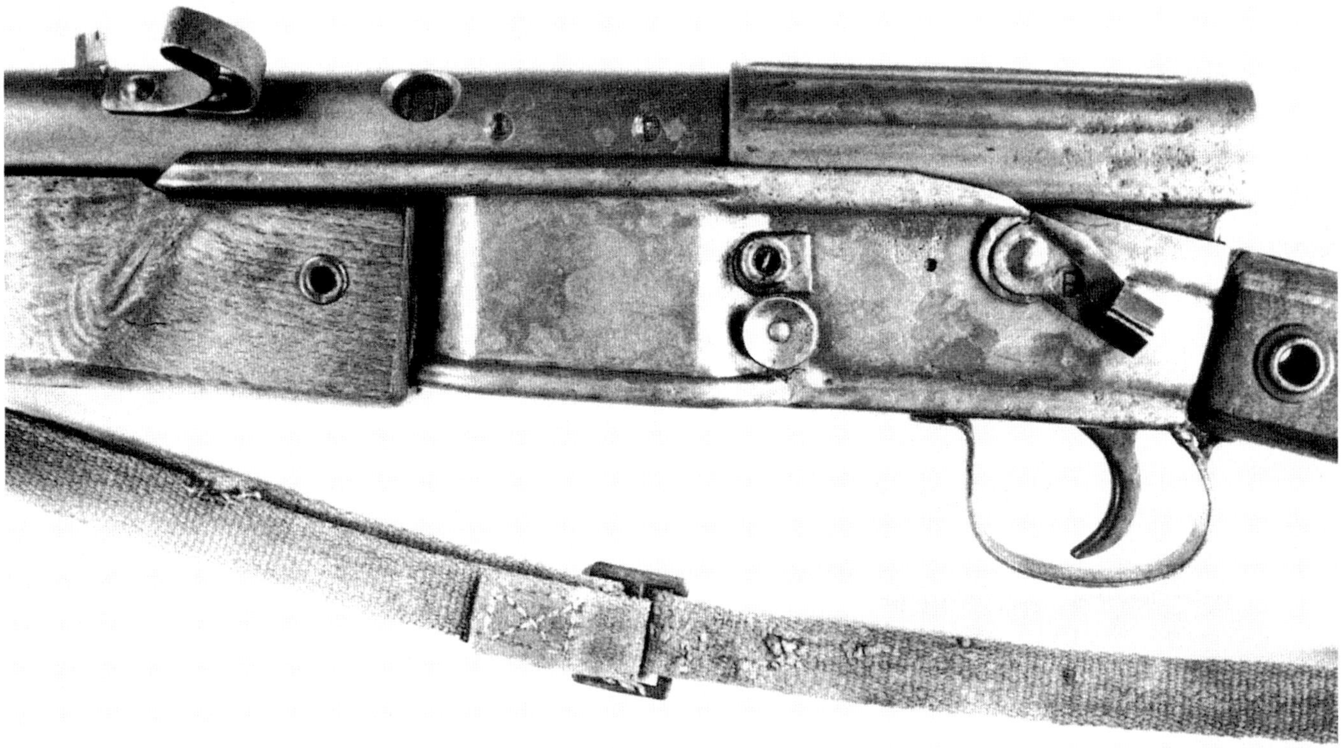

Nahaufnahme des VG 1-5-Verschlusses (linke Seite) mit dem Querstift zum Ausbau der Abzugsgruppe, dem Magazinknopf und dem Sicherungshebel mit dem Ausschnitt zum Sichtbarmachen der Buchstaben »S« (Sichern) und »F« (Feuer). Der ungewöhnlich geformte Spanngriff wurde hinter der Kimme an den Funktionszylinder genietet.

Die gesamte Abzugseinrichtung bestand aus Prägeteilen und war an die Abschlußhülse des Gehäuses angebaut, in die das Verschlußträger/Gaszylinder-Rohr bei seinem Rücklauf einlief.
Nur der Verschluß, der aus einem Rohr gefertigt war, mußte nach Anschweißen einiger Teile spanabhebend weiterbearbeitet werden. Trotzdem wurde der Betriebsmittelaufwand als gering und der Fertigungsgrad als einfach bewertet. Als nachteilig bemängelte man, daß Kimme und Korn auf verschiedenen Teilen, einer davon beweglich, angebracht waren.... Of-

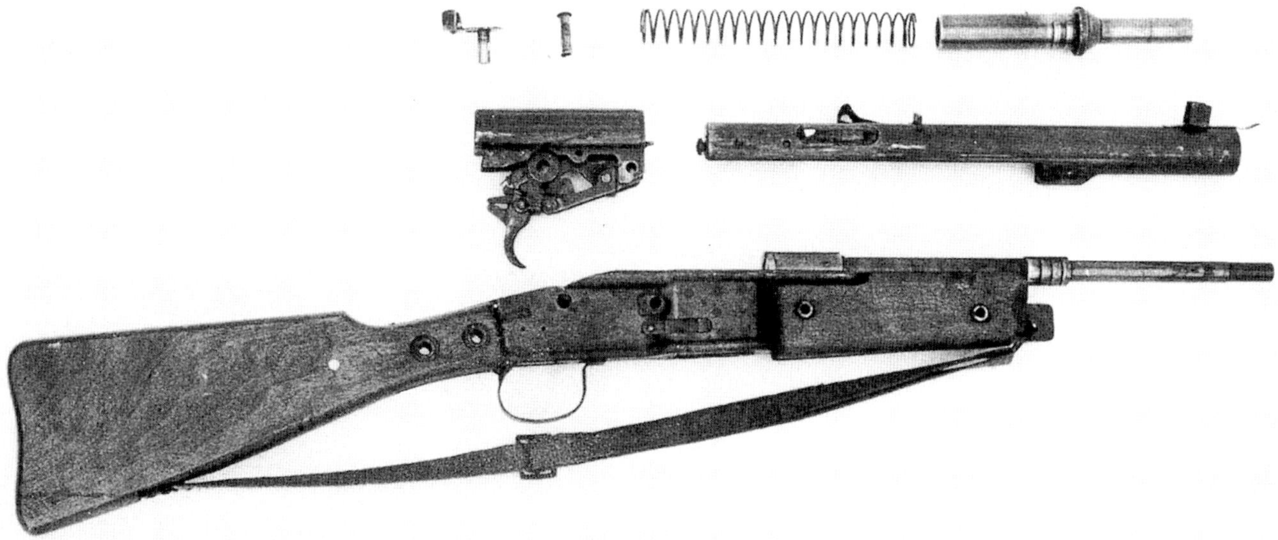

Gustloff V G 1-5, feldmäßig zerlegt, mit Abzugsgruppe, Schließfeder, Funktionszylinder und Muffe. Als Teil des langen Zylinders wurde der eigentliche Verschluß samt Schlagbolzen und Auswerfer fest vernietet und war nicht zum Zerlegen bei der routinemäßigen Wartung vorgesehen. Der 37,5 cm lange Lauf besaß ein genutetes Patronenlager zur Erleichterung des Hülsenauswurfs.

VG 1-5 Abzugsgruppe (von rechts), eine fest montierte Einheit aus Stanzteilen und Federn. Der Abzugsmechanismus konnte weder zerlegt noch justiert werden.

VG 1-5 Abzugsgruppe (von links). Diese Einheit diente ebenfalls als Abschluß des Funktionszylinders. Durch Herausnahme von zwei Stiften konnte die gesamte Einheit dem Zylinder entnommen werden.

Dieses VG 1-5 unterscheidet sich durch den längeren Lauf von den übrigen Exemplaren.

fensichtlich erfuhr diese MP noch einige Vereinfachungen, denn zu Ende des Krieges wurde sie als Volkssturmwaffe gebaut.«

Bei dem VG 1-5 ist die Visierung auf dem Verschlußträger/Gaszylinder-Rohr angebracht. Obwohl keine zuverlässigen Informationen über die Feldleistung des VG 1-5 gefunden wurden, lag ein Hauptnachteil des Systems gemäß Nachkriegsauswertungen bei den tragenden Flächen des Funktionszylinders sowie den Laufflächen, auf denen diese sich bewegten.

Bei den geringen Toleranzen der maschinell bearbeiteten Teile verursachten die angestauten Verbrennungsrückstände in Verbindung mit der Laufexpansion gelegentliche Ladehemmungen, wenn diese Flächen nicht oft gereinigt und sorgfältig geschmiert wurden.

Auf das Aussehen dieses Gebrauchswaffensystems wurde

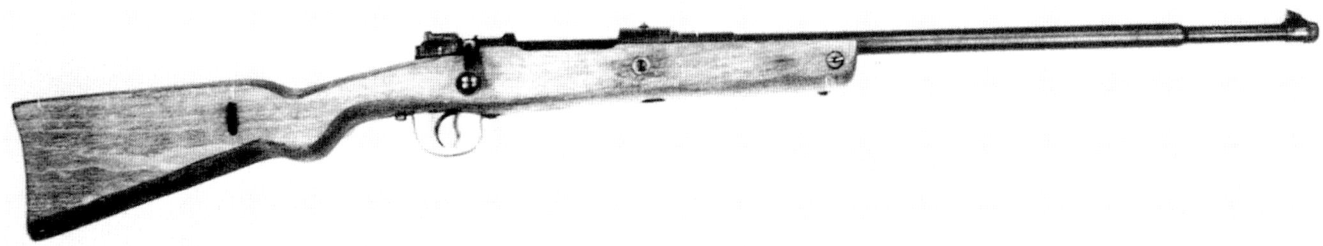

Eine weitere Notwaffe für den Volkssturm aus der Endphase des Krieges. Der Volkssturmkarabiner 98 wurde als Notlösung aus Serienteilen und überholten Komponenten gefertigt. Alle nicht notwendigen Teile oder Fertigungsgänge wurden so weit wie möglich weggelassen. In vielen Fällen wurden die Waffen mit deutschen und ausländischen Verschlüssen des 98er Systems, einer Vielfalt an Lauftypen und nur grob gefertigten Schäften hergestellt. Obwohl die Mehrzahl dieser Waffen für die Standardpatrone 7,9 x 57 mm eingerichtet war, wurde eine unbekannte Anzahl zur Verwendung der Kurzpatrone umgebaut. Dieser für die Kurzpatrone eingerichtete Volkskarabiner wurde 1945 von Steyr hergestellt.

Schloßbereich des von Steyr hergestellten Volkskarabiners. Ein einschüssiges Gewehr mit Zylinderverschluß in einfachster Ausführung. Obwohl im Aussehen dem Standargewehr K98k ähnlich, wurden einige Teile vereinfacht oder ganz weggelassen. Wie hier ersichtlich, wurde neben dem flachen Schaft ohne Kolbenplatte, Griffrillen und Bänder eine starre Kimme (100 m) direkt mit Schwalbenschwanz in die Hülse eingesetzt, wobei das Korn direkt auf die Mündung des nur roh bearbeiteten Laufs geschweißt wurde. Ein einfaches Blechformteil diente als Abzugsbügel und verschiedene Arbeitsgänge wurden bei der Kammer eingespart. Die Waffe wurde zum Witterungsschutz phosphatiert.

Der Volkskarabiner von der linken Seite. Diese Waffen wurden nach den Berichten von verschiedenen Firmen montiert. Trotz ihres relativ einfachen Aussehens waren die Steyr-Waffen solide verarbeitet.

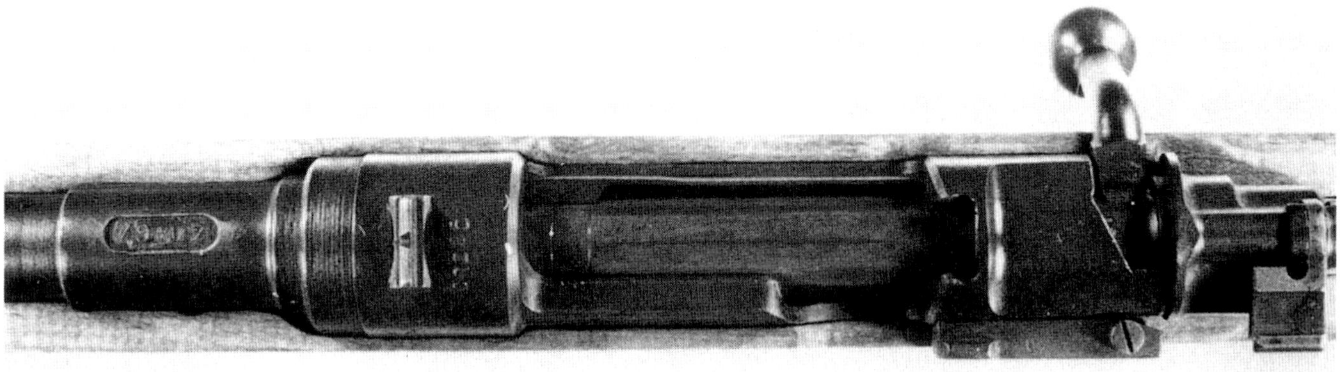

Blick auf den Verschlußbereich des von Steyr gefertigten Volkskarabiners mit Herstellercode »bnz 45« und Kennzeichnung des Gewehrs als Kurzpatronenwaffe. Die Angabe »7,9 kurz« wurde in eine gefräste Mulde vor dem Verschluß eingeprägt. Zwar handelt es sich hier um ein Original, doch sollten ähnliche Umbauten mit Vorsicht betrachtet werden.

wenig Wert gelegt, darum verwandte der Gustloff-Entwurf weitgehend Blechteile, Schweißpunkte, Nieten und einfache Spanabhebung.

Das VG 1-5 war für die Kurzpatrone 7,9 mm vorgesehen, hatte eine Gesamtlänge von ca. 89 cm, eine Lauflänge von 37,5 cm und mit vollem Magazin ein Gewicht von ca. 5,5 kg. Die hauptsächlichen Unterschiede zwischen verschiedenen Exemplaren des VG 1-5 bestehen in der Lauflänge, dem Sicherungshebel und dem Magazinentriegelungsknopf.

Der markanteste Unterschied war wohl die Magazinverriegelung, wobei sich auf einigen Exemplaren des VG 1-5 auf der rechten Gehäuseseite eine lange, flache Blattfeder befindet, die gleichzeitig als Magazinverriegelung und Entriegelungshebel dient. Die häufigere Ausführung besitzt einen herkömmlichen Entriegelungsknopf in Verbindung mit einer typischen Magazinverriegelung. Das gleiche 30-Schuß-Magazin, das bei den Waffen der MP43-Serie verwendet wurde, ist offensichtlich zur Beschleunigung der Waffenentwicklung übernommen worden. Zur Verwendung durch den Volkssturm entworfen, wurde das VG 1-5 trotz der Form und Erscheinung weder als Sturmgewehr eingestuft, noch war es jemals zur Verteilung an die Wehrmacht vorgesehen.

Obwohl erhalten gebliebene Waffen deutliche Seriennummern auf dem Kolben aufweisen, findet man keine Abnahmestempel oder Herstellercodes, die den Hersteller oder Herstellungsort erkennen lassen.

Beim chaotischen Zustand der deutschen Industrie und den damit verbundenen ungewöhnlichen Maßnahmen, soll die Verantwortung für die Produktion und Verteilung des VG 1-5 den Berichten nach von der NSDAP übernommen worden sein.

Während die Teilefertigung und Endmontage eventuell auf kleine Betriebe »im Bereich Thüringen« dezentralisiert verlagert wurde, um den vorrückenden Russen auszuweichen, wie es in den Nachkriegsberichten heißt, wird angenommen, daß die Gustloff-Werke, die vollständig unter der Kontrolle der Partei standen, direkt an der Fertigung dieser Waffe beteiligt waren.

Abgesehen von alliierten Berichten, wonach die VG 1-5 *»unter der direkten Aufsicht eines dafür in seinem Bezirk verantwortlichen Gauleiters beschafft und verteilt wurden«* sind die Einzelheiten der VG 1-5 Fertigung und Verteilung bisher unbekannt geblieben.

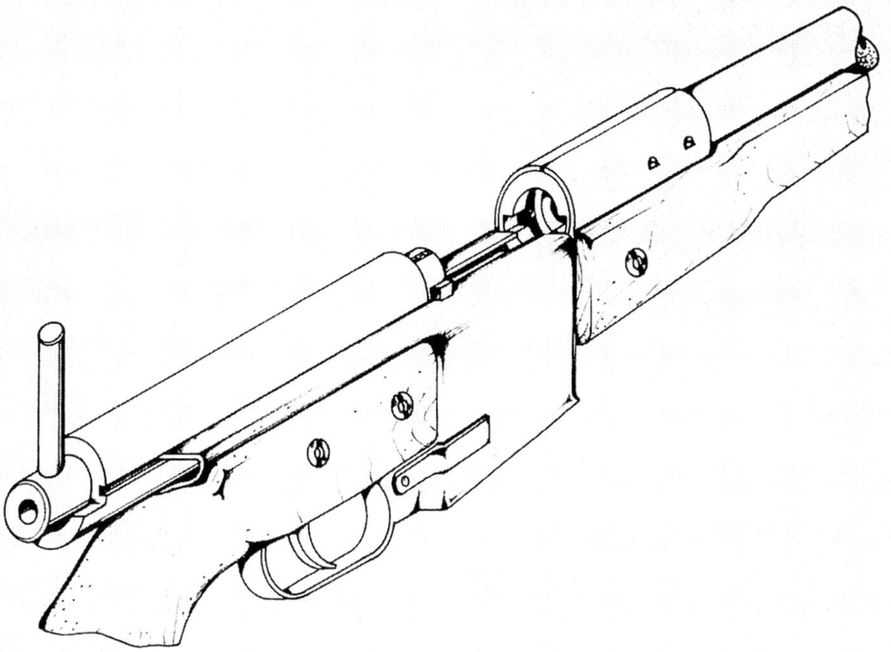

Eine von drei ähnlichen Versuchswaffen, die nach dem Kriege im Rheinmetall-Borsig Werk bei Sömmerda gefunden wurden. Dieses Magazingewehr für den Volkssturm mit Zylinderverschluß war für die Kurzpatrone eingerichtet. Ein Teil der von Rheinmetall entwickelten »VG 45«-Waffenserie kennzeichnet ein abgestufter, 40 cm langer Lauf, ein Verschluß aus schwerem Prägeblech, eine in der Hülse verriegelte Kammer und ein Sicherungshebel. Ein modifiziertes Magazin der MP43-Serie, zur Aufnahme von zehn Patronen gekürzt, wurde durch einen Federverschluß an der linken Gehäuseseite gehalten. Die Waffe besaß einen zweiteiligen Holzschaft, der mit Nieten befestigt wurde. Die Gesamtlänge betrug 86 cm, bei einem Gewicht von ca. 3,25 kg ohne Magazin. Die Rheinmetall-VG45-Serie kam vor Kriegsende nicht mehr in die Produktion.

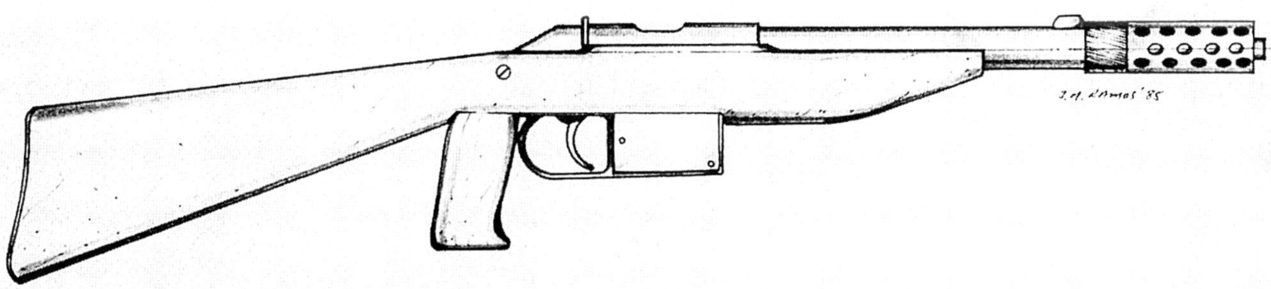

Dies ist der Prototyp eines Selbstladekarabiners, der 1945 in der Entwicklungsabteilung für Handfeuerwaffen des Hessischen Industrie-Werks in Wetzlar erbeutet wurde. Das außergewöhnliche Gasdrucksystem arbeitet mit einem sich nach vorne bewegenden Lauf bei starrem Verschluß. Die für die Kurzpatrone eingerichtete Waffe besitzt einen Spannabzug, wie er bei Revolvern verwendet wird. Da diese Waffe ohne Spannhebel bedient wurde, erfolgte das Durchladen durch ein Vorwärtsziehen des Laufmantels am vorderen Laufende. Es handelt sich um eine einfache, aus simplen Materialien gefertigte Verteidigungswaffe. Aus geschweißten oder zusammengenieteten Rohr- und Formblechteilen hergestellt, hatte diese halbautomatische Volkssturmwaffe einen ca. 40,7 cm langen Lauf und einen mit Pistolengriff versehenen, einteiligen Schaft. Das 5-Schuß-Magazin war ein fester Bestandteil des Verschlussgehäuses und besaß Führungen für Ladestreifen. Das hessische System war einzigartig unter den Volkssturmwaffen.
Neben dem Selbstladekarabiner wurde im Werk ebenfalls ein Repetiergewehr für die Standardpatrone gefunden. Die in ihrem Erscheinungsbild dem Selbstladekarabiner ähnliche Waffe mußte nach jedem Schuß per Hand repetiert werden.

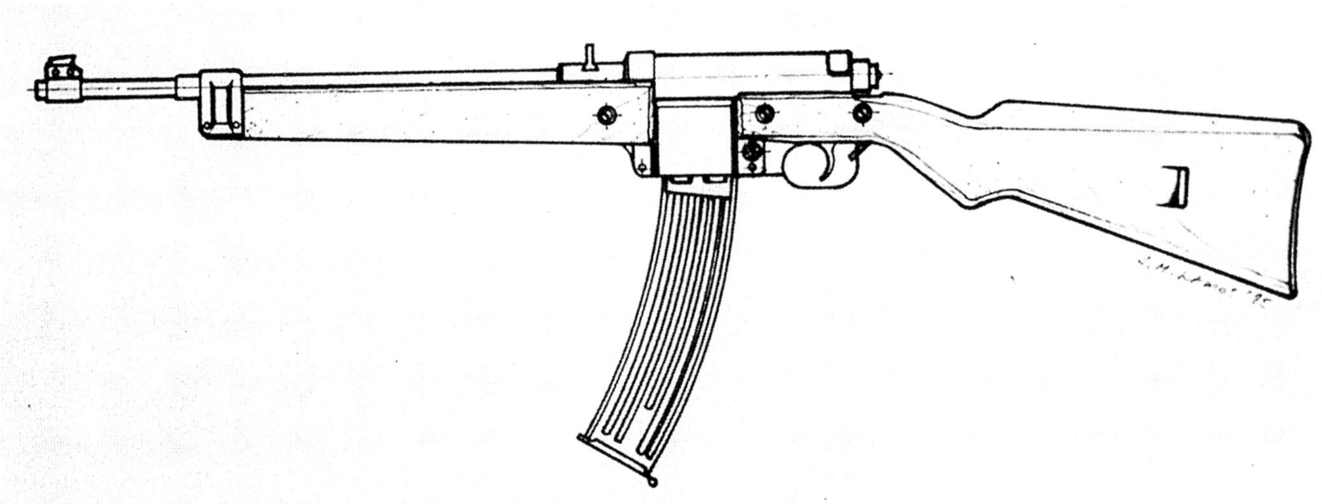

Dieser der Firma ERMA zugeschriebene Entwurf hat Karabinerlänge, stammt angeblich aus dem Jahr 1944 und war für den Volkssturm gedacht. Die einfache Waffe mit Zylinderverschluß war für die Kurzpatrone eingerichtet. Das röhrenförmige Gehäuse war aus Blech gefertigt und hatte das Auswurffenster auf der rechten Seite. Das Magazingehäuse, ein integrierter Bestandteil des Gehäuses, war zur Aufnahme des StG-Standardmagazins vorgesehen. Der Magazinknopf war auf der linken Gehäuseseite angebracht und die Abzugssicherung befand sich an der Rückseite des Abzugsbügels. Der einfache Zylinderverschluß mit vorn angebrachten Verriegelungswarzen und einem geraden Kammerstengel funktionierte auf herkömmliche Weise.
Die kompakte Waffe ist knapp 89 cm lang und hat einen 42 cm langen Lauf. Der Schaft bestand aus einem einteiligen Handschutz und einem flachen, an das Hauptgehäuse angenieteten Kolben. Das einzige bekannte Exemplar dieser Waffe wurde 1945 in Aberdeen Proving Ground erprobt.

Der VG 1-5 Selbstladekarabiner ist eine von Militärwaffensammlern hoch geschätzte Rarität; im Bild ein amerikanischer »Reenactor« im ehemaligen Tarnanzug des österreichischen Bundesheeres.

XVII
Die Kurzpatrone

In der endgültigen Form war die Kurzpatrone 7,9 x 33 mm oder »7,9 Infanteriekurzpatrone«, wie sie ursprünglich bezeichnet wurde, der Standard-Gewehrmunition eng verwandt und hatte tatsächlich einige Maße und Charakteristika mit der vorhandenen Dienstpatrone gemeinsam.
In seiner Basis war der Polte-Entwurf eine verkürzte 7,92 x 57 mm randlose Patronenhülse, die für ein leichteres Geschoß eingerichtet war. Die verkürzte Hülse beinhaltete folglich eine reduzierte Treibladung und sollte trotz zufriedenstellender Leistung auf kurzen und mittleren Schußentfernungen nie die ballistischen Fähigkeiten der herkömmlichen Gewehrpatrone auf extremen Schußweiten erreichen.
Anders als bei den kommerziellen Experimentalpatronen für mittlere Reichweiten, die von RWS, Geco und anderen entwickelt wurden, verkörperte die Polte-Kurzpatrone einen praktikablen Entwurf, da verschiedene Werkzeuge, Lehren und Fertigungsmethoden, die für die Herstellung der Standardmunition verwendet wurden, ebenfalls bei der Kurzpatrone zur Anwendung kamen.
Ab 1941 wurde die Patrone in begrenzter Stückzahl hergestellt. Der Munitionshersteller Polte (Werk Magdeburg) scheint in den Jahren 1941 und 1942 der einzige Hersteller der Kurzpatrone 7,92 x 33 mm gewesen zu sein. Um mit den Bezeichnungsänderungen bezüglich des Waffensystems schrittzuhalten, erhielt die Kurzpatrone folgende Bezeichnungen:

7,9 Infanteriekurzpatrone	*(1941)*
Maschinenkarabinerpatrone S	*(1942)*
Pistolenpatrone 43 m.E.	*(1943-44)*
Kurzpatrone 43 m.E.	*(1945)*

Bei der Herstellung der Kurzpatrone wurden die gleichen Materialien und Methoden wie bei der Herstellung der langen 7,9 x 57 mm Stahlhülsenpatronen verwendet.
Obwohl Gewichte und Abmessungen der 7,9 Kurzpatrone innerhalb der Fertigungstoleranzen, je nach Hersteller und Fertigungslos, variierten, wurden die technischen Daten der typischen deutschen Kurzpatronenmunition für das Fertigungsjahr 1944 wie folgt festgehalten:

Pistolenpatrone 43 m.E.	
Geschoßlänge	*25,80 mm*
Geschoßgewicht	*8,19 g*
Geschoßdurchmesser	*8,20 mm*
Hülsenlänge	*33,00 mm*
Bodenring	*blau*
Zündhütchen	*88-30/40*
Pulvergewicht	*1,50 g*
Patronenlänge	*47,60 mm*
Patronengewicht	*16,65 g*

Von den gleichen Herstellern gefertigt, die die Standardpatrone herstellten, sind bisher elf verschiedene Herstellercodes registriert worden.
Die folgende Liste beschreibt die Munitionsherstellercodes bezüglich der 7,92-mm-Kurzpatrone:

ak	Munitionsfabrik vormals Sellier & Bellot, Prag Fabrik in Vlasim (Tschechoslowakei)
aux	Polte, Werk Magdeburg
auy	Polte, Werk Grüneberg (Nordbahn)
de	unbekannt, vermutlich Hugo Schneider AG

dou Waffenwerke Brünn AG, Pov. Bystrica (Tschechoslowakei)
eej Märkisches Walzwerk GmbH, Strausberg, Bez. Potsdam
fva Draht- und Metallwarenfabrik GmbH, Salzwedel, Sachsen
hla Metallwarenfabrik Treuenbrietzen GmbH, Werk Selbaldushof
kam Hasag Eisen- u. Metallwerke GmbH, Werk Skarzysko, Kamienna (Polen)
xo Teuto Metallwerke GmbH, Osnabrück
a Hgo Schneider AG, Leipzig, Sachsen

Vergleich zwischen der Standardpatrone 7,9 x 57 mm und der Kurzpatrone 7,9 x 33 mm.

Kurzpatronen 7,9 x 33 mm. Von links nach rechts: Werkzeugpatrone mit zentraler Einbuchtung am Patronenboden, Bodenstempel aux 7,9 1 42; Werkzeugpatrone mit normalem Boden – aux 24 44 St; Exerzierpatrone, roter Plastikkörper mit Stahlboden – ay EX 44; Platzpatrone, purpurfarbenes Holzgeschoß – aux-St 46 44; Treibpatrone, gelbes Holzgeschoß – aux 23 44 St; Treibpatrone mit verlängerter Hülse, schwarzes Holzgeschoß – aux 42; Treibpatrone mit verlängerter Hülse (gleiche Gesamtpatronenlänge) – aux 42; Zielpatrone (kurze Entfernungen), rotes Bleigeschoß – aux-St 10 45 (Hülse eventuell nicht ursprünglich zugehörig); Vollmantelgeschoß – aux 28 44 St; Vollmantelgeschoß – dou.-St 14 44.

Typische Pistolenpatronen 43 m.E. mit Stahlhülse aus dem Herstellungsjahr 1944. Die auf konventionelle Weise aus Stahl mit niedrigem Kohlenstoffgehalt hergestellten Hülsen erhielten eine Tauchlackierung als Korrosionsschutz. Unterschiede in Aussehen und Farbe sind bei den Kurzpatronen häufig. Die meisten Geschosse waren mit einem tombakplattierten Stahlmantel versehen. Cupronickelplattierte Stahlmäntel wurden nur begrenzt eingesetzt. Außer bei einigen dou. und späteren aux-gefertigten Patronen war Tombak die übliche Ausführung.

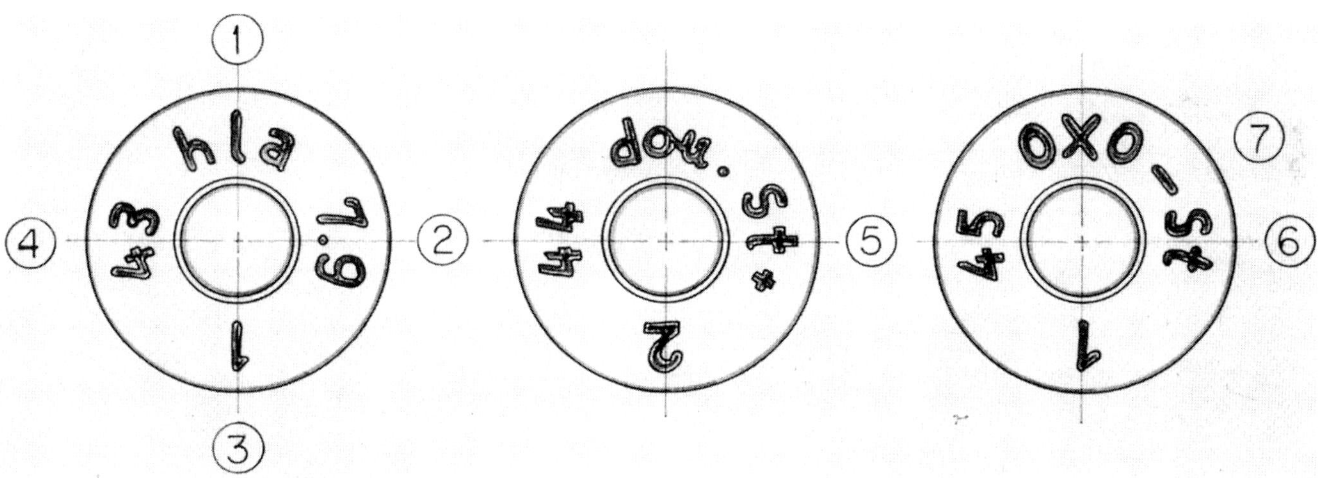

Das sagt der Bodenstempel Kurzpatrone aus:
1 = Hülsenherstellercode; 2 – Kaliber (nur frühe aux & hla-Fertigung); 3 = Losnummer; 4 = Herstellungsjahr; 5 = Hülsenkennung (lackierter Stahl mit Bodenverstärkung); 6 = Hülsenkennung (lackierter Stahl, Standardausführung); 7 = » – « Symbol (die Hülse besitzt nur ein einziges übergroßes Zündloch).

Typische Bodenstempelung: 7,9 x 33 mm Kurzpatrone mit Herstellercode (ak), Hülsenkennung (St), Losnummer (1) und Herstellungsjahr (44)

Als bedeutender Patronenhersteller sollte die Fa. Polte von 1941 bis 1945 eine hauptsächliche Quelle für Kurzpatronenmunition bleiben. Diese Patrone besitzt einen typischen Polte-Bodenstempel von 1944.

Das erste Jahr der Kurzpatronenfertigung (1941). Eine frühe Polte-Patrone (aux – Los 2) mit der nur auf frühen aux und hla-Patronen vorhandenen Kaliberbezeichnung (7,9).

Bodenstempelvariante. Eine Polte-Kurzpatrone, die mit der für 57 mm langen Stahlhülsen vorgesehenen Matritze gestempelt wurde.

Ein weiterer 7,9 x 57 mm Bodenstempel auf einer Kurzpatrone. Die Stempelung wurde normalerweise gleichzeitig mit der Zündglocke bei der Hülsenherstellung eingeprägt.

Kurzpatrone aus später Kriegsfertigung, 1945 von de, einem unbekannten Hersteller, gefertigt. Bei der Umsiedlung der Fertigungsstätten wurden üblicherweise auch die Herstellercodes geändert. Obwohl ohne Bestätigung, vermuten Experten, daß die Kennung de dem neu situierten Hugo Schneider-Werk (wa) gegeben wurde. Neben den üblichen Kennungen deutet das Minus-Zeichen auf ein einziges Zündloch hin.

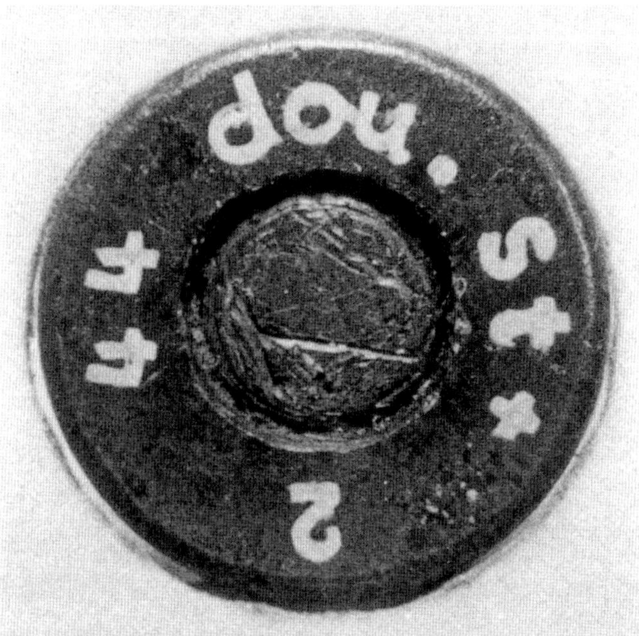

Eine Ausnahme bei Stahlhülsen: Die Kennung St+ bedeutet »lackierte Stahlhülse mit verstärktem Hülsenboden«, was ursprünglich bei den 57-mm-Hülsen zur Anwendung kam. Den Berichten nach besaßen alle Kurzpatronen den verstärkten Hülsenboden. Nach dem Fallenlassen der Kaliberbezeichnung sollten die Hülsenhersteller die Bezeichnung St für die lackierte Stahlhülse verwenden. Obwohl später korrigiert, wurden Hülsen der dou.-Fertigungen aus dem Jahr 1944 fälschlicherweise mit dem Plus-Symbol versehen. Der Punkt in der Bezeichnung dou. sollte eine falsche Leseweise der Kennung als nop verhindern.

Die Stempelweise aller bekannten fva-Kurzpatronen (1944 / 45).

Kurzpatrone aus dem ersten hla-Fertigungslos (1943) mit der frühen 7,9-Kaliberbezeichnung.

Typischer hla-Bodenstempel von 1944. Obwohl blaue, schwarze, grüne und rote Ringfugenfarben bekannt sind, wurden die verschiedenen Farben ohne besondere Bedeutung eingesetzt. Eine Polte-Zeichnung gibt den Oktober 1944 als allgemeines Einführungsdatum der standardisierten blauen Farbe der Ringfuge an, der häufigsten unter den erwähnten Farben.

Pistolenpatronen 43 m.E. auf 5-Schuß-Ladestreifen, wie er auch bei der Standardpatrone 7,9 x 57 mm verwendet wurde. Die Ladestreifen wurden »sowie erhältlich auf Zufallsbasis« verwendet. Obwohl phosphatierte Ladestreifen häufig verwendet wurden, sind vernickelte und verzinkte sowie aus Messing hergestellte bekannt.

oxo-Bodenstempel von 1945. Nachdem sich das Bohren zweier kleiner Zündlöcher als ständiges Produktionsproblem herausgestellt hatte, wurde gegen Kriegsende die mit »Minus-Zeichen« angegebene Verwendung eines einzigen, übergroßen Zündlochs genehmigt.

Typischer kam-Bodenstempel von 1944. Die Kurzpatrone hatte das gleiche Berdanzündhütchen wie die Standardmunition. Der Typ 30/40, ein verzinktes Stahlzündhütchen, wurde häufig verwendet. Bei einigen frühen Fertigungslosen wurde der frühe Typ 88, ein Messingzündhütchen, gefunden. Obwohl nicht Teil der Standardfertigung, sind bei verschiedenen Kurzpatronen die Zündhütchen, wie bei der Standardpatrone, mit drei Körnerpunkten gesichert.

wa-Bodenstempel von 1944.

Typischer hla-Bodenstempel von 1945.

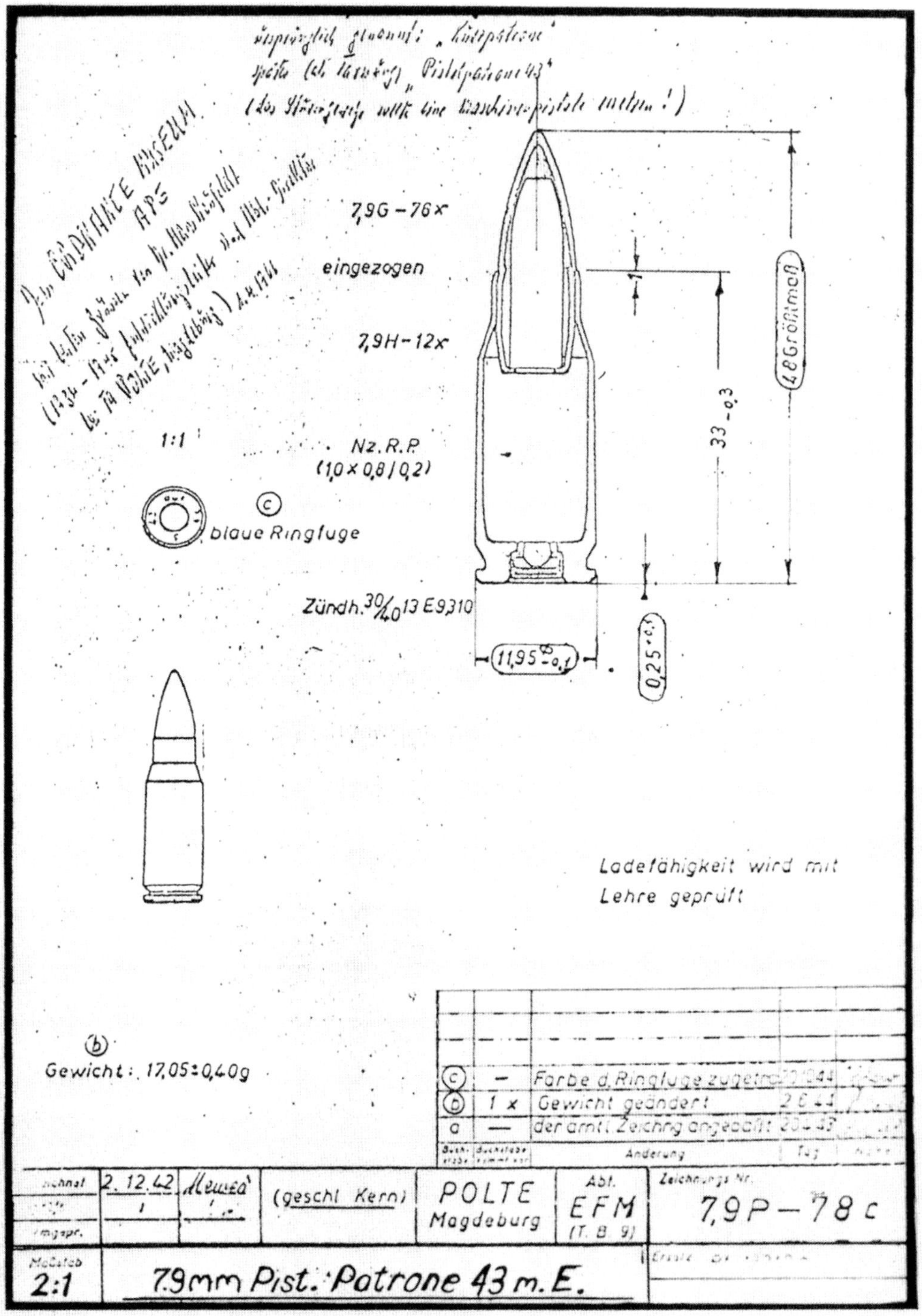

Polte-Originalzeichnung der Pistolenpatrone 43 m.E.

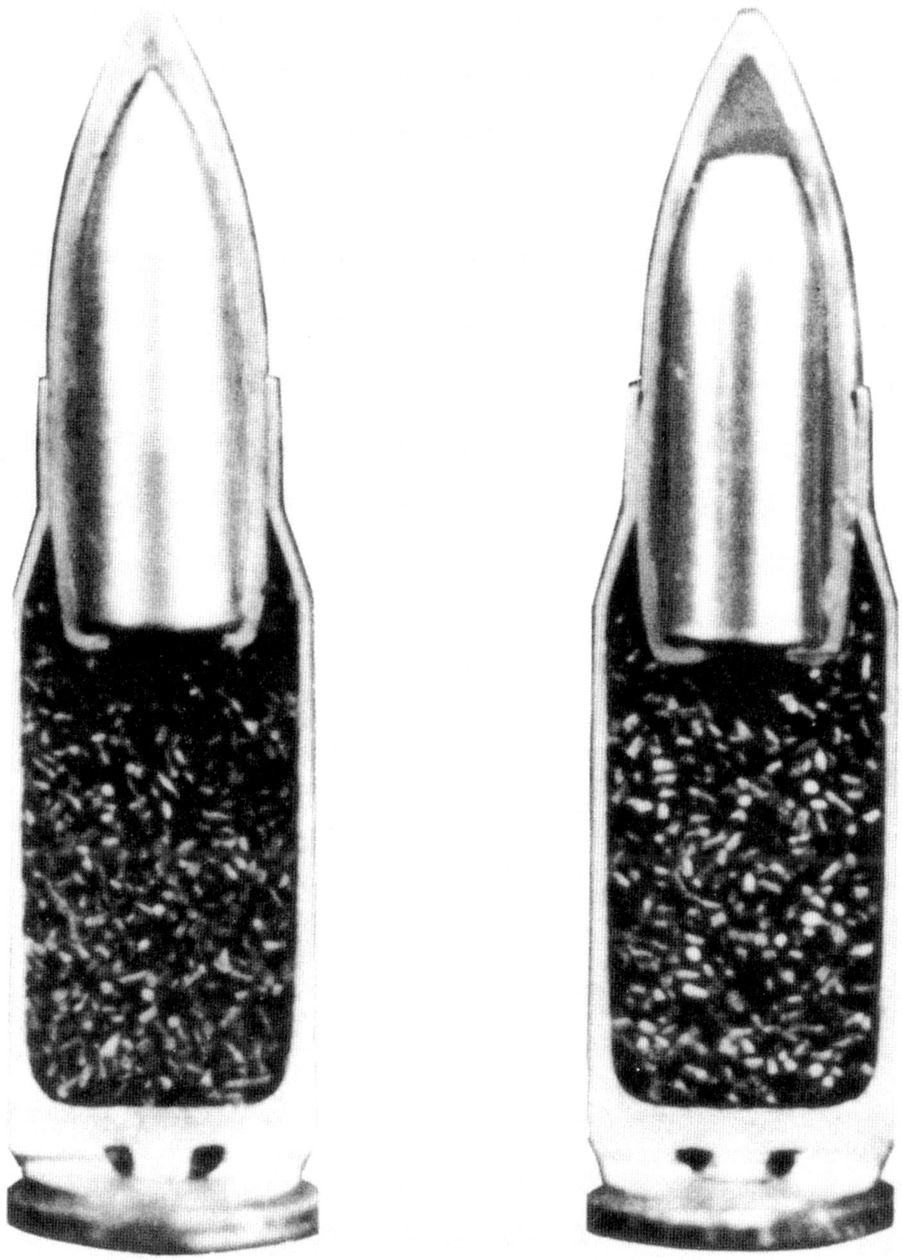

In der ursprünglichen Form wurden für die Polte-Kurzpatronenprototypen Stahlmantelgeschosse mit Bleikern eingesetzt. Für die reguläre Serienfertigung wurde jedoch das Standardgeschoß mit Stahlkern, Bleihülle und tombakplattiertem Stahlmantel eingesetzt. Das Geschoß wurde durch crimpen (einpressen, einbiegen) des Hülsenmundes in die Crimprille des Geschosses befestigt. Diese Schnittaufnahme zeigt die beiden Herstellungsmethoden der Stahlkerne für Kurzpatronengeschosse. Die frühe Ausführung mit Spitze wurde gedreht, während die spätere stumpfe Ausführung kalt gewalzt wurde. Als Treibladungsmittel diente Nitrozellulosepulver.

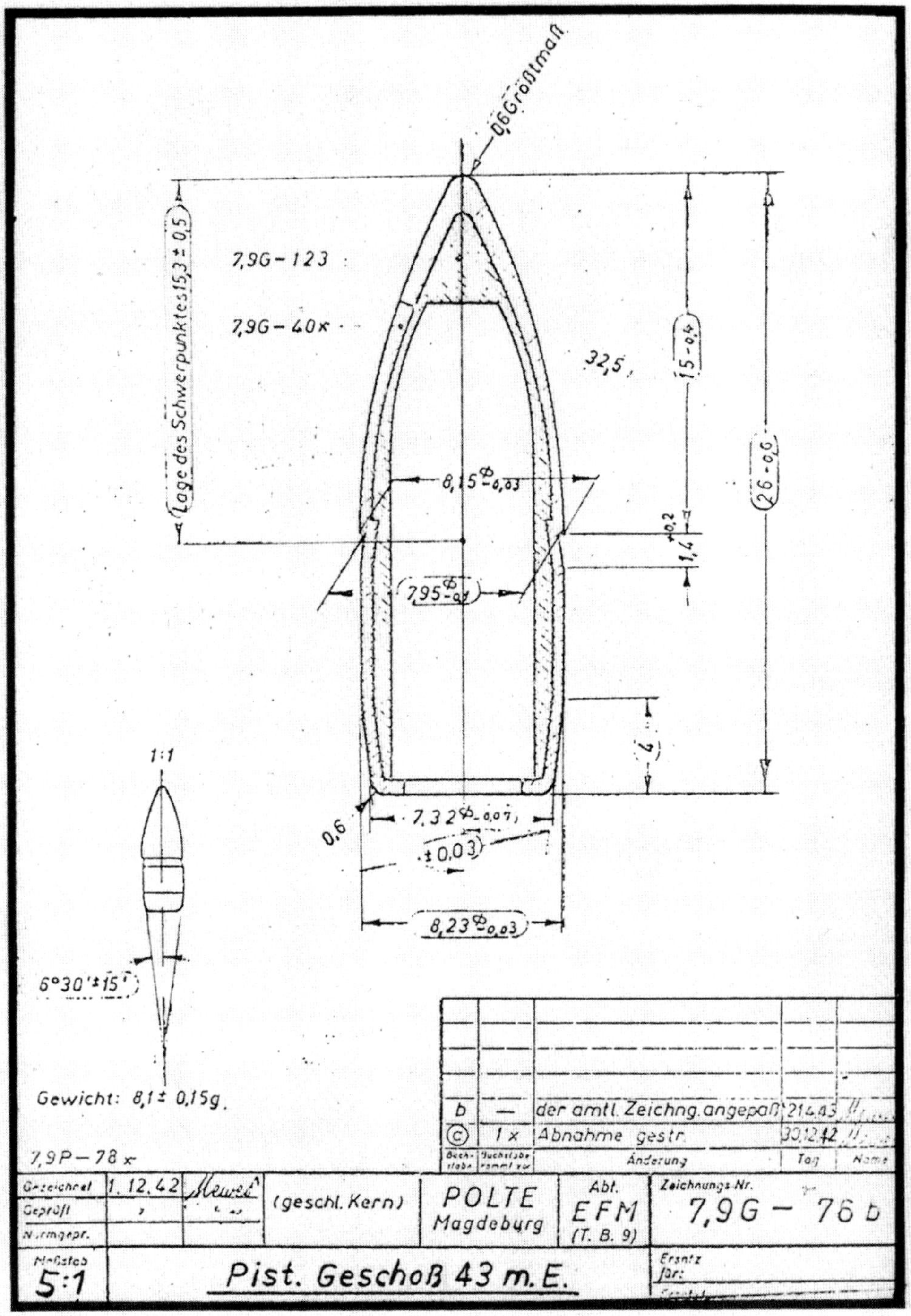

Polte-Fabrikzeichnung vom Geschoß 43 m.E. mit kalt gewalztem Stahlkern.

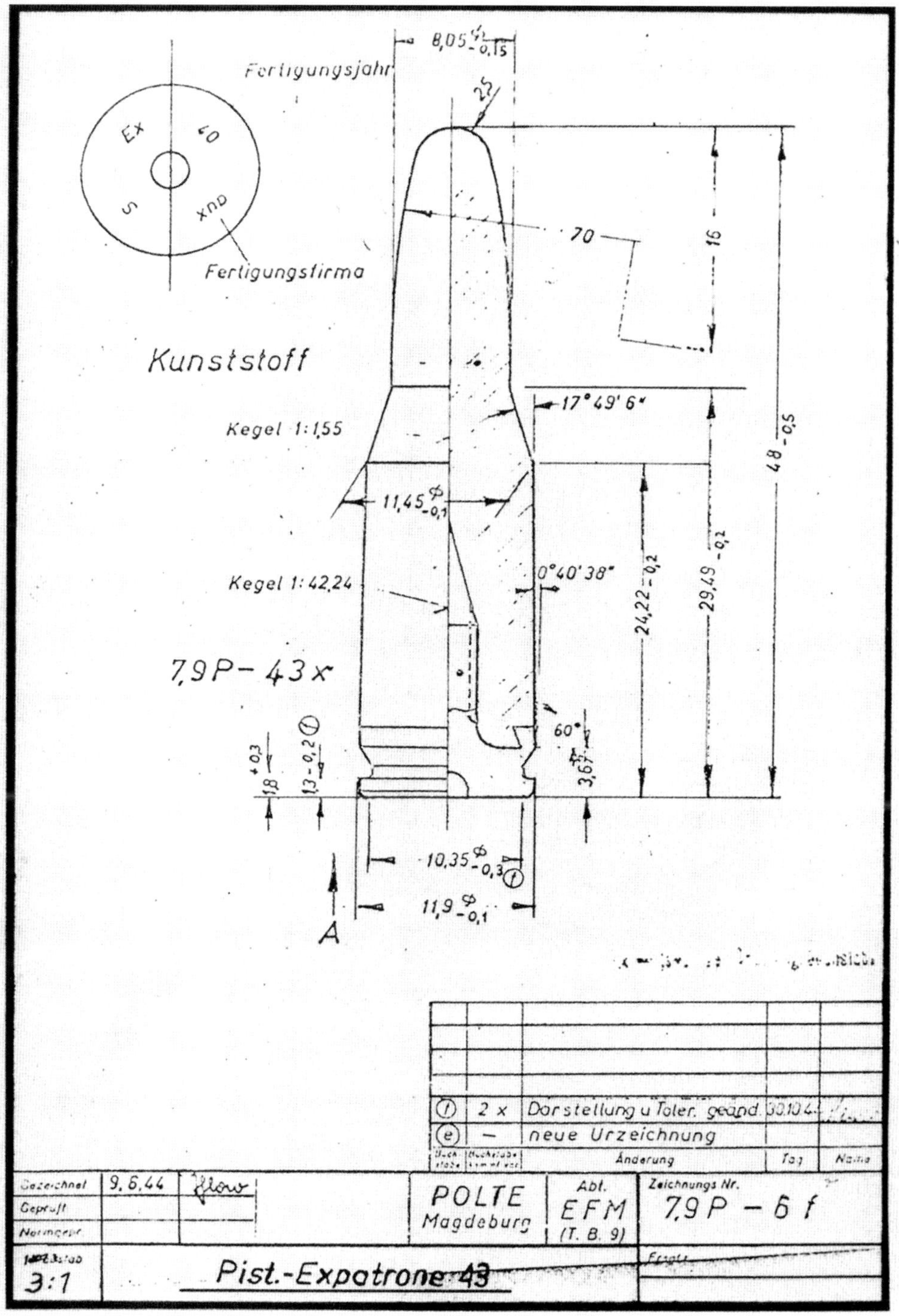

Polte-Zeichnung der Exerzierpatrone.

Exerzierpatrone 7,9 mm Kurz mit ay EX 44 Bodenstempel. Die Patrone hatte einen roten Plastikkörper mit Stahlboden. Die Exerzierpatrone wurde zu normalen Ausbildungszwecken, wie z.B. Trockenschuß-, Lade- und Entladeübungen, eingesetzt. Von den verschiedenen bekannten Sonderausführungen der Kurzpatrone scheinen nur die Werkzeug- und Exerzierpatronen in nennenswerten Stückzahlen ausgegeben worden zu sein.

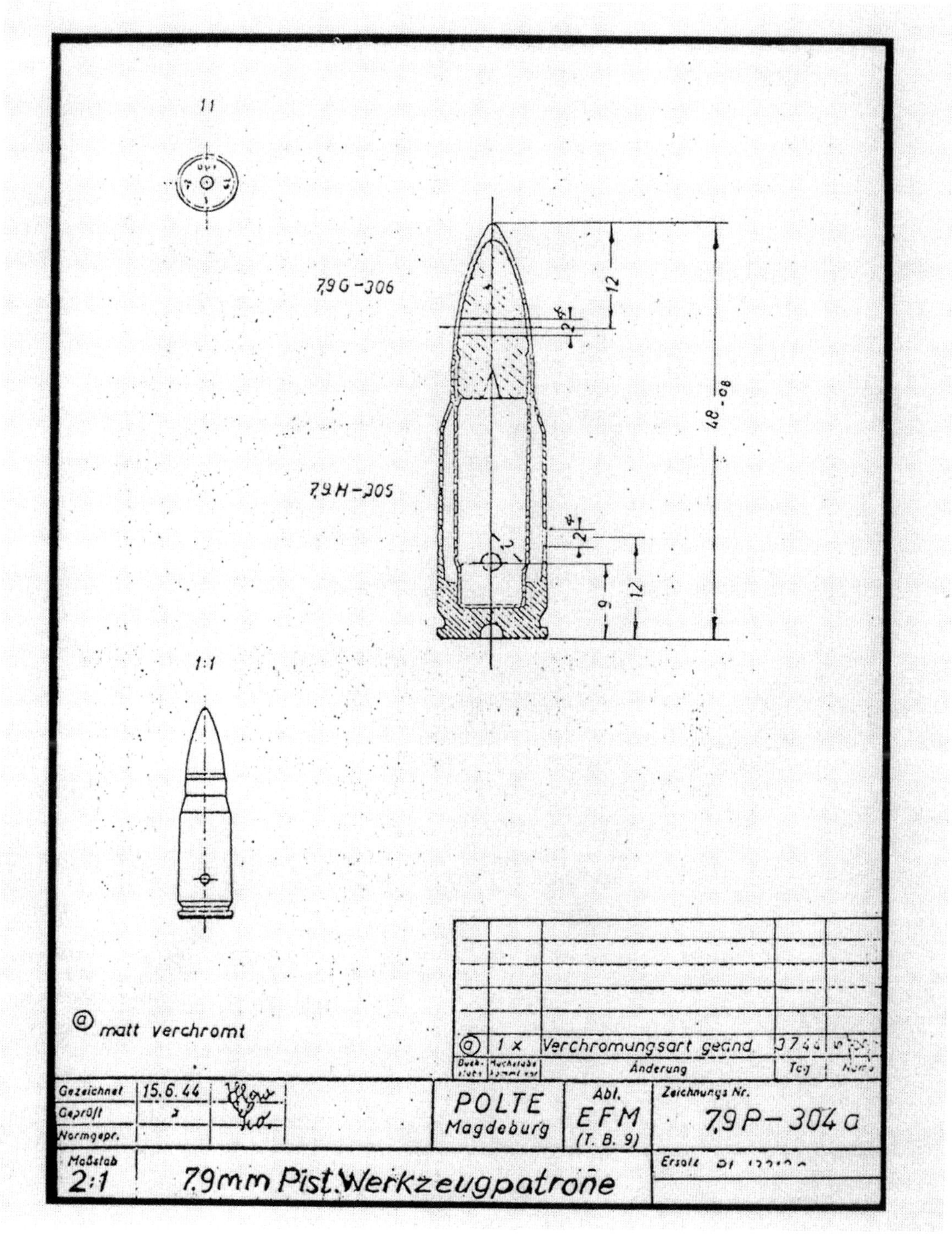

Polte-Zeichnung der Werkzeugpatrone.

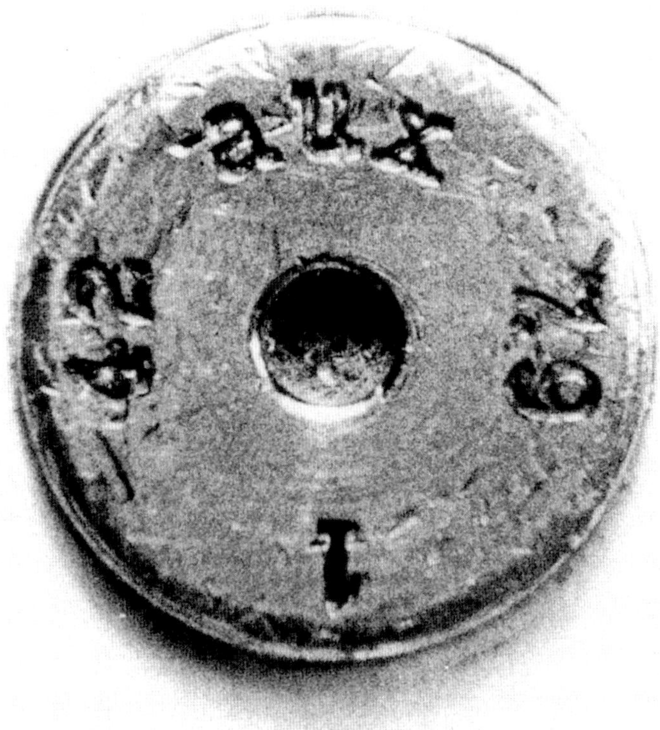

7,9-mm-Werkzeugpatrone mit Bodenstempel aux 7,9 1 42. Als eine Art Werkzeug wurde diese nicht geladene Patrone vom waffentechnischen Personal für Funktionsprüfungen von Patronenzufuhr und -auswurf eingesetzt. Die Werkzeugpatronen sind entweder matt oder glänzend verchromt. Durch in die Hülse gebohrte Löcher sind die Patronen als »blind« gekennzeichnet. Die zentrale Mulde im Patronenboden erlaubte dem Schlagbolzen Berührungsfreiheit bei Trockenübungen.

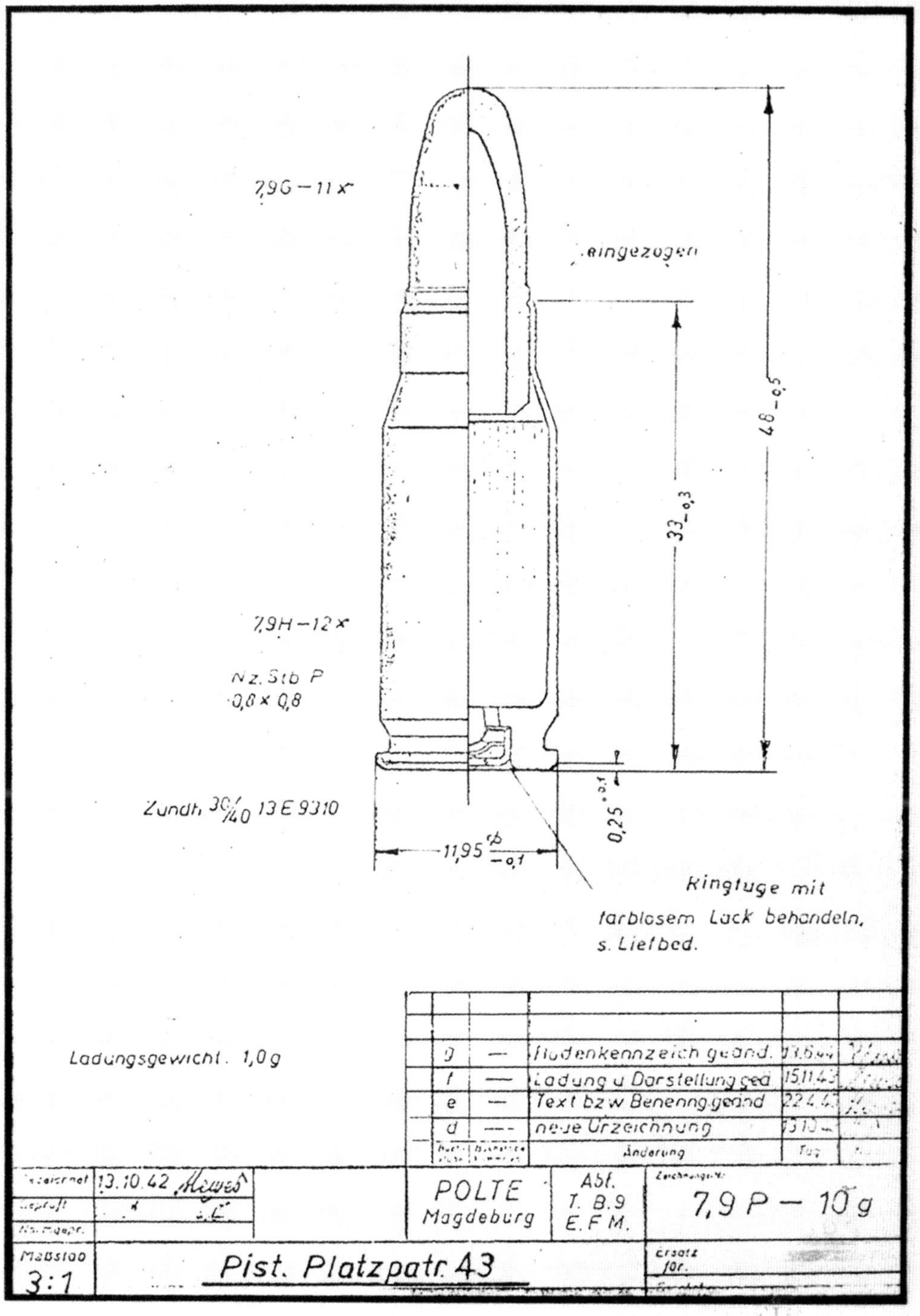

Polte-Zeichnung der Platzpatrone.

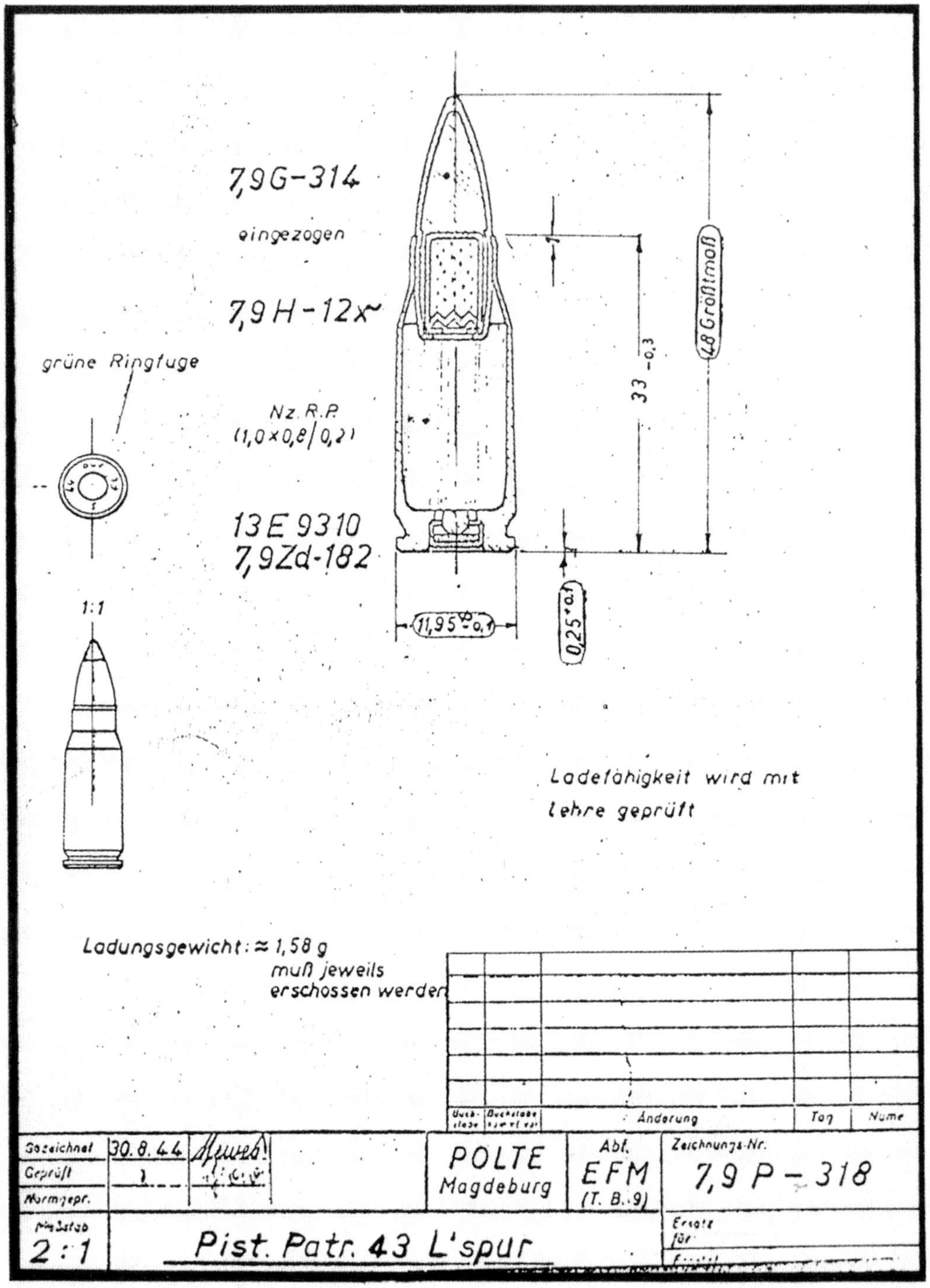

Polte-Werkszeichnung der Pistolenpatrone 43 L'spur (Leuchtspur). Gemäß Zeichnung besaß das Leuchtspurgeschoß einen Bleikern mit schwarzer Geschoßspitze. Obwohl Leuchtspurgeschosse eventuell erprobt wurden, sind keine erhaltenen Exemplare bekannt.

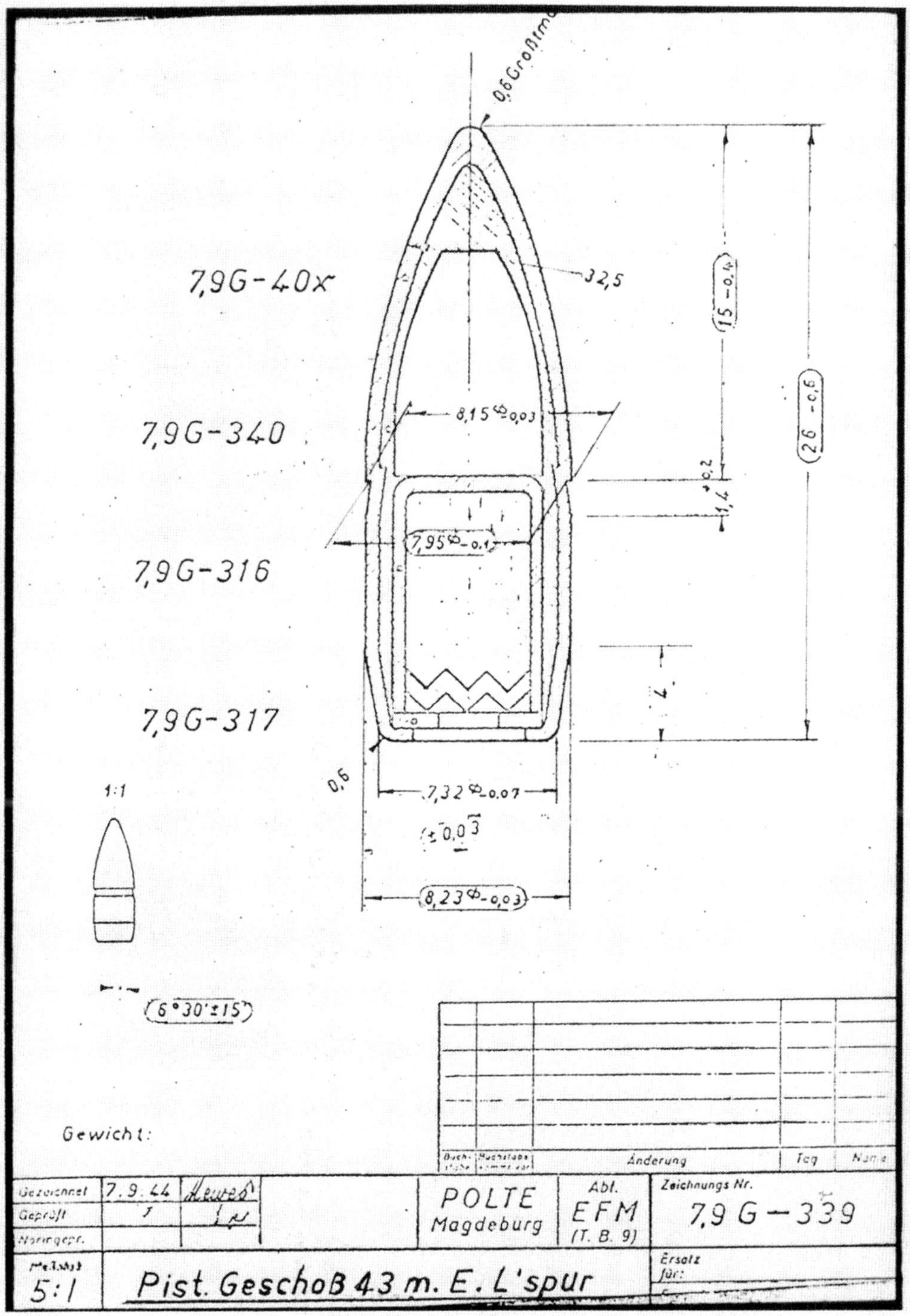

Polte-Zeichnung einer Leuchtspurgeschoß-Variante mit Stahlkern (Pist.Geschoß 43 mE. L'spur).

Sonderausführung Druckprüfpatrone zur Ermittlung der Gasdrücke bei Laborversuchen. Ein in den Hülsenboden gefräster Schlitz diente als Zentrierung des Lochs unter dem Gaskolben des Gasdruckmeßgerätes. Bei geladener Patrone wurde das Loch durch ein Stoffsiegel verschlossen.

Experimentelle Kurzpatronen mit gerillten Geschossen aus Sintereisen (Pistolenpatrone 43 mit SE-Geschoß). In Erwartung von Materialknappheiten war es vorgesehen, das Standardgeschoß der Kurzpatrone m.E. durch Sintereisengeschosse zu ersetzen, die weder Stahlmantel, Bleihülle noch Geschoßkern benötigten (Sintern – Fusion von Eisenpulver zu einer festen Masse). Obwohl verschiedene Versuchsversionen existierten, kamen die Sintereisengeschosse vor Kriegsende nicht mehr in die Fertigung. Neben den Sintereisengeschossen wurden auch als »Bernsteingeschosse« benannte Ganzstahlprojektile erprobt. Die Bodenstempel von links nach rechts: aux – St 45 44, aux 31 44 St, aux – St 49 44 sowie ein Geschoß des ersten Entwurfs. Die gerillte Führung sollte die Abnutzung der Züge und Felder des Laufs reduzieren.

Vergleich verschiedener Patronenschachteln für Kurzpatronen mit der Bezeichnung Pistolenpatrone 43 m.E. Die Patronen wurden alle 1944 hergestellt und verpackt. Von links nach rechts: 15 und 20 Schuß in Ladestreifen; 15 und 14 Schuß lose. Fast identisch mit den Schachteln der Standardmunition wurden die Kurzpatronenschachteln aus leichtem (0,5 mm) braunem Karton hergestellt. Der Herstellercode stand gewöhnlich auf dem Etikett, das auf den Deckel der Schachtel geklebt und manchmal mit Drahtklammern befestigt war.

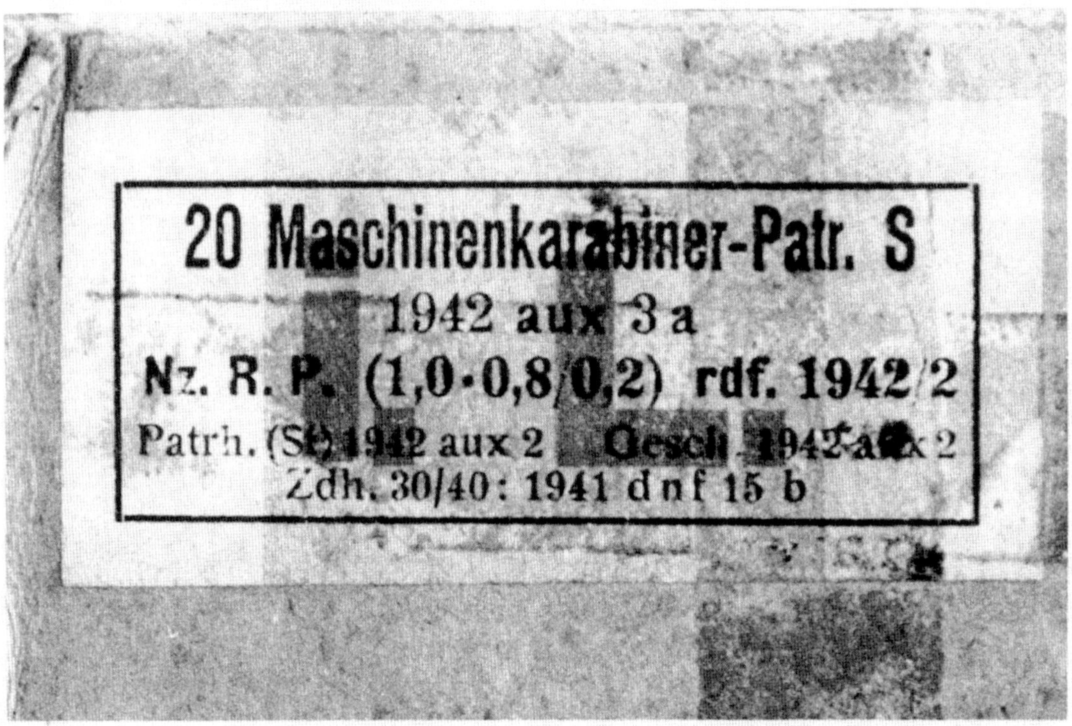

20-Schuß-Schachtel von 1942 mit der frühen Bezeichnung Maschinenkarabiner-Patrone S. Neben der Identifizierung des Herstellers und der Losnummer beinhaltet das Etikett Angaben zu Treibladung, Hülse, Geschoß und Zündhütchen. Die kaum sichtbare Angabe i.L. zeigt an, daß die Patronen »in Ladestreifen« zu fünf Schuß verpackt sind.

20-Schuß-Schachtel Pistolenpatrone 43 m.E., Polte-Fertigung von 1944. Die Patronen sind ebenfalls in Ladestreifen verpackt.

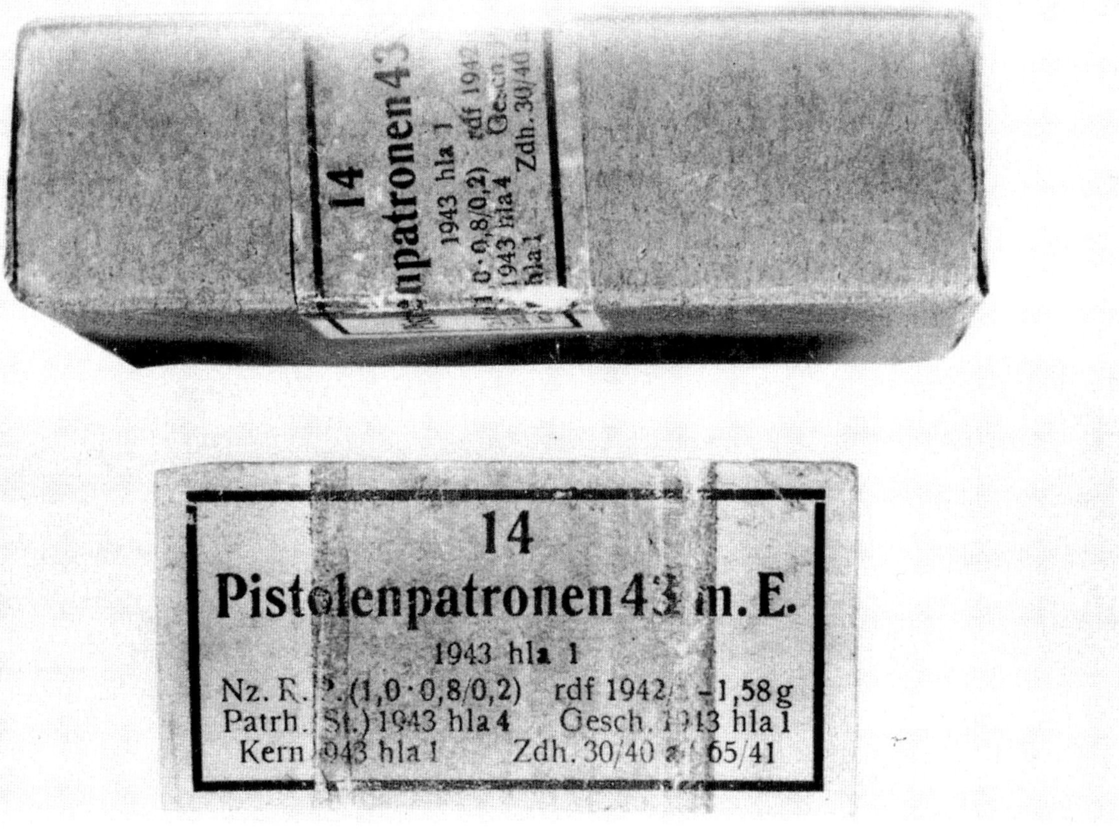

14-Schuß-Schachtel loser Pistolenpatronen 43 m.k. nebst Etikett von 1943. Ein ähnliches Etikett ist getrennt abgebildet. Patronenexperten berichten, die 15-Schuß-Schachtel wäre bei Polte Standard, 20 Schuß normal und 14 Schuß außergewöhnlich.

Die letzte Bezeichnungsänderung. Ab Ende 1944 wurde die Bezeichnung Kurzpatrone 43 m.E. eingeführt. Diese Patronenschachtel für 14 Schuß lose Patronen von 1945 zeigt die Änderung.

7,9-mm-Kurzpatrone aus DDR-Fertigung. Die Stempelung zeigt einen Arsenalcode (04) sowie das Herstellungsjahr (58). Es wird angenommen, daß es sich bei dem Hersteller um die ehemalige Polte-Fabrik in Magdeburg handelt.

Die Sowjets erbeuteten in den letzten Kriegsmonaten große Mengen deutscher Sturmgewehre und 7,9 x 33 mm Patronen. Laut den Nachrichtendiensten war es nicht ungewöhnlich, originale deutsche Waffen und Munition in Gebieten terroristischer Aktivitäten zu entdecken. Vereinzelte Exemplare deutscher Sturmgewehre und Kurzpatronen sind in Südostasien, im mittleren Osten sowie in Südamerika aufgetaucht. Obwohl selten öffentlich dokumentiert, zeigt diese Bodenstempelung ein Exemplar einer Kurzpatrone aus 1945er dou.-Fertigung, das bei sowjetunterstützten »Antiregierungs-Fraktionen« in Südafrika gefunden wurde.

Diese Originalpackung deutscher Munition wurde 1950 in den Vereinigten Staaten neu etikettiert und zum legalen Verkauf angeboten. Die andere, 1946 in Italien neu etikettierte Packung wurde 1953 vom griechischen Militär übernommen und wiederum neu etikettiert. Neben den nach dem Kriege in der DDR produzierten Kurzpatronen wurden solche ebenfalls in Spanien und Argentinien hergestellt.

Nach dem Krieg wurde die deutsche Kurzpatrone von vielen Ländern in modifizierten oder experimentellen Waffen erprobt. In diesem Falle wurde neu verpackte deutsche 7,9 x 33 mm Munition 1947 von der belgischen Fabrique Nationale (FN) beim »Universalkarabiner«, einer frühen Version des FAL-Gewehrs, eingesetzt.

Anerkennung gebührt den Militärpatronen-Sammlern auf der ganzen Welt, durch die es möglich wurde, mit einer Zusammenstellung der Bodenstempel und physikalischen Charakteristika der erhaltengebliebenen deutschen Kurzpatronen eine genaue Chronik der 7,9-mm-Kurzpatrone während des 2. Weltkrieges zu ermöglichen.
Als Beispiel dieser Anstrengungen führt die nachfolgende Liste die Bodenstempel und Losnummern der bekannten Kurzpatronen auf:

Bodenstempelung		Losnummer
ak St	— 44	1 2 3 4 5 6 7 8 9 10 11
ak-St	— 44	12 13
ak-St	— 45	1 2 3 4 5 6
aux 7,9	— 41	2
aux 7,9	— 42	1 2 3 4 5 6 7 8 9 10 11 12 13 – – 16
aux 7,9	— 43	1 2 3 4 5 6 7 8 9 10 11 12 13 14 15 16 17 18 19
aux St	— 44	1 2 3 4 5
aux	— 44 St	6 7 8 9 10 11 12 13 14 15 16 17 18 19 20 21 22 23 24 25 26-28 29 30 31 32 33 34 35
aux St	— 44	34 35 36 37
aux-St	— 44	37 – 39 40 41 42 43 44 45 46 47 48 49 50 51 52 53 54 55 56 57 58 59 60 61 62 63 64 65

Bodenstempelung		Losnummer
aux-St	— 45	1 2 3 4 – – – 8 9 10 – 12 – 14
de-St	— 45	1 2 3 4 5 6 7 8
dou. St+	— 44	1 2 3 4 5
dou.-St	— 44	6 7 8 9 10 11 12 13 14 – – – – 19
dou.-St	— 45	1 2-5
fva	— 44 St	1 2 3 4 5 6 78 9 10 11 12 13 14 15 16 17 18
fva	— 45 St	1 2 3 4 5
hla 7.9	— 43	1 2
hla St	— 43	4 5 6-8
hla St	— 44	1 2 3 4 5 6 7 8 9 10 11 12 13 14 15 16 17
hla-St	— 44	18 19 20 21
hla-St	— 45	1 2 3 4 5
kam St	— 44	1 2 3 4 5
oxo St	— 44	1 2 3 4 5 6 7
oxo-St	— 44	8
oxo-St	— 45	1 2 3 4
wa St	— 44	1 2 3 4 5 6 7
wa-St	— 44	8 9 10 11 12 13 14 15

XVIII
Das Gewehrgranatgerät

Da die Kurzpatronenwaffe als Allzwecksystem für die Infanterie bestimmt war, forderte der Anforderungenkatalog eine Möglichkeit, Gewehrgranaten abzufeuern. Daher erhielt der erste Maschinenkarabiner, der Haenel-Schmeisser MKb42, ein Mündungsgewinde zur Aufnahme eines Granatschießbechers. Ursprünglich als Aufnahme für Zubehör gedacht, d.h. für ein Platzpatronengerät bzw. einen Schießbecher, war das Mündungsgewinde vermutlich zur Aufnahme eines frühen »aufschraubbaren« Schießbechers bestimmt.
Obwohl die Waffenamtsvorgaben »die Verwendung des vorhandenen, »aufklemmbaren Schießbechers« verlangten, bleiben in diesem Fall die Gründe für die Wahl eines völlig neuartigen Schießbechers ungeklärt. Es scheint, daß die Firma Haenel bei der Entwicklung ziemlich viel Entwurfsfreiheit hatte, so wurde der aufklemmbare Schießbecher, trotz der Möglichkeit, normale Gewehrgranaten aus dem aufschraubbaren MKb-Schießbecher zu verschießen, später doch eingesetzt. Als früheste Form des Schießbechers für die Kurzpatronenwaffen existierten bekanntlicherweise mehrere Varianten von Mündungskupplungen und Schießbechern, die, den Berichten zufolge, für Entwicklungsarbeiten auf dem Versuchsgelände Kummersdorf verwendet wurden. In der endgültigen Form, wie zur Verwendung mit dem Haenel MKb42(H) und dem Walther MKb42(W), erhielt der aufschraubbare Schießbecher die Bezeichnung *MKb42.*
Wegen der bestenfalls sehr eingeschränkten Frontverwendung ist die Art des Zubehörs, wie Tragetasche und Visiereinrichtung, zur Zeit noch unbekannt.
Obwohl sie als selten gelten, haben einige Treibpatronen den Krieg überstanden. Von Polte (aux) in wenigstens drei verschiedenen Ausführungen hergestellt, dienten diese Patronen zum Abfeuern der im Schießbecher befindlichen Gewehrgranate.
Bei Einführung der MP43-Reihe im Jahre 1943 wurde die Bezeichnung des Gewehrgranatgeräts MKb42 in *MPGrCt43 (Maschinenpistolengranatgerät 43)* geändert, obwohl die Ausführung des Geräts unverändert blieb. Da identische Mündungsmerkmale vom Haenel-MKb auf die neue Waffe übertragen wurden, konnte der aufschraubbare Schießbecher problemlos auf die neue Waffe montiert werden.
Obwohl die Einzelheiten der Entwicklung und der darauffolgenden Verwendung des Gewehrgranatgeräts mit den Kurzpatronenwaffen unklar bleiben, berichtet ein interner Bericht über die frühen Felderprobungen der MP43/1 und von den ungünstigen Ergebnissen mit dem Gewehrgranatgerät und dessen Handhabung.
Als Reaktion auf die mit dem Laden der Granaten verbundenen Schwierigkeiten der langsamen Schußfolge und der mangelhaften Treffgenauigkeit wurde empfohlen, daß immer *zwei* Schützen zum Granatschießen mit dem MP-System eingesetzt werden sollten – einer zum Laden der Waffe, der andere zum Zielen und Abfeuern.
Was das Gerät selbst angeht, wurde ferner vorgeschlagen, daß das »neue Granatgerät« mit einem wirkungsvollen Visier, einer erhöhten Schußweite und der Verwendungsmöglichkeit als Panzerabwehrwaffe einzusetzen sei.
Neben der beabsichtigten Fertigungsumstellung von der MP43/1 auf die MP43 mit anderen Mündungsmerkmalen, soll der übliche Granatschießbecher mit Klemmverriegelung bereits im Juli 1943, zur Verwendung mit der MP43 amtlich übernommen worden sein. Mit der Bezeichnung

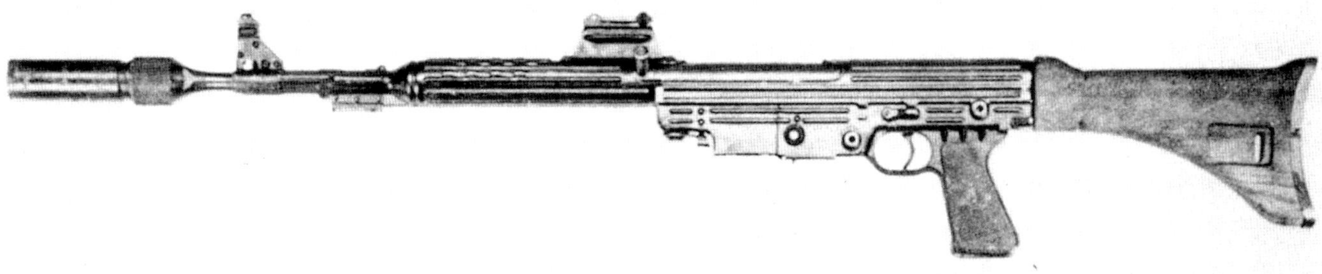

Originalaufnahme der U.S.-Army (Aberdeen Proving Ground) des frühen, aufschraubbaren Schießbechers, montiert auf einem Walther-Maschinenkarabiner MKb42(W).

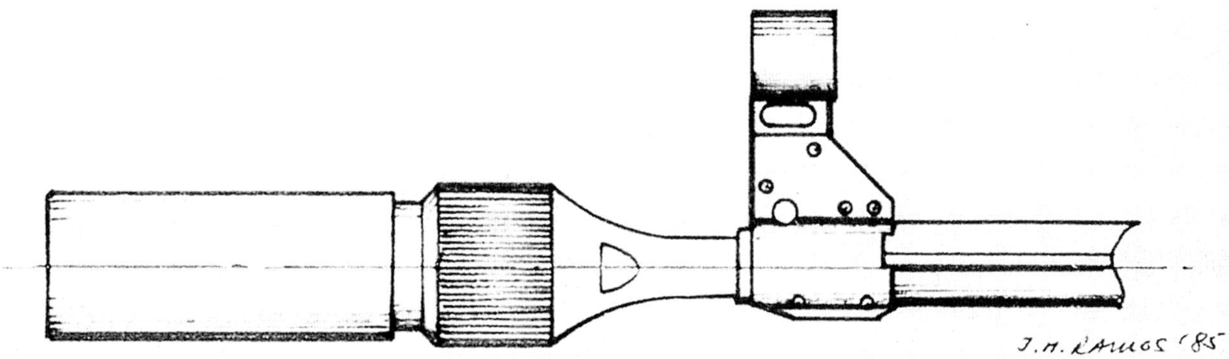

Das als MKb42-Gewehrgranatgerät bezeichnete Stück war zur Verwendung mit den Haenel- und Walther-Maschinenkarabinern vorgesehen. Die Bezeichnung wurde später bei Einführung der MP43/1 in Maschinenpistolengranatgerät 43 (MPGrGt43) geändert.

GwGrGt (Gewehrgranatgerät) war der aufklemmbare Schießbecher der gleiche, der mit dem Karabiner K98k eingesetzt wurde. Er konnte problemlos auf die MP43, MP44 und das StG44 montiert werden. Obwohl die nach Juni 1944 datierten Handbücher für die Waffen der MP43-Serie kurz erwähnen, daß der Schießbecher als unverzichtbare Standardausrüstung jedes Infanteriewaffensystems zu verwenden sei, bleibt noch unklar, ob dieses Vorhaben auch zur praktischen Anwendung gekommen ist.

Allen Berichten zufolge hatte die deutsche Rüstungsindustrie bei der Entwicklung von zuverlässigen Gewehrgranaten und zufriedenstellenden Treibpatronen (Kartuschen) für große Schußweiten, sowohl bei der Standardmunition als auch bei den Kurzpatronen, erhebliche Schwierigkeiten. Das Granatgerät bestand aus drei Hauptbestandteilen: der Granate, dem Schießbecher und der Treibpatrone. Unter der großen Vielfalt an deutschen Gewehrgranaten, die für verschiedene Einsatzzwecke entwickelt wurden, war wahrscheinlich die *Gewehr-Sprenggranate (G.Sprgr.) die häufigste (Anmerkung des Übersetzers: Die G.Sprgr. diente zur Bekämpfung von Zielen hinter Deckungen, in Schützenlöchern, Bunkerscharten und Häusern und von Baumschützen, die sich mit Gewehr und MG – innerhalb des Wirkungsbereiches der G.Sprgr. – nicht wirksam genug bekämpfen ließen. In der Verteidigung wurde sie zur Sturmabwehr verwandt. In Ausnahmefällen war auch der Einsatz gegen Panzer vorgesehen).*

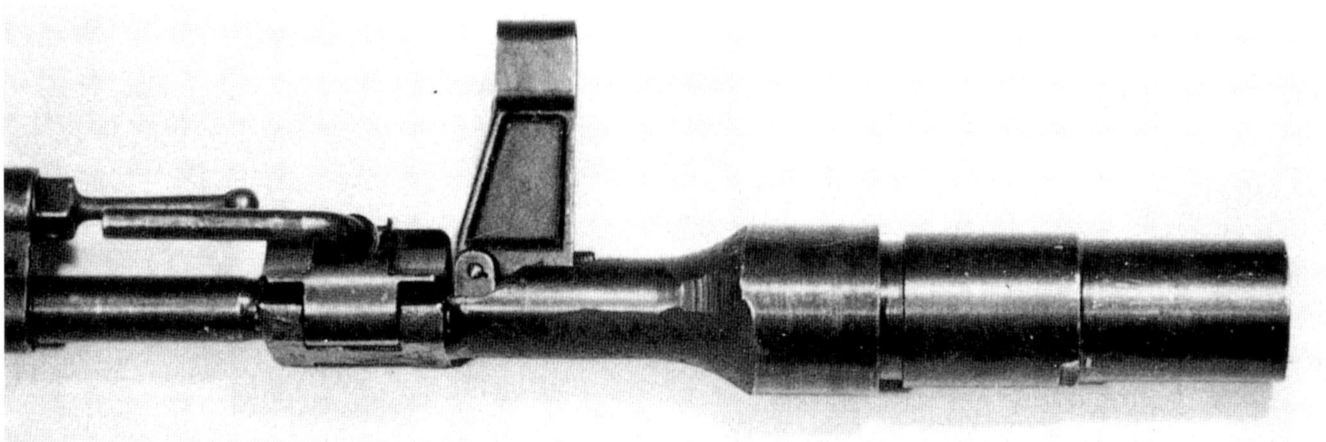

Offiziell als Gewehrgranatgerät bekannt, war der aufklemmbare Schießbecher das gleiche Gerät, das beim Karabiner 98k verwendet wurde. Es ließ sich einfach zum Verschießen von Granaten mit der MP43, der MP44 und dem StG44 verwenden.

Hier eine MP44 mit GwGrGt und dazugehöriger Visiereinrichtung, die an der linken Seite der Waffe festgeklemmt war. Mit einer kleinen Wasserwaage und einer Schußweitenskala versehen, war das Visier bis auf die Montageklemme mit dem des K98k identisch.

Als drehstabilisierte Geschosse besaßen die Granaten auf der Außenseite, ca. 6 mm vom Geschoßboden, eine für die Züge und Felder des Schießbechers vorgeformte Drallkappe. Da der Schießbecher gezogen war, wurde die Granate mit einer Drehbewegung in den Becher geladen.
Das Zug-Kaliber des Schießbechers beträgt 30 mm. Der aus gefrästem Stahl hergestellte Becher wurde in eine Haltevorrichtung geschraubt, die eine Klemme zur Befestigung auf dem Lauf besitzt. Es gibt keine Gasaustrittsöffnungen und der Becher wurde zur Reinigung einfach von der Haltevorrichtung abgeschraubt. Obwohl die Montage einfach war, mußte bei den Waffen der MP43-Serie vorher die Schutzmutter des Mündungsgewindes entfernt werden.
Verschiedene Schußweiten wurden durch Veränderung des

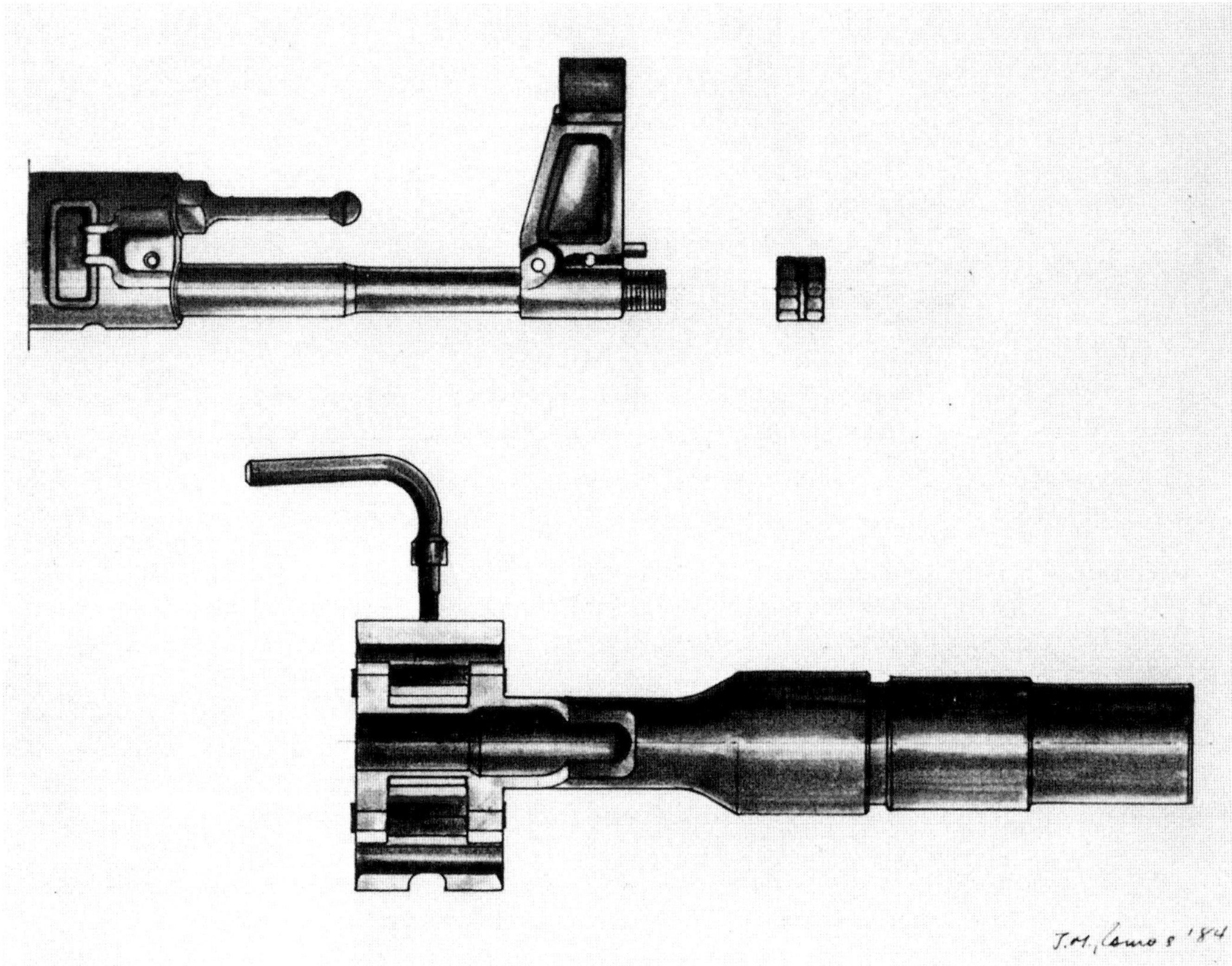

Gewehrgranatgerät (GwGrGt) mit geöffneter Montageklemme, fertig zum Aufsetzen. Obwohl leicht zu montieren, mußte die Schutzmutter vorher vom Mündungsgewinde entfernt werden.

Abschußwinkels mit Hilfe einer Visiereinrichtung erzielt. Dies ist ein einfaches Gerät, das an der linken Seite der Waffe festgeklemmt wird. Das mit der Visiereinrichtung für den K98k fast identische Gerät hat eine auf für die Kurzpatronenwaffen angepaßte Montageeinrichtung.

Obwohl sie als Teil des Gewehrgranatgeräts ausgegeben wurden, sind die Visiereinrichtungen im Laufe der Zeit offensichtlich »verlorengegangen« oder abgelegt worden. Die Erfahrung des Schützen gewährleistete die »Plazierung« der Granaten mit ausreichender Treffsicherheit.

Am Rande sei bemerkt, daß der »Schießbecher mit Klappkorn«, der auf die Bajonetthalterung des K98k aufgesteckt wurde, sowie dessen Granaten nicht zur Verwendung mit den Kurzpatronenwaffen geeignet waren.

Gewehrgranatgerät mit Ledertragetasche, Standardschießbecher, Visiereinrichtung und Flachschlüssel, der zum Abschrauben des eigentlichen Schießbechers von der Montageklemme diente.

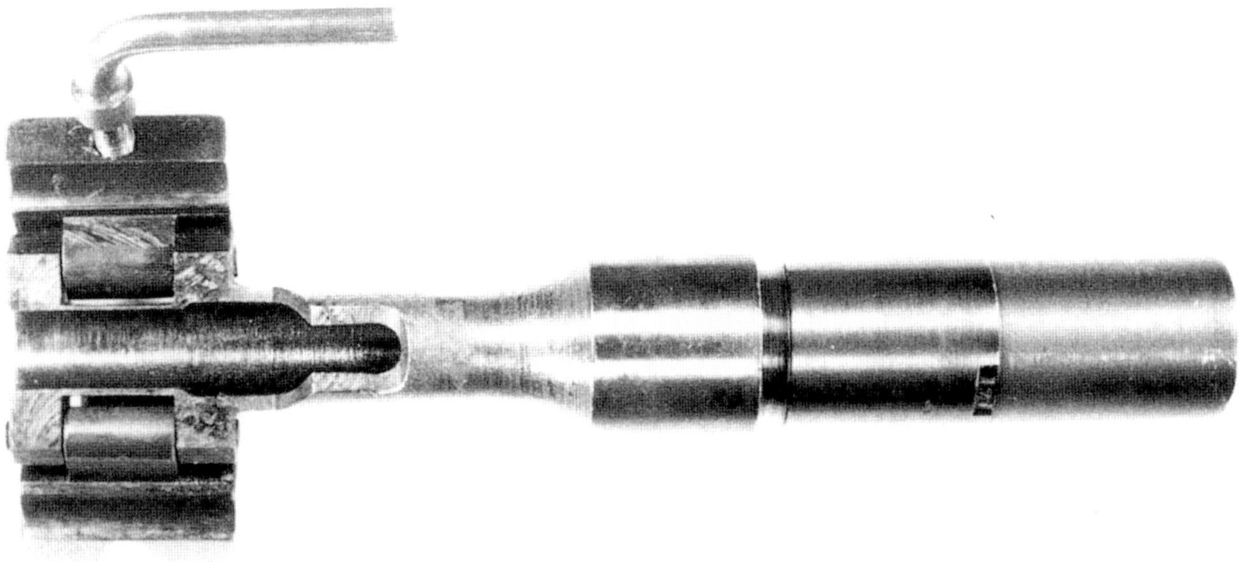

Eine weitere Ansicht des Standardschießbechers mit geöffneter Halteklemme.

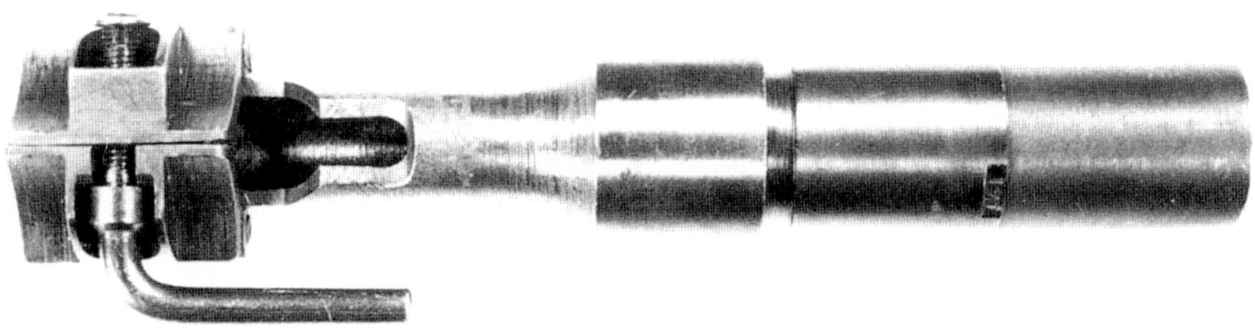

Blick auf das GwGrGt mit geschlossener Halteklemme. Es ist 25 cm lang, bei einem Außendurchmesser von 4,2 cm an der Aufnahme des Schießbechers. Das gesamte Gerät wurde in der Regel brüniert.

Im Laufe des Krieges wurde die Forschung mit verschiedenen Typen von Gewehr- und Pistolengranaten sowie Kartuschen fortgesetzt. Mit dem Ziel, die Schußweite zu erhöhen, die Flugzeit zu verkürzen und die Treffsicherheit zu erhöhen, bereitete die Entwicklung von Treibpatronen für erhöhte Schußweiten erhebliche Probleme.

Berichten zufolge wurden spezielle Treibpatronen für Gewehrgranaten in Kummersdorfund, nach Mitte März 1945, auf dem Versuchsgelände Hillersleben entwickelt. Eine solche späte Kriegsentwicklung war eine Treibpatrone mit »verlängertem, im Durchmesser reduzierten Hals«, zur Verwendung mit den Sturmgewehren MP44 und StG44.

Angeblich »in kleinen Stückzahlen hergestellt« und zur Erprobung »in die Hände von Spezialtruppen gegeben«, deutet eine unbestätigte Vermutung der Experten auf das Versuchsmuster eines Gewehrgranatgeräts hin, welches mit den neuen Treibpatronen eingesetzt werden sollte, dessen Form allerdings noch unbekannt ist. Im Gefecht wurden Gewehrgranaten von den deutschen Truppen oft eingesetzt. Von den auf der Standardmunition basierenden Treibpatronen sollen für die Kurzpatronenwaffen vier Varianten existiert haben. Bisher konnten jedoch lediglich drei Typen eindeutig identifiziert werden. Es handelt sich hierbei a) um die Ausführung mit Standardhülse und gelbem Holzgeschoß, b) das Modell mit abgestuftem Hülsenhals und schwarzem Holzgeschoß sowie c) um die Variante mit verlängerter Hülse, die in ihrer Gesamtlänge der Standardkurzpatrone entsprach. Von diesen Varianten soll lediglich die Standardhülse mit gelbem Holzgeschoß begrenzt eingesetzt worden sein.

Aus Gründen der Genauigkeit muß hier vermerkt werden, daß die Bezeichnungen »Standardhülse«, »abgestufter Hülsenhals« und »verlängerte Hülse« moderne Bezeichnungen der Patronensammler sind und keinen Ursprung in den deutschen Militärbezeichnungen haben.

Da die Gewehrgranaten üblicherweise mit der entsprechenden Treibpatrone eingesetzt werden mußten, wurde diese Patrone in vielen Fällen mit Klebeband an den Granatkörper befestigt.

Zur weiteren Identifikation wurde ein Farbcode verwendet. Üblicherweise hatte die Kartusche eine farbige Ringfugenlackierung, bzw. ein farbiges Holzgeschoß. Obwohl die meisten deutschen Standardtreibpatronen (7,92 mm Gewehrkartusche) des 2. Weltkrieges eindeutig den entsprechenden Gewehrgranaten zugeordnet werden konnten, gibt es noch eine Anzahl nicht identifizierter Patronen.

Trotz der gelben und schwarzen Farbkennzeichnungen der Treibpatronen für das Sturmgewehrsystem muß darauf hingewiesen werden, daß es keine genaue Verbindung zwischen diesen Patronen und den spezifischen Granattypen gibt – eine rätselhafte Tatsache, die seit Jahren Sammler und Experten verwirrt.

Ein exzellenter Kommentar über deutsche Treibpatronen für Gewehrgranaten im allgemeinen erschien im Buch *German 7,9 mm Military Ammunition von* Daniel W. Kent:

»Bedingt durch ihre spezielle Art, Ausgabeweise und begrenzte Anwendung, sind die Granatpatronen die seltensten Erscheinungsformen deutscher 7,9-mm-Munition. Eine genaue Identifikation ist; wegen der Herstellungsart und des hochkomplizierten Markierungssystems, sehr umständlich. Es wird vermutet, daß die Hersteller bestimmte, nicht amtlich festgelegte Produktionsfreiräume hatten.

Geringfügige Variationen der Geschoßfarbe würden an der Front normalerweise keine Schwierigkeiten bereiten, da jeder Granate eine eigene Treibpatrone zugeordnet war. Die korrekte Zuordnung einer Patrone zu der entsprechenden Granate wird allerdings dadurch erschwert; daß die gleiche Patronenart; bei geringfügiger Änderung der Markierungen der Ringfugenlackierung oder bei gänzlichem Verzicht auf diese Markierungen, für verschiedene Granaten verwendet wurde. Oft sind Hinweise auf Treibpatronen falsch oder widersprüchlich«.

Originale Polte-Treibpatronen 7,9 mm kurz; v.l.n.r.: Standardhülse mit gelbem Holzgeschoß, Bodenstempel aux 23 44 St; abgestufter Hülsenhals mit schwarzem Holzgeschoß, Bodenstempel aux 42; verlängerte Hülse mit der gleichen Gesamtlänge der Standardkurzpatrone, Bodenstempel aux 42.

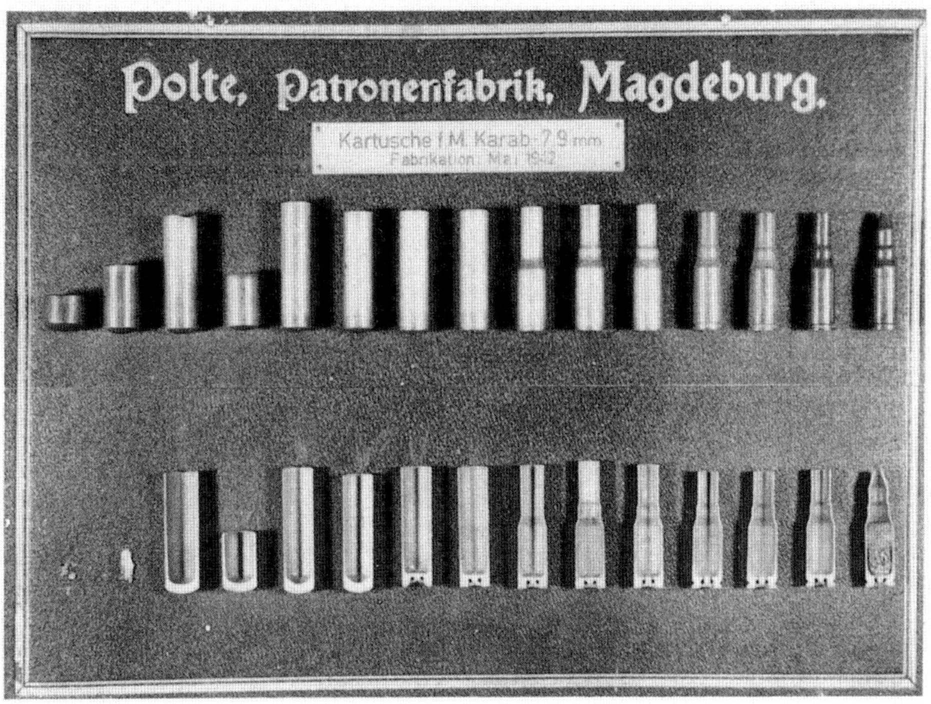

Polte-Patronenschautafel zur Demonstration der Fertigungsstufen der Treibpatrone (Kartusche) mit »verlängerter Hülse«.

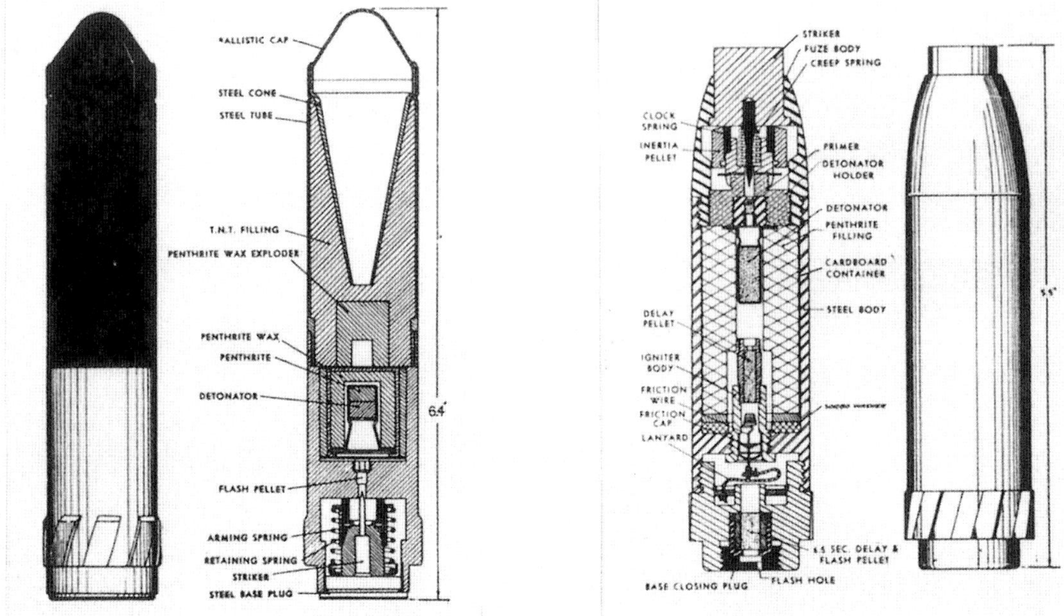

Unter der großen Vielfalt an deutschen Gewehrgranaten, die für verschiedene Einsatzzwecke entwickelt wurden, waren die links abgebildete Gewehr-Panzergranate und die rechts abgebildete Gewehr-Sprenggranate wohl die häufigsten.

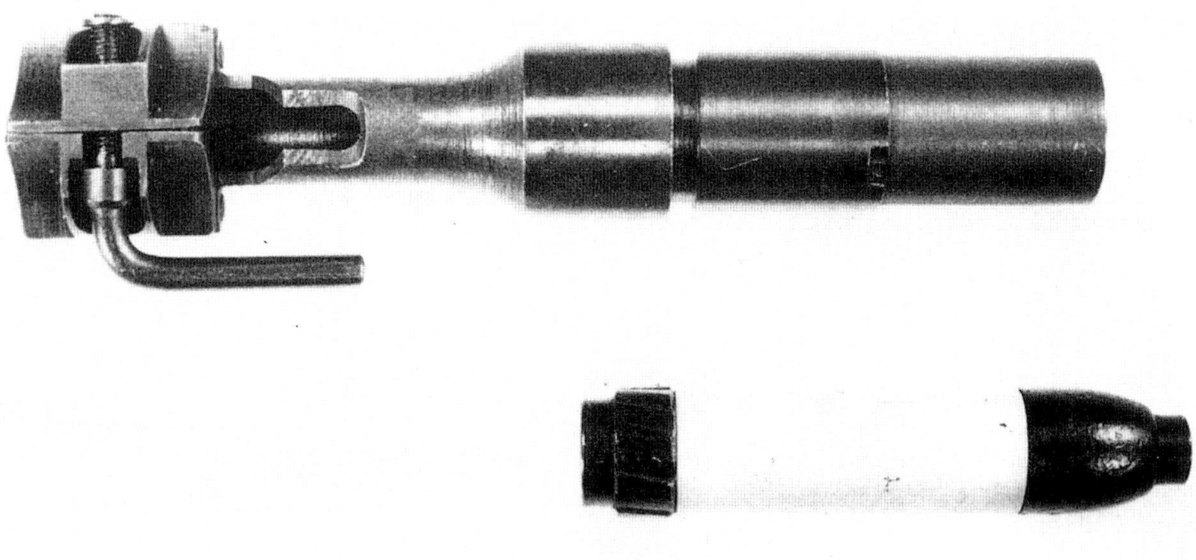

Der »aufklemmbare« Standardschießbecher neben einer typischen Gewehr-Sprenggranate. Diese zum Einsatz gegen Personenziele bestimmte Granate hatte eine Länge von ca. 14 cm bei einem Durchmesser von 29,7 mm. Die Geschoßspitze war schwarz, der Körper gelb. Die Drallkappe, in diesem Falle aus Bakelit gefertigt, war dicht am Geschoßboden angebracht.

Der Schießbecher hatte einen gezogenen Lauf mit einem Feldkaliber von 30 mm. Das aus gefrästem Stahl gefertigte Drallrohr wurde in den Halter eingeschraubt.

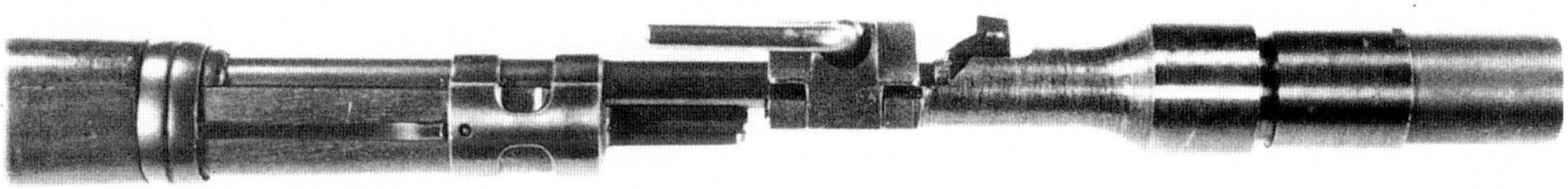

Der Schießbecher zu Vergleichszwecken auf dem K98k montiert.

Ein extrem seltenes Gewehrgranatgerät, ursprünglich zur Verwendung mit dem Selbstladegewehr G43 bestimmt. Das Gerät besaß eine spezielle Halteklemme für dieses Gewehr.

XIX
Der gebogene Lauf

Als Nebenprodukt eines Projektes von Rheinmetall-Borsig aus der frühen Kriegszeit sollte ein Gerät entstehen, womit zufriedenstellende Schußversuche auf kleinerem Raum als auf der herkömmlichen Schußentfernung durchgeführt werden könnten.
In der endgültigen, zum deutschen Dienstgebrauch verfeinerten Ausführung, forderte das einzigartige Konzept die Umlenkung der Geschoßflugbahn mittels eines gebogenen Laufs. Spezielle, zur Verwendung mit der MP43-Waffenreihe bestimmte gebogene Laufvorsätze wurden in zwei getrennten Ausführungen hergestellt: Der *Vorsatz J* mit 30°-Bogen für den Infanterieeinsatz sowie der *Vorsatz P* mit 90°-Bogen und Kugelblende zum Einbau in gepanzerten Fahrzeugen.
Für den Feldeinsatz bestimmt, wurde der *Vorsatz J* entworfen, um das Schießen aus der Deckung, um Häuserecken und aus Schützenlöchern zu ermöglichen, ohne daß der Schütze dem gegnerischen Feuer ausgesetzt wurde. Im Unterschied zum Infanteriemodell sollte der 90°-*Vorsatz P* zur Nahverteidigung von gepanzerten Fahrzeugen dienen.
Die außergewöhnlichen gebogenen Läufe waren nach dem Krieg Gegenstand ausführlicher britischer und amerikanischer Zeugamtsauswertungen.
Aus diesen zahlreichen Berichten wurde, in der Veröffentlichung der Zeugamtsschule der U.S.-Army *(U.S. Army Ordnance School), Submachine Guns,* Band 1, Juli 1958, eine hervorragende Zusammenfassung der mit der Entwicklung des gebogenen Laufs verbundenen Ereignisse präsentiert. Als bemerkenswerte beim Versuchsgelände Aberdeen vorbereitete Erzählung wird die Ansicht der U.S.-Army über die Umstände des *gebogenen Laufs* hier vollständig wiedergegeben:

Das früheste deutsche Entwicklungsprogramm für gebogene Läufe basierte auf dem Bedarf für eine verbesserte Methode zum Beschuß von schweren Flugzeugmaschinenwaffen. Durch eine Abwärtslenkung des Geschosses direkt nach dem Verlassen der Mündung wurde die kinetische Energie des Geschosses erheblich reduziert; daher konnte die Länge der Schießbahn erheblich verkürzt werden. Im August 1941 erfanden Konstrukteure der Fa. Rheinmetall-Borsig auf dem Versuchsgelände Guben ein »stark abgewinkeltes Schußgerät ... für leichtkalibrige Maschinenwaffen, in dem ... ein gebogener Lauf als Ablenkkanal dient ...« Dieses Gerät wurde zuerst als Ablenkeinheit gesehen und nicht als »Umlenkgerät«. Das Ablenken wurde gewünscht; um die Geschosse – zwecks angenehmerer Prüfbedingungen – aus der Bahn zu bringen und zu verlangsamen.
Das erste Schießen mit dem Ablenkgerät fand im Januar 1942 bei Guben statt. Ein 5-cm-Geschützrohr wurde gebogen, um eine Ablenkung um 55° herzustellen, worauf ein Maschinengewehr 131 im Kaliber 13 mm aus kürzester Entfernung in das Gerät abgefeuert wurde, wobei sich die Mündung des Maschinengewehrs etwa 2,5 cm vom hinteren Ende des Ablenkgeräts befand. Bis März 1942 hatte die Forschungsarbeit bereits Ablenkeinheiten für 20-mm- und 30-mm-Geschosse umfaßt.
Fortgesetzte Versuche im Winter 1942 brachten ein Ablenkgerät hervor, das entweder für 7,9-mm- oder 9-mm-Geschosse verwendet werden konnte. Dieses Gerät für kleinere Kaliber wurde im Dezember 1942 der Fa. C.G. Haenel in Suhl (fxo) zur Verfügung gestellt. Haenel meldete ausgiebiges Schießen mit diesem Gerät bis November 1943. Obwohl die Arbeit an dem »Energieabbauprogramm« letztendlich eingestellt wurde,

Ein Teil des technischen Feindlageberichts (Technical Intelligence Report) Nr. 347 vom 18. 07. 1945 der U.S.-Army befaßt sich mit dem »Krummer Lauf«-Vorsatz für deutsche Maschinenpistolen. Die folgenden Aufnahmen wurden bei der Untersuchung der 30°- und 90°-Laufvorsätze gemacht. Obwohl die Geräte verschiedentlich als »Krummer Lauf« aufgeführt wurden, lautete die amtliche deutsche Bezeichnung »der gebogene Lauf«. In diesem Falle wird eine Kurzpatronenwaffe der Sturmgewehrreihe nebst unvollständiger Kugelblende zum Einbau in Kampfwagen abgebildet.

Nahaufnahme des 90°-Vorsatzes und der Kugelblende mit entsprechender Laufverbindung für MP43/1. Nach dem amtlichen Bericht des U.S.-Army-Zeugamts war der 47,6 cm lange Lauf – Außendurchmesser 25 mm – mit einem »speziellen Adapter mit unterbrochenen Gewindegängen zur Schnellmontage vorgesehen«.

Der 90°-Vorsatz und die Kugelblende für gepanzerte Fahrzeuge von vorn.

wurde die praktische Anwendbarkeit eines gebogenen Laufs demonstriert, und Rhein meta II wurde in der zweiten Hälfte 1943 mit der Entwicklung von gebogenen Läufen für den Kampfeinsatz beauftragt. Deutsche Unterlagen deuten an, daß Haenel bei der Entwicklung dieser Umlenkgeräte mitarbeitete. Das Ausmaß der Beteiligung Haenels bleibt jedoch unbekannt. Oberst Hans Schaede vom Heereswaffenamt (Anmerkung des Übersetzers: Mitarbeiter in der Entwicklungsabteilung bei Rheinmetall-Borsig in Sömmerda) *behauptet; die Idee der direkten Laufmontage der Umlenkeinheit zu*

Der 90°-Vorsatz mit Klemmvorrichtung (der den Spitznamen »Um-die-Ecke-Gewehr« von den Mitgliedern der Zeugamtsmannschaft erhielt) war nie dazu bestimmt, so abgefeuert zu werden. Bei Versuchen in dieser Schußweise wurden Einzelschüsse und Feuerstöße ausprobiert, wobei sich Versuche mehrerer Schützen, die Waffe fest in der Hüfte zu halten, bei mehr als drei Schüssen im Dauerfeuer als gefährlich erwiesen – Schütze und Waffe wurden um fast 90° herumgewirbelt. Der an eine Halteklemme für das Gewehrgranatgerät geschweißte 90°-Lauf wurde offensichtlich in den letzten Kriegsmonaten zu Versuchszwecken bzw. als Notlösung hergestellt. Der gebogene Lauf besaß weder Gasaustrittsöffnungen, Verstärkungen noch eine Visiereinrichtung.

Kampfzwecken im Herbst 1943 hervorgebracht zu haben (Anmerkung des Übersetzers: Im Herbst 1943 begann Oberst Schaede mit seinen Versuchen. Trotz bester Kontakte zum damaligen Reichswehrminister Dr. Speer erhielt Rheinmetall-Borsig erst ein Jahr später den offiziellen Auftrag zur Entwicklung und Fertigung des »gebogenen Laufes«). *Die tatsächliche Forschung begann unter der Aufsicht von Dr. Herfurtner im Labor Unterlüß des Rheinmetall-Borsig A.F. Werks.*

Die ersten Versuche mit um- statt abgelenkten Geschossen wurden mit halbrunden Rinnen durchgeführt. Das erste Gerät; eine 15°-Rinne mit einem Biegeradius von 250 mm, wurde als starre Einheit auf einem Standarddienstgewehr K98k mit abgedrehtem Lauf montiert. Die Befestigung erfolgte mittels einer Schelle, die durch drei Schrauben festgeklemmt wurde. Ein Federkeil sollte ein Verdrehen der Rinne verhindern.

Die Leistung wurde bei der 7,9 mm Patrone s.S. Standardmunition als zufriedenstellend bezeichnet. Der Umlenkwinkel wurde jedoch für zu gering befunden. Im Laufe dieser Experimente wurden zahlreiche außergewöhnliche Verhaltensweisen von Geschoß und Rinne beobachtet. Das größte Problem war die durch die Richtungsänderung des Geschosses verursachte Druckwirkung. Da es vorgesehen war, Geräte mit noch größeren Umlenkwinkeln herzustellen, stellte die mangelnde Festigkeit der Rinne, die zum Federn neigte, ein weiteres Hauptproblem dat Es wurden keine Versuche unternommen, diese Fehler beim 15°-Gerät zu korrigieren. Die nächste Versuchsreihe wurde mit offenen 30°-Geräten durchgeführt; die mit Verstärkungsrippen an der äußeren geschlossenen Seite der Rinne versehen waren (gebogene Rinne mit Versteifungsrippen). Der Karabiner 98 k mit der s.S.-Standardpatrone (= schweres Spitzgeschoß) diente weiterhin als Testwaffe. Mit der Einführung der Versteifungsrippen wurde das Federn der Rinne vermindert. Es tauchten allerdings andere Probleme auf. Die Geschosse wiesen eine Neigung zum Rutschen, sich

Beispiele von Geschoßdeformationen, die beim Schießen aus dem handgehaltenen 90°-Laufvorsatz aufgetreten sind. Der Pfeil deutet auf ein nicht abgefeuertes Geschoß (Kurzpatrone 43 m.E.). Der Untersuchungsbericht erklärt: »In einem normalen Lauf werden die Geschosse auf einer Strecke von 10 mm gezeichnet. Beim Passieren des 90°-Laufes werden sie über eine Strecke von 16 mm eingeschnitten. Die Belastung dieser gewaltsamen Richtungsänderung genügt, um viele der Geschosse in der Mitte durchbrechen zu lassen, wobei das Geschoß an der normalen Crimprille durchbricht... Schußversuche in Sägemehl ergaben mehr Fragmente als intakte Geschosse... Beim Geschoß der 7,9-mm-Kurzpatrone wird eine Umlenkung um 30° für praktikabel gehalten. Die 90°-Umlenkung ist offensichtlich als solche nicht praktikabel.«

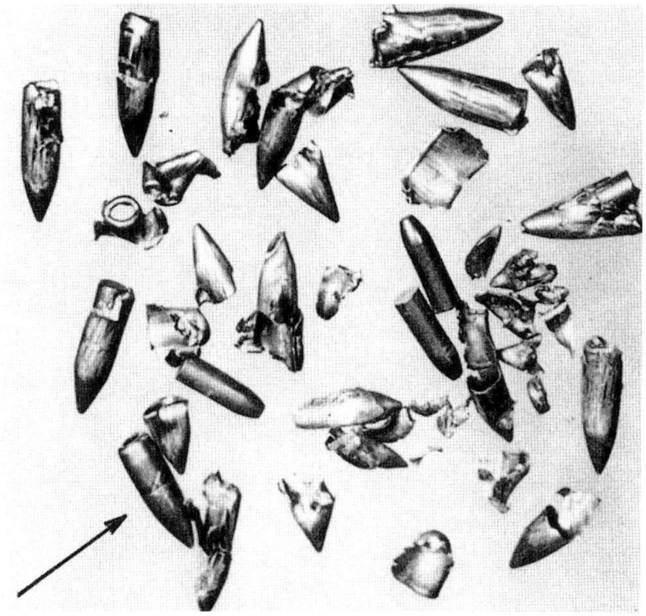

Captain P.B. Sharpe von der technischen Abteilung des Zeugamtshauptquartiers ETO (Paris) am 26. 06. 1945 mit Sturmgewehr und »aufklemmbarem« 90°-Versuchsvorsatz, der zum primären Einsatz in gepanzerten Fahrzeugen gedacht war. Als ehemaliger Zeugamtsoffizier war Captain Sharpe gegen Ende des Krieges Mitglied einer Zeugamtsmannschaft zur Erkundung der technischen Feindlage (Ordnance Technical Intelligence Team – OTIT 3), beauftragt mit der Auswertung von deutschen Entwicklungen mit gebogenen Läufen.

Der um 30° gebogene Lauf (Vorsatz J) mit Prismenvisier, zum Schießen aus voller Deckung. Ein Testbericht besagt: »Der 30°-Lauf hat eine Länge von 35,5 cm. Die ersten 10 cm sind gerade, ebenfalls die 11,4 cm lange Mündungsstrecke, wobei der 30°-Bogen auf eine 14 cm lange Strecke in der Mitte des Vorsatzes beschränkt ist. Der Lauf ist auf der ganzen Länge mit 4 breiten Zügen im Uhrzeigersinn gezogen, die in den Abmessungen denen des Maschinenpistolenlaufs ähnlich sind. Das hintere Ende, das auf die Mündung der MP geklemmt wird, ist bis zu einer Tiefe von 9 mm und einem hinteren Innendurchmesser von 10 mm konisch geformt, damit sich das Geschoß in dem neuen Lauf neu zentrieren kann. Es wird kein Versuch unternommen, die Züge der beiden Läufe übereinstimmen zu lassen, daher graviert sich das Geschoß neu... Beim 30°-Lauf beträgt der Außendurchmesser 20 mm, wobei der Laufaußendurchmesser des MP-Laufs an der Mündung 14 mm beträgt. Ab einem Punkt, 58 mm vor dem hinteren Ende des Vorsatzes, ist eine gerade Linie 4 mm großer Löcher in die obere Fläche des Laufs gebohrt, offensichtlich um den Gasdruck zu mindern. In diesem Lauf wird dadurch die Beschleunigung der Treibgase ausgeglichen, somit passiert das Geschoß die Kurve »im Leerlauf«. Bei Schießversuchen mit dem 30° Lauf wurde der »Sprung« oder Laufanstieg der Waffe durch die Richtungsänderung des Geschoßes stark beschleunigt, wurde jedoch nicht so unbequem, um damit nicht schießen zu können. Das Ablassen der Gase durch die Austrittsöffnungen minderte die offensichtliche Belastung des Mechanismus zu einem großen Teil.«

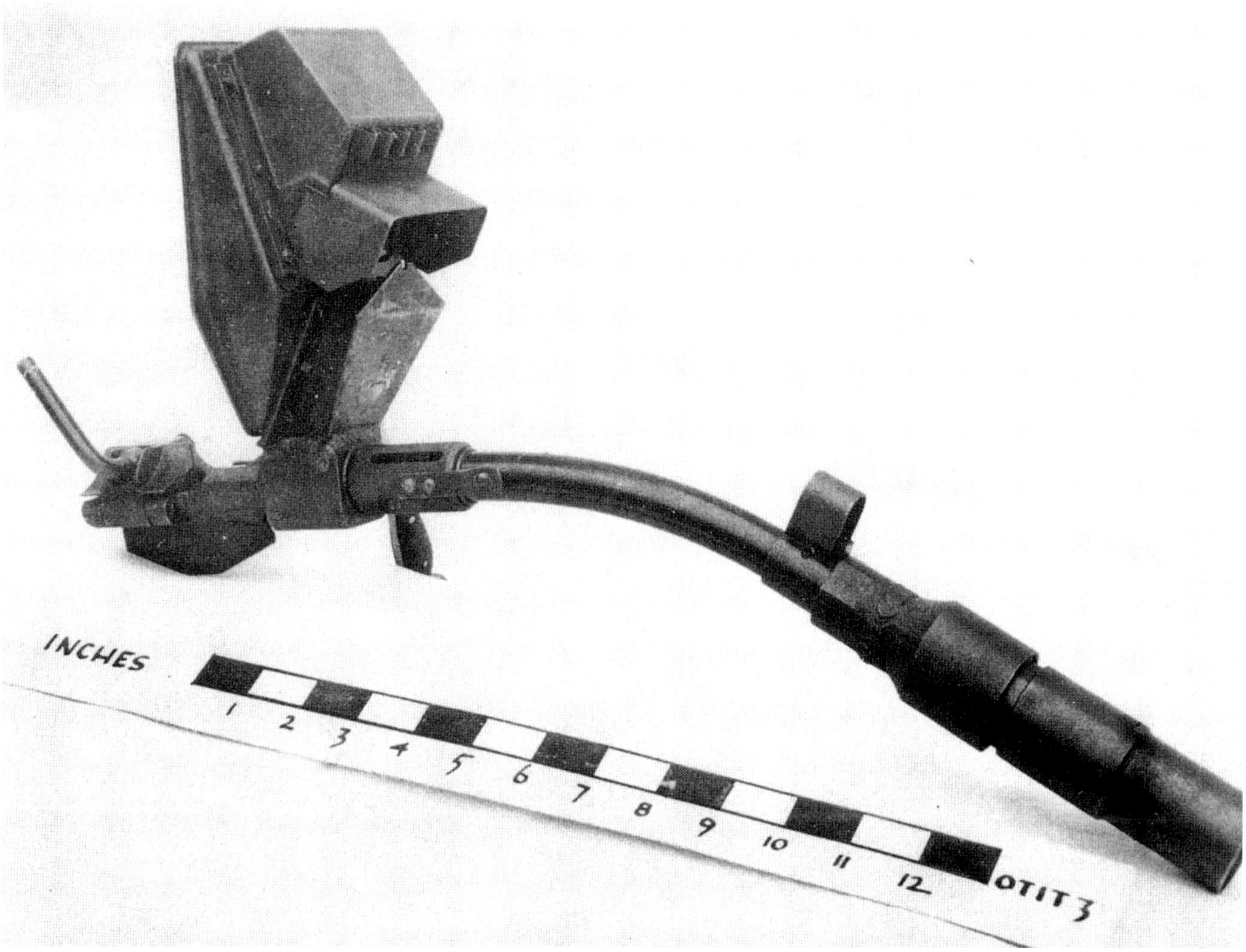

30°-Laufvorsatz mit Prismenvisier und Schießbecher für Gewehrgranaten. Er ist in zwei Teilen gefertigt. Die Laufkupplung wird direkt auf das Mündungsgewinde geschraubt, wobei der Schießbecher in die Laufkupplung geschraubt wird. Der Schießbecher wurde lediglich zur Reinigung von der Laufkupplung entfernt. Auszug aus dem Zeugamtsbericht: »Ein Mündungsaufsatz erlaubt den Einsatz des gebogenen Laufes mit einem Standardschießbecher für Gewehrgranaten, der auf die Mündung geschraubt wird. Eine spezielle Treibpatrone 7,9 mm kurz, mit hohlem Holzgeschoß, wird verwendet. Die Treibpatrone wird durch eine gelbe Farbmarkierung auf dem Geschoß gekennzeichnet.«
Dies ist die endgültige Form des Gewehrgranatgeräts für den gebogenen Lauf. Obwohl das Gerät offensichtlich zur Massenfertigung freigegeben wurde, ist es nie in nennenswerten Stückzahlen hergestellt worden.

Blick des Schützen durch das Prismenvisier des gebogenen Laufs. Für gezielte Schüsse wurde das Kornblatt mit der Kimme in Übereinstimmung gebracht. Die Laufklemme ist geschlossen und verriegelt, der Granatschießbecher befindet sich auf der Mündung.

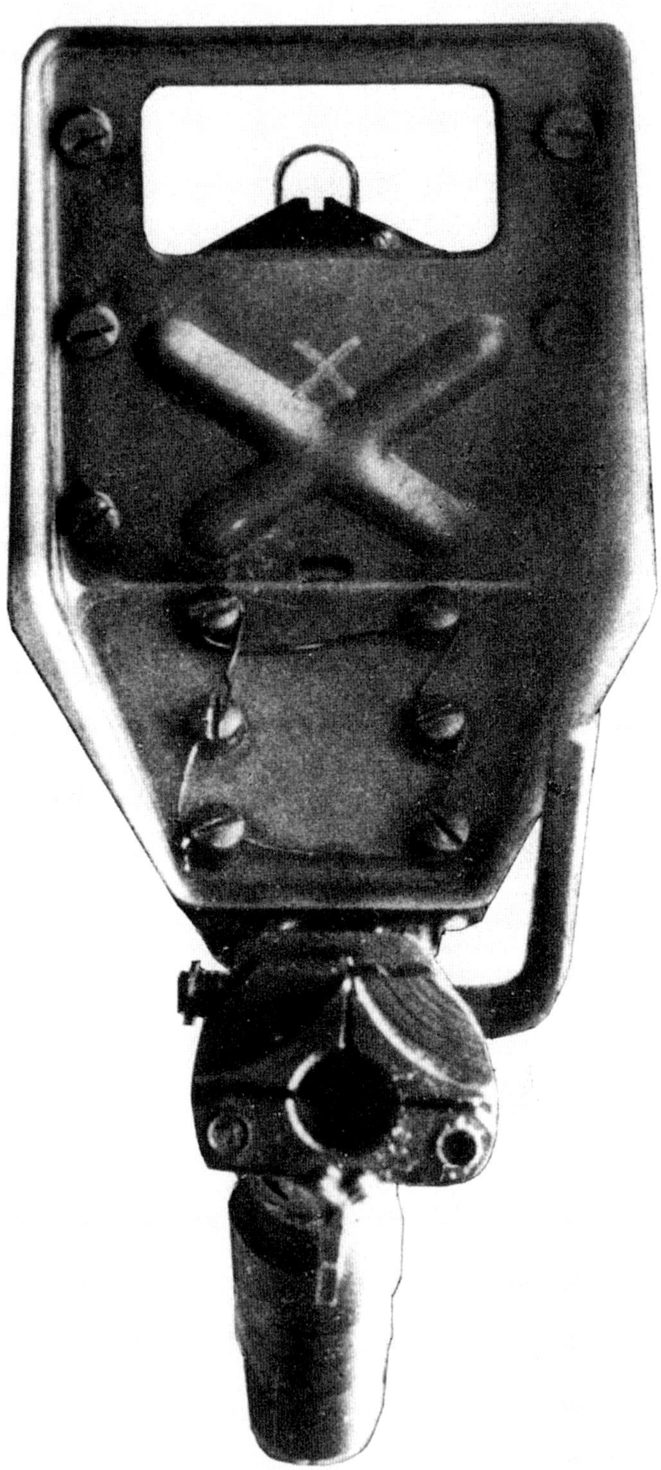

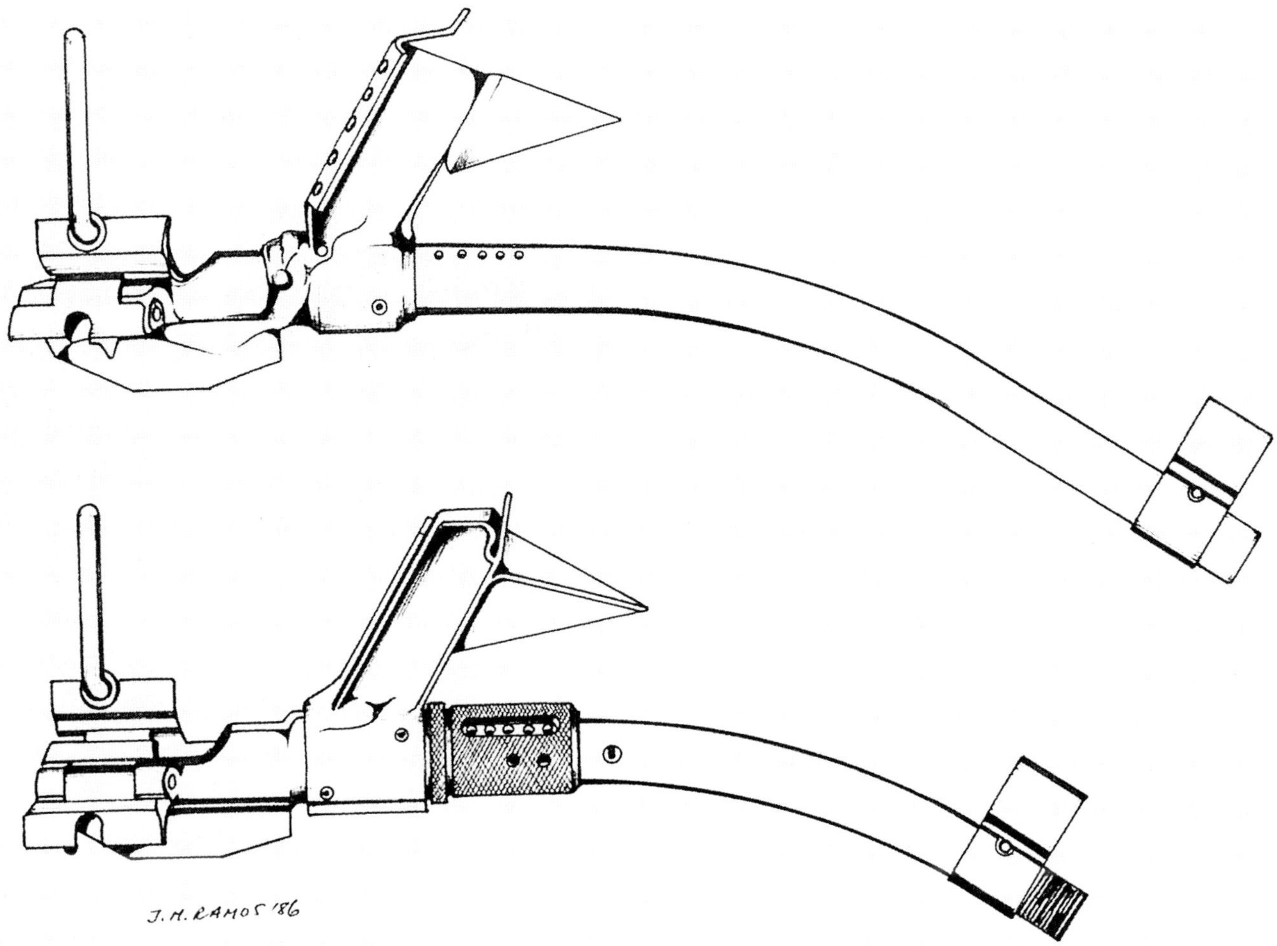

Verschiedene Versuchsmuster des Laufvorsatzes, die nach dem Kriege auf dem Versuchsgelände in Aberdeen erprobt wurden. Das 23-cm-Modell mit zylindrischem Montageblock (oben) besitzt keine Laufmuffe; die Gasaustrittsöffnungen sind klar ersichtlich. Das 12,7-cm-Modell hat einen quadratischen Montageblock, eine gerändelte Laufmuffe und ein Mündungsgewinde. Das bugförmige Abweiserblech dient zur Ablenkung der austretenden Gase aus der Visierlinie. Das Prismenvisier fehlt.

Dieser 30°-Vorsatz mit einem abweichenden Prismenvisier hat einen quadratischen Montageblock und ein bugförmiges Abweiserblech. Die gerändelte Laufmuffe ist um 180° gedreht worden, um die Gasaustrittsöffnungen zum Verschießen von Gewehrgranaten abzudecken. Zum normalen Schießen wurde die Muffe auf die andere Seite gedreht, damit die Laufbohrungen freilagen. Die Holzblöcke unter der Laufkupplung dienten zur Stütze der Waffe beim Schießen.

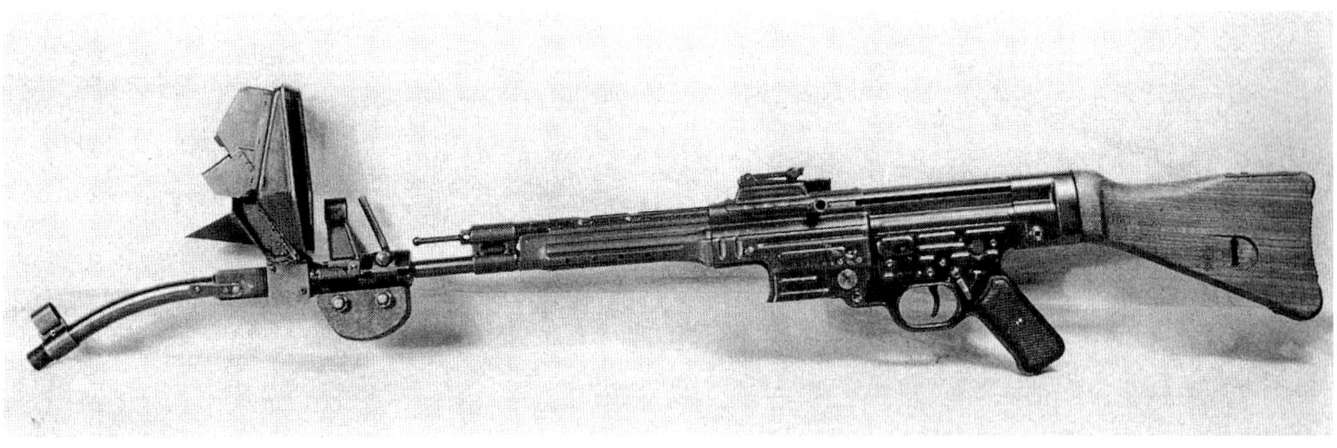

Ein innovatives Gerät für den Infanterieeinsatz. Der 30°-Vorsatz war zum Schießen aus der Deckung, um Ecken sowie aus Schützenlöchern, ohne dabei dem gegnerischen Feuer ausgesetzt zu sein, bestimmt. Die Mündung ist mit einem Gewinde für das Gewehrgranatgerät versehen.

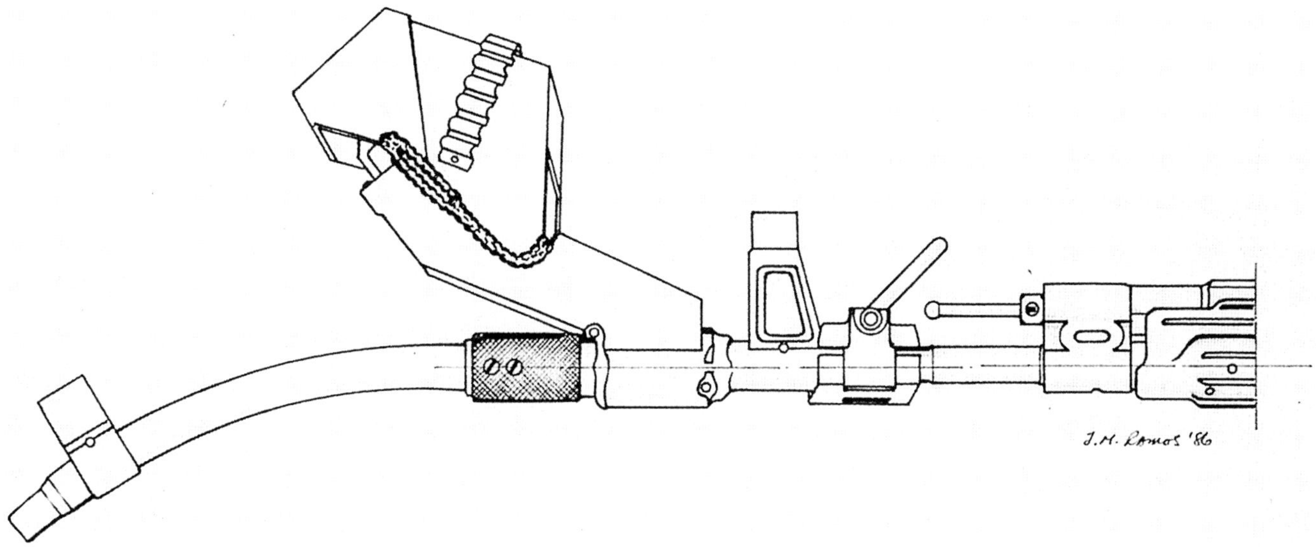

30°-Vorsatz J mit zylindrischem Montageblock und Prismenvisier in der endgültigen Form. Eine Montage des GwGrgt ist nicht vorgesehen.

Der Vorsatz J aus einem anderen Blickwinkel. Die Klemmkupplung ist geöffnet, fertig zur Montage auf den Sturmgewehrlauf. Als Vorsichtsmaßnahme wurden die Schrauben des Prismenvisiers mit Draht gesichert, um das Lockern der Schrauben durch Vibration zu verhindern. Die Mündung ist mit einem Gewinde für das GwGrGt für den gebogenen Lauf versehen.

Maschinenpistole 44 (MP44) mit 30°-Vorsatz J. Ein britischer Zeugamtsbericht der Nachkriegszeit besagt: »Bei Einzelfeuer wurde auf 100 m eine mäßige Treffsicherheit erzielt, bei Dauerfeuer war jedoch die Streuung so groß, daß es auf 50 m schwierig wäre, ein Ziel zu treffen ... Die kurze effektive Reichweite des gebogenen Laufes ist wahrscheinlich für den vorgesehenen taktischen Einsatzzweck ausreichend. «

Aufspalten, Zerfallen und übermäßigen Gieren auf. Dieser Zustand führte zur Entwicklung eines 7,92-mm-Ganzstahlgeschosses ohne Mantel, das eine erhöhte Festigkeit aufwies, ohne zerfallen zu können. Diese Versuchsmunition lieferte zwar erheblich bessere Ergebnisse, die weitere Arbeit daran wurde jedoch gestrichen, als es sich herausstellte, daß der Generalstab die Einführung einer neuen Munitionsart für einen derart spezialisierten Zweck, nicht in Erwägung ziehen würde.
Als Alternative setzte sich die Arbeit mit der Standardmunition mit Kern fort (7,9 mm S.m.K.). Die Ergebnisse waren besser als bei dem s.S. Geschoß, aber die Probleme des Zerfalls, Aufspaltens und Gierens wurden nie völlig beseitigt. Selbst nach der Einführung der fertigen Geräte im Jahr 1945 waren diese Probleme noch vorhanden.
Während der Entwicklung wurde die Aufmerksamkeit auf die Korrektur einer weiteren technischen Schwierigkeit gelenkt, nämlich die Reduzierung der Anzahl der kippenden Geschosse, eine Tatsache, die zu einer Unmenge an Querschlägern führte. Hierfür wurde eine abgewandelte Umlenkrinne entworfen (gebogene Rinne mit geraden Enden). Dieses Gerät bestand aus der bisherigen 30°-Rinne mit geraden Strecken am Aufsatzpunkt; an der Gewehrmündung sowie an der »Mündung« der Rinne. Die Ergebnisse dieser Modifizierung sind unbekannt.
Das Rinnengerät versagte wiederholt bei den gestellten Präzisionsforderungen auf 200 m, und die Arbeit an den Rinnen wurde letztendlich zugunsten eines geschlossenen Rohrs mit 30°-Umlenkung aufgegeben.
Das erste Gerät mit geschlossenem Rohr war glatt, mit einem Innendurchmesser von 10 mm und einem Außendurchmesser von 36 mm. Der Biegeradius betrug 250 mm und der Vorsatz wurde, mittels der zuvor erwähnten Federklemme, mit drei Schrauben »permanent« mit dem Lauf eines modifizierten K98k verbunden (gebogener Lauf mit Befestigung). Die Geschosse pflegten sich jedoch weiterhin zu zerlegen und abzukippen. Zudem wurde eine neue Art von Störung bemerkt. Die Projektile neigten dazu, nach dem Verschießen von mehreren hundert Geschossen die Laufwände zu durchbrechen oder stark zu verformen.
Der runde Laufquerschnitt in der Nähe der Rohrmitte wurde durch das wiederholte Schleudern und Drücken der Geschosse allmählich zur verlängerten Ellipse verformt. Um diese neuen Schwierigkeiten zu kompensieren, wurde der Laufdurchmesser zuerst auf 9 mm und dann 8 mm reduziert. Es konnte allerdings keine Besserung verzeichnet werden.
Der Bedarf für solche Umlenkgeräte wurde immer noch vom Oberkommando des Heeres unterstützt, die Arbeit allerdings mit wenig Erfolg fortgesetzt.
Endlich wurde die Idee zur Verwendung von gezogenen Läufen vorgetragen. Ausgesonderte K98k-Läufe mit abge-

nutzten Zügen wurden in 30°-Umlenkläufe mit 250 mm Biegeradius durch ein spezielles Kaltbiegeverfahren konvertiert. Zum ersten Mal seit zwei Jahren schienen sich die Ergebnisse der Treffergenauigkeit und des allgemeinen Verhaltens des Geräts zu verbessern. Durch die Leistung ermutigt, wurden viele der bei den Rinnen verwendeten Verbesserungen jetzt bei den Läufen wieder angewandt, in der Hoffnung, die Leistungen weiter zu verbessern. Zu den Verbesserungen gehörte das Hinzufügen von 80 mm langen geraden Laufstücken (gebogener Lauf mit geraden Enden). Diese Abänderung zeigte jedoch keine Besserung.
Versuche wurden mit nicht abgenutzten, gezogenen sowie mit teilgezogenen Läufen fortgesetzt, wobei bessere Ergebnisse als zuvor erzielt werden konnten. Es wurde festgestellt, daß die gezogenen Rohre für die Leistung des Geräts förderlich waren. Zum Schluß wurden noch einige maßhaltige, kaliberkonforme und in voller Tiefe gezogene Rohre hergestellt. Es wurden keine Versuche gemacht, die Züge der Gewehrläufe mit denen der Umlenkläufe in Übereinstimmung zu bringen. Die Ergebnisse hatten gezeigt, daß dies unnötig war und die Treffsicherheit davon nicht beeinflußt wurde. Die Funktion des Geräts mit verbesserten Zügen war im Vergleich zu den früheren Versuchen sehr zufriedenstellend und die Realisierbarkeit des Grundgedankens schien bewiesen.
Als Folge der guten Ergebnisse mit diesen maßgefertigten, gezogenen 7,92-mm-Umlenkläufen wurden die Entwickler ermutigt, das Gerät auf vollautomatische Waffen anzupassen. Der früheste Versuch auf diesem Gebiet wurde mit einem leichten Maschinengewehr MG34 gemacht. Einzelheiten des Versuchs stehen dem Autor nicht zur Verfügung, jedoch ist bekannt, daß die Montage des Geräts auf einer Waffe mit einer hohen Schußfolge nicht zufriedenstellend war. Der Rückstoßimpuls, der durch die rapide und dauerhafte Geschoßfolge verursacht wurde, war so groß, daß die Waffe wiederholt Ladehemmungen bekam. Das Projekt mit dem MG34 wurde in dem Glauben eingestellt, daß die Schußfolge zu schnell sei.
Zu diesem Zeitpunkt war die MP43 gerade beim Heer eingeführt worden. Die Waffe ließ sich auf Dauerfeuer umstellen und besaß eine niedrigere Feuerkadenz als das MG34 (ca. 450 Schuß/Minute bei der MP43 gegenüber 900 Schuß/Minute beim MG34).
Gleichzeitig mit der Anerkennung der MP43 als bevorzugte Waffe für den gebogenen Lauf forderte die Panzerwaffe ein ähnliches Gerät, das den Nahbereichsschutz von Kampfwagen gegen Infanterie erhöhen sollte.
Diese neue Anforderung fügte den Bedarf für einen Lauf mit erhöhtem Umlenkwinkel hinzu. Sowohl 60° als auch 75° Läufe wurden schließlich entwickelt, jedoch wurden letztendlich 90° als geeigneter Winkel für den Fahrzeugschutz ausgewählt.
Der erste vollständig gezogene Lauf, der bei der MP43 montiert wurde, hatte eine Biegung von 30° und war mit dem letzten Typ des K98k-Laufes identisch. Die Befestigungsmethode war ebenfalls identisch. (Die für diese Versuche verwendete Waffe konnte nicht identifiziert werden. Die Hintergründe der Entwicklung der MKb- und MP43-Reihen deuten darauf hin, daß die MP43/1 als ursprüngliche Versuchswaffe der Erprobung des gebogenen Laufs gedient haben mag. Die Waffe wird jedoch hier weiterhin als MP43 bezeichnet.)
Die ersten Versuche mit der MP43 ergaben zufriedenstellende Resultate. Die Verwendung eines Geschosses mit einer geringeren Gesamtlänge trug zur Beseitigung des Verformens und Gierens bei. Der Rückstoßimpuls sollte jedoch bei Dauerfeuer ein fortgesetztes Problem darstellen; den Berichten nach soll der Rückstoßimpuls bei halbautomatischem Feuer keine Probleme bereitet haben. Im Handanschlag warf sich die Waffe nach oben.
Um der diese Wirkung verursachenden Fliehkraft entgegenzuwirken, wurden zwei Entwicklungsrichtungen eingeschlagen: Erstens wurde das Gewicht des Rohrs verringert, zweitens wurde ein entsprechende Anordnung von Gasaustrittsöffnungen zur Entlastung des Rückstoßimpulses eingerichtet. Das Resultat war ein erleichterter, ausgeschnittener Laufvorsatz, der als *Vorsatz J* für den Dienstgebrauch eingeführt wurde.
Die Versuche, den Lauf zu erleichtern, konzentrierten sich auf eine Verringerung des Außendurchmessers. Ein besonders mit dieser Vorgehensweise verbundenes Problem war die Grenze der Wandstärke, die immer noch dem »Durchschlagen« und Verformen durch die Geschosse widerstehen mußte. Der ursprüngliche Außendurchmesser des Laufes wurde ohne ungünstige Nebenwirkungen von 36 mm auf 30 mm reduziert. Weitere Versuche ergaben, daß Außendurchmesser von 28 mm, 26 mm und 24 mm immer noch sicher waren. Bei 22 mm fingen die Läufe an, Anzeichen der Ver-

MP43/1 mit Vorsatz P (90°) zum Kampfwageneinbau. Die Mündungskupplung besteht aus einem gerändelten Stahlzylinder, 6,7 cm x 3,8 cm, mit Gewindegängen, die sich mit denen an der MP-Mündung decken. Die Muffe ist mit einem Federriegel versehen, der eine Drehung des Laufvorsatzes beim Schießen verhindert. Die Blende ist eine Stahlhalbkugel in einer entsprechenden Pfanne. Die Kugel ist zur Aufnahme des Vorsatzes und des 1,25-fachen Zielfernrohrs gebohrt. Die Waffe konnte schnell vom Laufvorsatz abmontiert werden. Diese Aufnahme (Aberdeen Proving Ground) zeigt die Waffe auf einer groben Montagevorrichtung für Ausstellungszwecke im Zeugamtsmuseum der U.S.-Army. Obwohl diese Aufnahme vielfach abgebildet wurde, soll darauf hingewiesen werden, daß die MP43/1 die frühe ZF4-Montageeinrichtung ohne Verriegelungsnut besitzt.

formung zu zeigen (Versuche mit der Reduzierung des Außendurchmessers der 90°-Läufe gingen bis 16 mm ohne ein Durchschlagen der Laufwand.)

Bei der Arbeit an den Austrittsöffnungen wurden verschiedene Muster mit Entlastungsbohrungen kleineren Durchmessers am hinteren Ende des Geräts erprobt.

Ein einziger, verlängerter Schlitz von 3 x 25 mm lieferte verbesserte Ergebnisse.

Die endgültige Kombination von Außendurchmesser und Gasaustrittsöffnungen, wie sie bei *Vorsatz J* Verwendung fand, beinhaltete einen Durchmesser von 20,5 mm sowie fünf Löcher in einer geraden Linie vor dem Übergang zwischen Lauf und Verbindungseinrichtung.

Nachdem die grundsätzliche Leistung des Umlenkrohres zur Befriedigung des Oberkommandos gelöst wurde, wurde das Problem aufgegriffen, eine praktikable Befestigungsvorrichtung zur Montage des gebogenen Laufs zu entwerfen. Die gewünschte Vorrichtung sollte die schnelle Montage und Entfernung des gebogenen Laufs erlauben, wobei die Waffe ohne den gebogenen Lauf stets einsatzbereit blieb. Die erste Entwicklungsreihe konzentrierte sich auf Expansionsfutter, federgelagerte Muffen und Verriegelungsmanschetten. Diese Geräte neigten alle zum Brechen an der Nahtstelle mit dem Lauf und wurden daher verworfen. Die Anforderung wurde auf den Bedarf einer einzigen Befestigungsvorrichtung eingeschränkt, die permanent mit dem gebogenen Lauf verbunden sein und eine Vorrichtung besitzen sollte, womit der Vorsatz schnell auf den Lauf einer

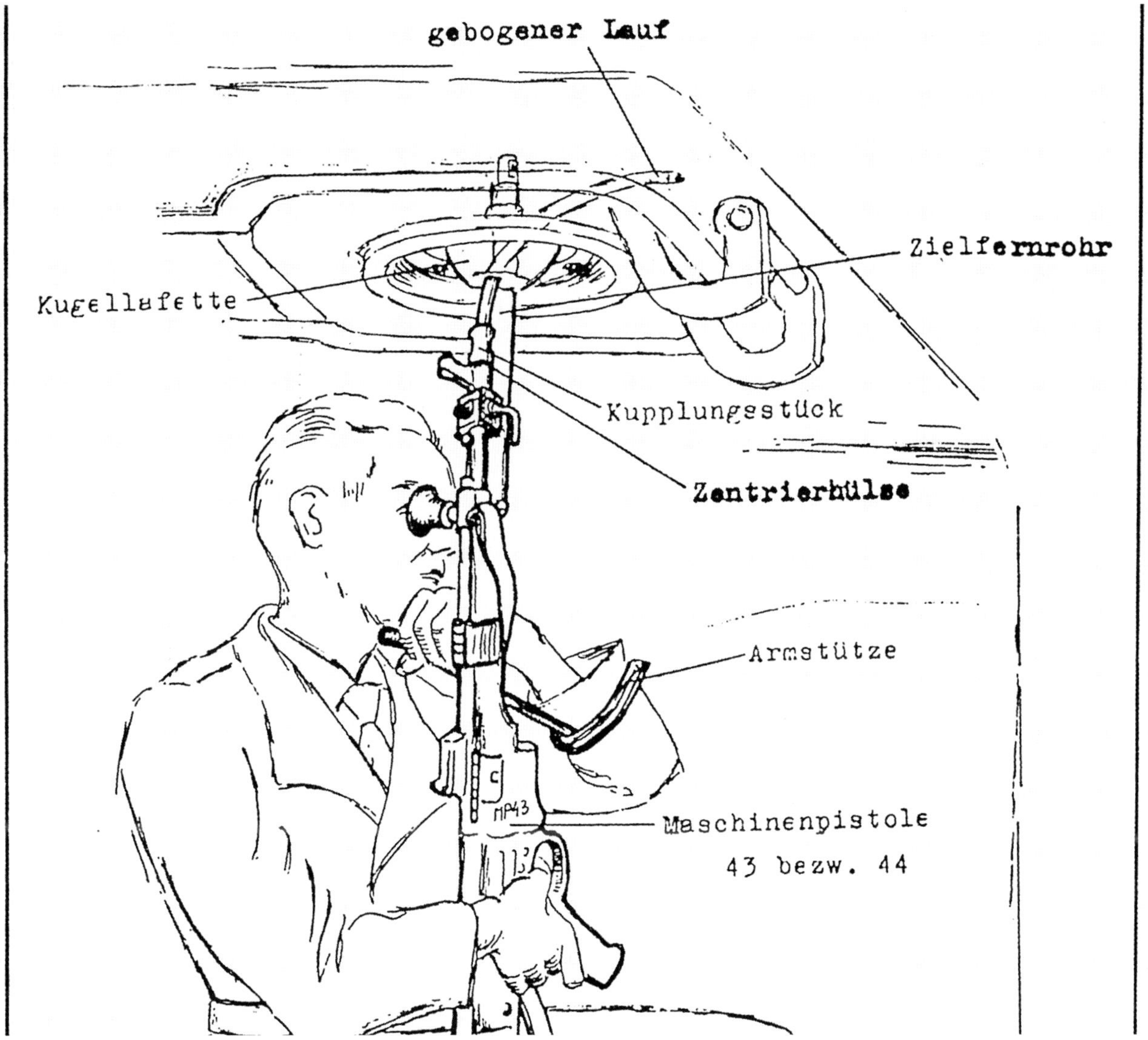

Eine Originalabbildung aus dem Handbuch des Rheinmetall-Vorsatz P.

> **Maschinenpistole – Vorsatz »P«**
> **(MP 43 und MP 44 mit gebogenem Lauf, eingebaut in Kugellaffette für Panzerwagen)**
> **Gebrauchsanleitung**
> **Rheinmetall-Borsig**
> **Nicht für MP 43/1 bestimmt**
> **Geheim!**

Unterlüss, 12. Januar 1945 »Der gebogene Lauf, in Verbindung mit der MP43 oder MP44 und dem Zielfernrohr ZF mit 1,25-facher Vergrößerung und Sichtwinkel 12°, soll im Dach eines gepanzerten Fahrzeuges fest montiert werden. Auf diese Weise wird eine senkrechte Montage der MP43 ermöglicht, wobei man vom Dach aus Ziele bekämpfen kann, die mit der Standardbewaffnung des Fahrzeugs unerreichbar sind. Zum Schießen mit dem gebogenen Lauf ist die Pistolenmunition 43 m.E. zu verwenden.«

III. Beschreibung

Zum Schießen mit gebogenem Lauf gehören außer der Maschinenpistole MP 43 bzw. MP 44 folgende Teile:

A. Gebogener Lauf mit Kupplungsstück
B. Zielfernrohr
C. Kugellafette
D. Armstütze
und E. Zentrierhülse bei Verwendung der MP 43

A. Gebogener Lauf mit Kupplungsstück

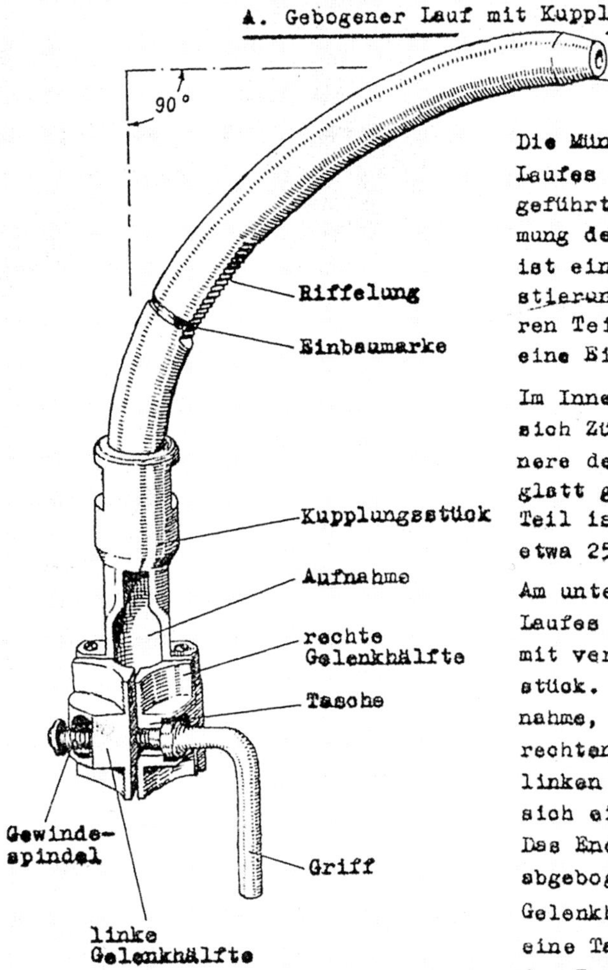

Die Mündung des zylindrischen Laufes ist außen konisch ausgeführt. An der inneren Krümmung des zylindrischen Teiles ist eine Riffelung für die Justierung vorgesehen. Am unteren Teil der Riffelung ist eine Einbaumarke vorgesehen.

Im Innern des Laufes befinden sich Züge und Felder. Das Innere des Laufes ist etwa 10 mm glatt gebohrt, der gezogene Teil ist an der Laufmündung etwa 25 mm gerade.

Am unteren Teil des gebogenen Laufes befindet sich fest damit verbunden das Kupplungsstück. Es besteht aus der Aufnahme, der linken und der rechten Gelenkhälfte. In der linken Gelenkhälfte befindet sich eine Gewindespindel. Das Ende ist zu einem Griff abgebogen. In der rechten Gelenkhälfte befindet sich eine Tasche, gegen welche sich der Bund der Gewindespindel im geschlossenen Zustand legt. Die Bohrung im Innern des Kupplungsstückes dient zur Aufnahme der Laufmündung der MP 43 bzw. MP 44.

Rheinmetall-Vorsatz P mit Kupplungsstück. Der Lauf hat vier Züge mit Rechtsdrall und ist um 90° gebogen. Bei einer etwas optimistischen »Einsatzentfernung« von bis zu 600 m für Einzelfeuer und 300 m für Feuerstöße geben die technischen Angaben eine Mündungsgeschwindigkeit von 690 m/s an.

B. Zielfernrohr

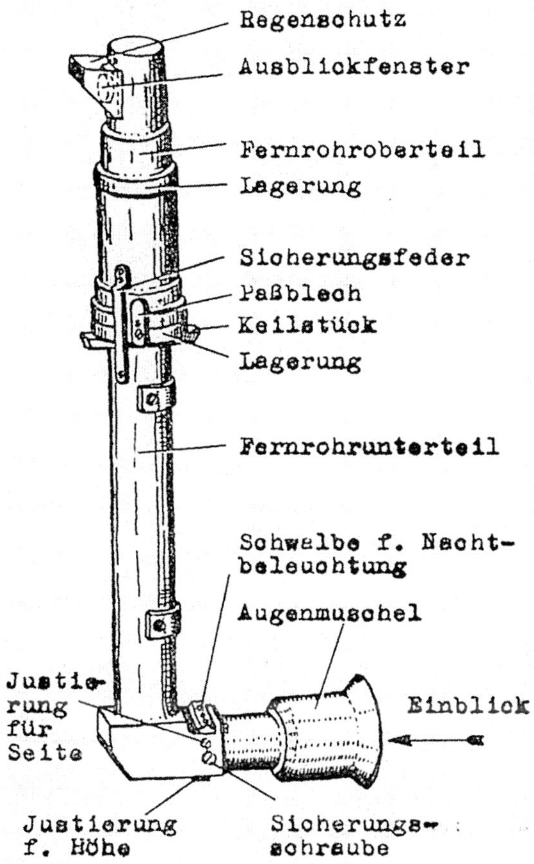

Das Zielfernrohr ist mit den beiden Lagerungen in der Kugellafette gehalten und durch die Keilstücke gesichert.

Zur Gewährleistung des richtigen Augenabstandes und zur Schonung des Auges ist der Einblick mit einer Augenmuschel aus Gummi versehen. Diese ist mittels Bajonett auf dem Einblickstutzen angebracht.

Im Gesichtsfeld des Zielfernrohres befindet sich die Zielmarke, umgeben von einem Kreis, dessen Durchmesser 20^{-} beträgt. Unter der Zielmarke ist der Justierpunkt angebracht (s.später).

Am Gehäuse befindet sich links, unter 45° geneigt, die Schwalbe zur Aufnahme der Nachtbeleuchtung. Das Paßblech sichert das lösbare Fernrohroberteil gegenüber dem Fernrohrunterteil, gegen seitliches Verdrehen. Die am Fernrohroberteil befestigte Sicherungsfeder greift in eine entsprechende Nut der Lagerung am Fernrohrunterteil und sichert somit die Verbindung der beiden Fernrohrteile.

Am oberen Ende des Fernrohroberteiles befindet sich das Ausblickfenster. Gegen Witterungseinflüsse ist das Ausblickfenster mit einem abziehbaren Regenschutz versehen.

Zielfernrohr WZF 5811 für Rheinmetall-Vorsatz P. Diese Visiereinrichtung mit 1,25-facher Vergrößerung hat einen Blickwinkel von 12° (21 m auf 100 m Entfernung).

C. Kugellafette

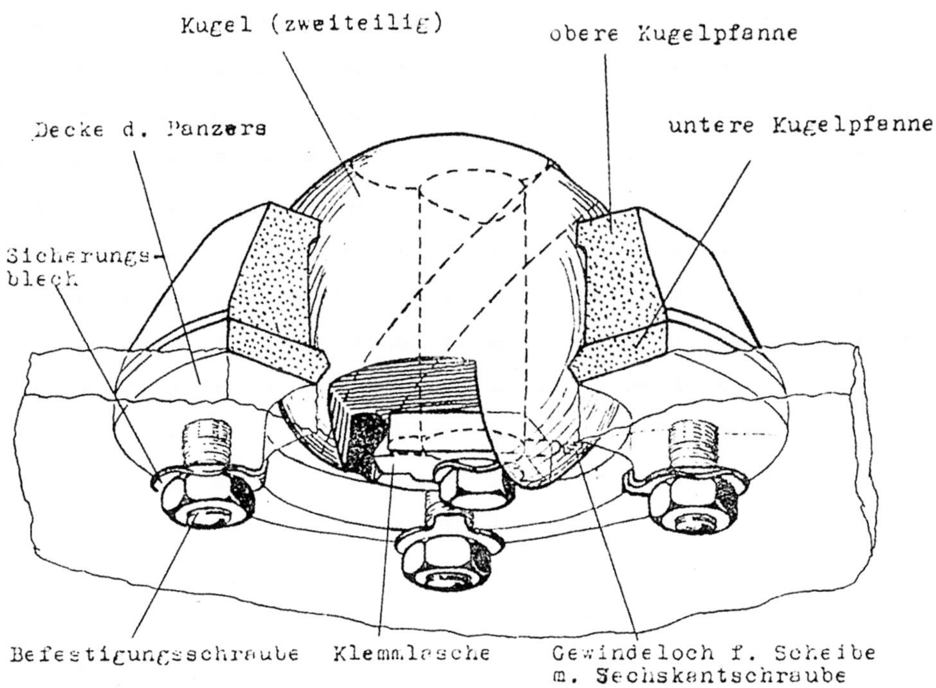

Die zweiteilige Kugel, die durch drei Zylinderschrauben mit Innensechskant zusammengehalten wird, ist beweglich in der oberen und unteren Kugelpfanne gelagert. Vier Befestigungsschrauben, deren Muttern durch Sicherungsbleche im Innern des Panzerwagens gesichert sind, verbinden die Kugelpfannen mit der Decke des Panzerwagens.

In die senkrechte Bohrung der Kugel wird das Zielfernrohr ohne Regenschutz eingeführt, das durch eine Scheibe mit Sechskantschraube gesichert ist.

In das gebogene Durchgangsloch wird der gebogene Lauf eingeführt und mit der Klemmlasche, die in die Riffelung des Laufes eingreift, nebst zugehöriger Schraube befestigt.

Kugellafette für Vorsatz P. Die zweiteilige Lafette wird mit drei Zylinderschrauben mit Innensechskant zusammengehalten und in der oberen und unteren Kugelpfanne beweglich gelagert. Vier Befestigungsbolzen, deren Muttern durch Sicherungsbleche an der Innenseite des Panzers gesichert werden, halten die Kugelpfanne an der Decke des Panzers. Bei ausreichendem Freiraum konnte der Vorsatz P in fast jedes gepanzertenFahrzeug eingebaut werden.

D. Armstütze.

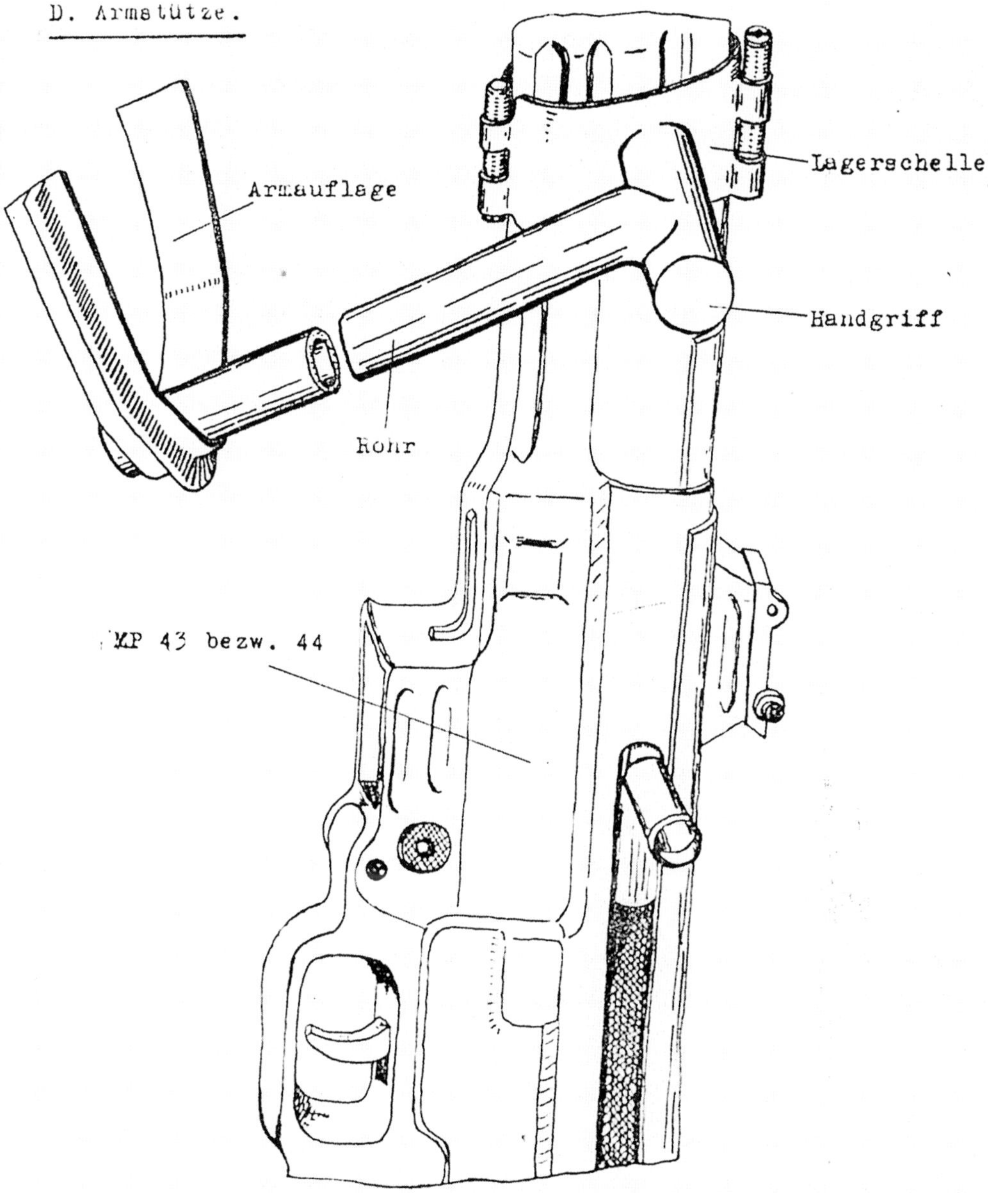

In die Lagerschelle der Armstütze wird die MP 43 bzw. 44 am Handschutz oberhalb der Magazineinführung eingelegt. Die Lagerschellenhälften werden mit den Federbolzen verbunden. An der festen Lagerschellenhälfte ist der Handgriff

Die Armstütze für den Vorsatz P war zur Stabilisierung der Waffe beim Feuern gedacht. Sie wurde am Handschutz des Sturmgewehrs mit einer Lagerschelle befestigt.

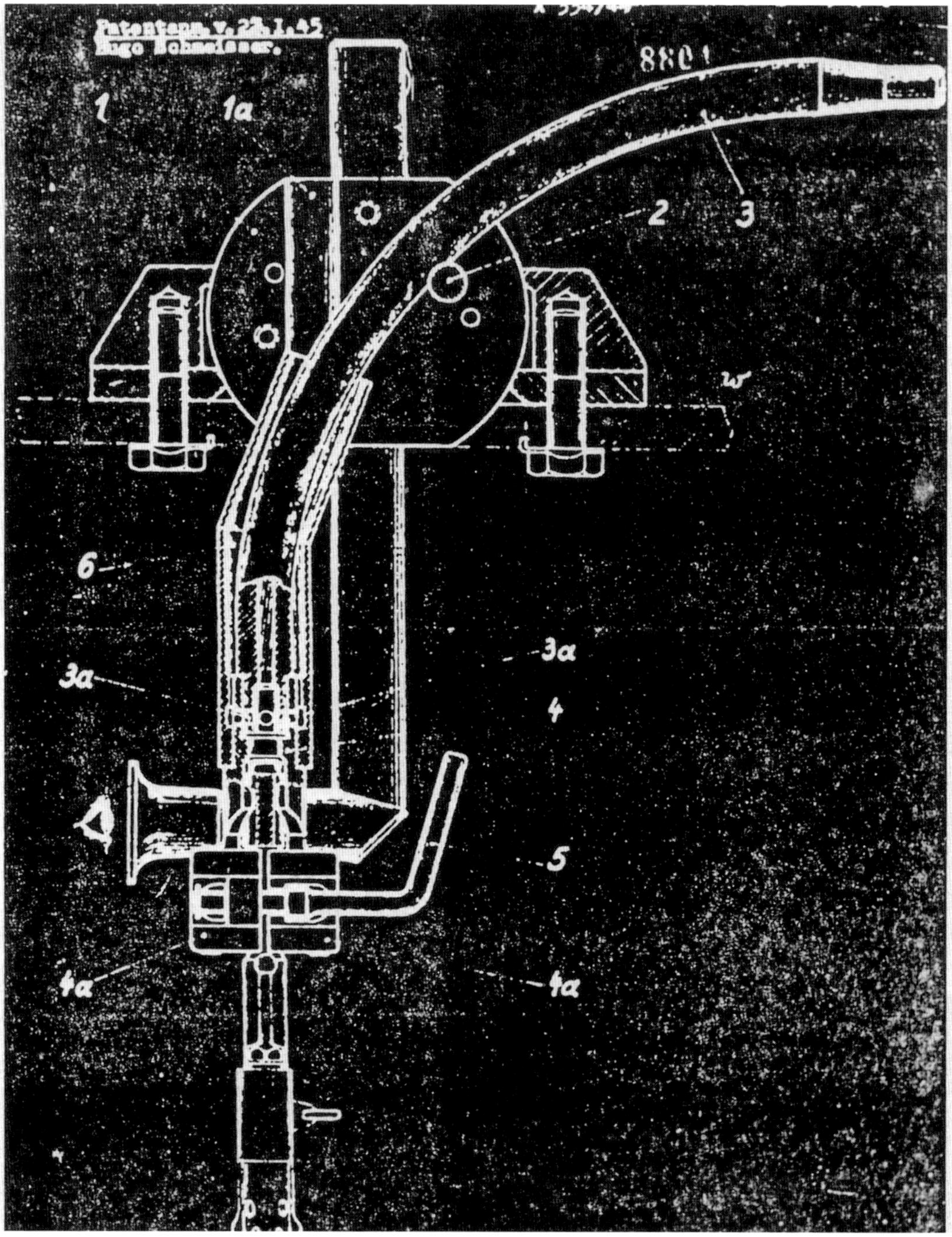

Ein Entwurf, der im Frühjahr 1945 von Hugo Schmeisser dem deutschen Patentamt vorgelegt wurde. Die Patentzeichnung zeigt die Schmeisser-Ausführung der Kugelblende für gebogene Laufvorsätze für gepanzerte Fahrzeuge. Neben der Firma Rheinmetall-Borsig arbeiteten bei Kriegsende angeblich auch die Firmen Haenel, Gustloff und die Berlin-Lübecker Maschinenfabriken an verschiedenen Formen der gebogenen Laufvorsätze.

MP43 montiert werden könne. In der Folge wurde ein Entwurf mit Klemme entwickelt, der in einer späteren Form auch übernommen wurde.

Die erste Klemmvorrichtung entsprach im Aufbau dem Schnellwechselfutter an Bohrmaschinen. In einer Keilnutenbohrung wurde der entsprechend geformte Lauf gesteckt und nach Drehen um 60 Grad durch einrastenden Keil gehalten. Das Gerät neigte dazu, sich nach verlängerter Schußfolge zu lösen. Bei den ursprünglichen Versuchen wurde der gebogene Lauf ohne Visierung eingesetzt, wobei die Visierung der Waffe ebenfalls nicht verwendet wurde. Daher wurde der hohe Kornsockel der MP43 erst nach Versagen der ersten Vorrichtung als Stütze für die Montagevorrichtung verwendet.

Im Laufe eines getrennten Entwicklungsprogramms war in den Jahren 1939 und 1940 ein zylindrischer Schießbecher zum Verschießen von Gewehrgranaten und zur Verwendung mit dem Standard-Infanteriegewehr (K98k) entwickelt worden. Der Schießbecher wurde mittels einer ausgeschnittenen Manschette auf der Gewehrmündung montiert. Die Montagevorrichtung bestand aus einem Rohr, welches so ausgeschnitten war, daß es beim Aufschieben auf den Lauf den Kornsockel umfaßte, von dem sie dann gestützt wurde. Zwei angelenkte Gelenkhälften wurden um die obere Laufhälfte gelegt und mit einer Gewindespindel mit Griff zusammengezogen. Nach dem Schließen hielt dieses Gerät die Halterung fest gegen den Kornsockel und den Lauf umschlungen. Das Ganze wurde als *Gewehrgranatgerät (GwGrGt)* bezeichnet.

Mit der Grundidee der Klemme des GwGrGt bestand die Haltevorrichtung für den gebogenen Lauf aus einem angelenkten Deckel, Hauptrohr, einer Gewindespindel mit Befestigungsmutter und einem speziellen Einlagestopfen, um die Hebelwirkung gegen den Lauf zu erhöhen.

Damit wurde eine sehr feste und starre Verbindung garantiert. Der Entwurf wurde für zufriedenstellend befunden, stellte jedoch wegen der Unterschiede zur Klemmvorrichtung des Schießbechers ein Herstellungsproblem dar. Da der Bedarf für den gebogenen Lauf größer war, wurde entschieden, die Klemme des GwGrGt zu übernehmen, statt die Herstellung einer neuen und komplizierteren Befestigungsvorrichtung einzuleiten.

Zuerst wurde angenommen, die Klemme des GwGrGt wäre weder starr noch fest genug. Daher wurde eine Versteifung des Zwischenstücks angefügt. Diese Maßnahme stellte sich allerdings als unnötig heraus. Die endgültige Form der Klemme entsprach darum der des GwGrGt.

Bauteile der GwGrGt-Klemmen wurden für die Massenfertigung der Laufvorsätze verwendet, weswegen die Bezeichnung GwGrGt darauf ersichtlich ist. Das letzte Problem in der Entwicklung des gebogenen Laufs war die Entwicklung einer Visiereinrichtung. Die ersten Versuchsvisiere waren rein mechanisch. Das Korn der MP43 wurde modifiziert, nach links und tiefer gesetzt. Die gesamte Einheit wurde auf einer speziellen Vorrichtung montiert. Neben der mangelhaften Eignung als Visier war diese Einheit nicht so stabil wie das Standardvisier und neigte, durch die vom Dauerfeuer verursachten Belastung, zum Reißen. Die Entwicklung wurde letztendlich von einer mechanischen auf eine optische Visierung umgestellt.

Versuche wurden mit verschiedenen Ausführungen von Prismen- und Spiegelvisieren durchgeführt. Die größte Mühe bereitete die Überwindung der mit der Größe und Handhabung verbundenen Schwierigkeiten.

Es war auch notwendig, eine Einteilung der optischen Bestandteile zu schaffen, die vom Rückstoßimpuls nicht beeinflußt würden, der zwar erheblich verringert, aber immer noch vorhanden war. Eine endgültige Form einer Prismen-Visierung, die auf einem mit der Klemme verbundenen Montagesockel befestigt war, wurde für den Dienstgebrauch angenommen.

Nachdem die Probleme des 30°-Geräts in allen Hauptbereichen gelöst waren, wurde sofort die Arbeit an einem 90°-Lauf aufgenommen. Die erste Einheit war ein Rohr mit 36 mm Außendurchmesser und 250 mm Biegeradius, das mittels der Klemme direkt mit dem Lauf der Waffe verbunden war. Zwei Probleme tauchten sofort auf: Der Rückstoßimpuls war extrem, und der Lauf neigte wegen seiner Länge zum Schwingen. Die Techniken der Verringerung des Laufaußendurchmessers zur Gewichtsreduzierung, des Bohrens von Gasaustrittsöffnungen zur Verminderung des Rückstoßimpulses und das Anbringen von Versteifungsrippen an der Außenfläche wurden alle wiederholt. Rohre mit Außendurchmesser von 30 mm, 25 mm und sogar 16 mm wurden erprobt und lieferten zufriedenstellende Ergebnisse. Der Außendurchmesser wurde auf 24,8 mm festgelegt und Gasaustrittsöffnungen eingeführt.

Die ursprüngliche Forderung der Panzertruppe nach einem

System, das im Fahrzeug in einer Panzerblende montiert werden konnte, vollständig abgedeckt war und gleichzeitig dem Schützen Schutz gewährte, führte zum Entwurf einer kardanartigen Montageeinrichtung. In der ersten Form wurde die Montage verworfen und eine Kugelblende vorbereitet. Die Kugelblende wurde akzeptiert.

Im Laufe der Schießversuche mit der starren Kugelblende stellte sich heraus, daß sich der Lauf aufgrund der Führung durch die Kugelblende starr verhielt. Wegen der Stützwirkung der Blende auf Rohr und Waffe wurde der Rückstoßimpuls eliminiert. Infolgedessen wurden die Gasaustrittsöffnungen und Versteifungsrippen aufgegeben. Eine Versuchsform der Kugelblende beinhaltete eine zusätzliche Stütze, die unterhalb der Kugel herausragte und direkt vor der Befestigungsklemme den gebogenen Lauf einspannte. Die Mündung des gebogenen Laufs war jetzt an der Außenseite etwas konisch geformt, um ein schnelles Entfernen von der Blende zu erleichtern.

Nach Versuchen mit großen Prismenvisieren wurde ein Periskopvisier eingeführt. Die Form der Waffenmontage wurde ebenfalls vereinheitlicht, jedoch auf anderer Weise als beim 30°-Lauf. Für die Fahrzeugmontage nahm man an, daß der gebogene Lauf in der Kugelblende belassen werden könne. Daher wurde ein Zylinder mit unterbrochenen Gewindegängen zur schnellen Montage entwickelt. Dieser Montagezylinder, bzw. diese Muffe, wurde direkt an der Mündung der MP43 befestigt.

Bis Juni 1944 waren beide Geräte (30° und 90°) bis zu dem Punkt verfeinert worden, daß sie als zur Beschaffung geeignet angesehen wurden. In der Tat erschienen Versuchsmuster beider Typen nach Juni 1944 und die Arbeit wurde bis in das Jahr 1945 hinein fortgesetzt.

Den Berichten nach wurde eine ähnliche Entwicklung von Umlenkrohren für die 9-mm-MP38 und -MP40 durchgeführt. Diese Arbeiten sollen im Suhler Werk der Fa. C.G. Haenel durchgeführt worden sein. Weder Unterlagen noch Muster dieses Projekts sind bisher entdeckt worden.

Vorsatz J (gebogener Lauf J, Krummlauf J)

Der 30°-Krummlauf erhielt die Codebezeichnung »J«. Der Vorsatz war für den Graben- oder Nahkampf vorgesehen. Der 30°-Vorsatz wurde mittels Klemmeinrichtung des Gewehrgranatgeräts mit der Waffe verbunden.

Diese Vorsätze besitzen eine aufrechte Platte, die auf einem Montageblock zwischen dem gebogenen Lauf und der Halteklemme geschweißt ist. Ein Prismenvisier mit 30°-Umlenkung der Visierlinie wurde auf dieser Platte montiert. Ein Blattkorn wurde mittels Schwalbenschwanz in eine Führung am Mündungsende des gebogenen Laufs eingelassen.

Um den Rückstoß zu kompensieren, der von der Zentrifugalkraft verursacht wurde, wurden in zwei Reihen kleine Löcher in die »oberen Flächen des gebogenen Laufs gebohrt, die in die Laufbohrung reichten. Diese Löcher befanden sich direkt vor dem Montageblock. Die meisten bisher aufgetauchten und untersuchten Exemplare unterscheiden sich. Der häufigste Typ besitzt eine gebogene Laufstrecke von 28 cm. Die 28 cm-Ausführung wurde stets mit Schraubgewinde für die Halterung des Gewehrgranatgeräts gefunden. Ein 28 cm-Exemplar mit der Markierung »VG 13« besitzt ein bugförmiges Ablenkblech, um die aus den Gasaustrittsöffnungen entweichenden Gase abzulenken. Das gleiche Gerät besitzt ebenfalls einen quadratischen Montageblock. Ein weiteres 28-cm-Exemplar, mit der Markierung »VG 20«, besitzt keine Montageeinrichtung für das Prismenvisier. Ein weiteres, nicht markiertes Exemplar, besitzt kein Gasablenkblech. Andere 28-cm-Exemplare sind unter der Montageklemme mit Holzblöcken versehen, um die Waffe beim Schießen aus Schießscharten, Luken usw. zu stabilisieren. Sämtliche 28-cm-Exemplare besitzen eine schwere, gerändelte und geschlitzte Muffe auf dem gebogenen Lauf, die die Gasaustrittsöffnungen abdeckt. Ein 33-cm-Exemplar mit der Bezeichnung »R 1 70..80« besitzt einen zylindrischen Montageblock, ein Gasabweiserblech, jedoch keine Schutzmuffe auf dem Lauf.

Vorsatz P

(Anmerkung des Übersetzers: Die Bezeichnung »P« taucht erstmalig in einem Aktenvermerk des WaA vom 26. 10. 1944 auf. Kurz danach wurde die Bezeichnung »Vorsatz P« in »Vorsatz Pz« geändert; um Verwechselungen mit dem Kürzel »P« für Platzpatrone zu vermeiden). Kurz nach der Fertigstellung des 30°-Vorsatzes durch die Rheinmetall-Borsig-Gruppe in Unterlüß kam die Forderung nach einem Vorsatz zur Nahbereichsverteidigung von Panzerkampfwagen. Hierfür mußte ein Gerät entwickelt werden, das senkrecht nach unten feuern konnte. Eine Umlenkung von 90° wurde für diesen Zweck als geeignet befunden. Nach ausgedehnten Versuchen mit verschiedenen Laufaußendurchmessern und

Verstärkungstechniken wurde ein gebogener Lauf samt Montageblende entwickelt, der den dienstlichen Anforderungen entsprach. Das 90°-Gerät erhielt den Codebuchstaben »P«. Der Lauf besaß keine Gasaustrittsöffnungen, keine Visierung und wurde in einer speziellen Kugelblende montiert. Der gebogene Lauf wurde am hinteren Ende abgedreht und mit einem Gewinde versehen. Er konnte in einen an der Mündung der MP43 montierten, gerändelten Montageeinsatz geschraubt werden. Ein Riegel wurde an der Mündungsmuffe angebracht. Dieser Riegel schnappte in eine Auskerbung des gebogenen Laufs ein und verhinderte ein Drehen beider Bauteile während des Schießens. Die Kugelblende bestand aus einer freigleitenden Kugel in einer entsprechenden Pfanne. Die Kugel war an zwei Stellen exzentrisch gebohrt.

Eine Bohrung nahm den gebogenen Lauf auf, der mittels Stiften und Bolzen befestigt wurde, die andere das Periskopvisier, das so angebracht war, daß es eine mit der Laufachse parallele Visierlinie bildete. Die Visiereinrichtung wurde durch Klemmen befestigt. Die gesamte Blende konnte in einem Panzerkampfwagen oder gepanzerten Fahrzeug montiert werden, wobei die Waffe jederzeit vom gebogenen Rohr abnehmbar war. Rheinmetall soll irgendwann im Herbst 1944 einen Vertrag zur Herstellung von 20.000 Einheiten monatlich erhalten haben. Ferner wird berichtet, daß 500 Stück ausgeliefert wurden. Die Visiereinrichtung wurde angeblich von der Firma Busch in Rathenow entwickelt und von Zeiss in Jena hergestellt. Das Periskop hatte eine 1,25-fache Vergrößerung mit einem Blickwinkel von 12°. Bis Januar 1945 sollen insgesamt 1500 Visiereinrichtungen hergestellt worden sein.

Ein gebogener Lauf mit 90°-Umlenkung auf eine Gw-GrGt-Klemme geschweißt, wurde scheinbar zu Versuchszwecken oder als Notlösung in den letzten Kriegsmonaten hergestellt.

Vorsatz V

Deutsche Aufzeichnungen führen einen 40°-Vorsatz auf, der die Codebezeichnung »V« besaß. Bisher sind keine Daten über seine Entwicklung, Herstellung oder Verwendung entdeckt worden. Die Aufzeichnungen sagen jedoch aus, daß das Gerät in Zusammenarbeit von den Firmen Rheinmetall und Haenel vorgestellt wurde *(Anmerkung des Übersetzers: Die Infanterieschule Döberitz änderte gemäß einem Vorschlag im Erfahrungsbericht vom 27. November 1944 die Krümmung von Vorsätzen auf 35°, 40° und 45°. Laut einem Bericht der Infanterieschule vom 24. Dezember 1944 brachten die Versuche vom 22. und 23. 12. 1944 mit den 40°- und 45°-Läufen nur sehr unbefriedigende Ergebnisse.)*

XX
Fallschirmjägergewehr 42 (FG42)

Um den Fallschirmtruppen eine für Luftlandeoperationen geeignete Waffe zur Verfügung zu stellen, wurde als eine der fortschrittlichsten Waffen des 2. Weltkrieges, das deutsche *Fallschirmjägergewehr 42* entwickelt. Da die Elitesoldaten der Luftwaffe anfänglich mit den gleichen Handfeuerwaffen wie die Infanterie ausgerüstet waren, hatten die frühen Kampferfahrungen gezeigt, daß Standardwaffen für Luftlandeoperationen nicht unbedingt geeignet waren.

Mit der Aussage, eine weitreichende Waffe mit Feuerwahlmöglichkeit wäre für Luftlandeoperationen notwendig, versuchte das Reichsluftfahrtsministerium eine Allzweckwaffe zu entwickeln, die den vorhandenen Karabiner, die Maschinenpistole sowie das leichte Maschinengewehr ersetzen sollte. Diese Maßnahme sollte die Logistik erleichtern und die Feuerkraft des einzelnen Fallschirmjägers erhöhen.

Mit der Verwendung der Standardpatrone 7,9 x 57 mm als Hauptvorgabe zum Entwurf, wurden die Entwurfsrichtlinien so formuliert, daß eine besondere »Angriffswaffe« geschaffen werden sollte, die die Leistung eines leichten Maschinengewehrs erbringen, aber nicht größer als ein normaler Karabiner sein würde.

Da das Heereswaffenamt die treibende Kraft hinter der deutschen Handfeuerwaffenentwicklung war, hatte die Luftwaffe anfänglich versucht, mit Hilfe des Heeres ein amtliches Waffentwicklungsprogramm einzuleiten. Da das Heer jedoch nicht besonders daran interessiert war, sich in einem – seiner Meinung nach – bestenfalls schlecht ausgedachten Projekt zu engagieren, ging das Reichsluftfahrtsministerium mit den Plänen und Vorgaben direkt zur Industrie.

Die Firmen Gustloff, Mauser, Großfuß, Haenel, Rheinmetall-Borsig und Krieghoff wurden zu diesem Zweck angesprochen und sollen sich auch alle an dem FG42-Entwicklungsprojekt beteiligt haben. Neben unbestätigten Berichten, daß Mauser ein modifiziertes Flugzeugmaschinengewehr (MG81) statt einer Neuentwicklung anbieten wollte, wird vermutet, daß nur Rheinmetall und Krieghoff tatsächlich geeignete Prototypwaffen vorgestellt haben, die den Luftwaffenvorgaben entsprachen.

Auf Basis der Mitte 1942 von der Waffenentwicklungsabteilung der Luftwaffe bei Tarnewitz (GL/C-E6) durchgeführten Versuche wurde festgestellt, daß Rheinmetall-Borsig die vielversprechendste Waffe geliefert hatte. Der erfolgreiche Maschinengewehr-Konstrukteur und Konstruktionsleiter für Handfeuerwaffen im thüringischen Sömmerda-Werk, Louis Stange, gilt als Vater des Entwurfs. Das Rheinmetall-Waffensystem wurde von der Luftwaffe akzeptiert und in der Folge als *Fallschirmjägergewehr 42 (FG42)* bekannt.

Trotz der Annahme und der Tatsache, daß das Rheinmetall-Prototypsystem im »Eilverfahren« entwickelt wurde, brachten ständig wechselnde Forderungen der Luftwaffe bezüglich der Leistung und des Herstellungsverfahrens, zusätzlich zu den notwendigen Korrekturen am ursprünglichen Entwurf, das FG42 in einen Zustand des ständigen Wandels. Die Anzahl der FG42-Varianten muß folglich bei der Zahl der bekannten Entwurfsänderungen viel größer sein als die drei Modelle, die in den Nachkriegsquellen genannt werden.

Ferner wurde die Waffe weder amtlich als Modell I, II oder III bezeichnet, noch erhielt das FG42 jemals solche Bezeichnungen wie zum Beispiel »Fallschirmjäger-Maschinengewehr« oder »Fallschirmjäger-Selbstladegewehr«.

Die deutschen Originalunterlagen führten die Waffe einfach

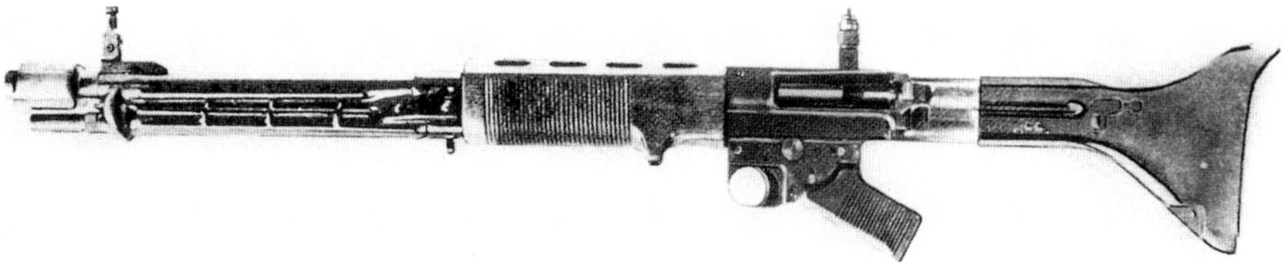

Eine der von Rheinmetall-Borsig (Sömmerda) hergestellten frühen Versuchswaffen für die Luftwaffenerprobungen. Dieser FG42-Prototyp besitzt eine experimentelle Mündungsbremse und die frühe Kolbenbaugruppe aus glattem Blech.

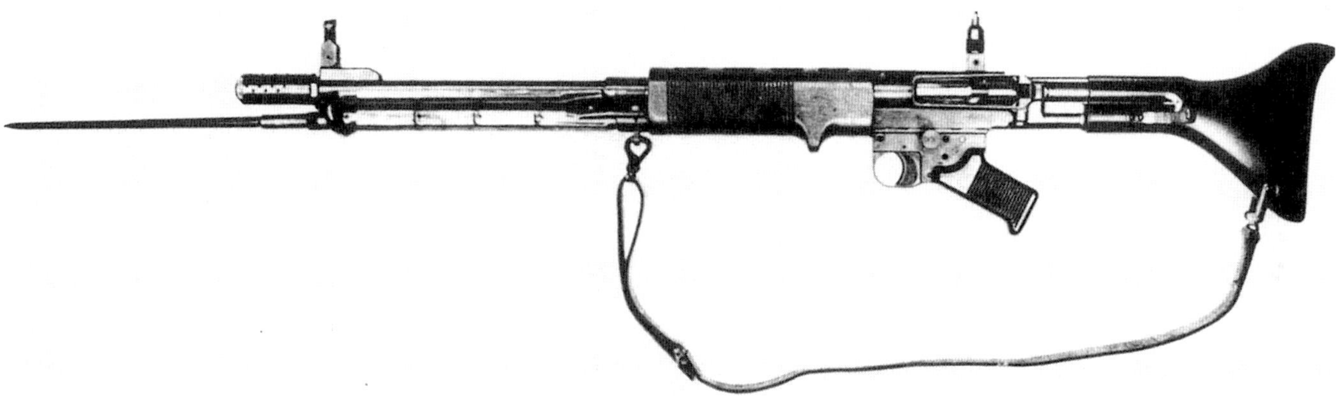

Eine Originalaufnahme der Luftwaffe von 1943. Außer der Prototyp-Kolbengruppe (aus glattem Blech) hat auch das abgebildete Rheinmetall-FG42 die Form der von Krieghoff hergestellten Waffe. Originalbildunterschrift: »Das Bajonett befindet sich in der Stellung für den Nahkampf«.

als *Fallschirmjägergewehr 42* oder bevorzugt als *FG42,* wobei immer auf den neusten Entwurf Bezug genommen wurde.
Das FG42 ist ein Gasdrucklader mit Drehzylinder *(Anmerkung des Übersetzers: und doppelter Warzenverriegelung),* dem Lewis-MG sehr ähnlich, jedoch so verfeinert und modifiziert, daß die Verwandtschaft kaum zu erkennen war. Bei aller Hochachtung für Herrn Stange war das FG42 von Rheinmetall wohl der höchste Grad der Verfeinerung, der jemals vom Lewis-System erreicht wurde.
Da der Abzugsmechanismus für das Schießen mit geschlossenem Verschluß bei Einzelfeuer und offenem Verschluß bei Dauerfeuer ausgelegt war, erlaubte dieses Merkmal präzise Einzelschüsse. Bei Umschaltung auf Dauerfeuer blieb jedoch der Verschluß zwischen den Feuerstößen offen, um eine maximale Kühlung zu ermöglichen. In einer damals für eine Handfeuerwaffe ungewöhnlichen Konfiguration wurden sowohl der Schwerpunkt der Waffe als auch die Kolbenmitte durch die Verbindung eines geraden Schafts und einer seitlichen Magazinmontage fast auf eine Linie mit der Laufachse gebracht, wodurch ein Maß der Kontrollierbarkeit erreicht wurde, das von anderen Waffen für die Standardpatrone bei voller Leistung nur schwer erreicht werden konnte.
Das FG42 war ein vollautomatisches Gewehr und im Endeffekt ein extraleichtes Maschinengewehr mit Einrichtungen für Sonderzubehör.
In der frühen Form war die FG42-Kolbengruppe eine Hohlprägeteil aus schwerem Blech mit Verstärkungsrippen. Der Verschlußblock, ein gefrästes Schmiedestück, hatte an der linken Seite das Magazingehäuse und an der rechten Seite

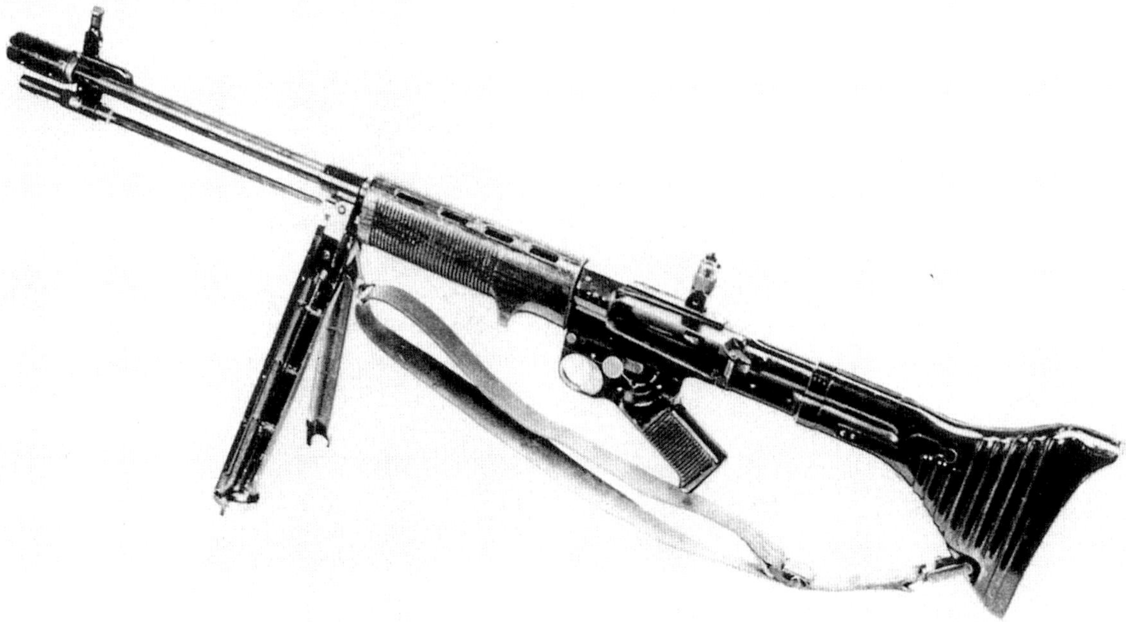

Ein Modell aus der Serienfertigung, das die Änderungen zum ursprünglichen Prototypsystem widerspiegelt. Das FG42 wurde von der Heinrich Krieghoff Waffenfabrik (fzs) hergestellt.

FG42 aus der Krieghoff Fertigung.

die Auswurföffnung. Das linksseitig angebrachte Magazingehäuse erlaubte ein Hineinragen des Verschlußmechanismus in den Kolben hinein, wodurch die Länge der Waffe reduziert wurde, ohne daß das Magazingehäuse die Plazierung des Handgriffs beeinträchtigte.

Das Griffstück, das als getrenntes Gehäuse den Abzugsmechanismus aufnahm, war ebenfalls aus geprägtem Blech hergestellt, wobei die Griffschalenform bei der Herstellung ins Blech eingeprägt wurde. Als offensichtliches Zugeständnis an die Vereinfachung der Herstellung, wurden sowohl die Kolben- als auch die Griffbaugruppen in zwei Hälften geprägt und anschließend zusammengeschweißt.

Der aus Holz gefertigte Handschutz besaß an der Oberseite Kühlungsschlitze sowie gefräste Griffrillen. Da der Schlitz für den Spanngriff auf der rechten Seite bis in den Handschutz hineinragte, war dieser so geformt, daß der Schütze seine Hand abseits von der Öffnung zu halten hatte.

Ein dauerhaft montiertes Zweibein aus gepreßtem Blech wurde unmittelbar vor dem Handschutz am Lauf angelenkt. Die Beine konnten nach vorne geklappt werden und bildeten so ein Gehäuse für das eingeklappte Bajonett.

Der für die Patrone 7,9 x 57 mm eingerichtete, 50 cm lange Lauf wurde in den Verschlußblock geschraubt und mit einem Stift gesichert. Der Lauf besaß eine Kombination aus Mündungsfeuerdämpfer und Mündungsbremse, wobei das Mündungsgewinde zur Aufnahme eines Granatschießbechers diente.

Die Patronenzufuhr erfolgte durch waagerecht eingeschobene Magazine mit 10 oder 20 Schuß. Das FG42 konnte mit dem gleichzeitig als Sicherung fungierenden Hebel von Einzel- auf Dauerfeuer umgeschaltet werden. Obwohl die Daten der frühen Waffen in den verschiedenen Quellen unterschiedlich wiedergegeben werden, hatte das FG42 eine Gesamtlänge von ca. 91,5 cm bei einem Gewicht von knapp 5 kg mit vollem Magazin. Trotz seiner Kadenz von rund 900 Schuß pro Minute war das FG42 für die gelieferte Feuerkraft sehr kompakt. Die ursprüngliche Versuchsreihe der Firma Rheinmetall besaß einige Bauteile aus Chromstahl, einem Mangelstoff. Als die Luftwaffe die Erlaubnis erhielt, 3000 Fallschirmjägergewehre für Truppenversuche herzustellen, wurden die Materialanforderungen abgeändert, um die Verwendung von Manganstahl als annehmbarem Ersatzmaterial zu erlauben. Da Rheinmetall jedoch den Berichten nach nicht einmal in der Lage war, das FG42 nur in begrenzter Stückzahl herzustellen, wurde die Firma Krieghoff mit diesem Auftrag betraut.

Trotz der Freigabe für 3000 Waffen, bei denen die Änderungen an dem Prototypsystem berücksichtigt sein mußten, hatte Krieghoff bei Einstellung der Fertigung, wegen des Mangels an Manganstahl, lediglich rund 1000 bis 2000 Gewehre fertiggestellt.

Es bestand neben der Materialknappheit ein wesentlicher Nachteil in dem enormen Umfang an Schmiede-, Fräs- und Paßarbeiten bei geringsten Toleranzen, die zur Fertigung des Rheinmetall-Entwurfs notwendig waren und dies besonders im Falle des komplexen legierten Verschlußblocks. Neben den fertigungstechnischen Problemen hatten die frühen Gefechtserprobungen ergeben, daß das FG42 als vollautomatische Waffe zu leicht war, um gezieltes Feuer auf große Distanzen mit der Patrone 7,9 x 57 mm durchzuführen und die Waffe durch ihre gewichtssparende Konstruktion zu zerbrechlich war, um den Belastungen eines ausgedehnten Gefechtseinsatzes standzuhalten.

Daher wurde nach langer Überlegung die Firma Krieghoff mit der Überarbeitung des FG42-Entwurfs betraut, um die Herstellung zu vereinfachen und die grundsätzlichen Fehler in Leistung und Widerstandsfähigkeit zu beseitigen. Obwohl das Funktionsprinzip gleich bleiben sollte, veränderten die folgenden Modifizierungen die Größe sowie das Aussehen des ursprünglichen Waffensystems.

Während der Rheinmetall-Entwurf vielfach als »frühes Modell« bezeichnet wird, nennt man das Krieghoff-Modell hauptsächlich das »späte Modell«. Diese inoffiziellen Bezeichnungen liefern eine einfache Möglichkeit zur Unterscheidung zweier verschiedener Waffen mit der gleichen Bezeichnung FG42.

Obwohl die Firma Krieghoff umfangreiche Änderungen vornahm, befaßten sich die Hauptänderungen mit folgenden Bereichen:

- Änderung der Kornmontage und Bajonettbefestigung
- Verbesserung der Mündungsbremse
- Verstärkung des Zweibeins, Verbesserung des Zweibeins zur Verriegelung in der offenen und geschlossenen Stellung sowie Verlegung des Befestigungspunkts an die Mündung
- Verwendung von Schichtholz für den Kolben
- Einführung einer Staubabdeckung für das Magazingehäuse Änderung des Griffwinkels,

FG42 aus der frühen Krieghoff-Fertigung, mit integriertem Schwalbenschwanz auf der Gehäuseoberseite zur Aufnahme einer Zielfernrohrmontage. Die Kennzeichnungen auf dem Verschluß sind die Modellbezeichnung (FG42), Herstellercode (fzs) und Seriennummer (49). Der auf 900 Meter eingestellte Diopter (100 bis 1200 m) ist abgeklappt.

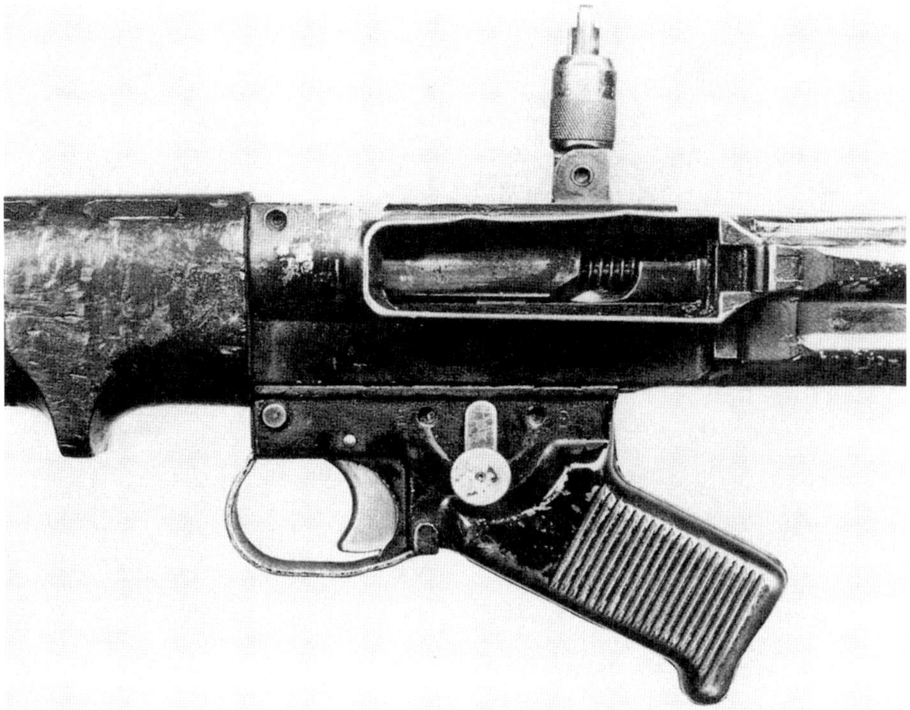

Frühes Krieghoff-FG42 von links. Das aus gefräster Stahllegierung hergestellte Gehäuse hat links das Magazingehäuse und rechts das Auswurffenster. Das Griffstück hat noch den frühen Abzugsbügel. Die Waffe konnte mittels des gleichzeitig als Sicherung dienenden Wahlhebels auf Einzel- oder Dauerfeuer umgeschaltet werden. Die abgebildete Waffe ist gesichert.

Frühes Krieghoff-FG42 von der rechten Seite. Da das System mit einer Aufhaltevorrichtung und integrierten Führungen für Ladestreifen versehen war, konnte das auf der Waffe montierte Magazin gefüllt werden. Obwohl der Prototyp einen hakenförmigen Spannschieber besaß, entschied man sich beim Serienmodell für einen zylindrischen Hebel (Abbildung). In der endgültigen Form aus Holz gefertigt, gab es auch frühe Handschutzentwürfe aus Plastik bzw. aus Blech.

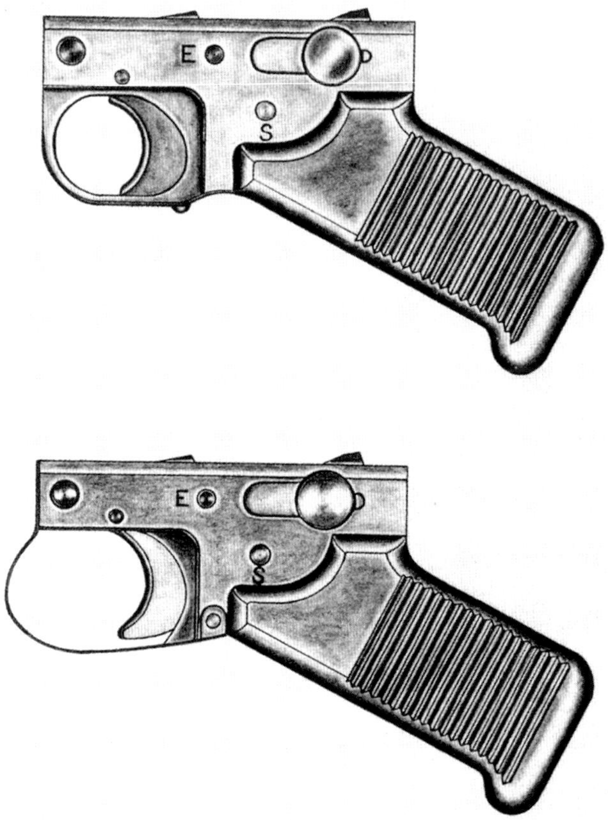

Ein stabilerer Abzugsbügel wurde der Form des Prototyps vorgezogen (oben). In der von Krieghoff gefertigten Serie sind jedoch beide Formen zu finden.

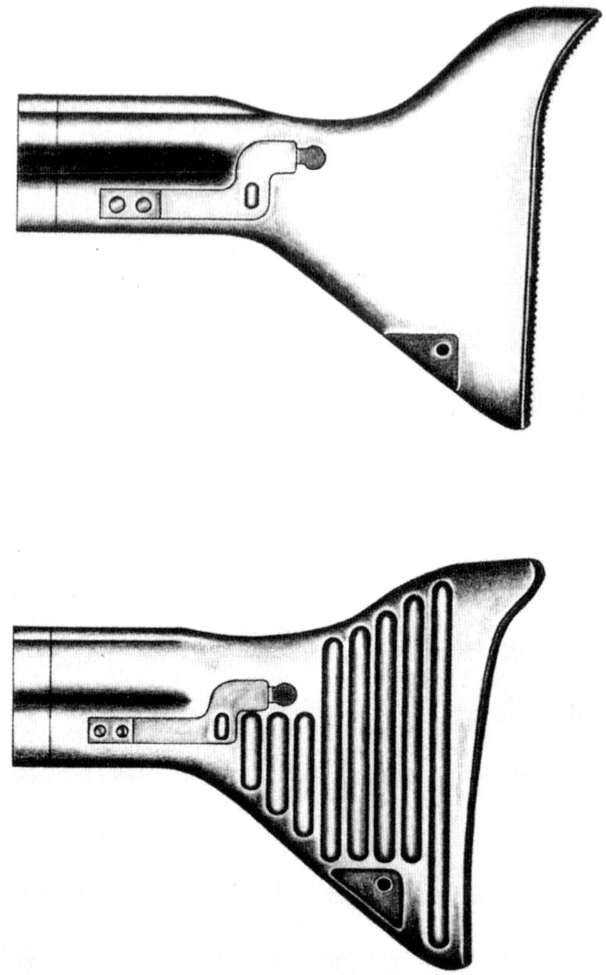

Vergleich des glatten Prototyp-Kolbens mit dem verbesserten, gerippten Entwurf. Der frühe Kolben, der sowohl für den liegenden als auch den stehenden Anschlag als nicht ausreichend befunden wurde, erwies sich für das Verschießen von Gewehrgranaten als »gänzlich zu schwach«.

Die häufigste Form des frühen Fallschirmjägergewehrs. Um dem Schützen das Schießen im Liegendanschlag zu erleichtern, wurde ein aus Blech geformtes Zweibein unmittelbar vor dem Handschutz am Lauf angelenkt.

Frühe FG42-Kornmontage, Mündungsbremse und Bajonett. Das Mündungsgewinde diente zur Aufnahme eines Granatschießbechers. Das hier zurückgeklappte Vierkantbajonett war primär als Stoßwaffe gedacht, konnte jedoch zum Nahkampf auch von der Waffe abmontiert werden.

- Änderung des Griffstücks, damit dieses leichter demontiert werden konnte
- Versetzung des Sicherungshebels an eine Stelle hinter dem Feuerwahlhebel
- Änderung des Handschutzes
- Einführung eines Ablenkers für ausgeworfene Hülsen
- Einführung eines verstellbaren Gasreglers
- Erhöhung der Gesamtlänge sowie des Gesamtgewichts

Obwohl das verbesserte Krieghoff-System der Luftwaffe eine erheblich verbesserte Waffe bot, war der allgemeine Entwurf des FG42 für die vereinfachte Fertigung selbst in der abgeänderten Form ungeeignet.
Während das frühe Rheinmetall-Verschlußgehäuse aus gefrästem, legiertem Stahl erhebliche maschinelle Bearbeitung verlangte, war das neue Krieghoff-Gehäuse ganz aus Formblech hergestellt, was eine der bedeutendsten Veränderungen darstellte.
Wo jetzt Stanzteile bzw. hohlgeprägte Teile statt Frästeilen eingesetzt wurden, wurde nun eine komplizierte spanabhebende Bearbeitung bei anderen Teilen notwendig. Bei der Verbesserung des Systems hatte man einige der ursprünglichen Blechteile durch Frästeile ersetzt, um ihnen genügend Festigkeit zu verleihen.
Trotz der Anstrengungen von Krieghoff wurde klar, daß das FG42 niemals wirtschaftlich hergestellt werden konnte. Bei den Versuchen, die Treffergenauigkeit auf große Entfernungen bei Dauerfeuer im stehenden Anschlag zu verbessern, war das Gesamtgewicht erhöht und, durch Erhöhung des Verschlußgewichts, die Kadenz von 900 auf 600 Schuß in der Minute reduziert worden.
Einige der Veränderungen sollten den Auswirkungen des

Das frühe FG42 war eine sehr kompakte vollautomatische Handfeuerwaffe.

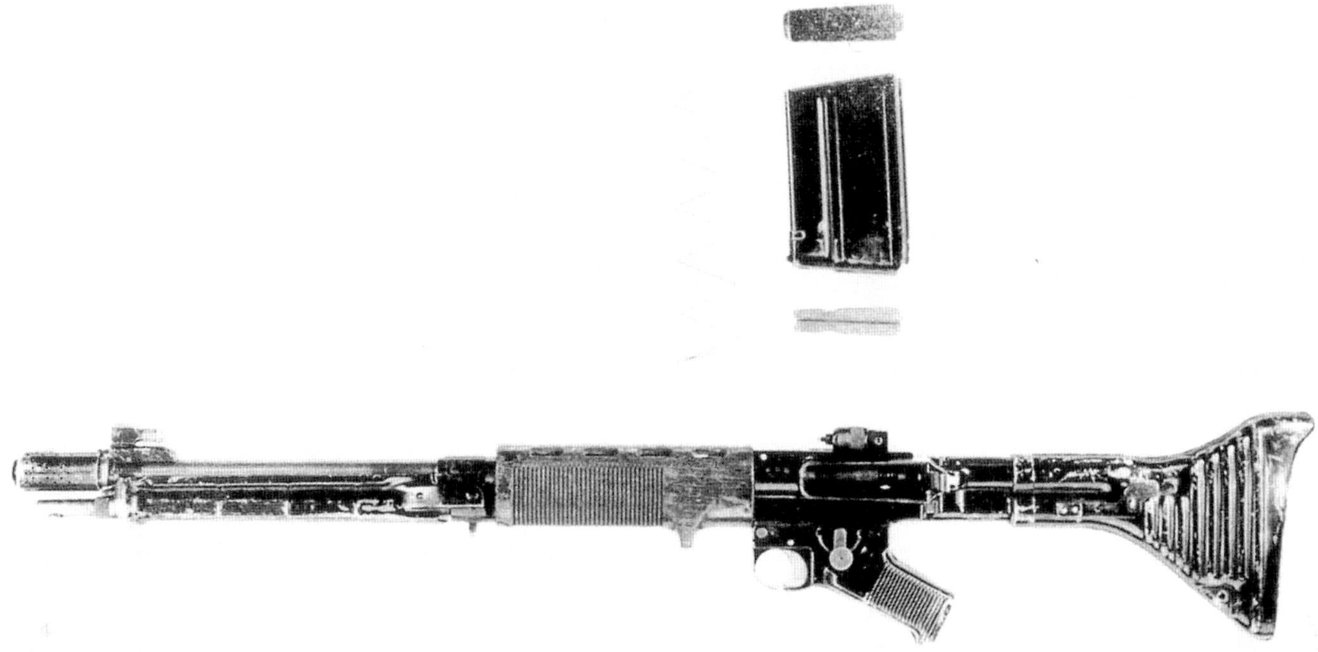

Typisches FG42 mit eingeklapptem Zweibein. Diopter und Korn sind abgeklappt und das 20-Schuß-Magazin zerlegt.

Mit den Bezeichnungen M10-42 und M20-42 wurden sowohl 10- als auch 20-Schuß Blechmagazine für das frühe Waffensystem zur Verfügung gestellt. Abgesehen von der Länge (10 cm und 15 cm) waren die Magazine identisch.

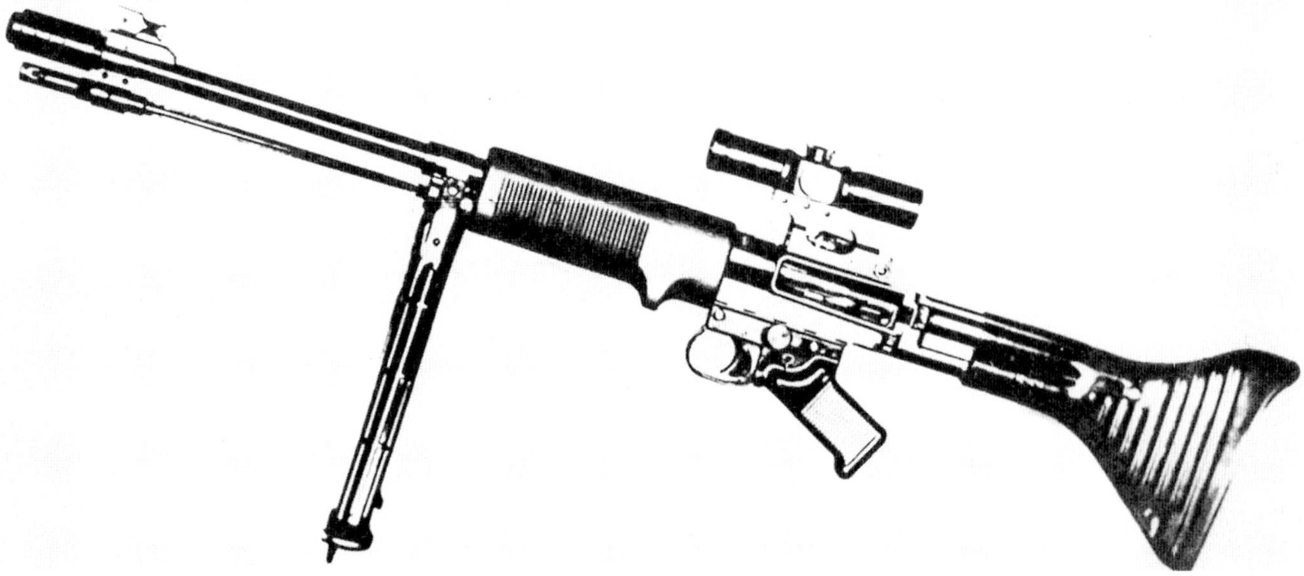

FG42 mit ZFG 42 (Zielfernrohr – Gewehr 42), das von der Firma Voigtländer (ddx) für das frühe System entwickelt wurde. Das Zielfernrohr mit vierfacher Vergrößerung sollte dem Fallschirmjägergewehr die Einsatzmöglichkeit als Scharfschützengewehr geben. Die Waffe auf dieser Originalaufnahme der Luftwaffe stammt aus der Erprobung im Jahr 1943.

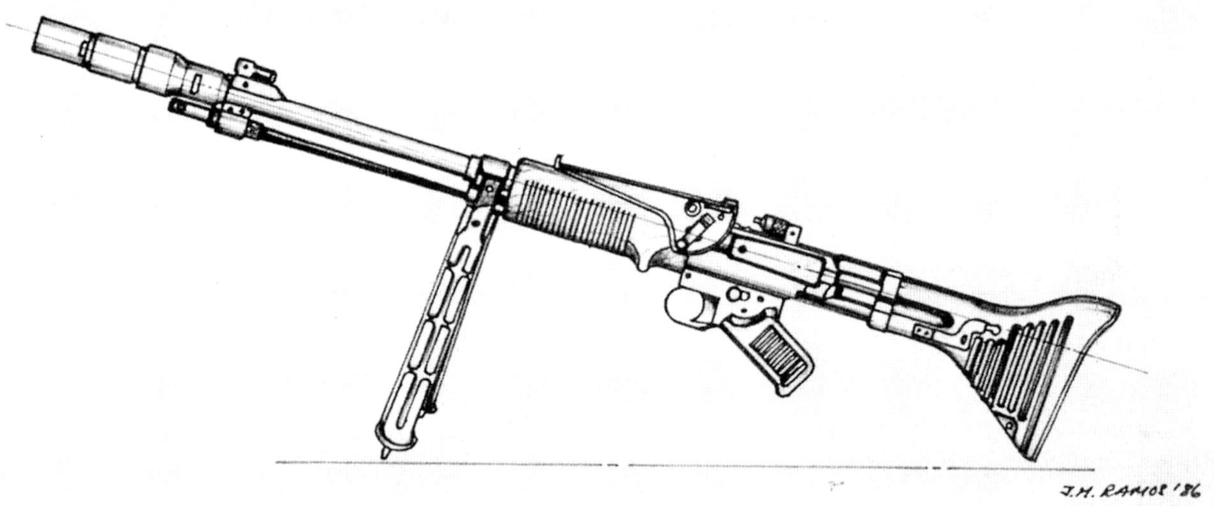

FG42 mit Granatschießbecher und Granatvisier. Durch Abmontieren des Mündungsfeuerdämpfers und Aufschrauben eines speziellen Schießbechers (Granatgerät 42) konnten Standard-Gewehrgranaten verschossen werden. Obwohl eingehend erprobt, fand vermutlich nur eine sehr eingeschränkte Feldverwendung statt.

Das frühe FG42 gefechtsmäßig aufgebaut.

Originalaufnahme eines Fallschirmjägers beim Schießen mit dem frühen FG42.

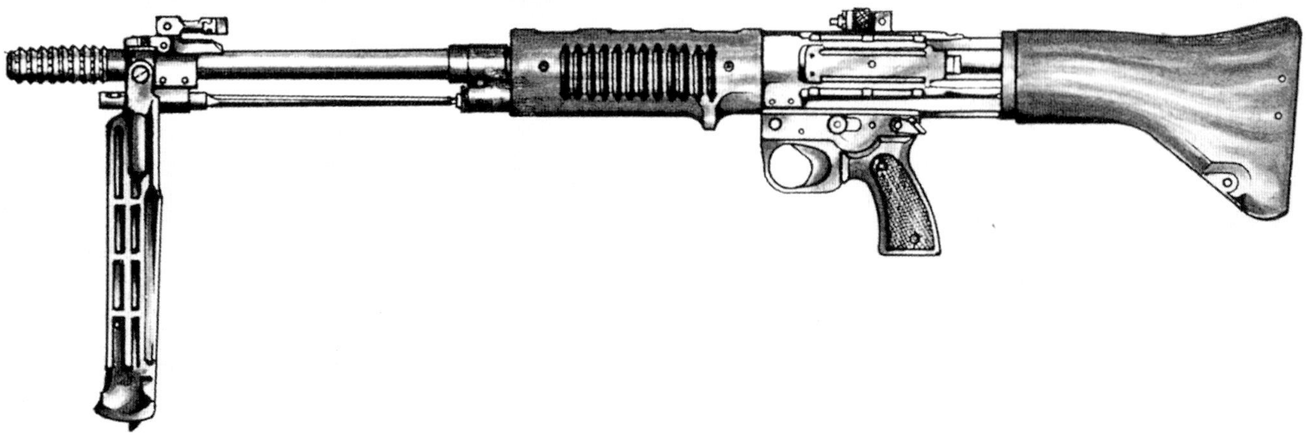

FG42 – nach der Überarbeitung durch Krieghoff in seiner Übergangsform. Obwohl das grundsätzliche Funtionssystem beibehalten wurde, veränderten sich Größe und Aussehen des ursprünglichen Waffensystems erheblich.

kurzen Laufs, des geringen Gewichts und der Verwendung der starken Patrone 7,9 x 57 mm entgegenwirken. Als sich die Verbesserungen als nur geringfügig herausstellten, führten weitere Veränderungen wiederum zu einer Gewichtserhöhung. Sogar bei dem letzten bekannten Exemplar des Krieghoff-Entwurfs, das fast 900 g schwerer war als das frühe Modell, war die Gewichtserhöhung nicht ausreichend, um das Problem zu lösen. Es war zwecklos, mit einer Waffe mit einem derart starken Rückstoß wie beim FG42 gezieltes Feuer auf große Distanzen zu versuchen.

Das FG42 war das Objekt unzähliger Versuche und Erprobungen, sowohl des Heeres als auch der Luftwaffe. Die Ergebnisse der vergleichenden Heereserprobungen aus dem Frühjahr 1944 hatten klar bewiesen, daß das Fallschirmjägergewehr das leichte Maschinengewehr nicht ablösen konnte.

Neben den Versuchen auf kurze Kampfentfernung, wo sich der Maschinenkarabiner hervorgetan hatte, gab das Heereswaffenamt bereitwillig zu, daß bis zu einer Reichweite von 400 m vom FG42 und der MP43 die gleiche Leistung erwartet werden könne.

Es zeigte sich, daß das FG42 die Leistung des leichten Maschinengewehrs MG42 nicht erreichen würde, und auch kein gezieltes Dauerfeuer aus dem stehenden Anschlag möglich war. Es blieb somit die Frage offen, welches Gewehr als reine Schulterwaffe am besten den Anforderungen des Frontsoldaten entsprach.

Was das Heer anging, angefangen bei der klaren Überlegenheit im Nahkampf, den offensichtlichen Gewichtsvorteilen und der gleichen Leistung bis 400 m, erhielt die Kurzpatronen-Waffenreihe den klaren Vorzug.

Unter den Gesichtspunkten der Leistung und der verein-

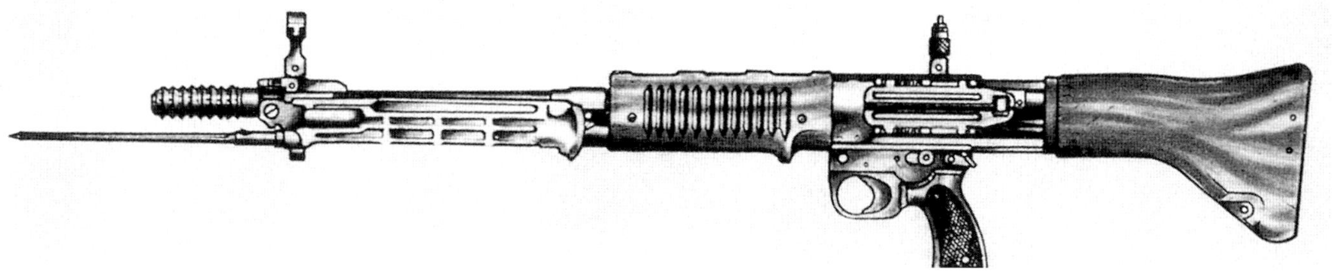

Das überarbeitete Krieghoff-FG42 sollte grundlegende Fehler in Leistung und Widerstandsfähigkeit des Originalsystems beseitigen.

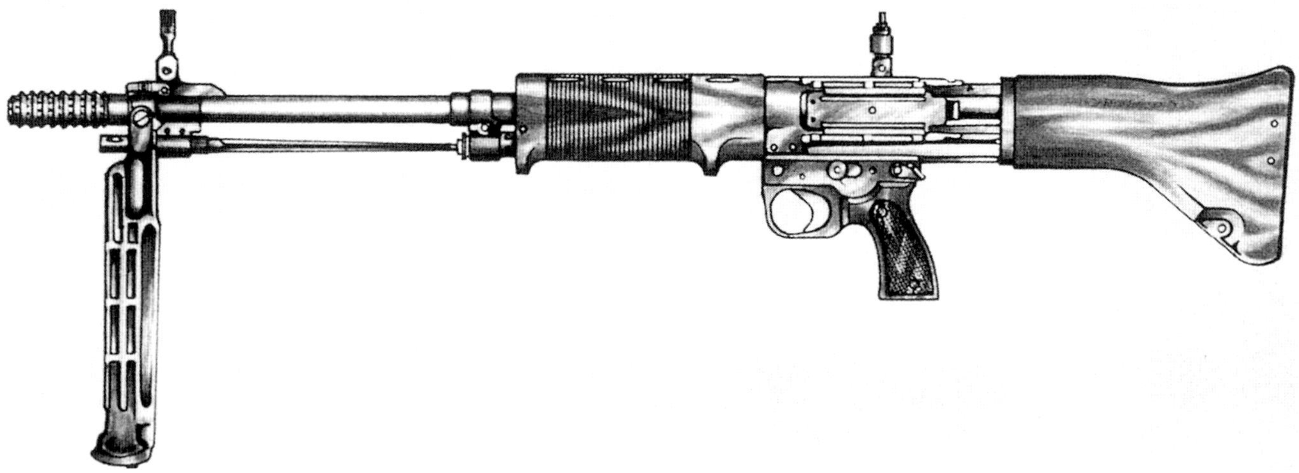

Musterexemplar des verbesserten Krieghoff-FG42. Dies war die häufigste Form des späten Fallschirmjägergewehrs, das in den letzten Kriegsmonaten hergestellt wurde.

Im Vergleich: FG42 (frühes Modell) links, und das von Krieghoff gebaute verbesserte Modell (spätes Modell) rechts.

Krieghoff-FG42 in der endgültigen Serienausführung. Die verbesserte Waffe wird allgemein »spätes Modell« genannt.

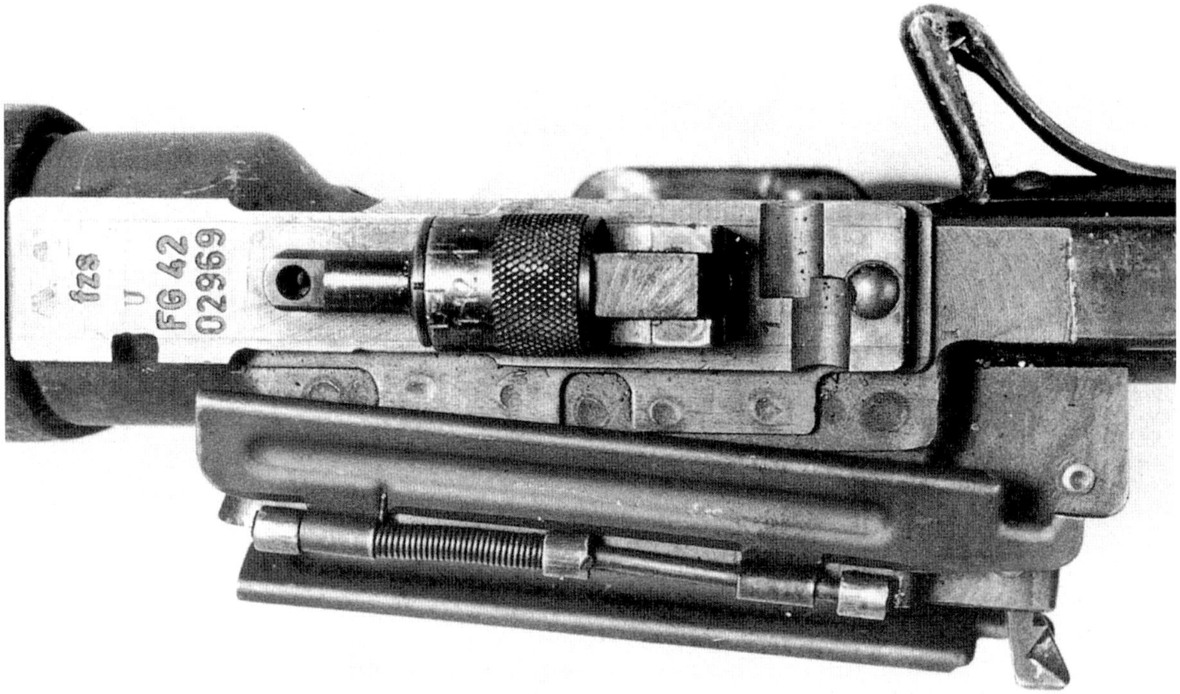

Dieses typische späte FG42 stammt aus der Mitte der Krieghoff-Fertigung. Die hauptsächlichen Kennzeichnungen sind Herstellercode (fzs), Modellbezeichnung (FG42) und die Seriennummer (02969). Die Staubdeckel des Magazinschachts (links) und das Abweiserblech für ausgeworfene Hülsen (rechts) sind klar sichtbar. Eine genauer Blick zeigt die kleinen Schwalbenschwänze auf beiden Seiten des Verschlußgehäuse (oben). In diesem Falle sind zwei flache, halbrunde Ausfräsungen angebracht, um die Verriegelungsklemmen einer verbesserten Zielfernrohrmontage auf beiden Seiten aufzunehmen. Die am Gehäuse abgeklappte Kimme ist auf 1200 m eingestellt.

Gehäuse des späten FG42 von links. Die federgelagerten Staubabdeckungen des Magazinschachts wurden mit einem Schieber geöffnet. Anders als beim frühen Modell befindet sich ein getrennter Sicherungshebel hinter dem Feuerwahlhebel. Der Wahlhebel steht auf Dauerfeuer (»D«).

Spätes FG42 von rechts. Das perfekt hohlgeprägte FG42-Gehäuse wird oft für ein Frästeil gehalten. Der hohe technische Stand dieser Entwicklung ist bemerkenswert. Während es ursprünglich notwendig war, die Waffe fast komplett zu zerlegen, um die Abzugsbaugruppe auszubauen, läßt sich die komplette Gruppe bei der neuentwickelten Waffe leicht abnehmen.

Als Teil der Änderungen beim späten Modell wurden Kornhalter und Bajonettmontage neu entworfen und verstärkt. Die Mündungsbremse wurde vergrößert und verlängert. Auch das Zweibein wurde verstärkt und nach vorne in Mündungsnähe versetzt, wobei die Spreizung der Beine zur verbesserten Stabilität um 64 mm erhöht wurde. Der neue Gasregler mit vier Stellungen mußte mittels Werkzeug eingestellt werden.

Nahaufnahme der FG42-Mündung. Obwohl die Kombination aus Mündungsfeuerdämpfer und Mündungsbremse neu entwickelt wurde, um beide Funktionen zu verbessern, war der 50,8 cm lange Lauf nicht lang genug, um den Gasdruck der starken Patrone 7,9 x 57 mm bis zum Laufaustritt des Geschosses entweichen zu lassen. Ein starker Rückstoß, großes Mündungsfeuer und lauter Mündungsknall waren Hauptprobleme des Fallschirmjägergewehrs: » .... der Abschußknall trifft schmerzhaft das Trommelfell, besonders bei ausgedehnteren Schußfolgen«.

fachten Herstellung hatte sich die Kurzpatronenwaffe, verglichen mit dem exotischen FG42, als mehr als gleichwertig herausgestellt.

Das Heer war um die allgemeine Übernahme des 7,9 x 33 mm Kurzpatronensystems bemüht und widersprach darum der getrennten Entwicklung des Fallschirmjägergewehrs von Anfang an.

Trotz der Versuche, die Luftwaffe zur Aufgabe des Vorhabens und zur Einführung des sich herauskristallisierenden Kurzpatronensystems zu bewegen, bestand die Luftwaffe darauf, eine Waffe mit einer hohen Schußweite zu entwickeln. Auch der Versuch, als Kompromißlösung zu überdenken, ob das Fallschirmjägergewehr für die Kurzpatrone eingerichtet werden könne, was vom Heer bereits mit einem für die Kurzpatrone eingerichteten FG42 bewiesen worden war, schlug fehl. Die Luftwaffe blieb gegenüber dem Maschinenkarabiner und der Kurzpatrone standhaft.

Obwohl angenommen werden kann, daß die Bodentruppen der Luftwaffe ihren Anteil der MP43-Serie eingesetzt haben, vermochte kein Lockmittel zu erreichen, daß die Luftwaffe das Kurzpatronensystem offiziell einführte.

Viele Einzelheiten sind über die Herstellung des FG42 bis heute unklar geblieben, doch ist bekannt, daß die erste limitierte Serie von fast 2000 Waffen zur Kampferprobung 1943 fertiggestellt wurde.

Zwar wurde die Versuchsserie von Krieghoff hergestellt,

FG42 (spätes Modell). Die folgende Bildreihe bietet eine Vergleichsmöglichkeit der Krieghoff-Fertigung. Die abgebildete Waffe ist eines der frühesten verbesserten FG42 mit der Seriennummer 00010.

FG42, Seriennummer 00010; frühe, verbesserte Krieghoff-Fertigung mit abgeklapptem Dioptervisier und Zweibein. Die Staubklappen des Magazingehäuses sind geöffnet und ein 20-Schuß-Magazin ist eingeführt.

FG42, Seriennummer 00054.

FG42, Seriennummer 00702.

FG42, Seriennummer 02088.

FG42, Seriennummer 02293.

FG42, Seriennummer 02629.

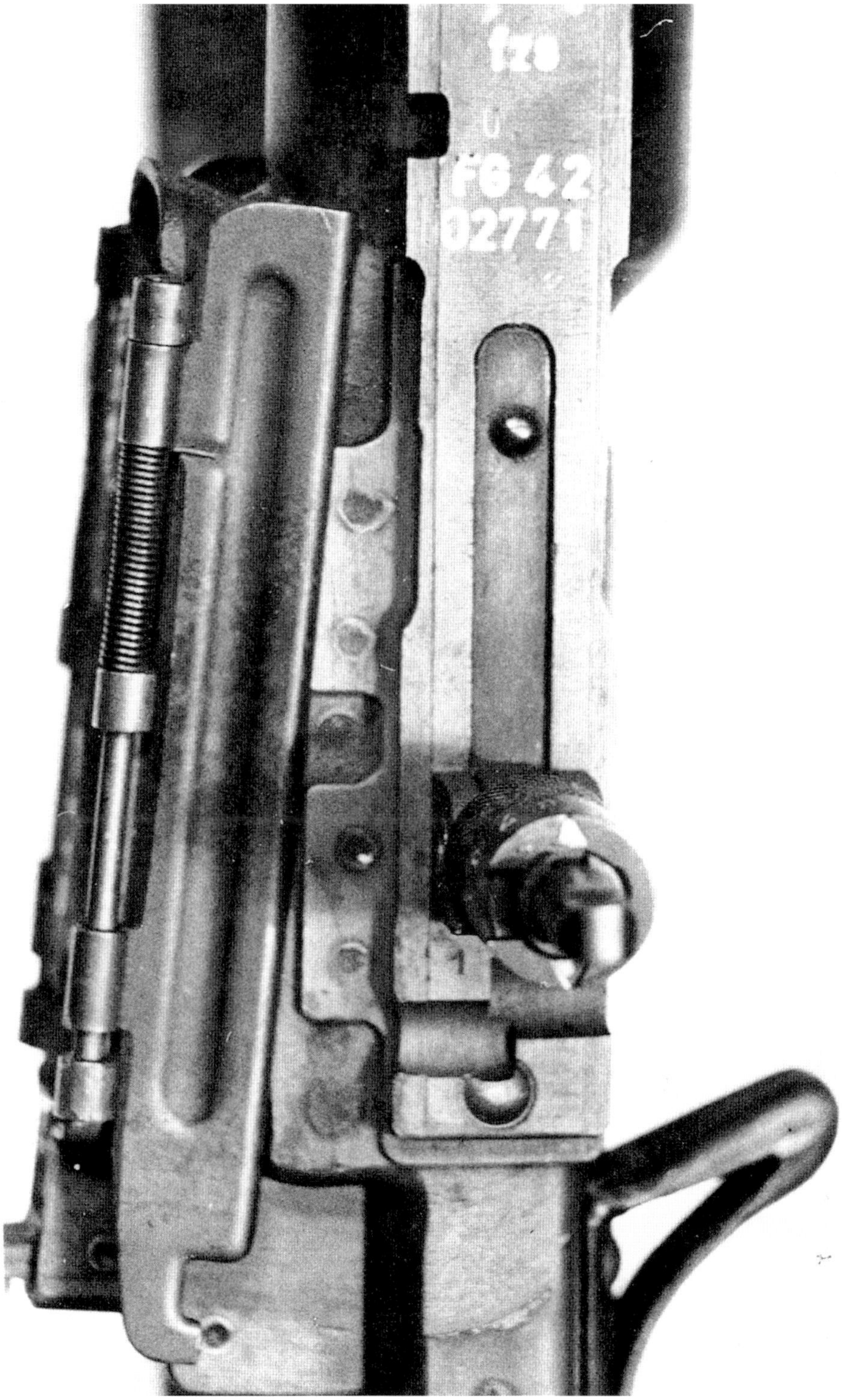

FG42, Seriennummer 02771.

doch stellte die Form des frühen FG42 die gemeinschaftlichen Anstrengungen der Firma Rheinmetall-Borsig und des technischen Direktorats der Luftwaffe (GL/C) dar.
Als Ergebnis ausgedehnter Versuche und von der Lufwaffe angeordneter Änderungen war das System tatsächlich im Frühjahr 1943 von Rheinmetall in Zusammenarbeit mit der Waffenentwicklungsabteilung der Luftwaffe (GL/C-E6) vom Entwicklung- und Versuchszentrum in Tarnewitz entwickelt worden.
Da die frühen Gefechtserprobungen die Notwendigkeit von starken Veränderungen am Rheinmetall-System bewiesen hatten, wurden im Frühjahr 1944, nach entsprechender Überarbeitung des Entwurfs, Prototypen des von Krieghoff verbesserten FG42 für die Erprobungen zur Verfügung gestellt.
Mit der Veränderung der militärischen Aufgabenstellung in eine defensive Position, die den Bedarf aller Teilstreitkräfte der Wehrmacht zu diesem Zeitpunkt neu definierte, und der Tatsache, daß die Fallschirmjägereinheiten der Luftwaffe in der Regel nur noch als Infanterie eingesetzt wurden, reduzierte sich der Bedarf an einem speziellen Luftlande-Sturmgewehr erheblich. Allen Informationen zur Folge wurde 1944 von Krieghoff nur eine begrenzte Anzahl FG42 fertiggestellt. Da diese Waffen in erster Linie für Erprobungszwe-

Das späte 20-Schuß Magazin (links) im direkten Vergleich zum frühen Modell. Obwohl sich die beiden Magazine sehr ähnlich sehen, waren sie nicht austauschbar.

Das Magazin M20-42 ist ein abnehmbares 20-Schuß-Kastenmagazin für das verbesserte Krieghoff-FG42.

cke vorgesehen waren, wird angenommen, daß zu diesem Zeitpunkt weit weniger als 1000 Stück hergestellt wurden. Obwohl die Waffe während des Großteils des Jahres 1944 mit geringer Dringlichkeitsstufe eingestuft war, erhielt die Luftwaffe im Spätjahr 1944 die Erlaubnis zur Massenfertigung des Fallschirmjägergewehrs.

Obwohl es sich die deutsche Rüstungswirtschaft kaum leisten konnte, eine vom Militär als »Luxushandfeuerwaffe« anerkannte Waffe zusätzlich zu produzieren, erhielt die Firma Krieghoff schließlich den Auftrag, 5000 Exemplare des späten Modells des FG42 herzustellen, bevor die Umstände im Frühjahr 1945 eine Einstellung der Fertigung erzwangen.

Sowohl das frühe als auch das späte Modell des FG42 aus Krieghoff-Fertigung tragen den Herstellercode *fzs.* Obwohl bisherige Annahmen die Fertigungsstätte im Hauptwerk in Suhl vermuteten, berichten zuverlässige Krieghoff-Historiker, daß das FG42 im Werk Nr. 10 entwickelt und produziert wurde, dem umbenannten Pieper-Werk in Lüttich, Belgien. Die Krieghoff-Gruppe, ein riesiger Industriekomplex, hatte in den späten 30er Jahren die Firma *Anciens Etablissements Pieper* in Belgien, auch als Werk Lüttich bekannt, zur Vergrößerung der Fertigungskapazitäten aufgekauft.

Neben der Beteiligung der Firma Krieghoff an diesem Projekt befaßt sich der vielleicht rätselhafteste Aspekt der FG42-Fertigung mit den Waffen, die von anderen Firmen als Krieghoff hergestellt wurden.

Obwohl deutsche Quellen ausweisen, daß L.O. Dietrich, Altenburg (gcy) und I.C. Wagner, Mülhausen (gal), Waffen und Ersatzteile auf Vertragsbasis produzieren sollten, ist lediglich die Firma. L.O. Dietrich dafür bekannt, daß sie das FG42 tatsächlich für die Luftwaffe hergestellt hat. Die limitierte Auflage der Dietrich-Ausführung trägt den entsprechenden Herstellercode *gcy.* Obwohl in inoffiziellen Schätzungen zwischenr 4000 bis 12.000 Waffen in den Nachkriegsberichten erwähnt wurden, deckt sich die vorher genannte Zahl von

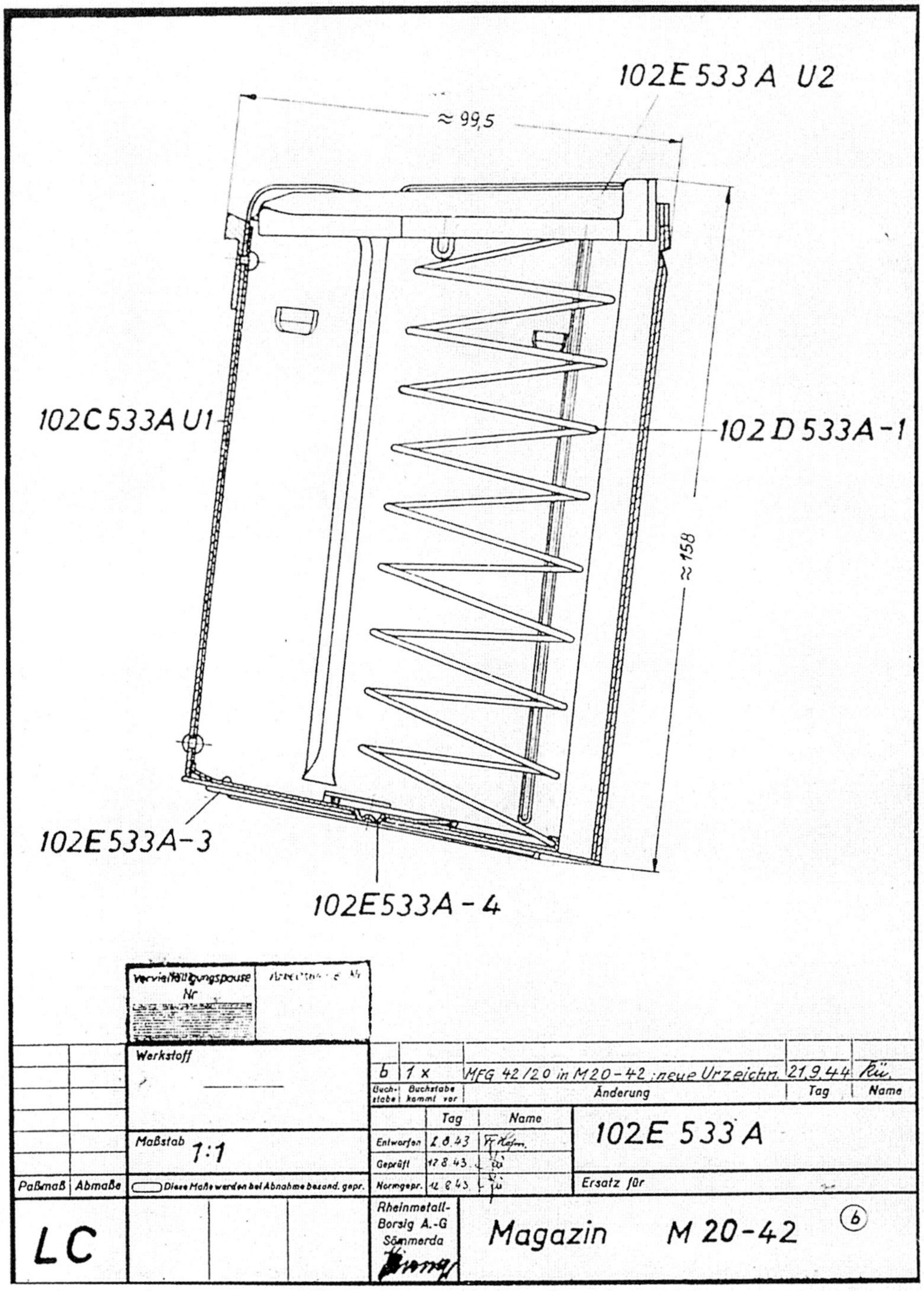

Rheinmetall-Fabrikzeichnung des für das verbesserte Krieghoff-System vorgesehenen Magazins (M20-42).

FG42, eingerichtet für den Scharfschützeneinsatz. Obwohl verschiedene Zielfernrohrmontagen mit dem späten FG42 eingesetzt wurden, war das Zielfernrohr GwZF 4fach die Standardausgabe. Eine der letzten von Krieghoff hergestellten Waffen, Seriennummer 04189, befindet sich in der riesigen Waffensammlung von Aberdeen Proving Ground.

Deutscher Fallschirmjäger im liegenden Anschlag bei Verwendung des Zweibeins und des Zielfernrohres GwZF 4fach. Abbildung aus dem Luftwaffenhandbuch für FG42 D.(Luft)T.6194.

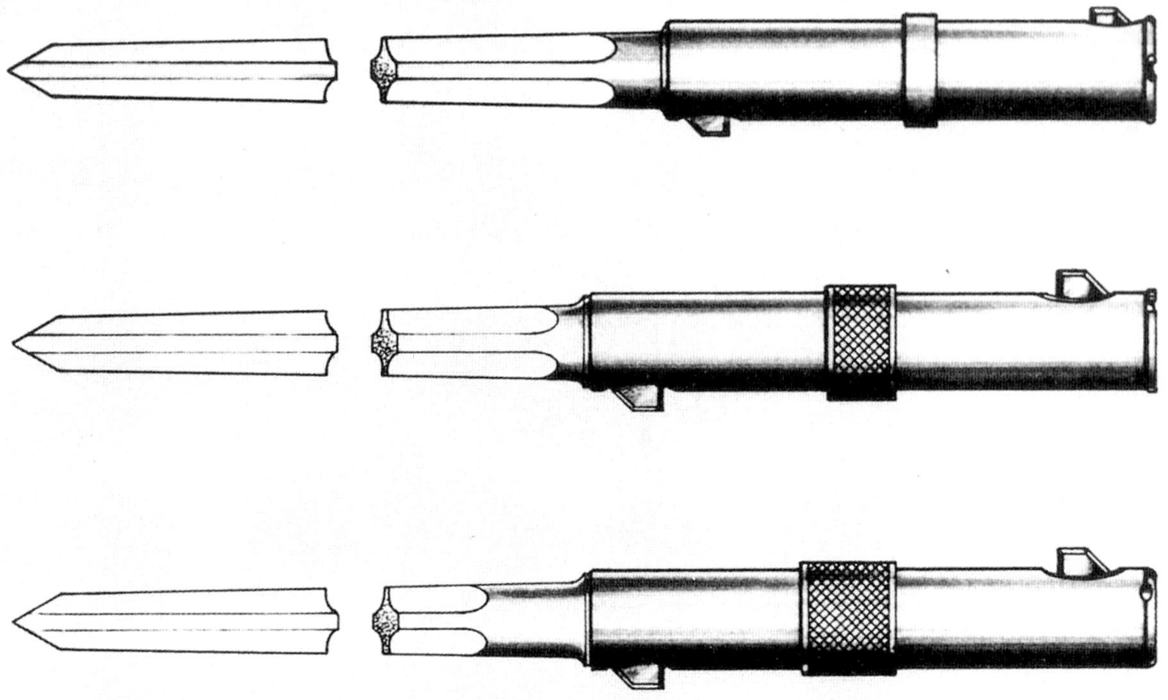

Die drei Ausführungen des mit dem FG42 verwendeten Bajonetts. Die Bajonette sind aus einem einzigen Schmiedestahlstück hergestellt und haben eine Vierkantklinge mit einer einfachen zylindrische Tülle.

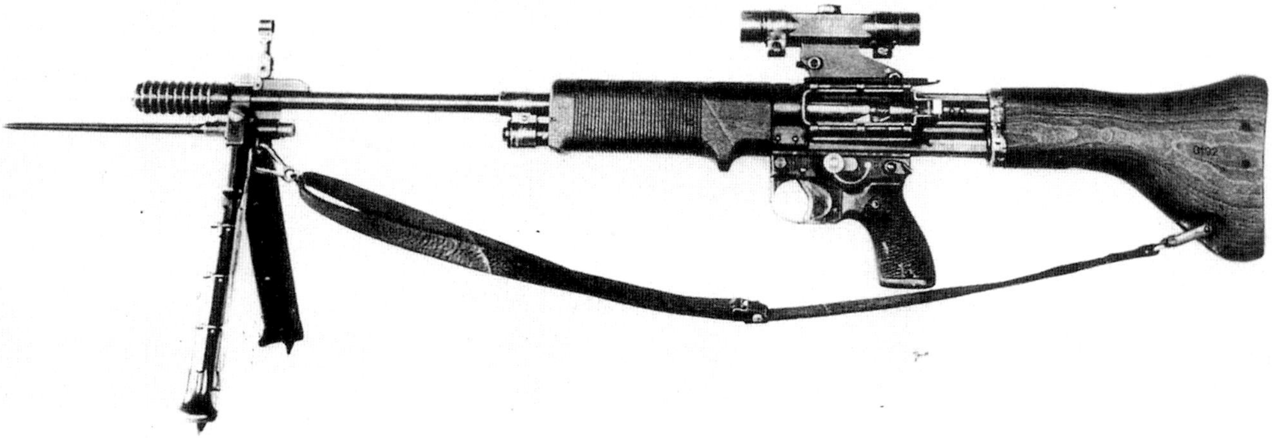

Spätes Krieghoff-FG42, Seriennummer 00192, mit abweichender Zielfernrohrmontage.

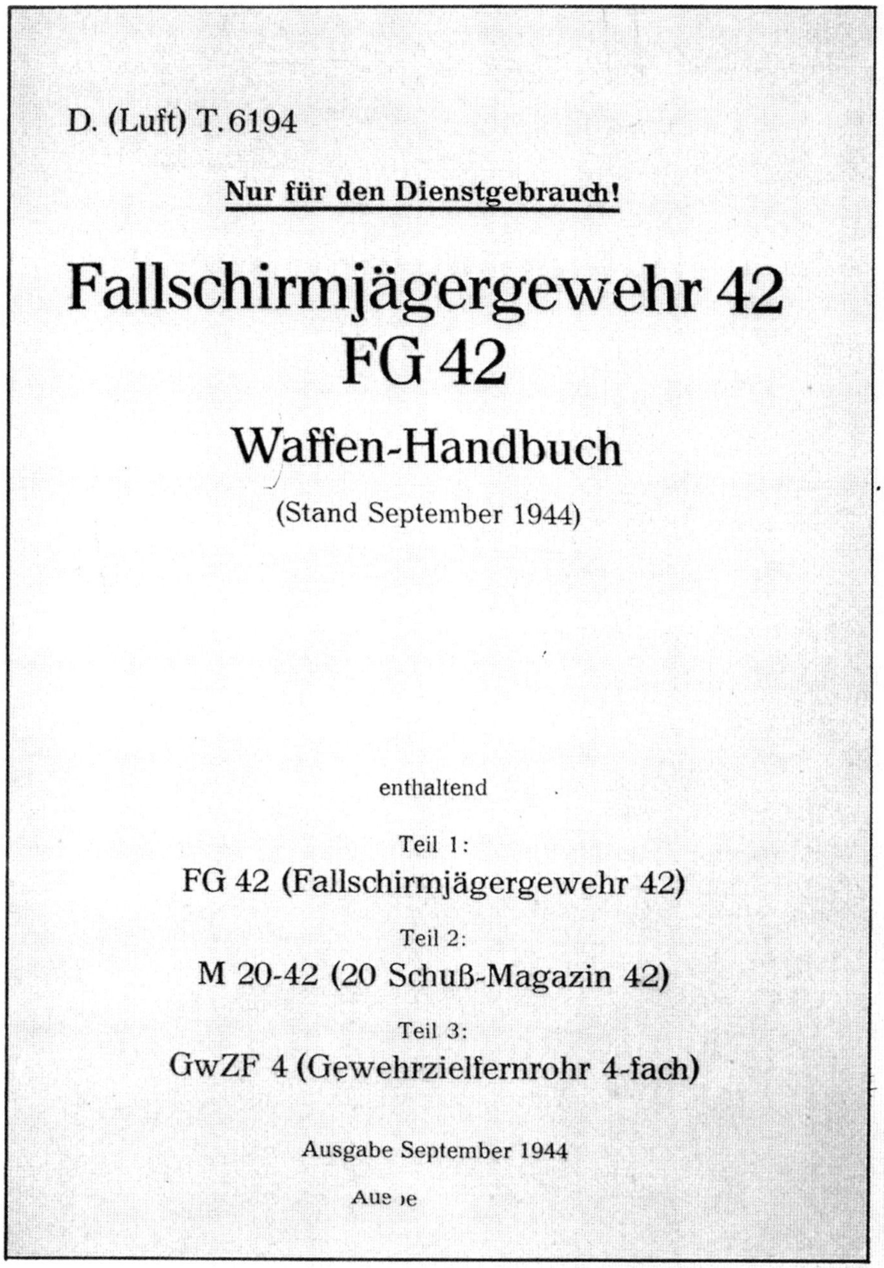

D. (Luft) T.6194

Nur für den Dienstgebrauch!

Fallschirmjägergewehr 42 FG 42

Waffen-Handbuch

(Stand September 1944)

enthaltend

Teil 1:
FG 42 (Fallschirmjägergewehr 42)

Teil 2:
M 20-42 (20 Schuß-Magazin 42)

Teil 3:
GwZF 4 (Gewehrzielfernrohr 4-fach)

Ausgabe September 1944

Aus je

Gemäß der Praxis, für jedes Waffensystem eine Bedienungsanleitung bereitzustellen, wurden für das FG42 mindestens drei Luftwaffendienstvorschriften ausgegeben:

1. **D.(Luft)T.6194, Fallschirmjägergewehr 42 Waffen-Handbuch, Stand Juni 1943, Ausgabe Dezember 1943 des Reichsluftfahrtministeriums (Originalhandbuch für das frühe Modell).**
2. **Nachtrag zur D.(Luft)T.6194 (frühes Modell mit den Änderungen der Fa. Krieghoff).**
3. **D.(Luft)T.6194, FG42 Waffen-Handbuch, Stand September 1944, Ausgabe September 1944 (spätes Modell in der endgültigen Produktionsausführung).**

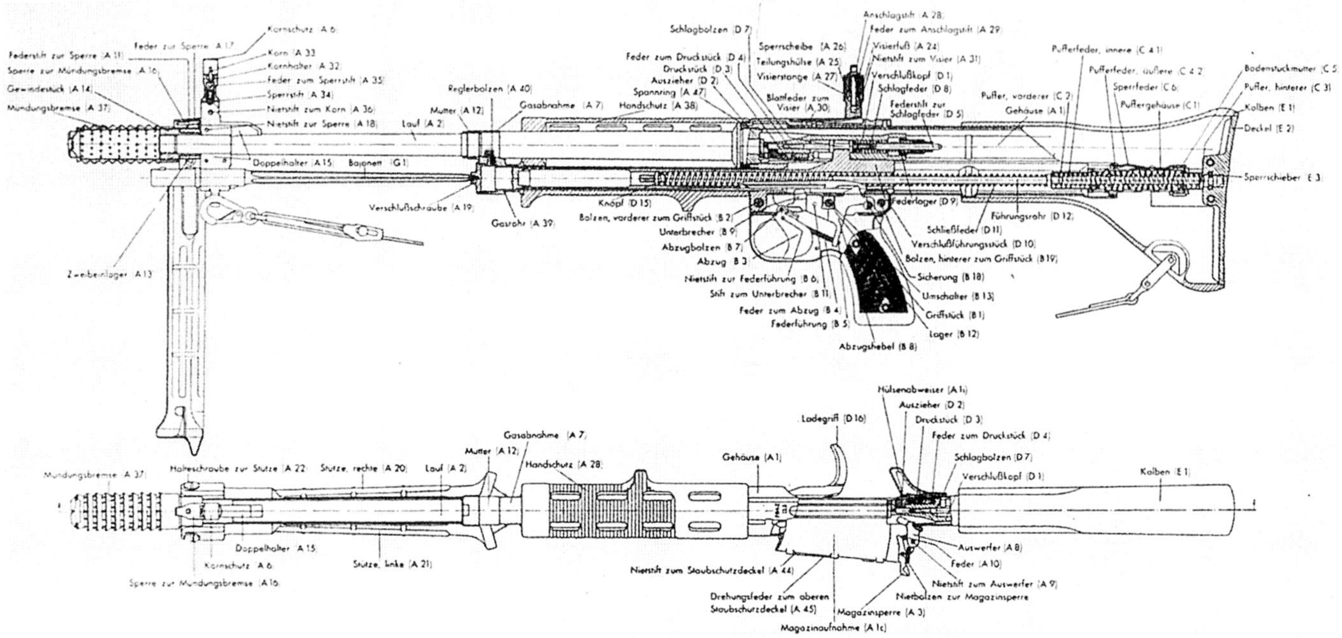

Schnittzeichnung des FG42 (spätes Modell) aus D.(Luft)T.6194, September 1944.

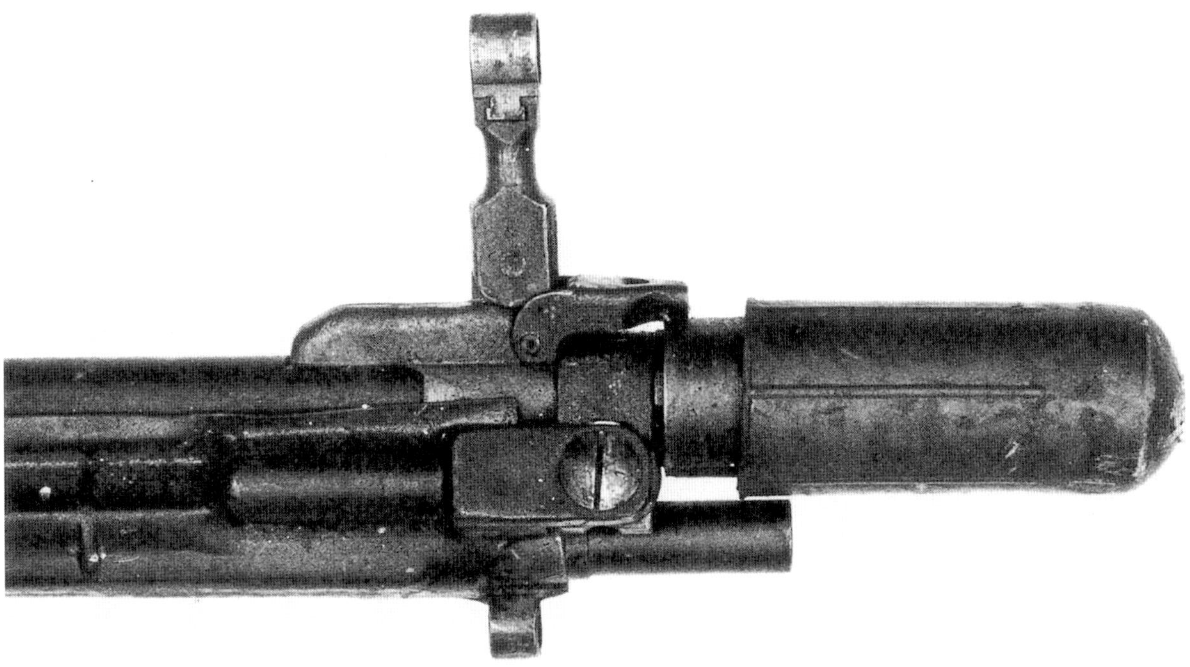

Ein seltenes Zubehörteil für das FG42 ist die Mündungskappe FG42 aus Gummi.

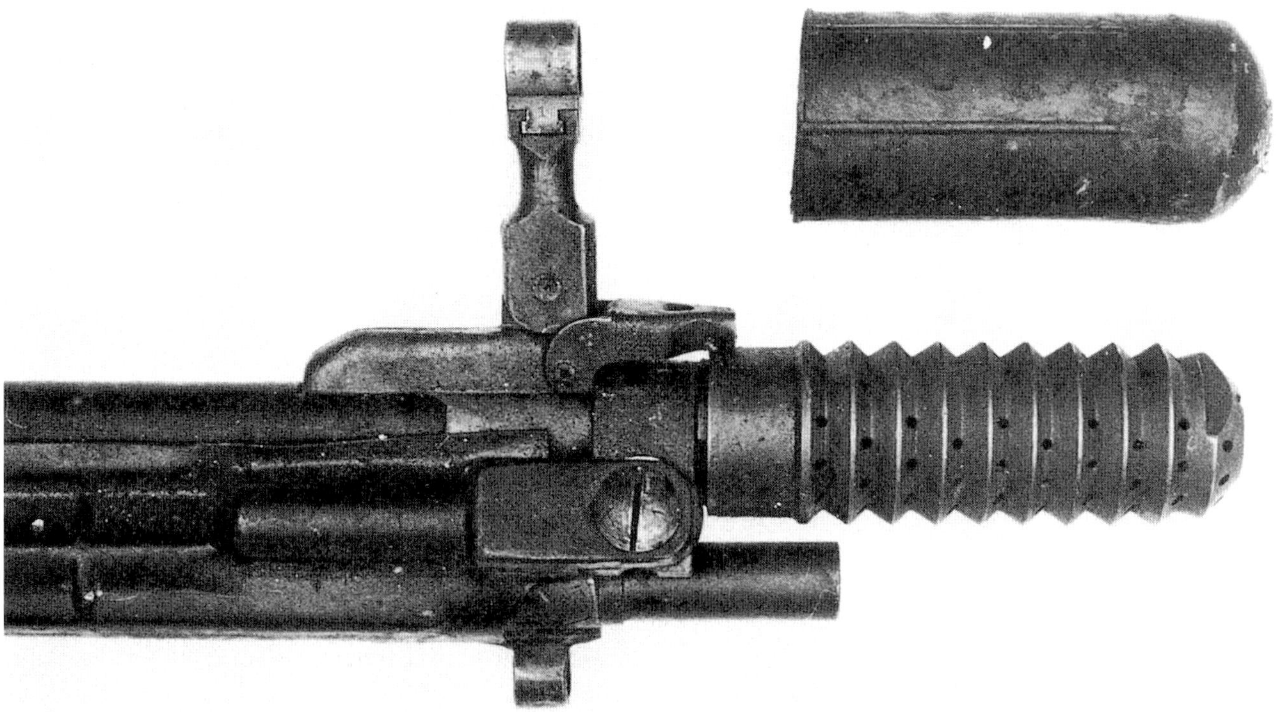

FG42-Mündung mit abgenommener Mündungskappe FG42.

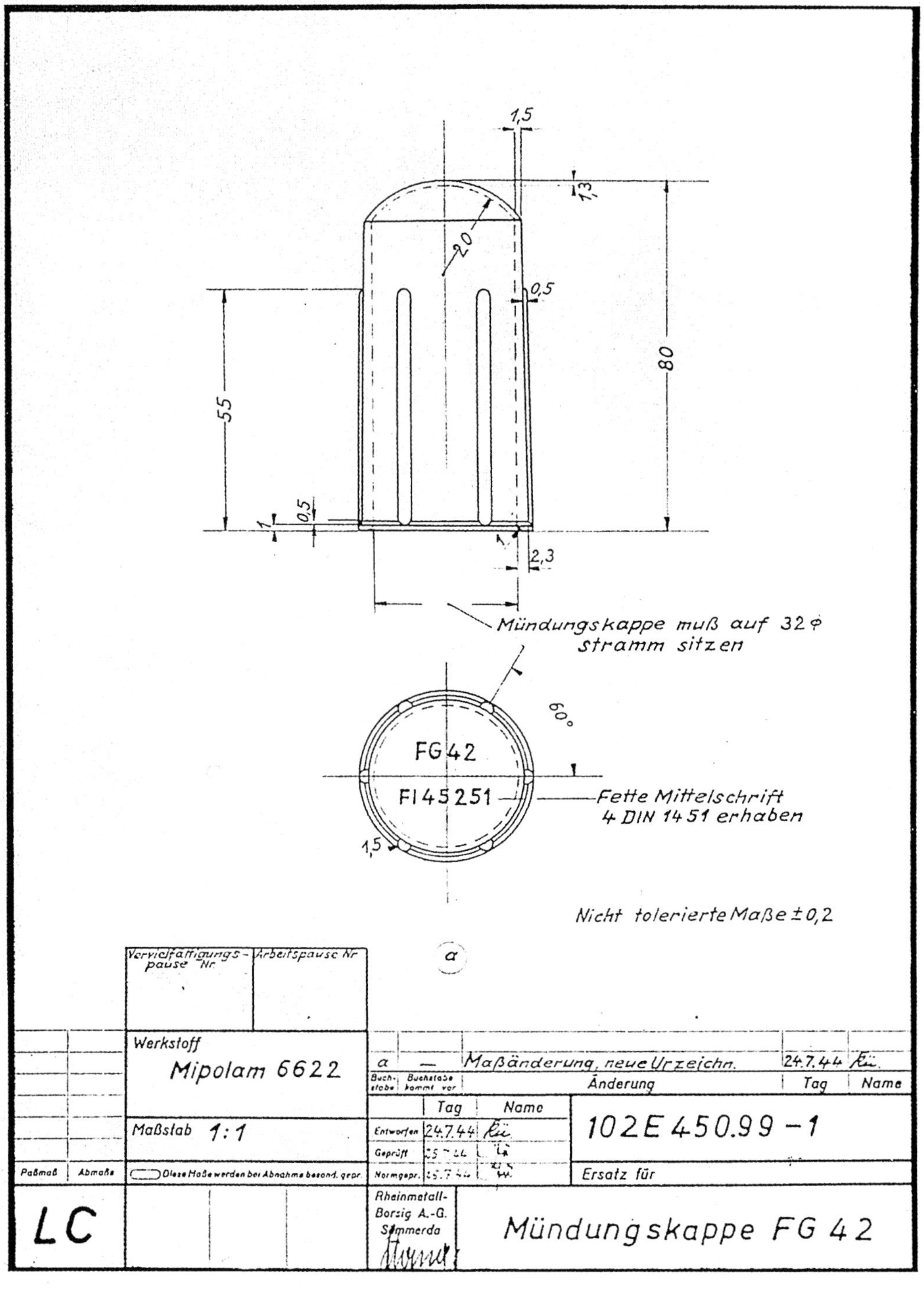

Original-Werkszeichnung der Rheinmetall-Borsig AG der Mündungskappe FG42.

Ein weiteres seltenes Zubehörteil: Patronenausstoßer zum Entladen von gefüllten Magazinen.

Der aus schwerem braunen Bakelit hergestellte Patronenausstoßer ist 21 cm lang und 5 cm breit. Er wurde auf das Magazin aufgesetzt und hin und her bewegt, um einzelne Patronen zu entfernen.

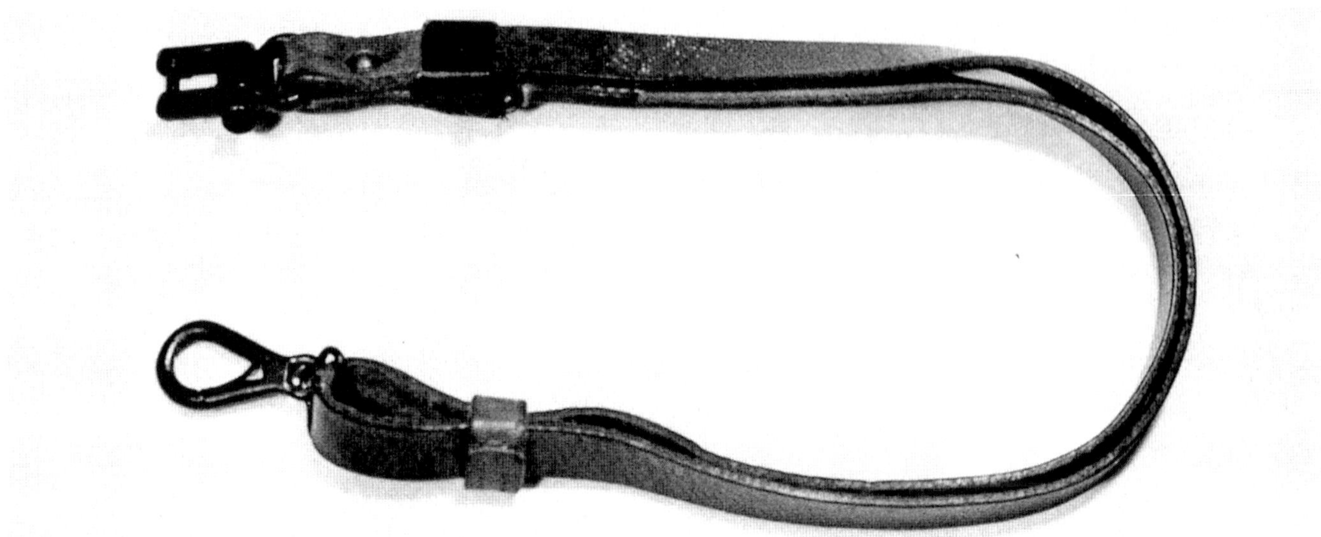

Tragriemen mit Befestigungselementen für das FG42. Der schwere Lederriemen war mit einer Befestigungsklemme für die Riemenöse am Schaft und einem Karabinerhaken für die Öse an der Zweibeinaufhängung versehen.

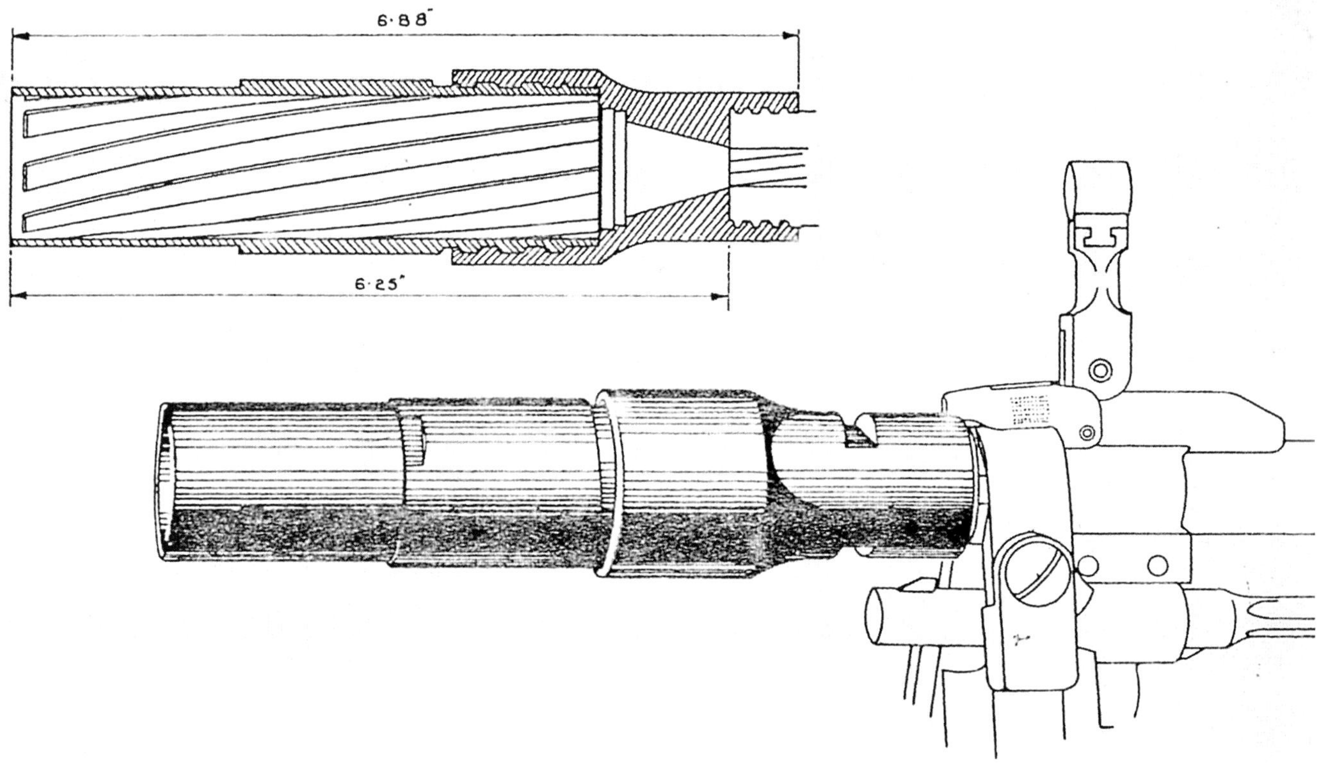

Diese Nachkriegszeichnung des britischen Zeugamts zeigt einen Granatschießbecher auf der Mündung eines späten FG42. Soweit bekannt ist, wurde für dieses Waffensystem kein Gewehrgranatgerät ausgegeben.

FG42 aus der Fertigung der Firma L.O. Dietrich, Altenburg. Bis auf die Markierungen war die Dietrich-Ausführung mit dem späten Krieghoff-Modell identisch.

Nahaufnahme der Oberseite des Dietrich-Gehäuses mit Herstellercode (gcy), Modellbezeichnung (FG42) und Seriennummer (0282).

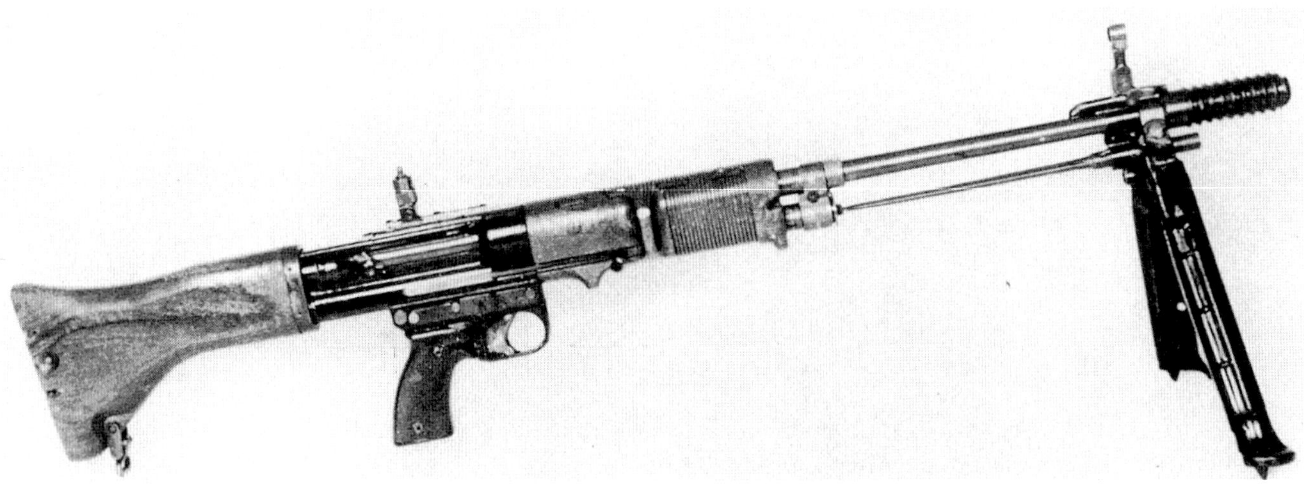

Das Dietrich-FG42 von der rechten Seite. Vermutlich sind weniger als 1000 Stück dieses Modells von Dietrich hergestellt worden.

Gehäuse eines weiteren FG42 aus Dietrich-Fertigung, Nr. 0155, zum Vergleich. Die einzelne halbrunde Ausfräsung war für die spätere Zielfernrohrmontage bestimmt.

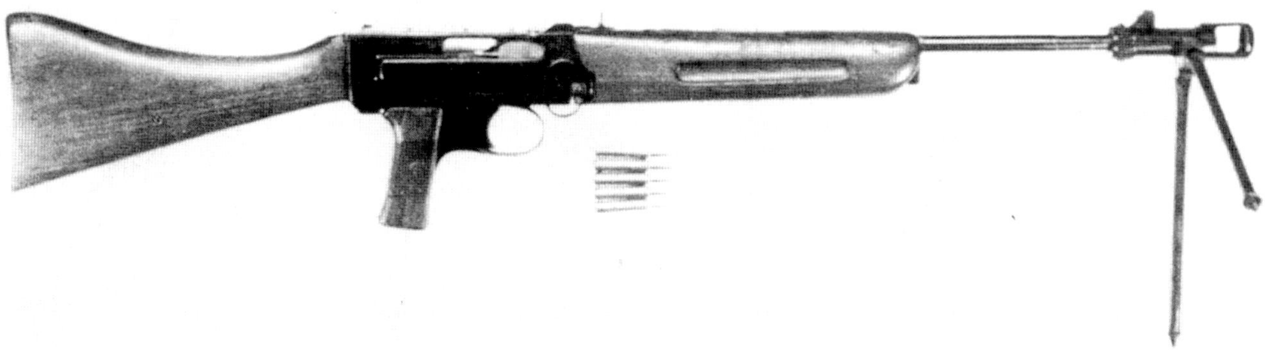

Dieser Prototyp der Firma Krieghoff ist für die Standardpatrone 7,9 x 57 mm eingerichtet und besitzt eine Umschaltmöglichkeit von Einzel- auf Dauerfeuer. Die Verwandtschaft zum Fallschirmjägergewehr ist offensichtlich.

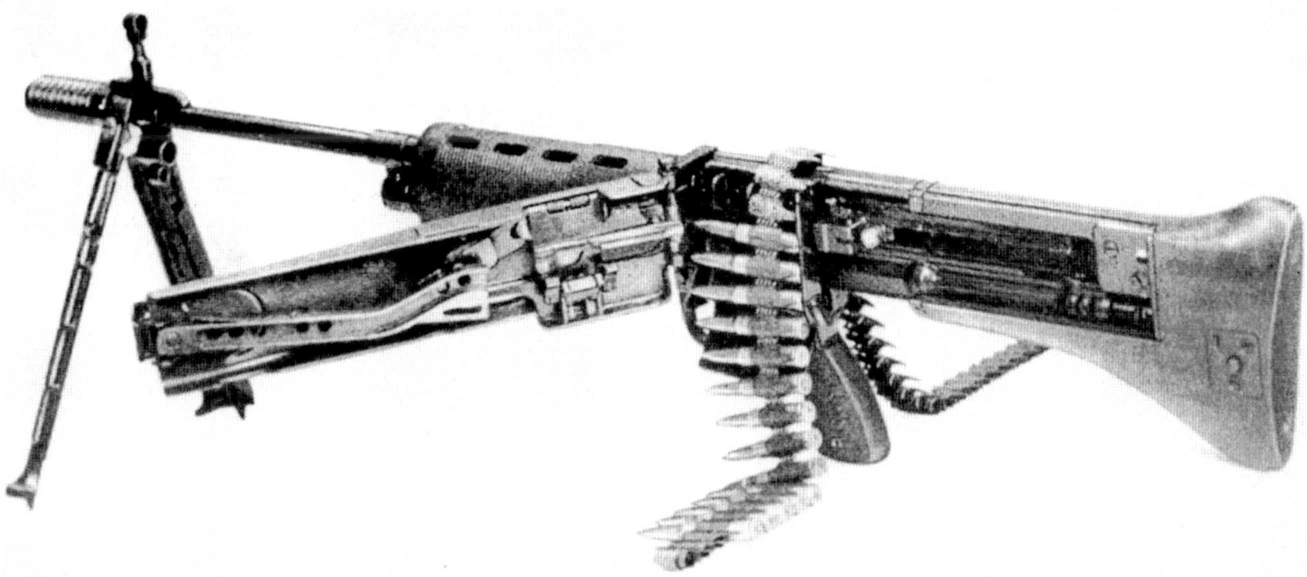

Entwurfsbasis für das erfolgreiche US-Maschinengewehr M60 war das 7,92 mm Light Automatic Machine Gun 144, das 1946 von Bridge Tool & Die Works entwickelt wurde. Auf Anregung des Zeugamts der U.S.-Army sollte das modifizierte FG42 verfeinert und verbessert werden. Durch Einbindung des Zufuhrsystems des deutschen MG42 wurde das FG42 von Magazin- auf Gurtzufuhr umgerüstet.

rund 7000 FG42 ziemlich genau mit den Seriennummern überlieferter Waffen, die in Museen und Privatsammlungen vorhanden sind.
Nach einem entsprechenden Vergleich dieser Waffen setzt sich die Gesamtzahl des FG42 vermutlich aus fast 2000 Stück des frühen und rund 5000 Stück des späten Modells zusammen. Das FG42 ist anerkannterweise eine der fortschrittlichsten Handfeuerwaffen des 2. Weltkrieges. Es ist darum besonders ironisch, daß diese für offensive Luftlandeoperationen konzipierte Waffe ihre Hauptverwendung bei den Kämpfen auf deutschem Boden in der letzten Reichsverteidigung finden sollte.
Trotz möglicher Ausnahmen scheint der Hauptanteil der FG42-Produktion in den letzten Kriegsmonaten an deutsche Fronttruppen in Westeuropa ausgegeben worden zu sein.

XXI
Zielfernrohre für Sturmgewehre

Obwohl nicht behauptet werden kann, daß deutsche Sturmgewehre im Scharfschützeneinsatz verwendet wurden, ist bekannt, daß sowohl optische Visiereinrichtungen als auch letztendlich Infrarot-Nachtsichtgeräte in allen Entwicklungsphasen auf Sturmgewehren montiert wurden.
Bis heute sind die Unterlagen über den Entwurf, die Entwicklung und den Feldeinsatz von Sturmgewehr-Zielfernrohren unentdeckt geblieben. Daher bleibt für diesen interessanten Bereich der deutschen Bewaffnung im 2. Weltkrieg lediglich die Möglichkeit einer Bildchronik der verschiedenen Zielfernrohrmontagen und deren Zubehörteile, die an erhaltengebliebenen Exemplaren zu finden sind.*
Die Maschinenkarabiner 42 in den von Haenel und Walther produzierten Ausführungen (MKb42(H) und MKb42(W)) verfügten über Montageschienen für Zielfernrohre auf dem Gehäuse, die in den Visiersockel eingearbeitet wurden.
Die zur Aufnahme eines Zielfernrohrs mit eineinhalbfacher Vergrößerung vorgesehe Montageeinrichtung wurde über diese Schienen geschoben und durch das Eingreifen einer federgelagerten Verriegelungsnase in eine entsprechende Nut in der rechten Schiene gesichert.
Im Verlauf der Ereignisse wurde der Haenel-Entwurf für besser befunden. In der für die spätere Massenfertigung vereinfachten Form wurde die MP43-Serie mit Einführung der MP43/1 und MP43 realisiert.
Während weitaus die meisten MP43/1 mit ähnlichen Montageschienen wie der MKb42 versehen wurden, ist diese Einrichtung bei der MP43 sowie bei den späteren Ausführungen MP44 und StG44 weggelassen worden. Der Mangel an Hinweisen auf den Feldeinsatz von Zielfernrohren mit eineinhalbfacher Vergrößerung in Verbindung mit Sturmgewehren sowie die Seltenheit von erhaltengebliebenen Zielfernrohrmontagen deuten darauf hin, daß nur wenige Exemplare ausgegeben wurden.
Neben den offensichtlichen Überlegungen zur Montage eines eineinhalbfachen ZF auf dem MKb42(H), MKb42(W) und möglicherweise der MP43/1, wurde eine begrenzte Anzahl aus der MP43-Serie (MP43/1, MP44, StG44) mit einer speziell gefrästen Montageschiene versehen, die auf der rechten Seite des Verschlußgehäuse hinter der Auswurföffnung angeschweißt wurde. Sie diente ursprünglich zur Aufnahme des Zielfernrohrs *GwZF 4fach.*
Es muß betont werden, daß die mit dieser Zielfernrohrmontage versehenen Stücke eine absolute Ausnahme unter diesen Waffen darstellen.
Da die gefrästen Montageeinrichtungen fast identisch mit denen waren, die bei den G43 und K43 Selbstladegewehren verwendet wurden, konnte das *ZF4* leicht auf das Sturmgewehr montiert werden.
Das als Einheitszielfernrohr konzipierte Gewehr-Zielfernrohr 4-fach (ZF4) war an beiden Enden zylindrisch und hatte ein quadratisches Mittelstück.
Die Haltebänder umfaßten die zylindrischen Teile, während sich die Justiereinrichtungen auf den Flächen befanden. Die gesamte Einheit wurde aus fertigungstechnischen Gründen so geformt.

* In seinem Werk »Deutsche Scharfschützen-Waffen 1914-1945« (Motorbuch Verlag, Stuttgart 2023) geht Peter Senich detailliert auf die Entwicklung der deutschen Scharfschützenwaffen und ihrer Optiken ein.

Haenel MKb42(H), mit einer sehr seltenen Prototyp-Zielfernrohrmontage für das 1,5-fache Zielfernrohr 41 (ZF41). Die abgebildete Montageeinrichtung ist das einzige bekannte Exemplar dieses Typs.

Die MKb-Montage aus Formblech wird auf die in den Visiersockel integrierte Montageschiene geschoben und durch eine Federklemme in der Verriegelungsnut in der rechten Schiene verriegelt. Eine Stellschraube, wie bei den Montagen für das ZF41 auf dem K98k, befindet sich im unteren Teil der vorderen Ringmontage. Beachtenswert ist das kleine Logo der Merz-Werke auf dem hinteren unteren Teil der Montageeinrichtung.

MKb-Zielfernrohrmontage mit einer Nahaufnahme des Firmenzeichens der Merz Werke. Das gleiche Zeichen wurde auf Haenel MK42(HS)-Prototypwaffen gefunden.

Im Oktober 1943 wurde von der Infanterieschule in Döberitz-Elsgrund ein Vergleichsschießen zwischen MP43/1 mit ZF und G43 mit ZF durchgeführt. Es sollte festgestellt werden, ob sich das Kurzpatronenwaffensystem für den Scharfschützeneinsatz eignet. Bemerkenswert ist die einzigartige Montageeinrichtung für das ZF4, die der ursprünglichen Zielfernrohrmontage für das frühe G43 ähnelt.

MP43/1 mit ZF4 bei den Erprobungen im Oktober 1943. Obwohl die Waffe wegen der erheblichen Streuung als »für den Scharfschützeneinsatz ungeeignet« befunden wurde, führte die Infanterieschule die schlechten Schußergebnisse hauptsächlich auf die Zielfernrohrmontage zurück.

G43 mit ZF4. Dieses Gewehr-Zielfernrohr mit vierfacher Vergrößerung wurde von Voigtlander (ddx), Opticotechna (dow) und der J.G. Farbenindustrie (bzz) hergestellt.

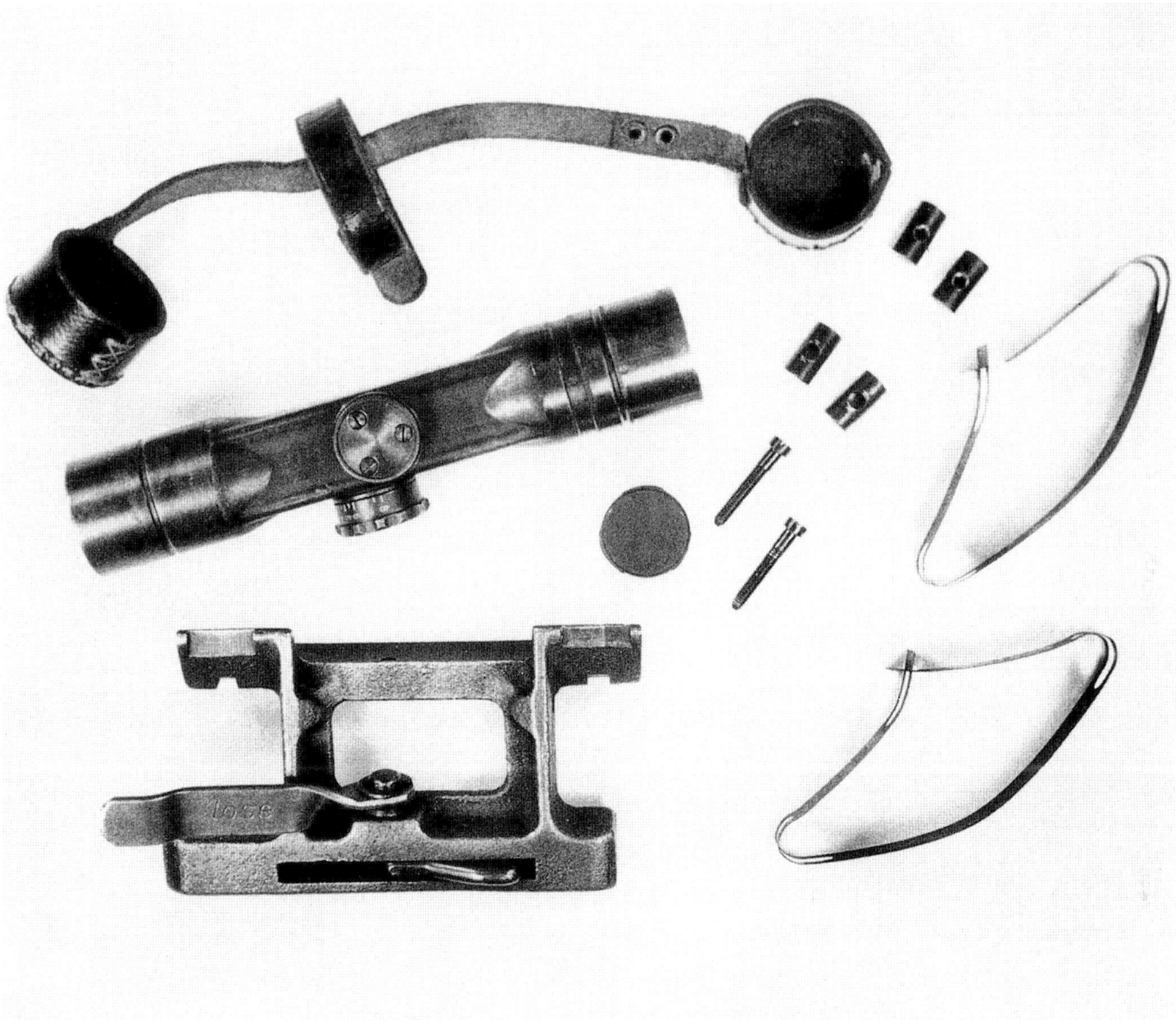

ZF4 mit Montage und ledernen Schutzkappen. Das Zielfernrohr wurde durch die beiden Federstahlbänder mit der Montageeinrichtung verbunden.

ZF4-Montage aus Gußeisen mit Fräsungen für den Schwalbenschwanz des Montagesockels. Der Verriegelungshebel sowie die Federklemme im Sockel sind deutlich sichtbar. Die Montagen wurden von Walther (ac) und den Berlin-Lübecker Maschinenfabriken (duv) hergestellt.

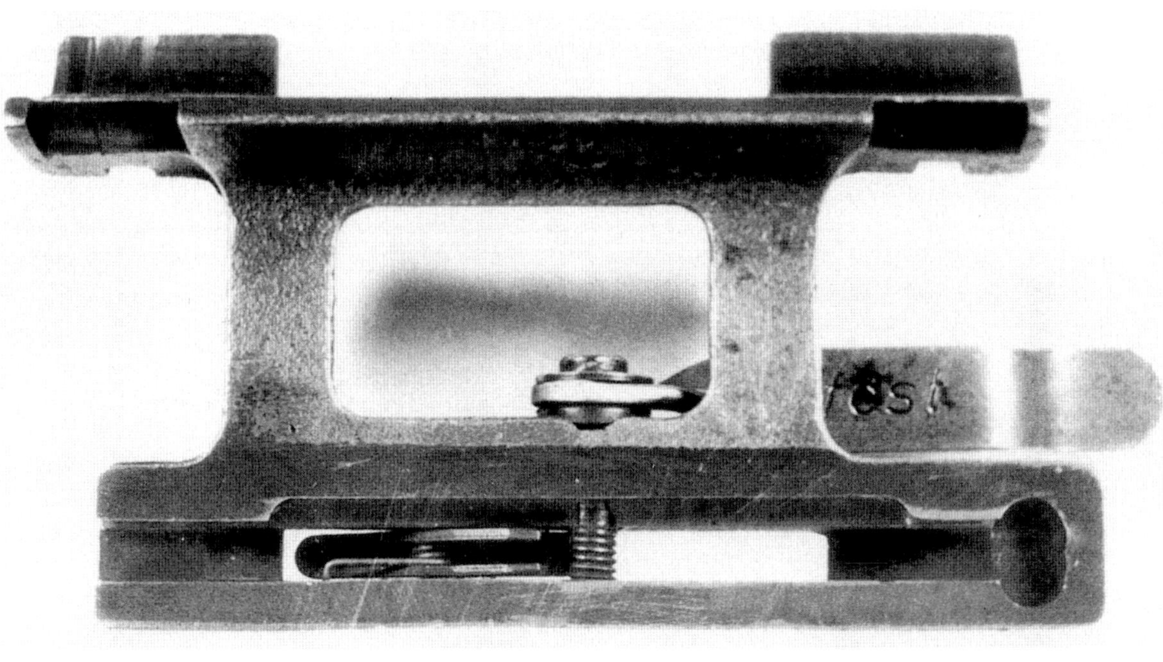

ZF4-Montage. Dieses Gußteil war eine der besseren Montagen für deutsche Scharfschützenwaffen.

G43 aus früher Fertigung mit Montageschiene ohne Ausfräsung, wie sie für die ZF4-Montage mit schräger Stütze und ohne Federklemme verwendet wurde. Die Waffe wurde von Gustloff, Werk Weimar (bed), hergestellt.

Die Montageschiene mit Verriegelungsnut war typisch für die Mehrzahl der G43 und K43 Selbstladegewehre. Der abgebildete K43 stammt von Walther (ac 45). Die Ähnlichkeit mit der Montageschiene des Sturmgewehrs ist offensichtlich.

Blick in die Mündung einer MP43/1 mit ZF4 bei den Versuchen in Döberitz im Oktober 1943. Das hohe Profil der Waffe im Anschlag ist offensichtlich.

MP44 mit Zielfernrohrmontage GwZF4. Die Montage ist auf der rechten Seite des Gehäuses hinter dem Hülsenauswurffenster mit Schweißpunkten befestigt.

Zielfernrohr-Montageschiene für das Sturmgewehr. Da die Schiene mit der des G43 und K43 nahezu identisch war, konnte das ZF4 problemlos mit der Standardmontageeinrichtung eingesetzt werden. Die Montageschienen wurden später zum Aufsetzen des IR-Zielgeräts verwendet.

Eine weitere Ansicht der Montageschiene. Frühe MP43/1-Testwaffen sind auch ohne die Verriegelungsnut bekannt.

StG44 mit ZF4 der Firma Voigtlander (ddx). Haenel (fxo) soll sowohl ZF4 als auch IR-Sichtgeräte (ZG 1229) auf den Kurzpatronenwaffen montiert haben.

Die Zielfernrohre trugen die Herstellercodes von den Herstellern Voigtlander & Sohn (ddx), Opticotechna (dow) und J.G. Farbenindustrie (bzz), die Bezeichnung *Gw ZF 4*, ein weißes, grünes oder blaues Dreieck, um die zuverlässigen Funktionsgrenzen jedes Geräts in verschiedenen Klimazonen anzuzeigen, sowie eine Seriennummer.
Das Absehen wurde mit dem rechtsliegenden Einstellrad in der Höhe verstellt. Das auf dem Zielfernrohr sitzende Einstellrad war durch eine leicht abnehmbare Blechkappe geschützt und diente zur Seitenverstellung.
Das gebräuchlichste Absehen bestand aus einem angespitzten senkrechten Stachel mit waagerechten Seitenbalken *(Anmerkung des Übersetzers: Dieses Absehen entspricht dem heutigen Absehen 1).*
In seiner ursprünglich ausgegebenen Form waren dem ZF4 folgende Zubehörteile beigegeben: Eine metallene Regenschutzkappe für das Objektiv, ein Augenschutz aus Gummi, lederne Endkappen, ein Reinigungstuch, bernsteinfarbene Dunstfilter, eine klare Glasscheibe zur Verhinderung eines Beschlagens des Okulars, sowie eine Tragetasche zur Aufbewahrung des von der Waffe abmontierten Zielfernrohrs.
Die Zielfernrohrmontage war ein grobes Gußteil, dessen Sockel entsprechend dem Schwalbenschwanz der Montageschiene der Waffe gefräst war. Zur Montage wurde der Verriegelungshebel nach hinten geschwenkt (»Lose«-Stellung); die Montage wurde auf die Schiene geschoben, wonach der Hebel nach vorne geschwenkt (»Fest«-Stellung) und somit die Einheit verriegelt wurde. Eine zusätzliche, federgelagerte Verriegelungsklemme rastete unabhängig vom Verriegelungshebel in die dafür vorgesehene Ausfräsung des Montagesockels ein, um ein Herunterfallen des Zielfernrohrs bei Lockerung oder Versagen des Verriegelungshebels zu verhindern. Neben dem Umlegen des Verriegelungshebels nach hinten war es zum Abnehmen des Zielfernrohrs not-

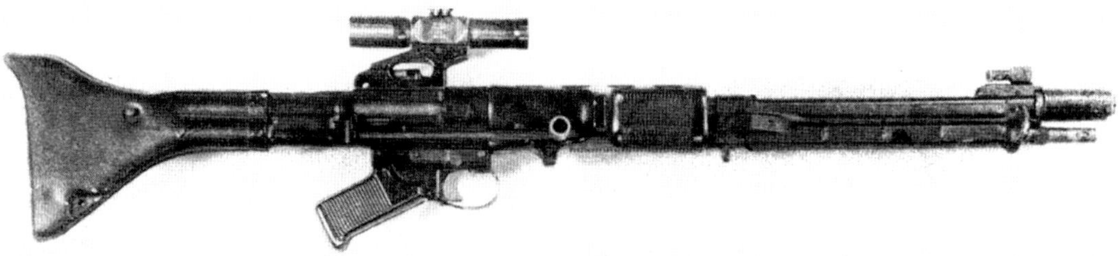

FG42, frühes Modell, mit 4-fach Zielfernrohr ZFG 42 der Firma Voigtlander (ddx). Das sich in der Sammlung von Aberdeen Proving Ground befindliche Zielfernrohr trägt folgende Markierungen:
ZFG 42
FL 152973
ddx
10V049.
Neben der Modellbezeichnung, dem Herstellercode und der Produktionsnummer stellt FL 152973 die Luftwaffen-Lagernummer dar.

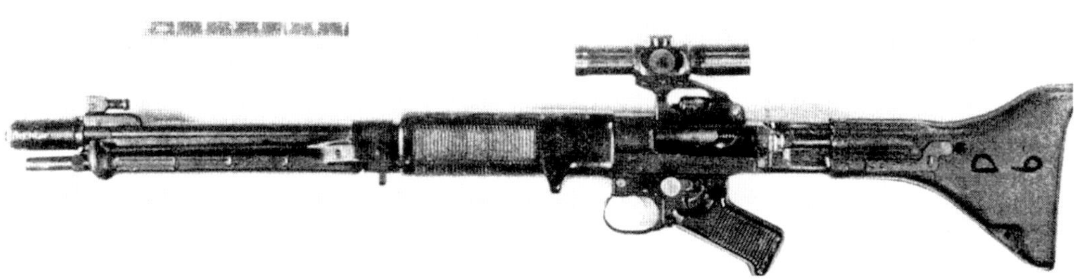

wendig, die federgelagerte Klemme herunterzudrücken. Die Montagen wurden von den Firmen Walther und Berlin-Lübecker Maschinenfabriken hergestellt. Die ZF4-Zielfernrohrmontagen tragen den Waffenamtsstempel »359« oder »214«, also die Nummern der Abnahmestellen die den beiden Werken zugewiesen waren. Die von Walther hergestellten Montageeinrichtungen waren am häufigsten.
Die ursprüngliche Montageeinrichtung mit schräger Stütze besaß keine zusätzliche Verriegelungsklemme und war daher für die frühen G43-Sockel vorgesehen, die keine Verriegelungsnut im Montagesockel besaßen. Das *GwZF4* wurde mit der Montageeinrichtung durch zwei Federstahlbänder in Verbindung mit einer Schraube und Mutter verbunden. Obwohl die Bänder mehr als ausreichend waren, griff ein auf der vorderen Hälfte der Montagewiege plazierter Grat in eine Rille am vorderen Ende des Zielfernrohrs ein, um ein Verrutschen des Zielfernrohrs beim Rückstoß der Waffe zu verhindern. Von gleichem Interesse sind die Exemplare des Fallschirmjägergewehrs 42, die ebenfalls für das ZF4 eingerichtet sind. Diese Gewehre wurden mit einer Vielfalt an speziell für diesen Waffentyp entworfenen Montageeinrichtung eingesetzt.
Im Vorgriff auf das ZF4 wurde auf Verlangen des Reichsluftfahtsministeriums ein von der Firma Voigtländer (ddx) entwickeltes Zielfernrohr in limitierter Auflage hergestellt, das *Zielfernrohr-Gewehr 42 (ZFC42)* mit vierfacher Vergrößerung.
Obwohl das ZFG42 im Aussehen dem ZF4 ähnlich war, bestand der Hauptunterschied darin, daß das ZFG42 ein vollzylindrisches Rohr besaß. Das ZF hatte eine obenliegende Einrichtung für die Höhenverstellung und auf der linken Seite ein Justage-Rad für die Seitenabweichung. Das ursprünglich zur Verwendung durch die Luftwaffe mit dem Fallschirmjägergewehr 42 entwickelte ZFG42 diente ver-

ZFG 42. Das 15 cm lange Zielfernrohr wurde aus Messing und Stahl hergestellt. Das Objektivende, ein Drehteil aus Messing, ragt 5 cm aus dem Messingmittelstück. Das Okularende ist ein Stahldrehteil mit einem Durchmesser von 3 cm. Die Kennzeichnung lautet:

- ZFG 42
- FL 152973
- ddx
- 10V054

Nahaufnahme des frühen FG42-Gehäuses, Seriennummer 1700, mit integriertem Schwalbenschwanz auf beiden Seiten zur Aufnahme eines Zielfernrohrs. Zur Aufnahme der Montageeinrichtung des ZFG42 gedacht, ist es zweifelhaft, ob diese Montage jemals im Einsatz verwendet wurde.

ZFG42 mit Montage. Die 9,7 cm lange Montageeinrichtung besaß einen passenden Schwalbenschwanz für das Gehäuse des FG42. Der hier fehlende Verriegelungshebel sollte in die halbrunde Ausfräsung auf der Oberseite des Verschlußgehäuses eingreifen. Der Herstellercode der Firma H. Diehl, Metallguß u. Preßwerk (auf), befindet sich auf dem Hinterteil der Montage.

mutlich als Entwicklungsbasis für den ZF4-Entwurf, der ebenfalls der Firma Voigtländer zugeschrieben wird.

Die wohl rätselhafteste Entwicklung im Bereich der optischen Visiereinrichtungen für die deutschen Sturmgewehre stellen die Infrarot-Nachtsichtgeräte dar. Nachtsichtgeräte, mit denen man mittels Elektronik unsichtbare Infrarotstrahlung sichtbar machen konnte, wurden während des Krieges von deutschen Wissenschaftlern bis zu einem hohen Grad entwickelt. Der Großteil des Geräts bestand aus einem Bildwandlerrohr mit einem infrarotempfindlichen Bauteil, das Elektronen ausstrahlte; einem elektronischen Linsensystem und einem Leuchtstoffschirm, worauf das von den Linsen erfaßte Bild abgebildet wurde.

In verschiedenen Formen wurde das einzigartige Bildwandlerrohr in verschiedenen deutschen Infrarot-Geräten eingesetzt: Als Nachtfahrgerät für Radfahrzeuge, Panzer und Panzerspähwagen, für das Sturmgewehrsystem sowie für den Einsatz in Flugzeugen.

In dieser Studie wird das Hauptinteresse auf das *Zielgerät 1229 (ZG 1229)* konzentriert, das speziell zum Einsatz auf dem Sturmgewehr entwickelt wurde.

Ein bemerkenswerter Bericht über dieses Sondersystem erschien in der Veröffentlichung der Schule des US-Army Zeugamts *Submachine Guns*, Band 1, Juli 1958: »*1943 und bis in das Jahr 1944 wurde ein Programm zur Entwicklung eines tragbaren Infrarot-»Nachtvisiers« für die MP43-Serie eingeleitet. Ein kleines elektronisches Bildrohr (70 mm Durchmesser) war von der Forschungsanstalt der Deutschen Reichspost (RFP), Berlin, entwickelt worden. Ernst Leitz, Wetzlar; wurde mit der Entwicklung der zusätzlichen optischen Komponente*

Nahaufnahme des Gehäuses eines FG42 (spätes Modell) aus Krieghoff Fertigung. Hier sind zwei halbrunde Ausfräsungen für beidseitig an der Montageeinrichtung des Zielfernrohrs angebrachte Verriegelungshebel vorgesehen.

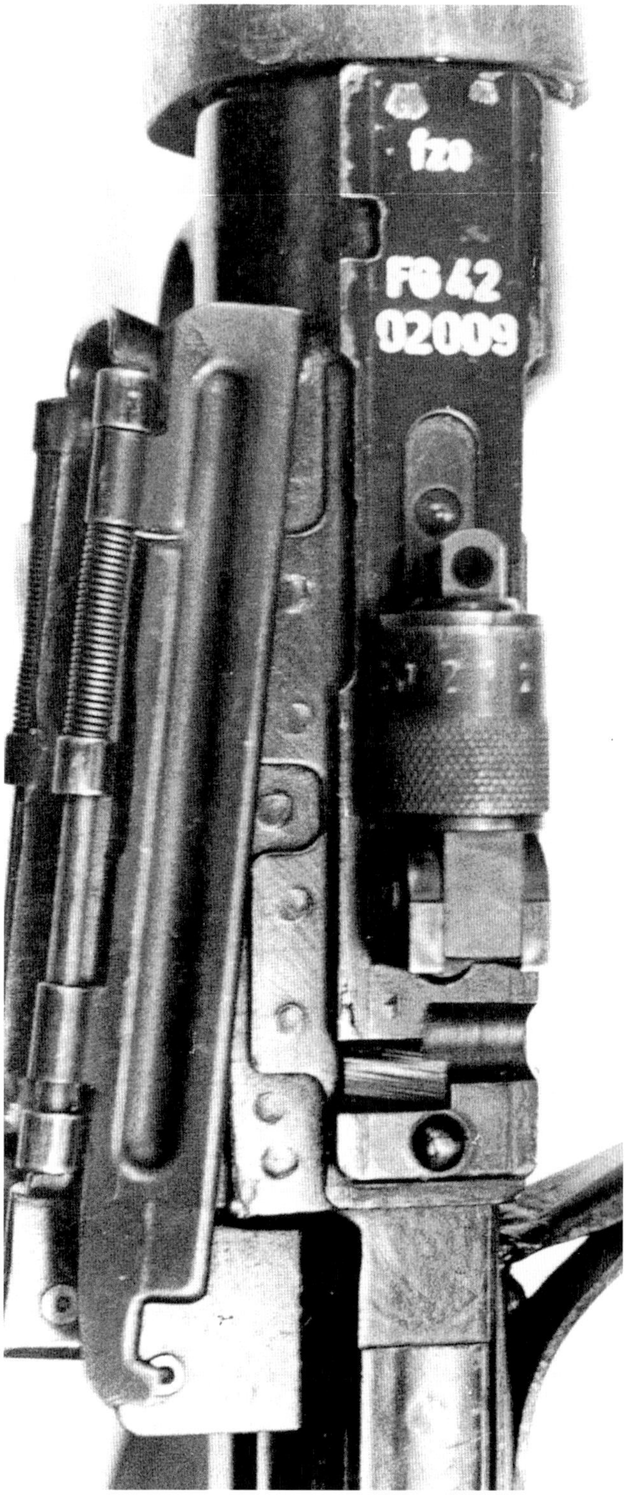

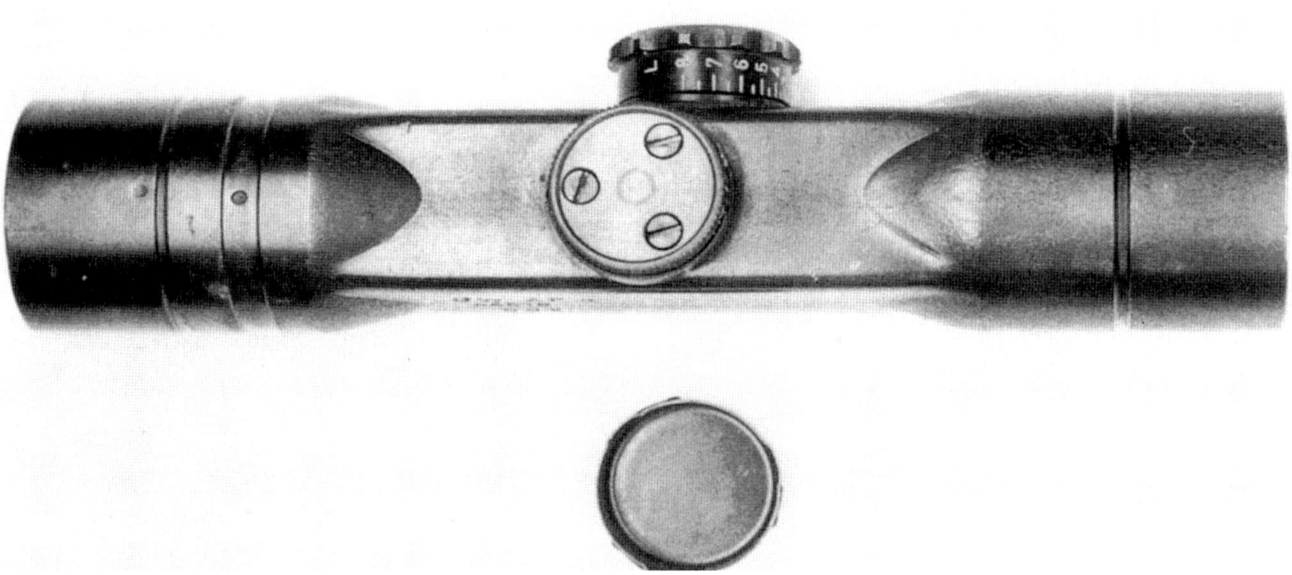

Blick auf das ZF4 mit abgenommener Schutzkappe der oberen Verstelleinrichtung. Bemerkenswert ist der Buchstabe »L« über der 800-m-Markierung auf der Entfernungsskala.

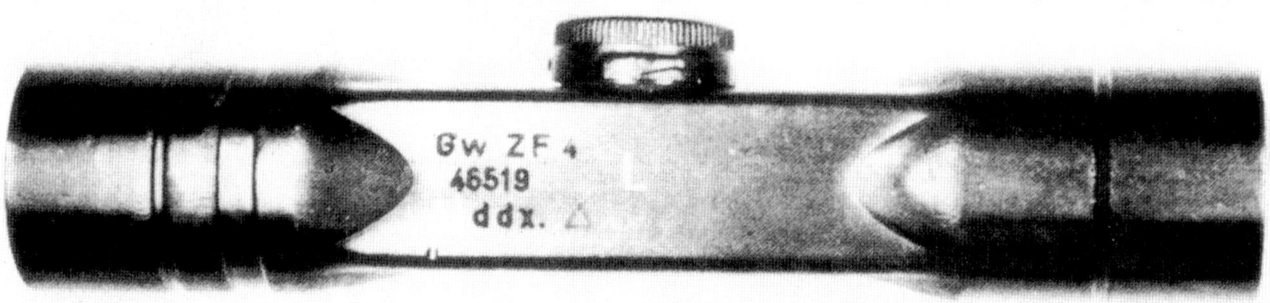

ZF4 mit der Seriennummmer nebst Herstellercode ddx. Der Buchstabe »L« deutet auf eine Ausgabe durch die Luftwaffe hin. Vermutlich waren die so gekennzeichneten Zielfernrohre zur Verwendung mit dem FG42 vorgesehen. Das farbige Dreieck zeigt die zuverlässigen Funktionseinschränkungen jedes Gerätes unter verschiedenen klimatischen Bedingungen an. Weiß steht für Verwendbarkeit unter mitteleuropäischen Wetterbedingungen, grün für Tropeneinsatz und blau für extreme Kälte, wie sie an der winterlichen Ostfront herrschte.

Abweichende ZF4-Montage auf einem FG42 (Seriennummer 02500) des Armamentarium, dem niederländischen Waffenmuseum in Delft.

Nahaufnahme einer weiteren ZF4-Montage des gleichen Typs wie beim FG42 Nr. 02500. Der Verriegelungshebel wurde nach unten gedrückt, um die Montage zu verriegeln.

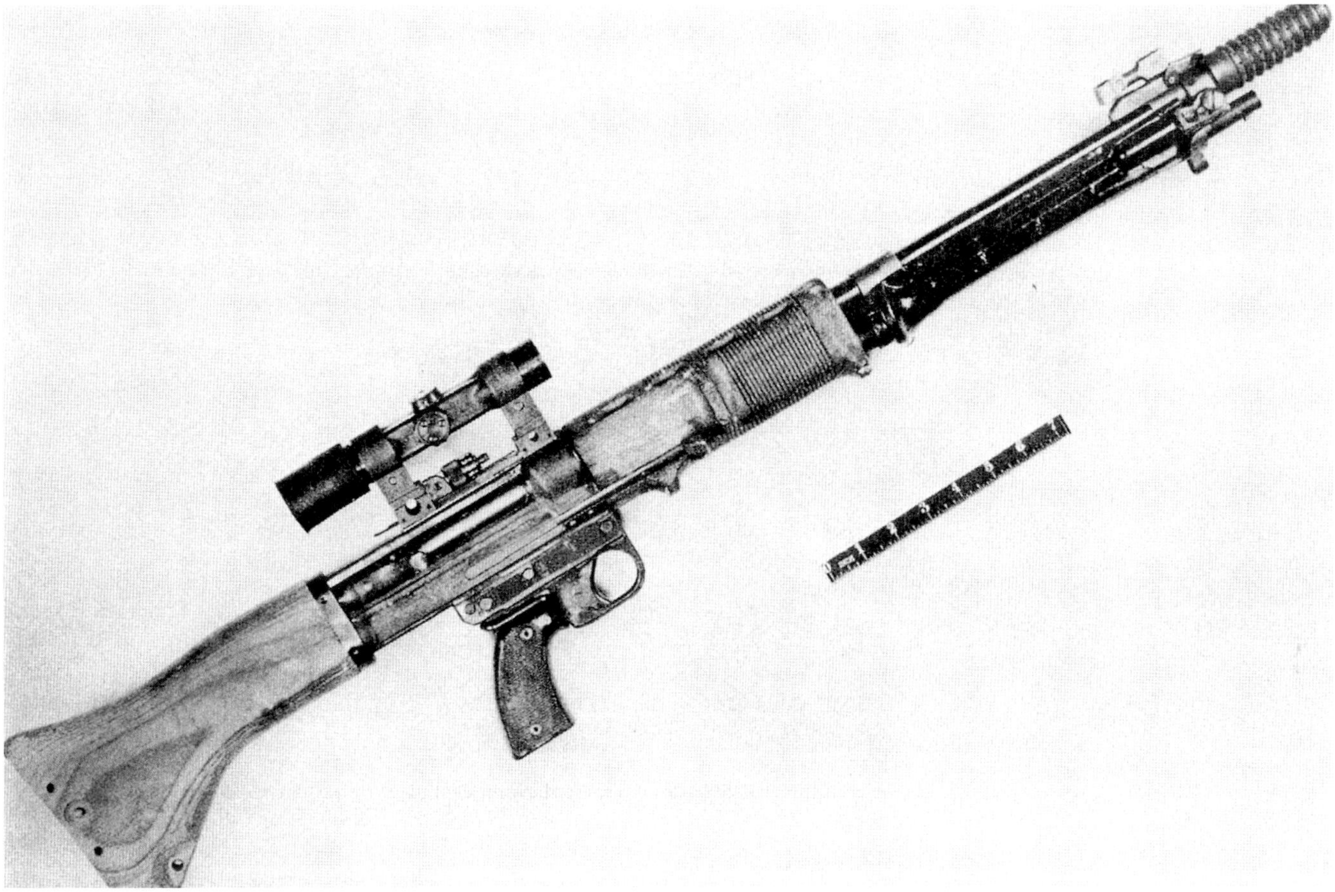

Abweichende GwZF4-Montage für das FG42. Die Waffe wurde nach dem Krieg in Aberdeen Proving Ground erprobt.

Ein weiteres FG42, spätes Modell, mit ZF4 und ungewöhnlicher Montage. Die Verriegelungsschrauben fehlen.

Beschreibung des ZF4 aus dem Handbuch für das FG42 von 1944:
Das Zielfernrohr (M1) wird mittels zweier Halteschrauben an die Halterung (M3) montiert und durch zwei Keile (M5) und zwei Verriegelungsschrauben (M4) gehalten. Die Schrauben haben einen Federring, um ein Lockern zu verhindern. Das Zielfernrohr (M1) besitzt eine Höhenverstellung (M6) auf der rechten Seite und oben in der Mitte liegt die Seitenverstellung (M7). Um eine Verletzung des Auges zu verhindern, wird ein Augenschutz aus Gummi (M8) über das Okular (Mia) geschoben. Ein Regenschutz (M9) kann über das Objektiv (M1b) geschoben werden. Okular (Mia) und Objektiv (M1b) werden durch den Objektivschutz (M10) gegen Schmutz geschützt. Dieser Schutz besteht aus einem hölzernen Stopfen (M10 a) und einer Kappe (M10 b), welche miteinander und mit dem Zielfernrohr durch einen Lederriemen mit Schlaufen (M10 d) verbunden werden. Die Montageplatte (M3) ist als Schwalbenschwanz ausgebildet und wird auf die Montageschiene des FG42 geschoben und hinten durch einen halbrunden Bolzen (M12) in einer Aussparung des Montagesockels verriegelt. Zwei Klemmen (M11) verriegeln den Haltefuß und befestigen damit das komplette Zielfernrohr.

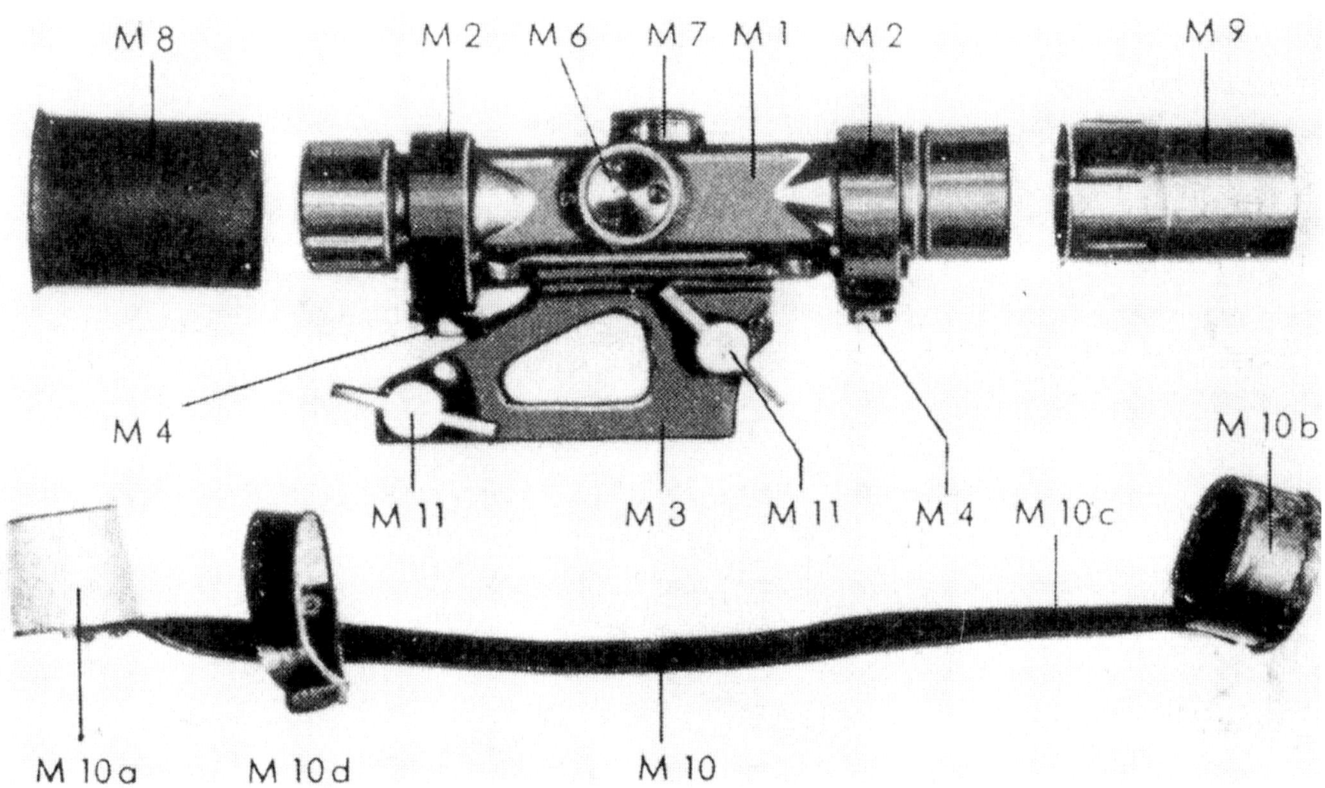

Anweisungen zum Einstellen des ZF4 aus dem FG42-Handbuch von 1944:
Zum Einstellen des ZF schieben Sie das Gerät auf den Visiersockel des Gewehrs. Befestigen Sie die Klemmen (M11) mit der Hand. Entfernen Sie die Schutzkappe der Seitenverstellung. Entfernen Sie die Halteschrauben (M6b & M7b) der Abdeckkappen für die Seitenverstellung (M7a) und Höhenverstellung (M6a). Nach dem Abnehmen der Abdeckkappen werden die Verstellschrauben sichtbar (M6c & M7c). Durch Drehen dieser Schrauben nach links oder rechts kann das Ziel zentriert werden. Die Einstellung wird vorgenommen nachdem die Höhenjustage auf 100 m gestellt und die Zielscheibe in 100 Meter Entfernung aufgestellt wurde. Auf dieser Anschußscheibe oder -platte ist ein 10 cm hohes Dreieck markiert (Dreieck unten). Die Optik wird auf das Dreieck justiert.
Einzelne Schüsse werden abgegeben, die Trefferlage im Ziel überprüft und Einstellungen vorgenommen, bis das Visier perfekt eingestellt ist. Das Visierdreieck ist eingestellt, wenn das Visierdreieck mit dem Dreieck der Zielscheibe genau übereinstimmt. Nach Beendigung der Einstellung werden die Abdeckkappen (M7a & M6a) und die Schutzkappe für die Seitenverstellung wieder aufgesetzt.

Ein deutscher Fallschirmjäger nimmt das ZF4 aus der Tragetasche, um es auf sein FG42 zu montieren. Diese sehr seltene Tragetasche besaß eine Seitentasche für den Regenschutz des Objektivs. Eine zusätzliche Tasche im Deckel beinhaltete die Filter und das Putztuch. Aus dem Luftwaffenhandbuch D.(Luft)T.6194.

Fallschirmjäger beim Aufsetzen des ZF4 auf sein FG42. Aus dem Luftwaffenhandbuch D.(Luft)T.6194. Man beachte auch das umgehängte Bandolier für FG42-Magazine.

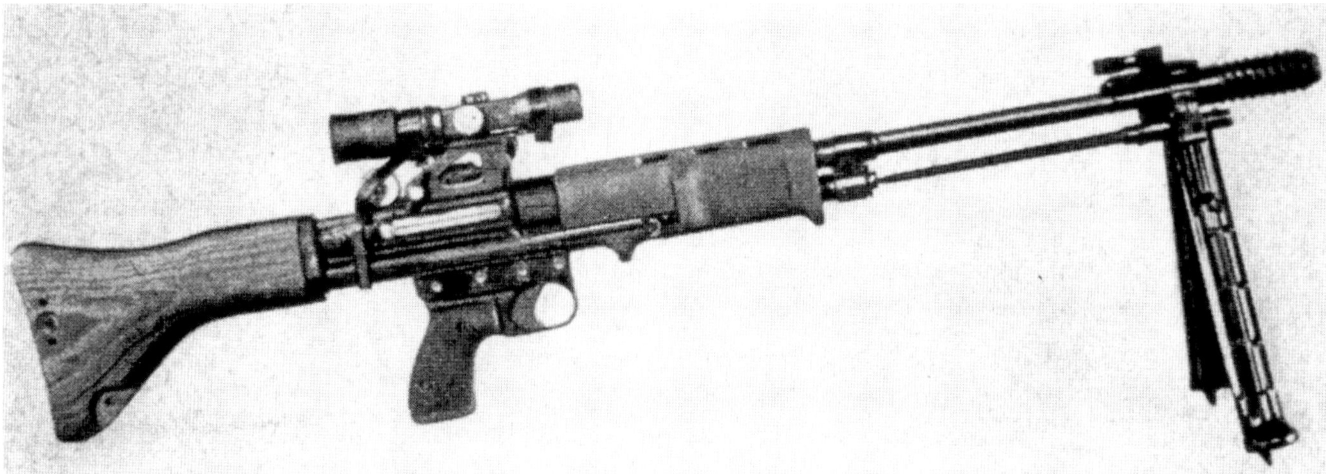

Ungewöhnliche Zielfernrohrmontage für das ZF4. Aus dem Luftwaffenhandbuch D.(Luft)T.6194 (Fallschirmjägergewehr 42 Waffen-Handbuch).

In dieser Aufnahme zur Demonstration der korrekten Schießhaltung stützt der Fallschirmjäger seine Waffe gegen einen Baum. Aus dem Luftwaffenhandbuch D.(Luft)T.6194. Der Fallschirmjäger trägt die charakteristische Fallschirmschützenbluse, im Soldatenjargon »Knochensack« genannt.

Fallschirmjäger im Knieendanschlag mit FG42 und aufgesetztem ZF4. Aus D.(Luft)T.6194 von 1944. Man beachte auch die Pistole, die einst jeder Fallschirmjäger standardmäßig als Seitenwaffe erhielt.

für ein solches Infrarot-Fernrohr betraut. Eine begrenzte Fertigung scheint 1944 im Leitz-Werk vorgenommen worden zu sein. Das Visier wurde als Zielgerät 1229 (ZG 1229) bezeichnet und hatte den Tarnnamen »Vampir«. Leitz berichtete, daß 310 komplette Einheiten des Zielgeräts ausgeliefert wurden. Das Gerät bestand aus einer 35 Watt-Sendelampe mit einem Durchmesser von 12,7 cm, einem Empfangsfernrohr samt 70 mm RFP-Röhre, 1:1/8,5cm Objektiv und einer Hochspannungsstromquelle. Die Sendelampe und das Empangsfernrohr wurden in einem Gehäuse zusammengefaßt, das auf der normalen Zielfernrohrmontage montiert werden konnte. Die Sende-Empfangseinheit wog 2,27 kg, die Stromquelle wurde in einem tornisterähnlichen Traggestell und einer Gasmaskenbüchse untergebracht; die vom Schützen getragen wurden. Das Gewicht betrug 13,6 kg«.

1943 richtete das Rüstungsministerium von Albert Speer ein Komittee ein, um die Forschung auf dem Infrarotbereich der Teilstreitkräfte Heer, Marine und Luftwaffe zu koordinieren.

Diese Aufnahme des Aberdeen Proving Ground zeigt eine MP44 mit einer abweichenden, aufgeschweißten Montageschiene für ZF4 oder ZG 1229.

Bis zu diesem Zeitpunkt hatten alle drei Teilstreitkräfte Nachtsichtgeräte bezogen, die für ihren eigenen Bedarf entwickelt wurden. Das von Dr. H. Gärtner, dem Direktor der Abteilung Optik (Zielfernrohre) im Heereswaffenamt in Berlin, geleitete Komittee wurde mit der Verantwortung betraut, die Entwicklung von Infrarotgeräten zum Vorteil der gesamten Wehrmacht zu koordinieren.
Dr. Gärtner, der nach dem Kriege als Berater des Bundesministeriums der Verteidigung fungierte, war Autor einer Übersicht über die deutsche militärische Infrarotforschung vor und während des 2. Weltkrieges, die in den *Wehrtechnischen Monatsheften* vom Dezember 1961 und Mai 1962 erschien. Bezüglich des *Zielgeräts 1229* berichtet Dr. Gärtner: *»Im Oktober 1944 wurde die militärische Forderung geäußert, ein kleines IR-Zielfernrohr für das Sturmgewehr 44 zu entwickeln, um gepanzerte Verbände gegen Nachtangriffe durch Panzervernichtungstrupps zu schützen, sowie zur besseren Abwehr von Infanterieangriffen bei Nacht. Die Firma AEG sowie*

die Reichspostforschungsanstalt nahmen an der Entwicklung dieses Geräts teil.
Einige Muster wurden hergestellt, deren Reichweiten nur geringfügig voneinander abwichen. Ein Muster der Firma AEG besaß folgende technischen Daten:

1. *Hilfslinse: = 7,5 cm, 1:1, 5; Sicht ca. 8°*
2. *Vergrößerung: Monokular, v = 10fach*
3. *Bildwandlerrohr: Typ 128 (Diode) von AEG; Stromspannung 12 kV*
4. *Gesamtvergrößerung: v =1,5*
5. *IR-Strahler für Leuchtstoffröhre: d = 10 cm; Leistung 36 W*
6. *Strom- und Hochspannungsquelle: Besonders leichtes Modell für 12 kV, kann vom Schützen auf dem Rücken getragen werden.*

Erfolgreiche Versuche mit dem IR-Sichtgerät für Handfeuerwaffen wurden von Panzergrenadieren in den Monaten Februar und März 1945 durchgeführt. Gegen Einzelpersonen wurde eine Reichweite von ca. 70 m festgestellt.
Die mit dem Sichtgerät ausgerüsteten Panzergrenadiere wurden auf einem mit IR-Nachtfahrgerät ausgerüsteten Schützenpanzer transportiert. Ein mit dem Zielfernrohr des Panthers versehenes Maschinengewehr war ein Teil der Bewaffnung.
Der Spähpanzer »Falke« wurde ähnlich ausgerüstet und diente den Panther-Einheiten als Nachtbegleitschutz.
Ausrüstung der Panther-Einheiten mit den zuvor erwähnten Geräten:
- *Kommandantengerät für Panther-Beobachtungsfahrzeug »UHU«*
- *Nachtfahrgerät für Personenkraftwagen und Lastkraftwagen*
- *IR-Zielfernrohr für Sturmgewehr 44*
  Die IR-Ausrüstung der Panther-Einheiten wird, in der für Ende 1944 zur Verwendung bei den deutschen Streitkräften vorgesehenen Form, beschrieben. Einzelgeräte, wie das Kommandantenfahrgerät für Panther, standen bei Kriegsende in großen Stückzahlen zur Verfügung. Andere Geräte, wie die IR-Zielfernrohre, wurden nur in kleinen Stückzahlen hergestellt. Alle Geräte waren jedoch genügend erprobt, um in die Massenfertigung zu gehen.«

Die grundsätzliche Funktionsweise des IR-Geräts für das Sturmgewehr wurde in der Juni Ausgabe von 1946 des *Electronics Magazine* in einem Artikel über deutsche Nachtsichtgeräte des 2. Weltkrieges wie folgt beschrieben:
»Der Empfänger des Zielgeräts arbeitet in der gleichen Art wie der Empfänger des Nachtfahrgeräts für Kampfpanzer, mit der zusätzlichen Funktion, daß er ca. 15 Sekunden nach dem Abschalten der Stromquelle noch einsatzbereit bleibt. Der Grund hierfür liegt in der Verwendung eines höheren Kondensatorwerts über eine größere Zeitkonstante, womit sich der Wert der angelegten Spannung allmählich reduziert. Es muß nur ein hohes Potential aufgebaut werden, da es praktisch keinen Stromabfluß gibt.
Beim Drücken eines kleinen Knopfs auf der Unterseite der Stromquelle wird der Strom eingeschaltet und das Bild erscheint auf dem Schirm. Bei Erblassen des Bildes muß der Knopf erneut gedrückt werden. In dieser Art und Weise muß der Schütze gelegentlich anhalten, um eine Versorgung mit Hochspannung vorzunehmen, hat jedoch genügend Zeit zum Zielen und Schießen.
Der Infrarot-Lichtstrahl arbeitet getrennt und wurde wahrscheinlich ständig eingeschaltet gelassen. Er ist so eingerichtet; daß der Strahl auf den Zielpunkt des Gewehrs fällt.«

Neben der Bestätigung, daß die Firma Haenel (Suhl) in den letzten Kriegsmonaten IR-Sichtgeräte zur Montage auf das StG44 erhalten hat, sind Einzelheiten über den Kampfeinsatz nicht bekannt. Die Berichte deuten jedoch auf eine hohe Zerbrechlichkeit der »Vampir«-Einheiten, die als zu unhandlich für Angriffssituationen befunden wurden.
Während es für das nackte Auge unsichtbar bleibt, beleuchtet Infrarotlicht Gegenstände, damit diese durch das Sichtgerät gesehen werden können. Der Hauptnachteil der Verwendung von Infrarotlicht war das Sichtbarwerden des Anwenders für einen ebenfalls mit IR-Gerät ausgerüsteten Feind.
Da erwartet wurde, daß sich auch die Alliierten der Infrarottechnik bedienen würden, wurde von den Deutschen ein Gerät zum Aufspüren von Infrarotlicht entwickelt.
Das Gerät bestand aus einem kleinen Papierrohr mit einem Infrarotfenster nebst Linse an einem Ende und einem empfindlichen Schirm am anderen. Der Schirm besaß einen bemerkenswerten Vorteil: Nachdem er starkem Sonnenlicht ausgesetzt war, wurde er derart empfindlich, daß er, wenn unsichtbares Infrarotlicht auf ihn fiel, lange Zeit danach mit Ausstrahlen eines starken sichtbaren Rotlichts reagierte. Im empfindlichen Zustand erlaubte das Spürgerät den deut-

Nahaufnahme des StG44 mit ZG 1229. Die Montage ist fast identisch mit jener für das ZF4. Der Verbleib dieses vom britischen Zeugamt nach dem Krieg ausgewerteten Geräts ist unbekannt.

schen Truppen das Ausmachen jeder Infrarotquelle. Rund 10.000 IR-Spürgeräte wurden für die Wehrmacht hergestellt. Obwohl die britischen und amerikanischen Truppen im 2. Weltkrieg IR-Scheinwerfer einsetzten, war die Verwendung solcher Geräte nach der Invasion in der Normandie aufgrund bereits festgelegter Prioritäten für waffengestützte Geräte im Pazifik nicht gegeben oder bestenfalls erheblich eingeschränkt.
Neben den hochentwickelten Maßnahmen wie waffengestütztes Infrarot, unfaßten die Versuche, die Feuerkraft des Schützen beim Schießen in schlechten Lichtverhältnissen zu verbessern, verschiedene experimentelle »Nachtsichtgeräte«. Zur Verwendung mit dem K98k, K43 und den Sturmgewehren entwickelt, wurden aus einer leuchtenden Rampe bestehende Sondergeräte direkt auf dem Lauf hinter dem Kornsockel montiert.
Mit dem Ziel, dem Schützen den Einsatz der konventionellen offenen Visiere zu erleichtern, wurden die Versuchsgeräte im Spätjahr 1944 und Anfang 1945 in kleinen Mengen hergestellt.

0Ein britischer Offizier führt ein erbeutetes StG44 mit ZG 1229 vor. Die Stromquelle befindet sich in dem tornisterähnlichen Tragegestell mit einer Holzkiste und einer Gasmaskenbüchse auf dem Rücken des Schützen. Nebel, Dunst und Rauch konnten die effektive Reichweite dieses Geräts auf wenige Meter reduzieren.

Deutsche Originalaufnahme des ZG 1229 (» Vampir«)-Prototyps zur Verwendung mit dem StG44. Die Sendelampe (IR-Lichtquelle) ist direkt auf dem Empfangszielfernrohr montiert.

Quellennachweis und Dank

Während der Vorbereitung dieses Werkes hatte ich das Glück, einer Anzahl äußerst hilfreicher Leute zu begegnen, die mir freundlicherweise wichtige Informationen zu den deutschen Sturmgewehren, sowie den Handfeuerwaffen im allgemeinen lieferten.
Ohne die vielen Freundschaften die während dieser Arbeit entstanden, würde das vorliegende Buch in dieser Form gar nicht existieren. Die daraus stammende Hilfe war mehr, als irgendein Schriftsteller jemals hätte erwarten können.
Diesen Personen gebührt mein aufrichtiger Dank, da sie mich erst in die Lage versetzt haben, die mannigfaltigen Informationsbruchstücke zusammenzutragen und aneinanderzureihen. Für alle Fehler, die mir beim endgültigen Zusammensetzen dieses Mosaiks unterlaufen sind, trage selbstverständlich nur ich die Verantwortung.
Folgende Einrichtungen lieferten unschätzbare Hilfestellung in Form von Originaldokumenten, technischen Informationen, Mikrofilmen, Bildmaterial und anderem Archivmaterial. Für diese Hilfe möchte ich dem Personal folgender Stellen danken:

National Archives and Records Service
Berlin Document Center
The Library of Congress
West Point Museum
U.S. Army Ordnance Museum
Imperial War Museum
Bundesarchiv
Bundesarchiv-Militärarchiv
Bayerisches Armeemuseum
Bayerisches Nationalmuseum
Heeresgeschichtliches Museum
Department of the Treasury, Bureau of Alcohol, Tobacco & Firearms
Army Ordnance Association
Bibliothek für Zeitgeschichte
Zentralbibliothek der Bundeswehr
QAD (ORD)-Pattern Room, Enfield Lock
Deutsche Gesellschaft für Wehrtechnik
Kungl. Armémuseum
U.S. Army Photographie Agency
U.S. Army Infantry Museum
Armamentarium
Queen Elizabeth II Army Memorial Museum
Australian War Memorial
Bundesministerium für Landesverteidigung
Wehrgeschichtliches Museum
Wehrtechnische Studiensammlung, Koblenz
U.S. Army Military History Institute
Musée Royal de L'Armée et d'Histoire Militaire
U.S. Patent Office
U.S. Marine Corps Museum
Heimatmuseum der Stadt Oberndorf
Royal Australian Infantry Corps Museum
D.L.I. Museum, School of Infantry
Tojhusmuseet
European Cartridge Collectors Association
International Cartridge Collectors Association
Waffen-Revue
Deutsches Waffen-Journal
Guns Review
Gazette des Armes
Browning Memorial Museum
Carl Walther Sportwaffenfabrik
Steyr-Daimler-Puch AG.
Vollmer Werke
Rheinmetall GmbH
H. Krieghoff GmbH
Mauser Jagdwaffen GmbH
The Cleveland Public Library

Centro de Estudios Tecnicos de Materials Especiales (CETME)
Georgia Institute of Technology Library
Duke University of North Carolina Library-Raleigh

Zusätzlich stellten mir folgende Herren Fotografien, wichtige Daten und ihre geistige Unterstützung zur Verfügung:
John P. Foote
Jim Heaton
Larry Masten
Reinhard Kornmayer
Karl Schäfer
Maxwell G. Atchisson
Jost-Burkhard Anderhub
Robert F. MacKinnon
Hugh W. Brock Ian V. Hogg
H. Gaertner
George A. Petersen
Daniel W. Kent
Paul M. Senich
William D. Harris
Lt. Col. F.B. Conway (Ret.)
Elroy Sanford
John Cross
Nat Rosenblatt
Martin O'Toole
John R.Black III
Thomas B. Dugelby Robert Wesp, Jr.
Michael Rosen
Donald B. McLean
Udo Vollmer
Orlando Frati, Jr.
David A. Heinmuller
Siegfried F. Hübner Warren Buxton
Ron Bridges
Steve Fuller
John Walter
Joaquin Olive
Lander (Oberleutnant)
Sam Newland
David Nusbaum
R. Blake Stevens
Capt. Michael T. McClellan
Thomas F. Swearengen John Leach
Robert Jensen
Thomas Shannon
Donald Stoehr
Dean Byrne
Julito M. Ramos
Dan Rewers
William M. Easterly
Gaza S. Penzes
Paul M. Seibold

Ein besonderer Ausdruck des Dankes geht an:
Robert W. Fisch
H.J. Woodend
Edward M. Owen, Jr.
Colin Doane
Robert I. Landies
William Stonley
Russ Cornell
William H. Woodin
Dr. Erik Windisch
Daniel D. Musgrave
Thomas B. Nelson

Ein herzliches Dankeschön geht auch an die Verfasser der oft zitierten aber selten erwähnten Studie der Zeugamtsschule der US-Army (Aberdeen Proving Ground) »Submachine Guns«, Band 1, Juli 1958. Sie ist eine frühe Nachkriegsbroschüre zur Ausbildung der Zeugamtssoldaten, die sich mit den Kurzpatronenwaffen befaßt.
Auch ohne die Hilfe nachfolgender Einzelpersonen wäre dieses Buch nicht möglich gewesen:
Aufrichtige Anerkennung verdient der bekannte Militärhistoriker James Stonely, der mich an einem erheblichen Teil seines Wissens bezüglich deutscher Handfeuerwaffen und Munition teilhaben ließ.
Die Hauptbeiträge stammen von Donald G. Thomas. Er war auch die treibende Kraft hinter diesem Projekt und hat dem Begriff »Freund« eine besondere Bedeutung verliehen.

Das vielleicht wichtigste Dankeschön geht zum Schluß an meine Frau und meine Familie für ihren Langmut und ihr Verständnis.

Peter R. Senich

WEITERE INTERESSANTE BÜCHER ZUM THEMA

Dieser Klassiker befasst sich mit der Bewaffnung und den Einsatztaktiken deutscher Scharfschützen, die eine Schlüsselrolle auf dem Gebiet des neuzeitlichen Scharfschützenwesens spielen. Es vermittelt einen vollständigen Überblick über die wichtigsten Entwicklungen auf dem Gebiet der Scharfschützenwaffen von 1914 bis 1945.
384 Seiten, 660 Abb., Format 230 x 265 mm
ISBN 978-3-613-04559-0
€ 69,– | € (A) 71,–

Alexander Losert dokumentiert in diesem Werk die Entwicklung aller wichtigen Karabiner, die im Zweiten Weltkrieg bei den kriegsführenden Ländern zum Einsatz kamen und beschreibt die Stärken und Schwächen ihrer Technik.
128 Seiten, 150 Abb., Format 210 x 265 mm
ISBN 978-3-613-04378-7
€ 19,95 | € (A) 20,60

Michael Heidler beschäftigt sich in diesem Band mit der Geschichte halbautomatischer Gewehre und Karabiner. Dabei nimmt er seine Leser mit auf einen Streifzug durch die Welt der Selbstladegewehre und stellt wichtige Modelle sowie deren technischen Besonderheiten vor.
128 Seiten, 200 Abb., Format 210 x 280 mm
ISBN 978-3-613-04333-6
€ 19,95 | € (A) 20,60

Basierend auf dem ersten echten Maschinengewehr, dem amerikanisch-britischen Maxim, setzte Deutschland im Ersten Weltkrieg das selbstentwickelte, wasser-gekühlte MG 08 bzw. 08/15 ein. Alexander Losert beschreibt alle wichtigen Maschinengewehre aus deutscher Fertigung, bis zum Ende des Zweiten Weltkrieges.
144 Seiten, 150 Abb., Format 215 x 280 mm
ISBN 978-3-613-04122-6
€ 19,95 | € (A) 20,60

Leseproben zu allen Titeln auf unserer Internetseite

Motor buch Verlag

Stand Mai 2023
Änderungen in Preis und Lieferfähigkeit vorbehalten.

Überall, wo es Bücher gibt, oder unter
WWW.MOTORBUCH-VERSAND.DE
Service-Hotline: 0711 / 78 99 21 51
www.facebook.com/MotorbuchVerlag